科学出版社"十三五"普通高等教育研究生规划教材
创新型现代农林院校研究生系列教材

高级作物育种学

主　　编　穆　平

副主编　刘立峰　谢甫绨　张淑珍
　　　　鲍印广　贺小彦

编写人员　（按姓氏汉语拼音排序）
　　　　　鲍印广（山东农业大学）
　　　　　曹方彬（浙江大学）
　　　　　郭卫卫（青岛农业大学）
　　　　　贺小彦（青岛农业大学）
　　　　　侯名语（河北农业大学）
　　　　　李　军（青岛农业大学）
　　　　　李夕梅（青岛农业大学）
　　　　　刘立峰（河北农业大学）
　　　　　穆　平（青岛农业大学）
　　　　　任姣姣（新疆农业大学）
　　　　　魏晓双（吉林农业大学）
　　　　　吴鹏昊（新疆农业大学）
　　　　　谢甫绨（沈阳农业大学）
　　　　　张海艳（青岛农业大学）
　　　　　张淑珍（东北农业大学）
　　　　　赵延明（青岛农业大学）

审　　稿　刘庆昌（中国农业大学）

科学出版社

北　京

内 容 简 介

本书以作物种质资源、作物重要目标性状的选育和育种选择方法为主线，系统介绍了主要作物种质资源研究进展、重要目标性状的遗传特点和改良方法及部分育种方法的研究进展。

作物种质资源研究部分系统介绍了主要农作物种质资源遗传多样性及创新利用的研究进展。作物育种选择方法部分，介绍了表型选择的原理、性状的选择方法及基因组选择等内容。作物重要目标性状的选育部分重点介绍作物高产育种、品质育种、抗逆育种及杂种优势利用的研究进展。在作物育种方法部分，重点介绍了细胞工程、染色体工程、基因工程、分子设计育种等方法的研究进展及其在作物育种中的应用。最后介绍了作物特殊育种技术体系、种子生产技术和作物育种方案的设计与实施等内容。

本书可作为农业院校作物学及相关学科的研究生教材，也可作为作物科学相关研究人员的参考书。

图书在版编目（CIP）数据

高级作物育种学/穆平主编. —北京：科学出版社，2022.3
科学出版社"十三五"普通高等教育研究生规划教材　创新型现代农林院校研究生系列教材

ISBN 978-7-03-071625-5

Ⅰ．①高…　Ⅱ．①穆…　Ⅲ．①作物育种-研究生-教材　Ⅳ．①S33

中国版本图书馆 CIP 数据核字（2022）第 031833 号

责任编辑：丛　楠　赵萌萌/责任校对：杨　赛
责任印制：张　伟 / 封面设计：迷底书装

科 学 出 版 社 出版
北京东黄城根北街 16 号
邮政编码：100717
http://www.sciencep.com

北京厚诚则铭印刷科技有限公司 印刷
科学出版社发行　各地新华书店经销

*

2022 年 3 月第　一　版　开本：787×1092　1/16
2023 年 9 月第二次印刷　印张：15 1/2
字数：373 000

定价：**59.80 元**

（如有印装质量问题，我社负责调换）

前　　言

　　高级作物育种学是研究作物性状遗传变异规律并利用相应的方法创造变异，通过选择和培育，选育作物新品种的学科。随着分子生物学和生物技术的快速发展，分子生物技术不断融入作物育种学各个领域，使作物育种学理论、技术不断发展，为农业现代化发展提供了有力支撑。

　　高级作物育种学是农业院校作物学及相关学科研究生的主干课。作物育种学研究生要全面掌握作物育种学新理论、新技术和最新的研究进展。在教学过程中，由于这门课程知识更新快，各高校教师在教学过程中很难选择一本合适的教材，多数教师给学生指定一部分学术专著或部分国内外杂志，不利于该课程知识的系统性学习。为进一步提高农学类学科"高级作物育种学"课程的教学效果，我们组织浙江大学、沈阳农业大学、东北农业大学、山东农业大学、河北农业大学、新疆农业大学、青岛农业大学、吉林农业大学等从事高级作物育种学教学科研工作的部分教师编写了本教材。

　　为满足研究生探索性学习和创新能力培养的需要，本教材编写体现以下特点：①注重育种方法的介绍。②以典型案例教学为切入点，注重将典型案例介绍与相关的育种理论、育种方法相结合，增强学生的学习兴趣与专业思想培养。③注重作物育种学前沿内容和最新进展的编写。

　　教材主要包括以下内容：①作物种质资源研究，主要从形态学、细胞学、分子标记、基因组学等方面介绍作物种质资源遗传多样性研究方法；从群体改良、近缘种质利用、生物技术利用等方面介绍作物种质资源创新的主要进展。②作物育种的选择方法，主要介绍作物性状遗传率与后代选择的关系、选择指数法、灰色系统理论在选择中的应用以及全基因组选择的理论与方法等内容。③作物高产育种，主要介绍产量构成因素与高产的关系，水稻、小麦、玉米、大豆、棉花等作物产量性状的遗传、株型改良与高产的关系以及超级稻产量构成因素分析等内容。④作物品质育种，介绍了大豆的品质研究性状及其遗传改良方法，我国大豆品种改良的发展方向及策略等。⑤作物抗逆育种，主要介绍了作物抗旱、耐盐、抗寒、耐热等性状的遗传机制及主要育种方法。⑥作物杂种优势利用，主要介绍了作物杂种优势遗传机理研究进展、杂种优势利用的方法和途径、杂种优势固定等内容。⑦细胞工程育种，主要介绍植物组织培养、体细胞杂交、花药培养等技术的研究方法和利用这些方法在玉米、水稻、小麦、棉花等作物方面的育种实践。⑧染色体工程育种，主要介绍小麦双二倍体、异附加系和异代换系、易位系等异染色体系的产生方法、异源染色体片段的鉴定方法及在育种上的应用。⑨作物分子设计育种，主要介绍了 QTL 定位的原理与方法，作物分子标记辅助选择的原理与应用等内容。⑩基因工程与作物育种，主要介绍了转基因作物的发展概况、转基因技术以及转基因作物品种选育与安全性评价等内容。⑪作物特殊育种技术体系简介，主要介绍轮回选择技术及其作用，矮败小麦的创制及其育种体系、超级稻选育技术等内容。⑫种子生产与质量标准体系，介绍我国主要农作物种子生产的程序及我国种子质量标准体系建设情况。⑬作物育种方案的设计与实施，主要从作物育种体系、育种方法、育种目标、作物育种信息数据库建设等方面介绍作物育种方案的具体设计。

本书在多所院校通力合作下完成，编写分工如下：第一章由李夕梅编写，第二章由穆平编写，第三章由谢甫绨编写，第四章由魏晓双、张淑珍编写，第五章由李军编写，第六章由赵延明、穆平编写，第七章由任姣姣编写，第八章由鲍印广编写，第九章由曹方彬、贺小彦编写，第十章由刘立峰、侯名语编写，第十一章由郭卫卫编写，第十二章由张海艳编写，第十三章由吴鹏昊编写。

全书由穆平、刘立峰、贺小彦统稿，由刘庆昌教授审稿。本书得以顺利出版依赖全体编者的齐心协力和通力合作。本书出版过程中得到了科学出版社的大力支持和帮助，在此表示衷心感谢。

由于编者水平所限，疏漏之处在所难免，敬请同行和读者批评指正。

编 者

2022 年 3 月

目　录

第一章 作物种质资源研究

种质资源（germplasm resource），又称作物育种的原始材料（original material）、品种资源（variety resource）、遗传资源（genetic resource）、基因资源（gene resource）等。它们是一类内涵大体相同的名词术语，一般是指具有特定种质或基因、可供育种及相关研究利用的各种生物类型，包括地方品种、改良品种、新选育品种、引进品种、突变体、野生种、近缘种，人工创造各种生物类型的植株、种子、无性繁殖器官、单个细胞、单个染色体甚至单个基因等。20 世纪 60 年代以前，我国把用以培育新品种的原材料统称为育种的原始材料，60 年代初期改称为品种资源，因为现代育种主要利用的是其遗传物质或种质，所以国际上大都采用种质资源这一术语，种质资源在遗传学上常被称为遗传资源，由于遗传物质是基因，且利用的主要是生物体中的部分或个别基因，因此种质资源又被称作基因资源。

第一节 作物种质资源遗传多样性研究方法及研究进展

作物种质资源是经过长期的自然进化和人工选择后形成的，积累了极其丰富的遗传变异，是作物育种的物质基础。遗传多样性是生物多样性的基本组成部分，是生态多样性和物种多样性的基础，是种内不同群体之间或一个群体内不同个体间遗传变异的总和，代表了一个种群或一个物种中个体之间或群落之间遗传变异的程度（李锡香，2002）。一个位点上的等位基因变异组成该位点的遗传多样性，而所有位点的变异组成一个群体或一个物种的遗传多样性。遗传多样性是一个物种或种群生存的遗传基础，一个种群遗传多样性越丰富，对环境的胁迫适应能力越强。

遗传多样性可以体现在从形态到 DNA 的各个不同水平上，故对其检测的方法可建立在不同层次的研究上，检测遗传多样性的方法随着生物学尤其是遗传学和分子生物学的发展而不断改良和完善，从形态学水平、细胞学染色体水平、生理生化水平逐渐发展到分子水平。无论是利用哪种方法进行研究，目的都是从不同角度揭示植物的遗传变异（夏铭，1999；季丽静，2013）。

一、遗传多样性研究的传统方法

（一）形态学水平多样性研究

1. 形态学标记概述 形态学标记是基因的表现型，是在植物生长发育过程中用肉眼可以观察到的形态特征和特性（李锡香，2002），具体包括株高、叶形和花色等外部特征，还包括花粉形态、生理特性、生殖特性、抗病虫性等特性。形态学标记有直观、方便等特点，一般采用统一的标准，通过野外采集、亲子代间长期观察、多元统计分析（如主成分分析、聚类分析）等方法和手段进行研究，所测量的数据除研究遗传变异之外，还可以直接为生产提供理论依据，是一种不可缺少的遗传多样性研究最基本的方法（田骏，2012）。表型多样性主要是遗传与环境、结构基因与调控基因综合作用的结果，是多种遗传基础与多种生态环境的综合体现，也是作物遗传变异的重要体现（蒲艳艳等，2016），但仅运用形态学水平来验证物种的遗传差异，还存在着一定的局限性（马苏力娅，2019）。

2．形态学多样性研究进展　　Dotlacil 等（2000）及 DeLacy 和 Skovmand（2000）都曾利用形态特征及品质性状来研究分析小麦的遗传多样性，并且研究结果都证明了利用形态学方法解释小麦的遗传多样性的结构和演变是一种可靠有效的方法。刘三才等（2000）利用形态学标记研究发现中国小麦资源在形态学方面具有较广泛的遗传多样性，地方品种遗传多样性比选育品种高。Faris 等（2006）研究埃塞俄比亚不同区域间四倍体小麦农艺性状的遗传变异情况和遗传多样性，发现株高、抽穗期、穗长、穗密度和籽粒颜色等数量性状引起的变异占总变异的 50%。柴永峰等（2013）通过对国外引进的 145 份小麦种质资源及其杂交后代进行形态学水平的研究和分析，结果显示农艺和品质性状的遗传多样性极其丰富。Muhamad 等（2017）基于 10 个形态性状对1943 年以来印度尼西亚水稻改良品种的 Ward's 聚类分析表明，改良品种的遗传变异度较低。Beyene 等（2006）利用 15 个形态性状对包含 62 个埃塞俄比亚高原传统玉米品种的代表性群体进行分析，结果表明，该群体在所有的 15 个形态性状上均具有较大的变异范围；进一步利用扩增片段长度多态性（amplified fragment length polymorphism，AFLP）标记进行分析，发现基于形态性状和 AFLP 标记的遗传距离呈显著正相关。石海春等（2014）采用 15 个形态性状标记对 82 份玉米自交系进行遗传多样性分析，结果表明供试自交系遗传多样性丰富，在欧氏距离 38.06 处可将供试自交系分为 6 类，但其聚类结果与其系谱来源的吻合程度较低；而采用 63 个简单重复序列（simple sequence repeat，SSR）分子标记得到的聚类结果与其系谱来源的吻合程度较高。Thakur 等（2017）利用 11 个形态指标、4 个生化指标和 29 个 SSR 标记对喜马拉雅山脉 48 份玉米材料进行遗传多样性和结构分析，48 个玉米基因型在 11 个形态指标间表现出广泛的变异且被划分为两个亚群；基于 SSR 数据的聚类分析虽然也将 48 份玉米基因型划分为两个亚群，但是不同于基于形态指标的分析结果。

（二）细胞学染色体水平多样性研究

1．细胞学标记概述　　细胞学标记是指通过染色体的变异研究细胞学水平的遗传多样性，常见的细胞学标记包括染色体的数目变异（整倍性或非整倍性）、结构变异以及形态、着丝点位置、缢痕和随体等核型特征变异（王舰，2017）。染色体是遗传物质的载体，是基因的携带者，染色体一旦发生变异将会直接引起遗传物质的变异。因此，染色体变异是生物遗传多样性的重要来源（李清莹，2018）。细胞学染色体水平上的研究主要包括核型分析法（karyotype analysis）、染色体组分析法（genome analysis）、荧光原位杂交（FISH）以及 C 带（C band）、G 带（G band）等。细胞学标记避免了形态学标记易受生态环境影响的缺点，但是该方法需要特定的工具材料，耗费大量的人力和物力，而且染色体的数量少、结构变异有很大局限性，即标记数量较少，并且难以分析染色体内部基因水平的变化，在染色体数量一致和外部形态相似的情况下，种或种群的个体难以分辨（蒲艳艳等，2016）。因此，细胞学标记技术在分析和研究作物遗传多样性中具有较大的应用局限性。

2．细胞学多样性研究进展　　杨瑞武等（2001）对矮秆波兰小麦进行带型分析，发现其非同源染色体之间 C 带的带型存在较大差异。窦全文等（2003）研究发现中国甘肃、青海地区的圆锥小麦地方品种与普通小麦在 A、B 组染色体带型间存在较显著的多态性，遗传多样性丰富。杨瑞武等（2003）采用改良的 Giemsa C 带技术分析了小麦族披碱草属（*Elymus* L.）、鹅观草属（*Roegneria* C.Koch）和猬草属（*Hystrix* Moench）等三个模式种的染色体 C 带带型，发现这三个属模式种染色体的 Giemsa C 带带型存在明显的差异，且 *E. sibiricus* 和 *H. patula* 之间的染色体相似性大于它们与 *R. caucasica* 之间的染色体相似性。郭旺珍等（1997a）研究发现陆地棉与毛棉间 F_1 花粉母细胞在减数分裂中期 I 配对正常，说明两者亲缘关系比较相近，仅在部分染色体间发生分化，存在染色体结构上的差异。詹秋文等（2006）采用去壁低渗火焰干燥法对 6 个高粱品种和 4 个苏丹草进行核型比较研究，结果表明，两者体细胞染色体数均为 20，染色体长度也相差不大，但在着丝粒位置、随体上存在显著差异。

（三）生理生化水平多样性研究

1．生化标记概述　　生化标记是以蛋白质的多态性为基础发展起来的检测物种遗传多样性的标记方法，因为蛋白质是基因表达的产物，所以直接表现了基因产物的差异，且具有经济方便、数量丰富等特点。按照其载体的不同可分为同工酶标记和贮藏蛋白（如醇溶蛋白、清蛋白和球蛋白等）标记两种。同工酶标记就是针对同种酶不同分子形式同工酶的电泳谱带分析，来识别控制这些谱带表达的基因位点和等位基因，从而达到在基因水平上研究生物体的目的，已在遗传变异研究中得到广泛应用。但随着研究工作的大量开展以及研究的不断深入，同工酶电泳技术的一些弱点或局限也被人们逐渐认识到，酶带的产生既有它的遗传背景，也会受生理（如发育阶段和存在的组织器官）、各种实验因素（如染色方法、酶的浓度、电泳分辨率等）的影响，故同工酶标记可能会低估遗传变异的水平。在贮藏蛋白标记中，用得较多的是种子贮藏蛋白，周延清等（2008）研究发现在遗传多样性的分析中，贮藏蛋白比同工酶更稳定。总体而言，由于生化标记的各种指标反应均是编码区的信息，而在基因中非编码区占了绝大多数，非编码区中可能蕴含着更多的多样性，并且这些指标还容易受环境以及试验条件的影响，因此生化标记的应用受到了限制（贾子昉等，2014）。

2．生化水平多样性研究进展　　Wendel 等（1992）利用同工酶谱在达尔文氏棉中检测出了大量陆地棉等位基因，分析表明这些等位基因不是来自与陆地棉的直接杂交，而是来自陆地棉渐渗的海岛棉。Metakosky 等（2000）用醇溶蛋白分析法研究发现 100 份西班牙普通小麦醇溶蛋白等位基因的遗传多样性较丰富，尤其西班牙本地小麦品种的遗传多样性更高。郎明林等（2001）利用改良的 pH3.2 酸性聚丙烯酰胺凝胶电泳（acid polyacrylamide gel electrophoresis，A-PAGE）方法分析中国北方冬麦区新中国成立后不同时期的 51 个主栽品种和 21 个骨干亲本的醇溶蛋白及其演化规律，结果表明主栽品种醇溶蛋白的遗传多样性较丰富，主栽品种的多态性呈逐代增加的趋势，尤其是对产量性状有利的多态性。齐冰洁等（2010）利用醇溶蛋白标记分析了 74 份燕麦种质资源的遗传多样性，结果表明供试燕麦种质资源的醇溶蛋白变异较大，遗传多样性丰富。

二、分子水平的遗传多样性研究

1. 分子标记概述　　分子标记是以核酸分子的多态性为基础的遗传标记，可以直接反映 DNA 分子水平上的遗传变异，具有标记数量多、分布广、多态性高、不受环境限制等优点（张俊卫和包满珠，1998），被普遍认为是研究生物遗传差异的最理想手段（白玉，2007）。分子标记技术发展迅猛，根据标记特点和检测手段的不同，大致可划分为三代，第一代是基于 DNA 杂交技术的 DNA 分子标记，即限制性片段长度多态性（restriction fragment length polymorphism，RFLP）标记。第二代是基于聚合酶链式反应（polymerase chain reaction，PCR）技术的分子标记。根据 PCR 扩增时使用的引物类型不同又分为两类：一类是基于随机引物 PCR 的分子标记，包括随机扩增多态性 DNA（random amplified polymorphic DNA，RAPD）标记、扩增片段长度多态性（amplified fragment length polymorphism，AFLP）标记、简单重复序列区间（inter-simple sequence repeat，ISSR）标记和相关序列扩增多态性（sequence-related amplified polymorphism，SRAP）标记等，另一类是基于特异引物的 PCR 分子标记，以简单重复序列（simple sequence repeat，SSR）标记为代表。第三代是基于单碱基差异的分子标记，包括单核苷酸多态性（single nucleotide polymorphism，SNP）标记和碱基的插入或缺失（insert-delete，In-Del）标记等（蔡长福，2015），详见表 1-1。

表 1-1　常用分子标记技术特性比较

标记类型	RFLP	RAPD	ISSR	SSR	AFLP	SNP	In-Del
DNA 用量	高	低	低	中高	高	高	高
基因组分布	低拷贝序列	整个基因组	整个基因组	整个基因组	整个基因组	整个基因组	整个基因组
可检测基因座位数	1～3	1～10	1～10	多为 1	20～200	2	2
遗传特点	共显性	多数共显性	共显性/显性	共显性	共显性	共显性	共显性
多态性	中	较高	较高	高	较高	高	低
引物类型	特异	随机	特异	特异	特异	AS-PCR 引物	特异
同位素使用	常用	不用	不用	可不用	常用	不用	不用
可靠性	高	低	高	高	高	高	高

2. 传统分子标记技术用于作物遗传多样性研究　　Paul 等（1998）利用 RFLP 分子标记对 124 份澳大利亚小麦品种（系）进行遗传多样性分析，共检测到 1968 条多态性片段，说明澳大利亚小麦的遗传多样性丰富。郭旺珍等（1997b）采用 18 个 RAPD 引物对 21 个陆地棉品种进行了遗传多样性研究，结果表明大部分品种与其系谱吻合，

说明 RAPD 技术可以作为棉花品种分类和遗传多样性研究的可行方法。Joshi 等（2000）利用 ISSR 标记对 42 份水稻材料进行遗传多样性和系统发育分析，结果表明，水稻可能是沿着一个多系统途径进化的，且短花药野生稻的多样化水平最高。李武等（2008）选用 132 对多态性 SRAP 引物，对我国引入海岛棉以来培育的 36 个国内品种及 20 个国外品种进行遗传多样性分析，56 个品种的平均遗传相似系数为 0.497；我国三个育种时期育成品种的平均相似系数依次为 0.501、0.507 和 0.548，表明我国现在育成的品种相对于早期品种遗传多样性在逐渐降低；聚类结果显示大部分具有亲缘关系的品种聚在同一类中，说明试验结果与系谱具有一定的相符性。Mihaljević 等（2020）利用 42 个 SSR 标记对 97 个大豆品种（系）进行分析，共产生了 251 个等位变异，非加权组平均法（unweighted pair-group method with arithmetic mean，UPGMA）聚类分析将供试材料划分为两大类群，分别包含了大部分的晚熟和早熟品种。Wang 等（2012）利用自主开发的内含子多态性（intron polymorphism，IP）和插入缺失多态性（insertion-deletion polymorphism，IDP）标记对 56 份海岛棉和 10 份陆地棉材料进行分析，主成分分析可显著区分海陆棉种，且新疆地区海岛棉品种显著区别于国外及中国其他地区海岛棉品种，说明 IP 和 IDP 标记可应用于遗传多样性研究。赵久然等（2018）利用 Maize SNP 3072 芯片对 344 份玉米自交系进行全基因组扫描，群体遗传结构分析将其划分为 8 个类群；方差分析（ANOVA）结果表明类群间存在显著的遗传变异，占总遗传变异的 38.6%，类群内的遗传变异占 58.1%；随着类群改良年代的增加，类群平均基因多样性降低；其中，以‘X1132X’等杂交种作为基础材料选育出的优新种质 X 群平均基因多样性最高，说明 X 群核心材料仍然保留了较高的遗传多样性，未来还有很大的育种潜力可挖掘。

在大多数情况下，SNP 标记与 SSR 标记的效用相差无几（Semagn et al.，2014）。例如，Hamblin 等（2007）用 89 个 SSR 标记和 847 个 SNP 标记对 259 份玉米自交系进行基因型鉴定，发现两种标记类型的遗传多样性研究结果近似。van Inghelandt 等（2010）利用 359 个 SSR 和 8244 个 SNP 对 1537 份玉米自交系进行鉴定，发现在群体结构和遗传多样性分析时，两种标记均可正确反映真实结果，但 SNP 标记所需数量比 SSR 标记多 7~10 倍。不过，SNP 标记由于具有覆盖全基因组、高通量、位点特异、共显性遗传、误检率低、开发和检测成本急剧降低等优点，将成为未来基因型鉴定的主要标记类型。

3. 基因组学应用于作物遗传多样性研究——以 SNP 为基础　基因组学在 1986 年被首次提出后发展十分迅猛，基因组学理论和方法广泛应用于其他学科和不同行业，催生了生物学科大数据时代，促进了生物技术产业的蓬勃发展。与其他学科一样，基因组学的发展对作物种质资源研究思路、技术路线、研究方法等产生了革命性的影响，特别是分子标记和测序技术的广泛应用使种质资源全基因组水平的基因型鉴定成为可能，种质资源的遗传多样性研究得以进一步深入。

1）SNP 芯片技术可广泛用于种质资源全基因组水平的基因型鉴定。目前广泛使用的基于芯片技术的两个基因型鉴定平台是 Affymetrix 的 GeneChip^{TM} microarray 和 Illumina 的 BeadArray^{TM} technology（黎裕等，2015）。近年来，Chen 等（2014）开发出了水稻 SNP

50 芯片。Wang 等（2014）报道了经全球多家研究单位合作开发的含 90 000 个基因相关 SNP 的小麦芯片，其中 46 977 个 SNP 已定位在染色体上。Unterseer 等（2014）开发了一个含 616 201 个 SNP 和小的插入缺失变异（In-Del）芯片，适合欧洲和美国温带玉米材料的关联分析。Xu 等（2017）报告了一款新型玉米 55k 分子育种芯片，并将其应用于玉米多杂种群体的全基因组关联分析中。

2）基于第二代测序的全基因组水平基因型鉴定技术（如全基因组测序、重测序、简化基因组测序、RNA 测序等）目前也日趋成熟。全基因组测序策略适合基因组小的物种（如拟南芥）；重测序则对于那些基因组相对较小的物种（如水稻、高粱、谷子、大豆等）来说是个较好的策略，如 Lam 等（2010）对 17 份野生大豆和 14 份栽培大豆进行了重测序，检测到 205 614 个 SNP，发现野生大豆中等位基因多样性较高，大豆基因组中连锁不平衡性强；基因组较大的物种则比较适宜采用低成本、高通量的简化基因组测序（即通过只对非重复或低重复基因组区域进行测序来降低测序基因组复杂程度）技术。

应用较多的利用测序的基因分型（genotyping by sequencing，GBS），其原理是使用限制性内切酶对 DNA 进行酶切，并对酶切片段两端序列进行高通量测序，通过分析获得的 SNP 信息进行基因分型，是一种通过降低基因组复杂程度实现基因分型的方法，具有快速、简单、低成本的优点（薛晓杰等，2020）。Glaubitz 等（2014）开发了基于 GBS 的生物信息学分析平台 TASSEL-GBS，目前，该平台已用于多个物种的 GBS 数据分析。周萍萍等（2019）利用 GBS 技术对 27 份来自中国的大粒裸燕麦材料进行测序，结合先前发表的包括 6 个六倍体燕麦种在内的 66 份燕麦材料的 GBS 数据，共挖掘到 8902 个 SNP，聚类分析将供试材料分为代表野生种和栽培种两支，表明野生种和栽培种之间存在明显的遗传差异；在栽培种中，*Avena sativa* 与 *A. byzantina* 具有较高的遗传多样性且遗传同质性较高；*A. sativa* 与 *A. sativa* ssp. *nuda* 亲缘关系较近但存在一定的遗传分化；野生种 *A. sterilis* 可能是 *A. sativa* 和 *A. byzantina* 的祖先种；该研究为栽培六倍体燕麦起源提供了理论依据。

3）外显子测序、甲基化 DNA 测序、转录组测序（RNA-seq）和序列捕获技术也可用来鉴定基因型。基于 RNA-seq 的基因型鉴定成本低廉，更有可能检测到功能 SNP，但对其进行生物信息学处理较为困难，需要解决表达丰度的巨大差异性问题和可变剪切问题，特别是在没有参考基因组的物种中进行基因型鉴定时，需慎重使用该方法（Barbazuk and Schnable，2011）。序列捕获技术主要针对目标区段进行基因型鉴定，利用 SureSelect、Nimblegen 和 Raindance 等方法，在测序前对目标区段进行选择或富集，但这种方法更适合有参考基因组序列的物种（Kiialainen et al.，2011）。

第二节　作物种质资源评价方法

作物品种的遗传改良进程，很大一部分取决于不同类型优质品种资源的利用过程，而对作物种质资源进行正确合理的鉴定和评价是进行有效改良的基础。种质资源的评价与鉴定大致分为三个层面，分别是生物学鉴定、经济性状评价、抗性鉴定。

一、生物学鉴定

（一）作物形态特征鉴定

在作物种质的各生育阶段，对植株各器官（根、茎、叶、花、果实等）的基本形态进行观察和描述，并参照植物学形态描述的标准和术语进行记载。包括外观的形状、大小、颜色、色泽以及必要的度量记载。不同作物的形态特征鉴定中描述记载的项目有差异。

1．质量性状的描述　针对主基因控制的只有两种表型的质量性状，可采用二型编码法，以"－"和"＋"分别表示隐性和显性类型，如小麦的红粒和白粒；针对不完全显性或存在显隐中间类型的质量性状，则采用三型编码法，以"－""M""＋"分别表示隐性、中间性和显性类型，如紫茉莉花色的红色、粉红色和白色；针对极端类型间有若干质态的质量性状，则采用级次编码法。

2．数量性状的描述　针对容易计数和测量的性状和比值性状，采用级差归类法，如株高、叶形指数、根冠比等；针对连续变化的性状，可以典型品种作参照，采用图示分级法，如小麦生长习性分直立、直立到半直立、半直立、半直立到匍匐、匍匐；因性状复杂而难以根据单一因素排列成有序级次的，可按表型采用选择归类法，如油菜种皮色可分成黑、黑褐、褐、褐红、褐黄、黄、浅黄等；针对只能根据表现状态判定的性状可采用模糊归类法，如小麦麦芒性状可分为无芒、直芒和曲芒。

（二）作物生物学特性鉴定

生物学特性是指作物经自然选择和人工选择，对所生存的生态环境长期适应而形成的各自生态特点，即种质材料在生长发育过程中对温度、日照长短、光照强度、水分、土壤的物理结构和化学组成等环境因素的要求，以及对这些因素变化的忍耐程度。

生物学特性鉴定的记载内容包括环境因素、物候期及植物体生长发育状况，重点在于种质材料在特定环境条件下的生育情况。生物学特性的鉴定方法主要有自然环境鉴定和人工控制环境下的鉴定。自然环境鉴定又分区域鉴定和季节鉴定：区域鉴定是指利用不同地区的地理条件、土壤条件、温度、光照和雨量等气候因素的差异，观察栽培作物种质材料的生育状况，以鉴别种质材料在不同地区的适应性，以及不同品种、变种和种间生物特性的差别；季节鉴定是鉴定种质材料对季节的适应性。人工控制环境下的鉴定主要指在大棚、温室、人工气候室或人工气候箱中，人工促成类似季节变化的小气候变化，栽培作物种质材料，鉴别其对单个因子或复合环境因子的最适范围以及所能忍耐的极限。

张娜等（2011）通过甲基磺酸乙酯（ethyl methane sulfonate，EMS）对裸燕麦品种'白燕2号'种子进行化学诱变处理，构建了燕麦EMS突变体库，并对获得的M_2代突变体的形态特征进行了调查鉴定，结果表明，株高、分蘖、叶片等性状均发生突变。其中，株高突变体三株，突变频率为0.25%，株高最高达160cm，最低为68cm；分蘖突变体21株，突变频率为1.77%，分蘖突变包括多蘖、少蘖和单蘖三种类型，多蘖最多达到 51 个分蘖，少蘖为 2 到 5 个分蘖；叶片突变体为 22 株，突变频率为 1.86%；不育突变体有 4 株，主要变现为花药干瘪无花粉，突变频率为 0.34%。该研究中突变体库的构建及其形态鉴定为燕麦遗传改良奠定了基础。

赵天祥等（2009）以小麦品种'偃展 4110'为材料，经 EMS 化学诱变构建了小麦突变体库，对 M_2 代的主要 10 个农艺性状与生物学性状在正常播种的情况下进行了调查，结果发现在所调查的幼苗习性、分蘖、叶片、茎秆、穗型、成熟期等重要农艺性状与生物学性状中均发现了突变株系或单株，突变频率约为 6.6%。例如，经 EMS 诱变后的小麦抽穗期受到了较大影响，共发现 101 株晚熟突变株和 5 株晚熟突变株系，突变频率为 1.22%；发现 7 株早熟突变株，突变频率为 0.08%；进一步用 M_3 对生育期性状进行验证后获得了早熟和晚熟纯合株系，研究成果为小麦生育期相关种质创新和品种选育工作奠定了基础。

二、经济性状评价

（一）物候期与产品成熟性的评价

物候期是随季节的变化，作物生活史中各种标志性形态特征出现的时间，如小麦的分蘖期、拔节期、抽穗期、开花期、灌浆期等。鉴别物候期对合理布局和安排生产制度非常重要。成熟期对一二年生作物来说是指从播种到开始收获产品器官所经历的时间；成熟性一般为定性指标，分早熟、中熟和晚熟三个级别；成熟期与产量和产值密切相关，鉴定成熟期对于生产上选择品种具有重要意义。

（二）产量的评价

产量性状是作物种质资源主要的经济性状之一，鉴定的内容包括产量构成因素、总产量、丰产性、稳产性等。作物产量构成因素因作物不同而有所差异，如小麦产量构成因素包括单位面积穗数、穗粒数和千粒重。

（三）品质鉴定

品质性状是作物种质资源另一个重要的经济性状，包括商品品质、加工品质、风味品质和营养品质等。鉴定项目可分为外观品质鉴定、质地和风味鉴定、营养成分和有毒物质鉴定。外观品质的构成因素包括色泽、大小、形状和整齐度，与商品品质和加工品质相关，多采用感官评价、称量法、度量法来鉴定；质地包括硬度、弹性、致密坚韧性、汁液量、黏稠性、脆嫩度等，与口感和加工品质相关，可采用压入法（硬度计）、剪断法（切压检测计）、肉质组织剖面分析法（质地检测计）等进行鉴定；风味是一个非常复杂的品质性状，受糖、酸、淀粉等多种物质含量、比例，以及产品组织的致密度、纤维等的影响，多采用品尝评比的办法，用优、良、中、差、劣 5 级来描述，现代化的检测手段有液相色谱、气相色谱、核磁共振等；营养成分包括热量、水分、蛋白质、脂肪、碳水化合物、膳食纤维、灰分等，多采用常规测定法；产品器官内有毒物质鉴定就是检测不同种质材料中有毒物质的含量，以便将有毒物质含量少的品种在生产中推广或用作育种原始材料，如检测马铃薯块茎中的龙葵素等。

秦君等（2013）以黄淮海区域有代表性的 94 个夏大豆品种（2008~2010 年）为材料解析产量与产量组成因子，结果表明，不同年份相同区域的试验品种表现差异很大，品种与环境存在互作；受不同年度环境影响较小、稳产性较好且高产的品种有'冀 9 号-3L-2''冀豆 17''徐豆 10 号''中作 00-484''7651-1'；在产量构成因素中，对产量影响最大的因子是单株粒重，其次为单株粒数、单株荚数和百粒重。唐忠厚等（2014）以中国主栽优质的 30 份不同肉色甘薯资源为研究对象，采用常规化学分析与近红外光谱技术测定块根中的主要营养品质指标，结果表明，不同肉色甘薯品种（系）营养品质综合评价差异达显著水平（$P<0.05$），主要表现为紫肉型＞黄肉型＞白肉型，紫肉型营养品质综合评价较高主要受其功能物质因子的影响，如黄酮类、多酚类、花青素、胡萝卜素等，因此这些可作为衡量甘薯块根营养品质的重要指标。

三、抗性鉴定

作物生长发育过程中，会受到病虫等生物的侵袭，即生物胁迫；也会受到盐碱、干旱、洪涝、低温、高温等非生物环境的影响，即非生物胁迫。这些均会严重影响作物产量的提高和品质的稳定，因此，多抗稳产成为作物育种的重要目标，种质资源作为作物育种的物质基础，其抗性鉴定也成为评价鉴定的重要方面。

（一）抗病虫能力鉴定

1. 抗病性鉴定　　抗病性是种质材料抵御病害发生的潜能，主要受植物体基因型控制，但是由多种因子相互作用的综合表现，即植物抗病性表现＝寄主抗病性基因型＋病原物致病性基因型＋寄生植物生存的环境。

抗病性鉴定可分直接鉴定和间接鉴定两大类。直接鉴定包括田间鉴定和室内鉴定，通过普遍率（群体发病情况，用百分率表示）、严重度（个体发病情况的指标）、病情指数［将普遍率和严重度综合成一个数值，实际上为加权平均的严重度，即群体严重度，式（1-1）］来表示。间接鉴定是指植物体遭受病原物侵染后，通过检测产生的一些特殊代谢产物（毒素、植物保卫素等）的量来作为鉴定指标。

$$病情指数=\frac{\sum(病害级值×本病级株数)}{最严重级值×调查总株数}×100 \qquad (1-1)$$

2. 抗虫性鉴定　　抗虫性是植物抵御害虫的能力。需要注意害虫在不同种质材料上产卵的选择性及在不同栽培条件下（如温室、网室、笼罩）单株或单位面积的着卵量；害虫取食不同种质材料的发育速度和成活率；害虫对不同种质材料的危害程度。鉴定方法包括田间自然鉴定法、增加危害压法、网室鉴定法等。虫口密度可以用来初步衡量种质间抗虫性的相对强弱，而虫害指数通过式（1-2）能更客观全面代表种质抗虫性的强弱。

$$虫害指数=\frac{\sum(虫害级值×本级株数)}{最严重级值×调查总株数}×100 \qquad (1-2)$$

（二）抗逆性鉴定

抗逆性受遗传控制，还与发育生理和影响发育的因素有关，抗逆性鉴定就是比较不同种质对逆境的反应程度。在鉴定抗逆性时，应了解种质材料对逆境的敏感时期、器官和部位，鉴定方法要准确、快速、简便。可采用自然逆境鉴定、人工模拟逆境鉴定和间接鉴定。自然逆境鉴定、人工模拟逆境鉴定可用受害指数［式（1-3）］进行度量；间接鉴定指标包括过氧化物酶、超氧化物歧化酶、过氧化氢酶酶活，可溶性糖、脯氨酸、丙二醛含量等生理生化指标。

$$受害指数 = \frac{\sum(代表级值 \times 本级株数)}{最严重级值 \times 调查总株数} \times 100 \qquad (1-3)$$

黄亮等（2017）在温室中采用条锈菌 CYR32、CYR33、G22-9、G22-14 对中国小麦主产区的 79 个小麦品种（系）进行苗期抗性鉴定，结果发现，苗期对 CYR32 和 CYR33 均具有抗性的有 16 份（20.3%），对条锈菌致病类型 G22-9 和 G22-14 均具有抗性的有 4 份（5.1%），对 CYR32、CYR33、G22-9 和 G22-14 均具有抗性的有 4 份（5.1%）；成株期对 CYR32 和 CYR33 表现中抗及以上水平的有 24 份（30.4%）；对 CYR32 表现全生育期抗性的有 12 份（15.2%），对 CYR33 表现全生育期抗性的有 16 份（20.3%），对 CYR32 和 CYR33 均表现全生育期抗性的有 11 份（14.0%）；苗期对 4 个菌系均具有抗性并且成株期对 CYR32 和 CYR33 表现中抗或以上水平的共 4 份（5.1%）。研究认为，中国主产麦区的这 79 个小麦品种（系）对当前条锈菌流行小种抗性水平普遍较低，今后应加大新的有效抗性基因的利用，以育成多基因聚合的有效持久抗性品种。

为了筛选优异甜玉米材料，高玉尧等（2020）对 44 份热带甜玉米种质材料进行了抗旱性鉴定评价。结果表明，材料之间的过氧化物酶（peroxidase，POD）及过氧化氢酶（catalase，CAT）活性均存在极显著差异，其中 POD 活性为 143.49～2382.80U/（g·min），2000U/（g·min）以上的材料只有 3 个；而 CAT 活性为 134.60～653.93U/（g·min），600U/（g·min）以上的材料只有 2 个；进一步结合主要农艺性状进行综合分析，发现'ZM110''ZM112''ZM114''ZM121'这 4 个材料不仅抗旱性强且主要农艺性状表现良好，可选作甜玉米种质创新利用和抗旱遗传育种研究的候选材料。

第三节 作物种质创新

种质资源是作物遗传改良和相关基础研究的物质基础。作物种质资源的数量和质量，以及种质资源研究、创新的深度和广度，直接影响种质资源利用效率和现代种业的可持续发展。因此，种质资源保护和创新利用已成为世界各国农业科技创新驱动战略的重要组成部分（黎裕等，2015）。

一、利用外地引进种质进行种质创新

外地种质具有不同的生物学、经济学和遗传性状，往往能反映各自原产地区的自然条件和生产特点，具备某些本地种质资源所不具备的性状，特别是来自起源中心的材料，集中反映了遗传的多样性，虽然这类种质对本地条件适应性差，可能在育种上不好直接利用，必须进行必要的选择和改良创新，但是却是改良本地品种的重要材料。

20 世纪 80 年代，我国从国外引进一批玉米种质，这批种质经综合鉴定，具有保绿性好、根系发达、抗病虫害能力强和抗旱抗涝等突出的农艺性状。各育种单位利用这批种质在 90 年代相继育成多个优良自交系，其中来源'P78599'的自交系最多，如中国农业大学选育的'P138''X178''P131B''P136''1127''1145'，山东省农业科学院选育出的'齐 319''齐 318'，中国农业科学院育成的'中自 03'，丹东农业科学院育成的'丹 3130'，济源市农业科学研究所育成的'济 533'等（王元东等，2004）。利用这些优良自交系组配出一批强优势组合，如'农大 108'（'X178'×'黄 C'）、'鲁单 981'（'齐 319'×'lx9801'）、'济单 7 号'（'济 533'×'昌 7-2'）等。这批自交系被育种者称为 P 群自交系，它们的出现丰富了原有的杂种优势模式，拓宽了玉米的种质基础，是目前育种实践仍然值得参考的选育模式。今后要继续加强对外地优良种质资源的开发和改良。

山东农业大学李晴祺教授课题组将各地引进小麦育种材料进行试种时发现，原产德国的'牛朱特'表现十分突出，穗大粒多且抗病能力特别强，但也有严重的缺点，植株太高，成熟期晚。团队为充分利用'牛朱特'的优良性状基因，首先将'牛朱特'与早熟材料'孟县 201'进行杂交（'孟县 201'×'牛朱特'）以缩短其后代的生育期；然后又将得到的杂交一代作父本与我国第一代矮秆品种'矮丰 3 号'进行杂交［'矮丰 3 号'×（'孟县 201'×'牛朱特'）］；这样复交得到的种子包含了亚洲、欧洲、美洲、大洋洲 9 个国家种质的优良基因，有非常丰富的遗传基础；后代分离群体中株高、抗病性、产量等方面都有显著差别，团队紧紧抓住矮化这个主要目标性状，把长期难以解决的矮秆、抗病、丰产和熟期适中等难以结合的特点结合在一起，又配合以良好的遗传性，层层优化选择。历经 10 年，终于完成了种质创新的全过程，因其三个亲本分别是'矮丰 3 号''孟县 201''牛朱特'，所以定名为'矮孟牛'。由于综合性状突出、配合力高，'矮孟牛'被不同育种单位广泛利用。据不完全统计，含有'矮孟牛'血缘的省审或国审品种 28 个。其中仅 1983～1998 年，就育成了 13 个品种，年种植面积 500 万亩①以上的有 6 个；育成品种至 1996 年累计推广 3.09 亿亩，增产小麦 107.52 亿 kg；'鲁麦 15'和'豫麦 21'等品种还荣获国家科学技术进步奖二等奖。

二、利用群体改良法进行种质创新

群体改良不仅可改良群体自身的性状，还能将不同种质的有利基因集中于一些个体内，创造出新的种质资源，扩大群体的遗传多样性，丰富基因库，为作物育种提供更为优良的种质资源。作物群体改良最早是在异花授粉作物中应用，以玉米中应用最为广泛；在自花授粉作物和常异花授粉作物中，由于去雄授粉比较困难，应用上受到了限制；核雄性不育性的发现和利用，对自花授粉作物开展轮回选择起了很大的促进作用。

---

①1 亩≈666.7m²

玉米群体改良研究开展最成功最深入的是美国和国际小麦玉米改良中心（CIMM-YT）。美国 BSSS 群体改良从 1939 年开始，经历了十几轮，从不同选择轮次群体中育成了 B13、B37、B73、B84 等一批优良自交系。CIMMYT 在引进世界各地种质资源的基础上，合成并改良了一系列群体；这些群体层次分明，血缘、杂种优势模式清晰，类型丰富且各具特色；在改良法上有改良半同胞法、S_1 或 S_2 选择法、半（全）同胞相互轮回选择、改良半（全）同胞相互轮回选择等多种方法（白星焕等，2007）。

我国群体改良起步相对较晚，但经过多年努力，也培育出一大批优良玉米改良群体，如中综系列的中综 2 号、中综 3 号、中综 4 号、中群 13、中群 14 等，豫综系列的豫综 2 号、豫综 5 号，辽综系列的辽旅综，吉综系列的吉综 A、吉综 B、吉综 D 和广黄群等群体；而且从这些群体中选育出一批优良自交系，如金黄 96、辽轮 814、吉 921、豫 25、武 126、中自 02、CA375、综 3、综 31 等；利用这些自交系配成的杂交种如'豫玉 22'（'综 3'×'郑 87-1'）、'中单 2996'（'多黄 29'×'金黄 96'）、'农大 3138'（'综 31'×'P138'）等，已在生产上推广应用（白星焕等，2007）。

三、应用近缘野生种等材料创造新种质

由于长期的驯化和遗传改良，当今的优良作物品种常遇到遗传基础变窄的瓶颈，迫切需要从育成品种外部导入新基因或引入新的等位变异。由于野生近缘种和地方品种的遗传多样性远远高于现代品种，因此，针对地方品种和野生近缘种的种质创新研究已成为热点（Able et al.，2007）。随着基因组学的发展，种质创新研究工作正由过去的以表型选择为主转变为以分子标记选择和全基因组选择等为主，外源优异基因的鉴定和利用不断加快（黎裕等，2015）。

野生稻中蕴含着不少可能用于水稻遗传改良的基因，基因组学方法在其有利等位变异广泛应用中起到了重要的推动作用。Tian 等（2006）将东乡野生稻染色体导入籼稻，构建了一个包含 159 个系、覆盖东乡野生稻约 67.5%基因组的导入系群体，进一步研究鉴定到一个来自东乡野生稻的抗旱渗入系 IL23（Zhang et al.，2006）。Tan 等（2007）构建了在粳稻品种"特青"背景下的 120 个云南元江野生稻导入系，以此为基础利用图位克隆技术获得一个源于野生稻并控制水稻从匍匐生长向直立生长转化的基因 PROG1（Tan et al.，2008）。这些导入系中存在丰富的表型变异，为进一步鉴定和利用野生稻的优异等位变异打下了很好的基础。

小麦地方品种和野生近缘物种是拓宽小麦遗传多样性的主要基因源。Chen 等（1995）将簇毛麦 6VS 携带的白粉病水平抗性基因 Pm21 成功地导入小麦后，在小麦育种中被有效利用。为了进一步鉴定簇毛麦 6VS 携带的 Pm21，Cao 等（2011）利用大麦基因芯片筛选并克隆出一个簇毛麦抗白粉病基因的关键成员丝氨酸和苏氨酸蛋白激酶基因 Stpk-V。Periyannan 等（2013）采用图位克隆法克隆到 Sr33，发现其编码一个含有 R 基因功能域的抗性蛋白，将其从近缘物种粗山羊草引入小麦后，可以增强小麦对 Ug99 毒性生理小种的抗性。Munns 等（2012）将二倍体野生栽培一粒小麦的耐盐碱基因 TmHKT1；5-A 导入四倍体硬粒小麦中，可以增强其抗盐碱能力，在盐碱土地上生长较对照增产 25%。Wang 等（2020）首先利用小麦-长穗偃麦草异代换系（7D/7E）群体完

成了赤霉病抗性基因 *Fhb7* 的精细定位，通过筛选 BAC 文库获得候选基因谷胱甘肽转移酶（gluthanione S-transferase），然后通过病毒诱导基因沉默（virus-induced Gene silencing，VIGS）、甲基磺酸乙酯（ethyl methane sulfonate，EMS）诱导突变体、小麦转基因研究等验证了该基因的功能。进一步研究发现 *Fhb7* 编码的蛋白质可以打开 DON 毒素的环氧基团，并催化其形成谷胱甘肽加合物（DON-GSH），从而产生解毒效应。此外，研究认为 *Fhb7* 通过基因水平从禾本科植物内生真菌 Epichloë 转入二倍体长穗偃麦草，该研究对小麦赤霉病抗性种质创新具有重要意义。

玉米栽培品种中蕴含丰富的遗传变异，因此，近缘野生种的利用相对较少，但也取得一些进展。Amusan 等（2008）从二倍体多年生大刍草和玉米回交后代中选出低抗寄生杂草菟丝子的自交系。Chia 等（2012）认为可以利用摩擦禾属的多年生、抗寒、抗旱外源等位基因改良玉米。中国科学院遗传研究所利用远缘杂交方法将大刍草导入自交系 330，选育出'遗单 6 号'单交种，提高了茎秆强度，抗倒性，抗大、小斑病，抗青枯病。河南省农业科学院将大刍草基因导入自交系掖 478 等优良自交系，从中选育出抗逆性强的郑远 36、郑远 37 等新品系。

中国是世界上保存野生大豆资源最多的国家，野生大豆具有高蛋白、多花多荚丰产、对病虫害和非生物逆境的环境适应能力强等满足人类需求的特殊功能性状。Concibido 等（2003）将野生大豆'PI 407305'的 QTL 导入栽培大豆中，可显著提高商业推广大豆品种产量。Wang 等（2013）以野生大豆种质'N24852'为供体，以栽培大豆优良品种'NN1138-2'为受体，构建了染色体片段置换系，以鉴定和利用野生大豆优异基因资源。

陆地棉纤维品质中等但因产量高等特点成为当前栽培面积最大的栽培棉种，在品质育种愈发重要的今天，陆地棉较低的遗传多样性限制了其进一步的遗传改良。海岛棉虽然产量较低，但是纤维品质优良且黄萎病等抗性强，所以一直以来将海岛棉优良基因导入陆地棉是众多棉花育种工作者的努力方向。Zhu 等（2020）以海岛棉遗传标准系 3-79 为供体，陆地棉优良品种'Emian22'为受体，构建了包含 325 个系的导入系群体，发掘到若干优异育种材料并鉴定到一批优良纤维品质及农艺性状相关候选基因位点，对棉花种质创新及遗传改良均具有重要意义。

四、利用生物技术进行作物种质资源创新

生物技术的飞速发展及在作物种质创新中的作用日益凸显。我国在基因转化、组织培养、花药培养、原生质融合、人工种子、半胚移植等方面处于国际领先或国际先进行列，已成功利用转基因、组织培养、花药培养等技术选育出多种作物的新品种/系。

转基因抗虫棉的研发与应用当是转基因应用于作物育种/种质创新的最典型事例，*Bt* 抗虫基因是使用最早、最广泛、最有效的基因，通过农杆菌介导法把外源 *Bt* 基因导入受体棉花植株，获得了抗虫能力 80% 以上的转 *Bt* 基因抗虫棉，从而有效地控制了棉铃虫等害虫对棉花生产的危害，大大减少了由虫害所造成的损失。自 1994 年中国成功研制出转 *Bt* 基因单价抗虫棉以来，转基因抗虫棉已占棉花总种植面积的 93% 以上，目

前在生产上使用的转基因抗虫棉大多具有 *Bt* 抗虫基因。但是随着转基因抗虫棉的大量种植，一些昆虫开始对其产生抗性。张浩男（2012）报道黄河流域田间监测出棉铃虫对转基因抗虫棉已产生早期抗性，一旦棉铃虫对抗虫棉产生抗性，抗虫棉将失去价值。因此，迫切需要挖掘利用更多类型的抗虫基因如苏云金芽孢杆菌营养期杀虫蛋白（vegetative insectidal protein，VIP）基因、蛋白酶抑制剂（proteinase inhibitor，PIS）基因、植物外源凝集素（lectin）类基因，抑或通过转入双价/多价基因，以延缓棉铃虫对转基因棉花产生抗性的时间（孙璇等，2016）。2020 年 1 月 21 日，农业农村部科技教育司发布 2019 年农业转基因生物安全证书（生产应用）批准清单，其中包括两个玉米品种（抗虫耐除草剂品种'DBN9936'和'瑞丰 125'）和一个大豆品种（耐除草剂品种'SHZD3201'），这标志着该性状产品具备农业转基因生物安全性，可以用于农业生产和农产品加工。

赵明霞等（2012）以'花育 20 号'成熟种子胚小叶为诱变材料，在诱导培养基上诱变处理后加羟脯氨酸筛选，将获得的耐性苗经嫁接移栽田间，其后代在株高、茎枝颜色、株型、开花习性等方面与诱变亲本明显不同；苗期进行干旱处理后大部分植株生长正常，而诱变亲本的生长明显受到抑制。多年来，该团队创制出高产、耐盐、高油、抗旱及特殊性状的花生突变体 1000 余份，为花生遗传改良理论研究及品种选育奠定了重要基础。

Melchers 等（1978）将培育的二倍体马铃薯品系和番茄叶片细胞进行融合，首次获得了马铃薯与番茄的属间体细胞杂种，将所产生的杂交株称为"马铃薯番茄"。像大多数杂种一样，杂交株同时具有马铃薯和番茄的形态特征，其中一些植株形成了类似块茎的"生殖根"，但是没有产生可结实的花、果实以及真正意义上的块茎。到目前为止，"马铃薯番茄"一类的体细胞杂交植物还不能产生经济效益，但是其研究价值不可忽视，说明体细胞杂交在作物种质创新方面具有重大潜力。

五、利用其他新技术改良、创造新种质

科学技术的飞快发展，推动了农业育种技术的革新，航天育种技术、微波育种技术等相继应用于植物育种中。基本原理就是利用外部射线照射种子，使种子基因型发生突变，然后通过田间种植，鉴定筛选优良材料，实际是一种诱变育种。这些方法对于现有种质的改良有很好的推动作用，从太空返回或被微波照射后，原种质发生变异的范围很大，往往超出一般的变异范围，甚至是自然界尚未出现或很难出现的新基因源。但是这种变异还不能做到定向，只有通过后代的选择，才能从大量的变异群体中筛选出符合要求的突变体。

王霞等（2019）以我国北方地区主栽花生品种'鲁花 11 号'成熟种子为试材，经快中子辐照处理后取种子胚小叶进行组织培养，通过胚胎发生途径获得再生苗，后代共获得了 107 份突变体，分别在主茎高、分枝数、荚果形状和大小、种皮颜色、内种皮颜色、含油率、蛋白质含量等性状上发生了明显变异；并进一步从突变体后代中选育出了低油、早熟、耐涝的花生新品种'宇花 7 号'。研究结果表明，辐照结合组织培养是创造花生新种质、培育新品种的有效方法。

本章小结

　　种质资源是作物育种的物质基础，突破性新品种的培育离不开种质资源的创制与应用，种质资源挖掘和创新利用已成为当前育种研究的制高点。本章系统介绍了作物种质资源遗传多样性研究方法及研究进展、作物种质资源评价方法以及作物种质创新的多种途径。可以看出，遗传多样性研究方法经历了形态学水平、细胞学染色体水平、生理生化水平、分子水平的发展阶段，当前基因组学已成功应用于作物遗传多样性研究中；作物种质资源评价方法包括生物学鉴定、经济性状评价、抗性鉴定等，这些基础研究对作物遗传改良具有重要意义；可以通过利用外地引进种质、近缘野生种，群体改良法，生物技术等途径对种质资源进行创新。总之，作物种质资源的系统研究与积极创新，必将推动作物育种的高质量发展。

思 考 题

　　1．种质资源的概念是什么？包括哪些类型？

　　2．种质资源遗传多样性的研究方法经历了怎样的发展阶段？

　　3．分子水平的作物遗传多样性是指什么？都有哪些类型的分子标记用于该研究？当前又发展到何种水平？

　　4．作物种质资源的评价与鉴定包括哪几个层面？有何意义？

　　5．当前作物种质创新可采用的途径有哪些？

　　6．如何利用现代生物技术进行种质创新？

主要参考文献

白玉．2007．DNA 分子标记技术及其应用［J］．安徽农业科学，35（24）：7422-7424

柴永峰，李秀绒，赵智勇．2013．CIMMYT145 份小麦种质资源的鉴定及杂交利用［J］．中国农学通报，29（33）：56-61

高玉尧，许文天，胡小文．2020．热带甜玉米（*Zea mays* L. *saccharata* Stult）种质资源遗传多样性分析及抗旱性鉴定［J］．分子植物育种，12：4136-4143

郭旺珍，彭锁堂，李炳林．1997a．陆地棉与毛棉杂种性状遗传学和细胞学研究［J］．棉花学报，9（1）：21-24

郭旺珍，张天真，潘家驹．1997b．我国陆地棉品种的遗传多样性研究初报［J］．棉花学报，9（5）：242-247

黄亮，刘太国，肖星芷．2017．中国 79 个小麦品种（系）抗条锈病评价及基因分子检测［J］．中国农业科学，50（16）：3122-3134

季丽静．2013．观赏芍药部分新种质 SSR 遗传多样性分析及 DNA 指纹图谱构建［D］．北京：北京林业大学硕士学位论文

贾子昉，赵海红，李成奇．2014．棉花种质资源遗传多样性研究进展［J］．贵州农业科学，42（1）：16-20

郎明林，卢少源，张荣芝．2001．中国北方冬麦区主栽品种醇溶蛋白组成的遗传演变分析［J］．作物学报，27（6）：958-966

李清莹．2018．火力楠种质资源遗传多样性研究［D］．北京：中国林业科学研究院博士学位论文

李武，倪薇，林忠旭．2008．海岛棉遗传多样性的 SRAP 标记分析［J］．作物学报，34（5）：893-898

李锡香．2002．黄瓜种质遗传多样性的形态和分子评价及其亲缘关系研究［D］．北京：中国农业科学院博士学位论文

刘三才，郑殿升，曹永生．2000．中国小麦选育品种与地方品种的遗传多样性［J］．中国农业科学，33（4）：20-24

马苏力娅．2019．我国山楂品种资源遗传多样性和新品种保护研究［D］．北京：北京林业大学博士学位论文

蒲艳艳，宫永超，李娜娜．2016．中国小麦作物遗传多样性研究进展［J］．中国农学通报，32（30）：7-13

齐冰洁，刘景辉，高聚林．2010．燕麦种质资源醇溶蛋白遗传多样性研究［J］．麦类作物学报，30（3）：427-430

秦君，杨春燕，谷峰．2013．黄淮海地区大豆产量及其稳定性评价［J］．中国农业科学，46（3）：451-462

石海春，袁昊，李东波．2014．82 份玉米自交系遗传多样性分析［J］．华北农学报，29（6）：84-93

孙璇，马燕斌，张树伟．2016．转基因抗虫棉花基因类型及原理研究进展［J］．山西农业科学，44（1）：115-118

· 16 · 高级作物育种学

唐忠厚，魏猛，陈晓光. 2014. 不同肉色甘薯块根主要营养品质特征与综合评价［J］. 中国农业科学，47（9）：1705-1714

田骏. 2012. 种质资源遗传多样性研究进展［J］. 草业与畜牧，203：53-58

王舰. 2017. 马铃薯种质资源遗传多样性研究及块茎性状的全基因组关联分析［D］. 北京：中国农业大学博士学位论文

王霞，刘录祥，乔利仙. 2019. 快中子辐照结合组织培养培育花生新品种宇花 7 号［J］. 生物工程学报，35（2）：270-280

夏铭. 1999. 遗传多样性研究进展［J］. 生态学杂志，（3）：59-65

薛晓杰，杜晓云，盖艺，等. 2020. 基于 GBS 测序开发 SNP 在植物上的应用进展［J］. 江苏农业科学，48（13）：62-68

詹秋文，高丽，张天真. 2006. 苏丹草与高粱染色体核型比较研究［J］. 草业学报，15（2）：100-106

张浩男. 2012. 棉铃虫 Bt 抗性基因遗传多样性及钙粘蛋白胞质区突变基因的功能表达［D］. 南京：南京农业大学博士学位论文

张俊卫，包满珠. 1998. 分子标记在观赏植物分类中的应用［J］. 北京林业大学学报，2：85-89

张娜，杨希文，任长忠. 2011. 白燕 2 号 EMS 突变体的形态鉴定与遗传变异分析［J］. 麦类作物学报，31（3）：421-426

赵久然，李春辉，宋伟. 2018. 基于 SNP 芯片揭示中国玉米育种种质的遗传多样性与群体遗传结构［J］. 中国农业科学，51（4）：626-634

赵明霞，孙海燕，隋炯明. 2012. 离体筛选花生抗逆突变体及其后代特征特性研究［J］. 核农学报，26（8）：1106-1110

赵天祥，孔秀英，周荣华. 2009. EMS 诱变六倍体小麦偃展 4110 的形态突变体鉴定与分析［J］. 中国农业科学，42（3）：755-764

周萍萍，颜红海，彭远英. 2019. 基于高通量 GBS～SNP 标记的栽培燕麦六倍体起源研究［J］. 作物学报，45（10）：1604-1612

周延清，杨清香，张改娜. 2008. 生物遗传标记与应用［M］. 北京：化学工业出版社

Amusan I O, Rich P J, Menkir A. 2008. Resistance to *Striga hermonthica* in a maize inbred line derived from *Zea diploperennis* [J]. New Phytologist, 178: 157-166

Barbazuk W B, Schnable P S. 2011. SNP discovery by transcriptome pyrosequencing [J]. Methods in Molecular Biology, 729: 225-246

Beyene Y, Botha A M, Myburg A A. 2006. Genetic diversity in traditional Ethiopian highland maize accessions assessed by AFLP markers and morphological traits [J]. Biodiversity and Conservation, 15 (8): 2655-2671

Brunner A L, Johnson D S, Kim S W. 2009. Distinct DNA methylation patterns characterize differentiated human embryonic stem cells and developing human fetal liver [J]. Genome Research, 19: 1044-1056

Cao A, Xing L, Wang X. 2011. Serine/threonine kinase gene *Stpk-V*, a key member of powdery mildew resistance gene *Pm21*, confers powdery mildew resistance in wheat [J]. Proceedings of the National Academy of Sciences of the USA, 108: 7727-7732

Chen H, Xie W, He H. 2014. A high-density SNP genotyping array for rice biology and molecular breeding [J]. Molecular Plant, 7: 541-553

Chen P D, Qi L L, Zhou B. 1995. Development and molecular cytogenetic analysis of wheat-Haynaldia villosa 6VS/6AL translocation lines specifying resistance to powdery mildew [J]. Theoretical and Applied Genetics, 91: 1125-1128

Chia J M, Song C, Bradbury P J. 2012. Maize HapMap2 identifies extant variation from a genome in flux [J]. Nature Genetics, 44: 803-807

Concibido V C, La Vallee B, McLaird P. 2003. Introgression of a quantitative trait locus for yield from *Glycine soja* into commercial soybean cultivars [J]. Theoretical and Applied Genetics, 106: 575-582

DeLacy I H, Skovmand B. 2000. Characterization of Mexican wheat landraces using agronomically useful attributes [J]. Genetic Resources and Crop Evolution, 47 (6): 591-602

Dotlacil L, Hermuth J, Stehno Z. 2000. Diversity in European winter wheat landraces and Obsolete cultivars [J]. Czech Journal of Genetics & Plant Breeding, 36 (2): 29-36

Faris H, Arnulf M, Harjit S. 2006. Multivariate analysis of diversity of tetraploid wheat germplasm from Ethiopia [J]. Genetic Resources Crop Evolution, 53 (6): 1089-1098

Fu J, Cheng Y, Linghu J. 2013. RNA sequencing reveals the complex regulatory network in the maize kernel [J]. Nature Communications, 4: 2832

Glaubitz J C, Casstevens T M, Lu F. 2014. TASSEL-GBS: A high capacity genotyping by sequencing analysis pipeline [J]. PLoS One, 9: e90346

Hamblin M T, Warburton M L, Buckler E S. 2007. Empirical comparison of simple sequence repeats and single nucleotide polymorphisms in assessment of maize diversity and relatedness [J]. PLoS One, 2: e1367

Joshi S P, Gupta V S, Aggarwal R K. 2000. Genetic diversity and phylogenetic relationship as revealed by inter simple sequence repeat (ISSR) polymorphism in the genus *Oryza* [J]. Theoretical and Applied Genetics, 100 (8): 1311-1320

Kiialainen A, Karlberg O, Ahlford A. 2011. Performance of microarray and liquid based capture methods for target enrichment for massively parallel sequencing and SNP discovery [J]. PLoS One, 6 (2): e16486

Lam H M, Xu X, Liu X. 2010. Resequencing of 31 wild and cultivated soybean genomes identifies patterns of genetic diversity and selection [J]. Nature Genetics, 42: 1053-1059

Melchers G, Sacristán M D , Holder A A. 1978. Somatic hybrid plants of potato and tomato regenerated from fused protoplasts [J]. Carlsberg Research Communications, 43 (4): 203-218

Metakosky E V, Gomez M, Vazquez J F. 2000. High genetic diversity of Spanish common wheats as judged from gliadin alleles [J]. Plant Breeding, 119: 37-42

Mihaljević M Ž, Šarčević H, Lovrić A. 2020. Genetic diversity of European commercial soybean [*Glycine max* (L.) Merr.] germplasm revealed by SSR markers [J]. Genetic Resources and Crop Evolution, 67 (6): 1587-1600

Muhamad K, Ebana K, Fukuoka S. 2017. Genetic relationships among improved varieties of rice (*Oryza sativa* L.) in Indonesia over the last 60 years as revealed by morphological traits and DNA markers [J]. Genetic Resources and Crop Evolution, 64 (4): 701-715

Munns R, James R A, Xu B. 2012. Wheat grain yield on saline soils is improved by an ancestral Na$^+$ transporter gene [J]. Nature Biotechnology, 30: 360-364

Ng S B, Turner E H, Robertson P D. 2009. Targeted capture and massively parallel sequencing of 12 human exomes [J]. Nature, 461: 272-276

Paull J, Chalmers K, Karakousis A. 1998. Genetic diversity in Australian wheat varieties and breeding material based on RFLP data [J]. Theoretical and Applied Genetics, 96 (3-4): 435-446

Periyannan S, Moore J, Ayliffe M. 2013. The gene *Sr33*, an ortholog of barley *Mla* genes, encodes resistance to wheat stem rust race Ug99 [J]. Science, 341: 786-788

Semagn K, Babu R, Hearne S. 2014. Single nucleotide polymorphism genotyping using Kompetitive Allele Specific PCR (KASP): Overview of the technology and its application in crop improvement [J]. Molecular Breeding, 33: 1-14

Tan L, Li X, Liu F. 2008. Control of a key transition from prostrate to erect growth in rice domestication [J]. Nature Genetics, 40: 1360-1364

Tan L, Liu F, Xue W. 2007. Development of *Oryza rufipogon* and *O. sativa* introgression lines and assessment for yield-related quantitative trait loci [J]. Journal of Integrative Plant Biology, 49: 871-884

Thakur N, Prakash J, Thakur K. 2017. Genetic diversity and structure of maize accessions of north western himalayas based on morphological and molecular markers [J]. Proc. Natl. Acad. Sci, India, Sect. B Biol. Sci., 87 (4): 1385-1398

Tian F, Li D J, Fu Q. 2006. Construction of introgression lines carrying wild rice (*Oryza rufipogon* Griff.) segments in cultivated rice (*Oryza sativa* L.) background and characterization of introgressed segments associated with yield-related traits [J]. Theoretical and Applied Genetics, 112: 570-580

Unterseer S, Bauer E, Haberer G. 2014. A powerful tool for genome analysis in maize: development and evaluation of the high density 600 K SNP genotyping array [J]. BMC Genomics, 15: 823

van Inghelandt D, Melchinger A, Lebreton C. 2010. Population structure and genetic diversity in a commercial maize breeding program assessed with SSR and SNP markers [J]. Theoretical and Applied Genetics, 120: 1289-1299

Wang H, Sun S, Ge W. 2020. Horizontal gene transfer of *Fhb7* from fungus underlies Fusarium head blight resistance in wheat [J]. Science, 368 (6493): eaba5435

Wang S, Wong D, Forrest K. 2014. Characterization of polyploid wheat genomic diversity using a high-density 90000 single nucleotide polymorphism array [J]. Plant Biotechnology Journal, 12: 787-796

Wang W, He Q, Yang H. 2013. Development of a chromosome segment substitution line population with wild soybean (*Glycine soja* Sieb. et Zucc.) as donor parent [J]. Euphytica, 189: 293-307

Wang X, Ren G, Li X. 2012. Development and evaluation of intron and insertion-deletion markers for gossypium barbadense [J]. Plant Molecular Biology Reporter, 30 (3): 605-613

Wendel J F, Brubaker C L, Pereival A E. 1992. Genetic diversity in Gossypium hirsutum and the origin of upland cotton [J]. American Journal of Botany, 79 (11): 1291-1310

Xu C, Ren Y, Jian Y. 2017. Development of a maize 55 K SNP array with improved genome coverage for molecular breeding [J]. Molecular Breeding, 37: 3

Zhang X, Zhou S, Fu Y. 2006. Identification of a drought tolerant introgression line derived from Dongxiang common wild rice (*O. rufipogon* Griff.) [J]. Plant Molecular Biology, 62: 247-259

第二章　作物育种的选择方法

选择是作物育种的关键环节，也是决定育种成效的重要因素。选择分为表型选择和基因型选择。表型选择是指直接测定目标性状的表型值，根据表型值是否符合育种目标决定去留。表型选择多在目标环境下、性状充分表达的关键时期进行；基因型选择是指将个体的基因型作为选择的依据。随着现代分子技术的发展，作物育种的选择方法已由过去以表型选择为主发展为表型选择、基因型选择和基因组选择相结合的综合选择体系。本章主要介绍表型选择和基因组选择的原理和方法。

第一节　表型选择的原理

表型选择的效果通常用选择进展或选择响应来衡量。选择进展是指入选亲本的子代平均表型值距亲代群体的均值的离差。对于一个目标性状，选择进展的大小取决于三个因素：狭义遗传率、选择差和选择强度。性状的狭义遗传率是一个相对值，取值为 0～1；选择差是入选群体的平均值与原始群体的平均值的离差；选择强度是指入选群体平均值相当于多少个原始群体标准差，实践中用入选率代表，入选率愈低，选择强度愈大，在相同的入选率下，供选择的群体愈大，选择强度也愈大。

为了提高表型选择的效率，可利用高度遗传相关的性状进行选择，其前提是相关性状的遗传率与目标性状和相关性状的遗传相关系数之积大于目标性状的遗传率。当目标性状与相关性状的遗传相关系数趋近于 1 时，相关性状的遗传率大小决定是否采用相关选择。

一、性状遗传率与世代选择效果

（一）遗传率的概念及分类

遗传率是表示数量性状遗传过程中遗传决定与环境影响相对重要性的数量指标，是数量遗传学中衡量性状遗传变异的重要参数之一，对动植物遗传育种有重要意义。具体而言，遗传率是指一群体中遗传方差占表型方差的比例。根据遗传方差的不同，遗传率的定义也分为不同类型。

某一性状的表现型数值称为表型值（P），其中由基因型决定的部分称为基因型值（G），表型值与基因型值之差为环境效应（E）。三者有以下关系：

$$P = G + E$$

假定基因型与环境之间无互作，对上式求方差：

$$V_P = V_G + V_E$$

式中，V_P、V_G、V_E 分别称为表型方差、遗传方差和环境方差。

根据基因型效应的不同，遗传方差 V_G 又进一步分为加性方差 V_A、显性方差 V_D 和上位性方差 V_I。其中 V_A 为等位基因和非等位基因的累加效应所引起的变异量，可通过选择固定。V_D 为等位基因间显性引起的变异量，在世代间随基因纯合度的增加而逐渐降低，不能稳定遗传。V_I 为非等位基因互作引起的变异量，不能稳定遗传。假定 $V_I=0$，则 $V_G=V_A+V_D$。

人们把遗传方差占表型方差的百分比称为广义遗传率，即

$$h_B^2=V_G/V_P$$

把加性方差占表型方差的百分比称为狭义遗传率，即

$$h_N^2=V_A/V_P$$

（二）遗传率的估计方法

遗传率估计的核心是遗传方差和环境方差组分的估计。可利用组内相关法、亲子回归法、世代对比法等方法估计遗传率。

1. 组内相关法　可利用基因型组内相关估计广义遗传率，利用同胞家系组内相关估计狭义遗传率。

若以 P_{ij} 和 P_{ik} 分别表示第 i 个基因型内第 j 个和第 k 个个体表型值，则这两个个体的协方差 $cov(P_{ij}, P_{ik})=cov[(G_i+e_{ij}), (G_i+e_{ik})]=V_G$（基因型与环境彼此独立），说明组内协方差等于组间方差。因此，可利用表型组内相关系数 t 估算遗传率，见式（2-1）。

$$t=cov(P_{ij}, P_{ik})/\sqrt{V_{P_{ij}}}\sqrt{V_{P_{ik}}}=V_G/\sqrt{V_{P_{ij}}}\sqrt{V_{P_{ik}}}=V_G/V_P \tag{2-1}$$

2. 亲子回归法　利用亲子协方差与 V_A 的关系可估计遗传率。亲子回归系数 $b=cov_{OP}/\sigma_P^2$，其中 Cov_{OP} 为子代与亲代的协方差；σ_P^2 为亲代的表型方差。亲子之间的协方差占表型方差的比例，表示了亲子间的相似程度。在一个随机交配群体内，子代与单亲的相似程度 $b_{OP}=1/2\ h_N^2$，即 $h_N^2=2b_{OP}$。子代与双亲均值的回归系数 $b_{O\bar{P}}=h_N^2$，即 $h_N^2=b_{O\bar{P}}$，其中 O 为子代；P 为亲代；OP 代表子代与单亲；$O\bar{P}$ 代表子代与双亲均值。

3. 世代对比法　利用双亲后代不同世代方差的对比计算遗传方差组分，进而估算遗传率。利用双回交和 F_2 世代，假设 $V_I=0$，则：

$$h_N^2=2V_{F_2}-(V_{B1L}+V_{B1S})/V_{F_2} \tag{2-2}$$

式中，V_{F_2} 为 F_2 代表型方差；V_{B1L} 为以高值亲本为轮回亲本的回交一代方差；V_{B1S} 为以低值亲本为轮回亲本的回交一代方差。

（三）遗传率在性状选择中的应用

一般情况下，根据遗传率的大小，可估计该性状在后代群体中的出现概率，因而能确定后代群体的规模，提高育种效率。以杂交后代群体为例，当某一性状的遗传率越高时，说明该性状受环境的影响越小，早代选择效果越好；反之，性状遗传率越低，越易受环境影响，早代选择效果不好，可在高代进行选择。因此，遗传率的主要作用是为育种提供选择时期、确立选择方法、制定育种方案、选择响应预测等。

1．遗传率高低对性状选择的指导作用　　一般情况下，根据遗传率的高低可估计该性状在后代群体中的大致概率分布，从而能确定育种群体的规模，提高选择效率。某性状遗传率高，即该性状遗传方差占总方差的比重大，则群体变异由遗传因素引起的影响就越大，环境影响就越小，该性状在下一代群体中表现的概率就高，选择效果好。反之，当性状变异主要由环境引起时，则遗传的可能性较小，在该群体内选择的效果就差。

2．遗传率与选择响应预测　　通过某性状遗传率的大小可预测该性状由亲代传给子代的程度。遗传率高，说明传递给子代的可能性大，选择效果好，反之，选择效果差。在育种工作中，一个性状选择效果是根据中选个体的子代表现与亲代群体的差值来衡量的。

选择差（S）：在选择过程中对亲本群体所施加的选择压称为选择差。定义为亲本群体中中选组的表型均值与选择前亲代群体表型均值之差。

选择响应（R）又称遗传进展（genetic progress），是指实施选择后群体平均值的改变量。其具体含义为中选组子代群体的表型值与选择前亲代群体表型均值之差。

选择响应与选择差的关系为 $R=b_{O\overline{P}}S$，其中 R 为选择响应；S 为选择差；$b_{O\overline{P}}$ 为子代对中亲值的回归系数。根据前面的论述，$b_{O\overline{P}}=h_{N}^{2}$，所以

$$R=h_{N}^{2}S \tag{2-3}$$

因此，根据性状的遗传率可以进行选择响应预测。

二、性状遗传率在不同选择方法中的应用效果

育种工作者对种质资源的个体及杂交后代的株系进行选择时，会根据多个性状的综合表现，以下面三种方法进行。

1．逐项选择法　　每世代仅按照一个性状进行选择，凡达到预定指标的株系入选，下一代再按照另一种性状进行选择。其他性状照此分别在各世代进行选择。

2．性状独立选择法　　选择前对产量及其他性质确定一个选择标准，在选择过程中凡达到这个标准的个体或株系入选，未达到这一标准的个体或株系淘汰。

3．选择指数法　　选择的最优方法是使用个体育种值的所有可利用信息，并把这些信息综合为一个指数，称为选择指数法。具体而言，选择指数法就是让选择目标面对多个性状，根据不同性状的遗传率、相对重要性等确定加权系数，以加权系数值的大小作为选择的依据。选择指数法最早由 Smith（1936）提出，将多个性状用判别函数的形式在家畜中进行选择，而后 Hazel 提出了一种构造最佳选择指数的多重相关法，即根据多个性状的遗传参数、经济参数、表型相关、遗传相关后最终得到选择指数值。选择指数法已广泛应用于动物、作物和林木育种的性状选择过程。

以上介绍的选择方法是针对选择对象的性状表现来划分的。如果根据选择对象之间的亲缘关系划分，则可分为个体选择、家系选择、同胞选择、家系内选择等方法。个体选择仅根据个体本身的表型值实施选择；家系选择根据家系的表型平均值实施选择；同胞选择指当一些性状不能在亲本个体上度量时，基于亲属的表型值进行的选择；家系内选择是指基于每一个体与其所属家系均值离差实施的选择，超出它们家系均值最大数量的个体被认为是最理想的个体。

表 2-1 分别介绍了个体选择、家系选择、同胞选择、家系内选择及选择指数等情况下的预期响应。

表 2-1　不同选择方法的遗传率和预期响应

选择方法	遗传率	预期响应
个体选择	h^2	$R=k\sigma_p h^2$
家系选择	$h^2\dfrac{1+(n-1)\,r}{1+(n-1)\,t}$	$R_F=k\sigma_p h^2\dfrac{1+(n-1)\,r}{\sqrt{n\,[1+(n-1)\,t]}}$
同胞选择	$h^2\dfrac{nr}{1+(n-1)\,t}$	$R_S=k\sigma_p h^2\dfrac{nr}{\sqrt{n\,[1+(n-1)\,t]}}$
家系内选择	$h^2\dfrac{1-r}{1-t}$	$R_W=k\sigma_p h^2\,(1-r)\sqrt{\dfrac{n-1}{n\,(1-t)}}$
选择指数		$R_C=k\sigma_p h^2\sqrt{1+\dfrac{(r-t)^2}{(1-t)}}\;\cdot\;\sqrt{\dfrac{n-1}{1+(n-1)\,t}}$

注：R. 选择强度；σ_P. 个体表型值标准差；h^2. 遗传率；r. 理论相关系数，对全同胞家系 $r=1/2$，对半同胞家系 $r=1/4$；n. 家系容量；t. 表型组内相关系数

由表 2-1 可知，各种选择方法的选择效果可通过其预期响应进行比较。影响个体选择、家系内选择及选择指数的因子是家系容量 n、理论相关系数 r 和表型组内相关系数 t。

图 2-1 比较了当 $n=2$ 和 $n=\infty$ 时，不同选择方法的相对响应。比较个体选择、家系选择和家系内选择，在很大的 t 值范围内个体选择最好。因为个体选择利用了整个加性方差，而家系选择仅利用了家系均值间的方差，家系内选择只利用了家系内方差。当 t 值较低时，家系选择的效果较个体选择好。当同胞相关较高时，家系内选择比个体选择效果好（图 2-1）。

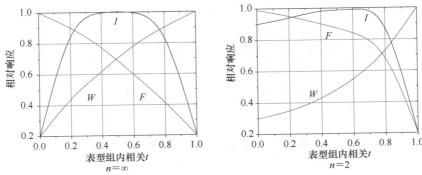

图 2-1　全同胞家系不同选择方法的相对响应（Falconer and Markay，1996）

I. 个体选择；W. 家系选择；F. 家系内选择；n. 家系容量

三、影响遗传进度的因素

根据估计公式 $R=i\sigma_p h^2$ 不难发现，提高选择强度 i、遗传率、加性方差，都可以提高遗传进度。根据数量性状的正态分布特性，可以利用公式 $R=i\sigma_p h^2$ 计算遗传进度。

在正态分布群体截尾选择的情况下，影响选择差的因素有两个。一个是选择比例的大小。例如，两种选择比例分别为 20% 和 5%，群体方差（V）为 1（图 2-2A）。显然，

高选择比例（即这里的 20%）的中选个体离群体均值更近，选择差更小；低选择比例（即这里的 5%）的中选个体离群体均值更远，选择差更大（图 2-2A）。群体方差（V）为 4 时也是如此（图 2-2B），另一个是群体性状的表型标准差。

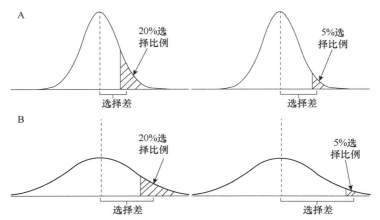

图 2-2　中选比例 p、选择差 S 和群体方差 V 的关系（A：$V=1$；B：$V=4$）

p 代表入选群体选择比例，X 代表入选群体截断点对原群体均值的离差（以标准差为单位），Z 为正态分布曲线在该百分数面积截点的纵轴高度，则：

$$p=\frac{1}{\sqrt{2\pi}}\int_t^\infty e^{-\frac{1}{2}x^2}\,dx \qquad X=\frac{1}{\sqrt{2\pi}}\int_t^\infty xe^{-\frac{1}{2}x^2}\,dx$$

$$Z=\frac{1}{\sqrt{2\pi}}\exp\left(-\frac{1}{2}x^2\right)$$

那么，中选群体均值 $=\int_x^\infty \dfrac{tf(t)}{p}\,dt=\dfrac{\int_x^\infty tf(t)\,dt}{p}\dfrac{Z}{p}$。

在标准正态分布中，$\sigma_P=1$，中选群体均值 = 选择差（S）= 选择强度（i），因此，$i=Z/p$。

不同选择比例下的选择强度如表 2-2 所示。在实际育种选择过程中，可以考虑从以下几个方面来提高遗传进度。

表 2-2　不同选择比例下的选择强度

选择比例 p	0.5	0.4	0.3	0.2	0.1	0.05	0.01	0.001	0.0001
X	0	0.2533	0.5244	0.8416	1.2816	1.6449	2.3263	3.0902	3.7190
Z	0.3989	0.3863	0.3477	0.2800	0.1755	0.1031	0.0267	0.0034	0.0004
选择强度 i	0.7979	0.9659	1.1590	1.3998	1.7550	2.0627	2.6652	3.3671	3.9585

1. 降低选择比例　即提高选择强度。由表 2-2 可知，当选择比例为 10%时，选择强度大约为 1.76；选择比例为 1%时，选择强度大约为 2.67。因此，在其他参数一致的情况下，1%的遗传进度与 10%的遗传进度的比例等于 2.67/1.76＝1.52。可见，选择比例从 10%降低到 1%时，遗传进度仅提高了大约 50%。同时，采用较高的选择强度，

需要增加被选择的个体或家系数。小群体的随机遗传漂变和近交程度较高，如存在近交衰退，也会严重影响下一代群体的表现和遗传变异。一般来说，用于重组下一轮群体的个体不应低于30。如需30个个体互交形成下一轮育种群体，若采用10%的选择比例，只需评价300个个体；如要采用1%的选择比例，则需要评价3000个个体。因此在实际育种中，选择强度的提高受群体大小的限制，选择强度不可能被无限地提高。

2．提高加性方差在遗传方差中所占的比例 不同亲缘关系群体中包含加性方差 V_A 的倍数不同，有的家系中只有 0.5 倍的 V_A，但有些家系可有 1 倍甚至超过 1 倍的 V_A。育种群体中，加性方差的倍数越高，遗传率就越大。在动物育种中，可以通过产生全同胞家系的方法来提高加性方差的倍数。在植物育种中，可以通过控制花粉和产生自交家系的方法，来提高加性方差的倍数。

3．提高加性方差本身的大小 加性方差 V_A 本身的提高可以通过引入新的种质来实现。引入新种质的同时，也就引入了新的基因，从而引起遗传方差的增加。新种质刚被引入的一段时间内，可能会由于有利基因与不利基因之间的连锁，造成群体平均数的下降。因此在开始的几个育种周期中，遗传进度不一定会高。

4．降低非遗传方差 从表型所包含的方差成分来看，随机误差方差 V_ε 和基因型与环境互作方差 V_{GE} 的降低都会引起遗传率的增加，进而加快选择进度。随机误差方差 V_ε 可通过田间试验设计得以控制，如区组设计。通过对目标环境群体的划分，还可以降低基因型与环境互作方差 V_{GE}。另外，增加表型观测的次数，可以降低表型平均数中的随机误差，进而提高以重复平均数为选择单位的遗传率。

5．缩短育种周期 以上 4 个方面，提高的都是单个育种周期的遗传进度。有时，不同选择方法完成一个育种周期的时间存在差异，育种家更关心的可能还是单位时间所能取得的遗传进度。单位周期遗传进度除以时间（一般以年为单位），称为年份遗传进度。育种中的加代，其实就是试图通过缩短育种周期的方法来提高年份遗传进度。

第二节 性状的选择方法

一、选择指数法在育种中的应用

前已述及，选择指数法即把选择目标面向综合性状，根据不同性状的遗传率、性状间的相关性设定一个权重值，据此得出一个综合系数，在选择过程中凡达到或超过临界综合系数的为中选个体，称为选择指数法。选择指数法根据多个性状的遗传率、表型表现等因素综合考虑各性状的贡献，制定不同性状的选择权重来实施选择方案。一个选择计划的制定一般应包括下列几个步骤：

1）性状各种表型参数和遗传参数的估计。

2）性状经济加权值的确定。

3）选择强度估计。

4）选择指数制定和选择效果估计。

5）计算个体指数值，确定选择决策。

其中，性状各种表型参数和遗传参数、选择强度的估计，参照数量遗传学的相关内容。

但在实际应用过程中常遇到如何确定性状经济加权值的问题。性状经济加权值指某性状每提高一个单位预期能获得的纯利润量。Moav 提出根据选择性状的平均值的偏导数计算利润值，根据利润值比较不同品种的利润率。对性状经济加权值的确定方法简介如下：

（一）利润方程法

Brascamp 等提出利用一般利润方程的偏导数计算性状经济加权值的方法。设某牧场有 N 头母畜，每头每年生 n 个后代，则利润方程如下：

$$P = N（nwv - nc_1d - c_2）$$

式中，w 为每个后代生长 d 天后的产品量；v 为单位产品的价格；c_1 为每头后代每天的成本；c_2 为每头母畜每天的成本。

性状经济加权值可由表 2-3 得出。该方法优点是简单易行，不考虑性状间的方差-协方差矩阵。缺点是在利润方程中可能因难以包括选择指数中所需的性状而无法求出这些性状的经济加权值。

表 2-3 由利润方程计算性状经济加权值的方法

	利润方程	性状经济加权值		
		$\partial P/\partial n$	$\partial P/\partial d$	$\partial P/\partial w$
母畜	$P_1 = nwv - nc_1d - c_2$	$\bar{w}v - c_1\bar{d}$	$-\bar{n}c_1$	$\bar{n}v$
后代个体	$P_2 = wv - c_1d - c_2/n$	$c_2/\bar{n}^2$	$-c_1$	v

（二）回归法

Andrus 等提出将利润（P）对各性状的偏回归系数作为性状经济加权值的线性函数，也作为根据偏回归系数得出的性状经济加权值。

$$y = x_0 + \beta_i x_i \tag{2-4}$$

式中，y 为经济参数或每头母牛每年收入；x_0 为每年畜群的平均收入；β_i 为性状经济加权值，指的是利润 P 对各性状的偏回归系数，表示在其他性状保持不变时某性状每提高一个单位引起的利润变化量；x_i 为影响利润的各性状以离差为单位的测定值。该方法的优点是简单易行，避免人为因素的影响。但由于它是直接从实际资料估算而来，一般认为只有在以下情况下才能应用：①利用的资料能代表将要研究的群体；②研究群体的方差-协方差矩阵结构与总群体相似；③需要尽量多包括一些性状。

（三）利用优化利润回归法计算性状经济加权值

由于利润方程有时不能包括我们感兴趣的性状，不能利用偏导数来求性状经济加权值。而利用回归法时，一方面经济参数不好确定，另一方面我们选择的是主要的经济性状，而没必要把所有性状都求出性状经济加权值。因此，庞航等（1989）提出优化利润回归法。该方法将利润方程和回归法同时使用，并利用逐步回归法求对利润有显著影响的主要经济性状的性状经济加权值。具体做法为：①建立研究个体的利润方程，求出个体利润值；②建立不同个体多个性状的多元线性回归方程组；③利用逐步回归分析，剔除对利润影响不大的性状，计算对利润有显著影响的性状的偏回归系数，即性状经济加权值；④将各性状的偏回归系数除以总偏回归系数，得到相对性状经济加权值。

理论上讲，选择指数法包含了多个性状的信息，这样选择有助于使目标性状获得最大改进，选择效果好。但在实际应用过程中由于群体大小、选择指数误差等原因使多性状选择有时也难达到预期效果。

二、灰色系统理论在作物育种中的应用

灰色系统理论由邓聚龙教授于 1982 年提出，该理论以灰色系统为研究对象，以灰色系统的白化、淡化、量化、模型化、最优化为核心，以对各种灰色系统发展的预测和控制为目的。它的主要研究内容有：灰色系统的建模理论、灰色因素的关联分析理论、灰色预测理论和决策理论、灰色系统分析和控制理论、灰色系统的优化理论等。灰色系统通过比较已知样品和未知样品信息的关联度，可以比较全面地判断未知样品的优劣性。通过数学算法，可以有效计算出被比较样品与参考样品的相似性。灰色系统的建模理论能够在多个性状综合性定量分析的基础上，克服单项比较分析和模糊综合评判的弊端，有较强的可比性和可靠性。

灰色关联度分析是灰色系统理论的一个分支，其基本思想是根据序列曲线几何形状来判断不同序列之间的联系是否紧密。基本思路是通过线性插值的方法将系统因素的离散行为观测值转化为分段连续的折线，进而根据折线的几何特征构造测度关联程度的模型。其基本思路基于邓聚龙教授提出的灰色系统理论。作物育种中不管是对杂交后代还是品系的选择多是基于多个性状的选择，其中关键步骤是对所选组合进行综合评估，从而确定最优组合及最佳自交系。而灰色关联度分析计算简单，不需要数据服从一定的概率分布，数据有无规律均可，不会出现量化结果与定性分析不相符的现象，具有良好的稳定性。因此灰色关联度分析在新品种筛选和农艺性状相关性分析中得到越来越多的重视和应用。

灰色关联度分析是衡量因素间关系程度的一种量化方法，它将众多因素作为一个整体灰色系统，克服了多因素孤立分散状态和单位不同的分析缺点，具有样本数量小且分析方法简便的特点。其基本分析步骤如下：

1）确定分析时间序列，设反映系统行为特征的序列（母序列）为 $X_0(k)$，影响系统行为的相关因素组成的序列（子序列）为 $X_i(k)$。

2）对原始序列进行标准化处理。

3）计算绝对差序列。在 t 时刻时，母序列与子序列的绝对差

$$\Delta=\left|X_0(k)-X_i(k)\right|$$

4）计算母序列与子序列间的灰色关联系数，灰色关联系数 $\xi_i(k)$ 及关联度 r_i 按照下式计算：

$$\xi_i(k)=\frac{\min\limits_{i}\min\limits_{k}\left|X_0(k)-X_i(k)\right|+\rho\dfrac{\max}{i}\dfrac{\max}{k}\left|X_0(k)-X_i(k)\right|}{\left|X_0(k)-X_i(k)\right|+\rho\dfrac{\max}{i}\dfrac{\max}{k}\left|X_0(k)-X_i(k)\right|} \tag{2-5}$$

$$r_i = \frac{1}{N} \sum_{k=1}^{N} \xi_i(k) \tag{2-6}$$

式中，ρ 为分辨率，取值为 0～1，一般取 $\rho=0.5$，作用是提高关联系数之间的差异显著性。

灰色关联度分析应用于作物育种学，产生了作物灰色育种学这一学科分支，它是应用灰色系统理论和作物育种理论从定性与定量相结合的角度研究作物育种过程中，目标性状之间的关系、亲本分类、组合配制、单株选择、品系鉴定、品种比较等的方法，为新品种选育与评价提供理论依据。

作物灰色育种学的理论基础是灰朦胧集。它是在一个确定命题下，元素由不明确到明确、信息由少到多、信息可以不断补充、由灰变白、由抽象到具体的集合。例如，"一个表现最好的品种"这是停留在观念阶段的信息元。"表现最好"必定要有许多信息如产量、抗病性、抗倒性、早熟性、品质等来支持。这些信息集中在一起就形成了一个表现最好的品种的定义信息域。若从这个信息域中任意地抽出一个子集如"产量最高的品种"，然后根据这个信息子集的条件去寻找与子集要求相当的品种就可能出现这样的情况：这样的品种暂时找不到；也可能虽然找到了又不能肯定，似乎是这个品种，又似乎是另一个品种。这样就使得符合信息子集的呈现一片朦胧，这样一种朦胧状态的集合称为灰朦胧集（郭瑞林，1995）。在此基础上，提出作物灰色育种学常用的基本原理包括最少信息原理、解的非唯一性原理、差异信息原理、信息根据认知原理、信息最优原理、灰性不灭原理等。

灰色系统理论应用于作物育种的主要步骤为：①确定参考品种（组合），即根据育种目标、育种经验或专家意见确定参考品种的各性状值。②无量纲化处理，为了进行各种性状的比较，须进行无量纲化处理。常用的处理方法有初值化和均值化等。③计算关联系数及关联度，按照式（2-5）计算关联系数及关联度。将计算得到的关联系数代入式（2-6）得各性状与参考品种间的关联度。④进行关联分析。按照关联分析的原则，关联度大的数列与参考数列最接近。

灰色系统理论自创立以来，已经在小麦、玉米、大豆、甘蔗等作物育种中进行了应用，取得了显著的效果。吴敏生和戴景瑞（1999）利用灰色系统理论分析了 8 个影响玉米单交种产量的相关因素，根据 18 个杂交组合的综合表现，筛选出最优的自交系。认为这种方法能将不同的杂交组合分出等级，以进一步从优良组合中选单株，还可以对自交系进行初步判断，在玉米育种中具有一定的应用价值。

第三节　基因组选择

基因组选择（genomic selection，GS）是 Meuwissen 等于 2001 年提出的一种选择方法。该方法的原理是应用整个基因组标记图谱信息和表型信息估计每个分子标记或染色体片段的效应值，通过所有效应值的加和得到个体估计育种值（Meuwissen et al.，2001），由此得到的个体估计育种值称为基因组估计育种值（genomic estimated breeding value，GEBV）。本节将系统介绍 GS 的原理、实施策略及其育种应用。

一、全基因组选择原理和策略

GS 根据连锁不平衡原理（linkage disequilibrium，LD），假设影响性状的每个基因至少与一个标记紧密连锁，从而用该标记间接反映基因的效应。GS 策略包含两步：①在已知高密度分子标记图谱的情况下，利用遍布全基因组的高密度分子标记数据或单倍型数据，以及起始训练群体中每个样本的表型数据来建立预测模型，在模型中同时估计每个标记的遗传效应；②在育种群体中，利用每个单株的基因型数据与每个标记的遗传效应预测每个单株的 GEBV，根据预测的 GEBV 选择优良后代，进行遗传改良。全基因组选择既可以预测已经被测验过的个体的 GEBV，也可以预测未测验个体的 GEBV，表型并不作为选择的依据，而只是用作训练模型得到标记效应（图 2-3）。

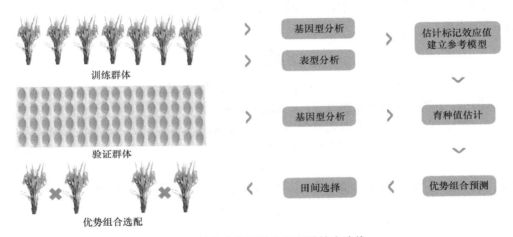

图 2-3　植物全基因组选择育种技术路线

相对于分子标记辅助选择（marker assisted selection，MAS）育种，GS 的优点是在获得遍布全基因组的高密度分子图谱情况下，所有的微效 QTL 都能找到与其处于连锁不平衡状态下的标记，将能够解释几乎所有的遗传变异的所有标记都考虑进预测模型中，能够有效地避免标记效应的有偏估计，更好地利用效应值较小的 QTL，而不仅仅只利用显著性的标记进行选择（Heffner et al.，2009）。相对于表型选择来说，GS 每轮选择的遗传进度低于表型选择，但是在后续的测试群体中只进行基因型鉴定，而不进行表型鉴定，可以缩短育种周期，提高年平均遗传进度。在动物育种中的研究表明 GS 的年平均遗传进度是传统育种的两倍（Schaeffer，2006）。同时，由于采用 GS 策略进行育种能大大减少表型测定的样本量，降低全育种周期的花费。在奶牛育种中，引入 GS 方法能降低 90%左右的费用（Schaeffer，2006）。利用植物进行的模拟研究也表明 GS 策略单位遗传进度的花费比传统育种低 26%～65%（Wong and Bernardo，2008）。

二、全基因组选择预测模型研究进展

在进行全基因组选择的过程中，需要通过训练群体的表型和基因型来估计标记的效应，然后通过标记效应来估计预测群体的育种值。由于全基因组选择将所有标记都纳入预测模型中，而且获取标记基因型数据比获取样本的表型数据要容易得多，因此模型的自变量（标记）个数会远远大于具有表型数据的样本个数。统计学上，这是典型的被称为"大变量，小样本"的问题。这样会由于没有足够的自由度而无法直接使用最小二乘回归来估计标记效应。同时，标记间存在大量的复共线性导致模型的过拟合从而使得模型的预测能力大大下降。目前已经有很多不同的统计模型被提出以解决在全基因组选择预测模型中的"大变量，小样本"的问题，目前所发展的全基因组选择模型主要分为线性预测模型、Bayes 模型和机器学习模型等，姚骥（2018）对这几种模型进行了系统概述。

（一）线性预测模型

统计学中，最常用的预测模型是基于最小二乘法的多元线性回归模型。其中基本线性模型如下所示：

$$y_i = \mu + \sum_{i=1}^{p} x_{ij} u_j + \varepsilon_i$$

式中，y_i 为第 i 个个体性状的表型值；μ 为性状的表型总体均值；x_{ij} 为第 i 个个体第 j 个标记的基因型；u_j 为第 j 个标记的效应；ε_i 为随机误差，服从 $\varepsilon \sim N（0，\sigma_\varepsilon^2）$ 的正态分布。

标记指示变量 x_{ij} 在一个双亲群体中可以被编码为 1、0、−1，分别代表高频等位基因纯合型 AA、杂合型 AB 和低频等位基因纯合型 BB 这三种基因型。模型的矩阵形式为

$$Y = Xu + \varepsilon$$

式中，$Y = \{y_i\}$ 为表型值向量；$X = \{1，x_1，x_2，\cdots，x_p\}$ 为基因型矩阵；$u = \{1，u_1，u_2，\cdots，u_p\}$ 为标记效应向量；ε 为随机误差向量。

u 的最小二乘估计为

$$\hat{u} = [X'X]^{-1} X'Y$$

在多元线性回归模型中，标记效应的估计量 $\hat{u}$ 的方差为

$$Var（\hat{u}） = [X'X]^{-1} \sigma_\varepsilon^2$$

可见 $\hat{u}$ 的方差受到以下几个因素的影响：①样本个数；②标记个数 p；③随机误差方差大小。当标记个数小于样本个数的时候，最小二乘回归能得到稳定的标记效应估计。由于高通量分子标记分型技术的发展，在育种中能够获得的分子标记数据经常远远多于在实验中考察过表型的个体数，标记效应的方差非常大，在这种情况下，使用最小二乘法估计无法得到标记效应的稳定估计。这是模型中大量的标记数目带来的严重多重共线性所导致的。

一种常见的避免过多标记数目的方法是通过逐步回归进行标记选择，在回归过程中向模型中按照设定的值添加或者移除标记，最后得到包含所有显著性标记的回归模型。然而逐步回归所建立的模型可能不止一个，可以通过比较不同模型的某种指标，如赤池信息量准则（Akaike information criterion，AIC）值来选择最佳的模型。Meuwissen 等（2001）采用了一种改进的最小二乘回归方法来做全基因组选择，首先对每个 SNP 标记做回归分析，获得标记效应具有统计显著性的 SNP 标记，然后再将这些统计显著性的标记放入最后的回归方程，同时估计这些显著标记的效应。这种方法避免了 SNP 数目

大于表型数目的问题，但是仅仅将显著性标记加入模型中并不能全面利用所有标记的信息。由于这种缺陷，最小二乘回归在标记多于样本时并不直接用于表型预测，但是可以同其他变量选择模型结合使用来进行预测。

1. 主成分回归与偏最小二乘回归　当标记数据维度高时，可使用降维的方法减少自变量的数目。降维一般有两个步骤：①通过组合原自变量，获得能代表原自变量的少数新自变量；②利用新自变量建立模型。主成分回归是一种常用的降维方法，考虑新变量 Z_{i1}，Z_{i2}，…，Z_{im} 为原始基因型 x_{i1}，x_{i2}，…，x_{ij} 的线性组合，$Z_{im} = \sum_{j=1}^{p} \gamma_{im} x_{ij}$。其中 $m < p$。新变量 Z_{im} 相互正交，避免了原自变量之间的多重共线性问题。这些新变量称为主成分，通常选取能最大解释原自变量方差的主成分建立回归模型。新的回归模型为 $Y = Z\hat{u}_{pc} + \varepsilon$，其中 $Z = XH$ 为主成分向量；$\hat{u}_{pc} = [Z'Z]^{-1} Z'Y = [H'X'XH]^{-1} H'XY$。主成分回归系数可以通过公式 $\hat{u} = H\hat{u}_{pc}$ 很容易地转换为标记效应。

主成分回归法通过确定最佳自变量（标记基因型）的线性组合来获得正交的新自变量（主成分），再通过选取合适的主成分建立回归模型。标记基因型的主成分可以仅仅通过标记基因型矩阵获得，表型变量对主成分的确定毫无影响。这导致主成分最好地代表了标记基因型的线性组合，但不一定代表最佳的可以用于预测的新自变量。偏最小二乘回归在选择新变量时将主成分与表型的关系也考虑在内。偏最小二乘法选择主成分的条件如下：

$$r_i = \frac{\arg\max}{r_i} [cov(Z_i, y) \times cov(y, Z_i)] = \frac{\arg\max}{r_i} (r_i' X' yy' X r_i)$$

主成分仍然自交，并且主成分的方差为 1。可见，偏最小二乘法会按照同表型相关程度的大小来选择新变量。不论是主成分回归还是偏最小二乘法回归，应该选择多少主成分进入回归模型是一个待解决的问题，选择过多的变量或者过少的变量都有可能降低模型的预测能力。Solberg 等（2008）采用了交叉验证的方式来选择主成分的个数。

2. 岭回归与最小绝对压缩及选择算子　当标记个数远大于样本个数时，为了得到标记效应的稳定估计，需要对标记的效应进行压缩。常用的方法是通过在估计标记效应的方程中加入一个惩罚函数，以及最小化模型的代价函数，即 $L(y, u) + \lambda J(u)$ 来获得 u 的稳定解。其中，$L(y, u)$ 为最小二乘估计的代价函数，$J(u)$ 为以待估参数为标记效应的惩罚函数，λ 为规则化参数，通过调整规则化参数来获得不同情况下 u 的优化估计。u 的估计为 $\hat{u} = \arg\min \{L(y, u) + \lambda J(u)\}$，当 $J(u) = \sum_{i=1}^{P} u_i^2$ 时，模型称为岭回归模型。标记效应的估计值为 $\hat{u} = (X'X + \lambda I)^{-1} X'Y$。与最小二乘回归相比较，岭回归在系数矩阵（$I$）的对角线上加入了一个常数 λ。加入 λ 使得标记效应的估计是有偏估计，但是当标记个数远大于观测值时，加入 λ 使得回归方程有唯一解，并且降低了标记效应估计值的方差。规则化参数 λ 是事先提供的，并可以通过交叉验证来选择最佳的规则化参数。Hoerl 等（1975）认为规则化参数的一个合理选择是

$$\lambda = rS^2 / (\hat{u}' \hat{u})$$

式中，r 是模型除截距外的参数个数；S^2 为最小二乘法估计的误差方差；$\hat{u}$ 为最小二乘

法估计的回归系数向量。可以看到，当 λ 增大时，对标记效应的压缩效果就更加明显，所有标记的效应趋近于零；当 λ 减小时，对标记效应的压缩效果降低；当 $\lambda=0$ 时，回归模型退化成最小二乘模型。岭回归模型将所有标记都包含到最终的模型中，并不进行变量选择，而且对所有标记的压缩程度都是相同的。然而，在标记数目远大于表型数目时，很多标记的效应为零或者很小，只有少部分标记的效应是很大的，采用岭回归并不能达到很理想的效果。当 $\lambda=\sigma_\varepsilon^2/\sigma_g^2$ 时，岭回归模型等同于标记效应为随机效应的最佳线性无偏估计（BLUP）模型，这时模型称为岭回归最佳线性无偏预估（ridge regression-BLUP）模型，或者随机回归最佳线性无偏预估（random regression-BLUP）模型。模型的参数可以通过限制性极大似然法（restricted maximum likelihood，REML）估计，RR-BLUP 也可以结合该方法拟合非加性效应（Piepho，2009；Endelman，2011）。

在上述模型中，如果 $J(u)=\sum_{j=1}^p|u_j|$，模型称为最小绝对压缩与选择算子（least absolut shrinkage and selection operator，LASSO）。与岭回归的不同之处在于，通过最小化 LASSO 的代价函数，某些自变量的系数会被压缩为 0，意味着 LASSO 结合了压缩和变量选择。Tibshirani（1996）提出了一种计算 LASSO 中回归系数的方法，Efron 等（2004）提出了称为最小角回归的方法来计算回归系数，这种方法比 Tibshirani 的方法更加简便。在 LASSO 模型中如何选择恰当的规则化参数 λ 也是一个挑战。Usai 等（2009）将 LASSO 应用在全基因组选择中时，通过交叉验证结合最小角回归的方法对 λ 进行选择。尽管 LASSO 通过变量选择能将零效应的标记从模型中剔除并保留效应大的标记，它的变量选择过程也有一些局限。首先，在 LASSO 模型中，只允许最多有 n 个非零效应的标记，这对于复杂性状的预测是很不合理的，没有理由在复杂性状的预测模型中，将最大非零效应的标记数目限制在样本个数。此外，当标记之间相关时，变量选择的方法反而没有岭回归表现好，然而标记相关性在高密度标记数据中是很常见的。Zou 和 Hastie（2005）提出了将 LASSO 和岭回归相结合的方法。令 $0\leqslant\alpha\leqslant1$ 为权重系数，惩罚函数为岭回归和 LASSO 的惩罚函数的加权平均，$J(\beta)=\alpha\sum_{j=1}^p|u_j|+(1-\alpha)\sum_{j=1}^pu_j^2$，这种方法称为 Elastic net 回归。Elastic net 回归结合了岭回归和 LASSO 回归的优点，有时预测能力比岭回归和 LASSO 要高。

3. GBLUP 和再生核希尔伯特空间模型 GBLUP（genomic best linear unbiased prediction）是一种常见的利用线性混合模型进行预测的方法。包含基因加性效应线性混合模型，可以描述为

$$Y=X\beta+Zu+\varepsilon$$

式中，$Y=(y_i)$ 为表型值向量；X 为固定效应设计矩阵；β 为固定效应向量；Z 为随机效应设计矩阵；u 为个体基因型随机效应向量；ε 为随机误差向量。$u\sim N(0,D)$，$\varepsilon\sim N(0,R\sigma_\varepsilon^2)$，其中 D 为基因型效应的协方差矩阵；σ_ε^2 为误差方差；R 为误差方差的设计矩阵。

在作物育种中，固定效应一般定义为系统性效应，如试验效应，而候选个体的基因型效应被定义为随机效应，个体基因型效应的加性协方差矩阵为 $D=G\sigma_g^2$，G 为亲属间的加性亲缘关系矩阵，σ_g^2 为加性遗传方差。不同基因型之间的亲缘系数矩阵采用分子

标记计算。使用分子标记来估计祖先系数矩阵有多种方法。最常用的一种用分子标记计算亲缘系数矩阵的模型算式为（van Raden，2008）

$$G=\frac{Z_{\#}Z'_{\#}}{2\sum_{i=1}^{p}p_i(1-p_i)}$$

式中，$Z_{\#}$ 是中心化的基因型矩阵，可以通过基因型矩阵 M 计算得出。基因型矩阵 M 为 $n×m$ 维矩阵，n 为样本量，m 为标记个数，M 中的元素为 -1、0 和 1，分别代表两种纯合基因型和杂合基因型。p_i 为第 i 个 SNP 的次要等位基因的频率，定义矩阵 $P=1_{n×1}×\{2(p_i-0.5)\}$，$i=1$，2，$\cdots$，n，则 $Z_{\#}=M-P$。获得了亲缘关系矩阵后，个体的效应值可以根据 Henderson（1953）的混合模型方程得到：

$$\begin{bmatrix} X'\ R^{-1}X & X'\ R^{-1}Z \\ X'\ R^{-1}X & Z'\ R^{-1}Z+G^{-1}\dfrac{\sigma_{\varepsilon}^2}{\sigma_g^2} \end{bmatrix}\begin{bmatrix} \hat{\beta} \\ \hat{u} \end{bmatrix}=\begin{bmatrix} X'\ R^{-1}Y \\ Z'\ R^{-1}Y \end{bmatrix}$$

　　没有被测试的个体或家系的基因型值可以通过公式 $\hat{u}_U=C_{UT}C_{TT}^{-1}\hat{u}_T$ 进行计算，其中 C_{UT} 为已测试品种和未测试品种的协方差矩阵，C_{TT} 为已测试品种之间的表型协方差矩阵。

　　亲缘系数矩阵也可以通过系谱关系计算。在实际育种中，亲缘系数矩阵 G 在以下三个方面优于基于系谱计算的亲缘系数矩阵 A：①系谱信息经常是残缺不全的，这样使得依据系谱所计算的亲缘系数矩阵不如依据分子标记计算的亲缘系数矩阵准确；②系谱信息没有考虑在减数分裂中等位基因随机分离的具体情况而只是假设直接亲本的贡献相等，而实际情况中不同亲本对不同后代的贡献可能差异很大；③基于系谱的计算方法无法追踪单独的等位基因（van Raden，2008）。因此 GBLUP 模型通常会比 ABLUP 模型具有更高的预测准确度。GBLUP 模型具有很高的灵活性，可以通过设计矩阵来处理非平衡数据，并且 GBLUP 及其衍生模型是在全基因组预测中运用最为广泛的模型之一，通过往模型中添加不同的随机效应，不仅可以对加性效应建模，也可以容纳显性效应和上位性效应（Dudley and Johnson，2009；Wang et al.，2017）。Gianola 等在 2006 年提出了一种结合混合模型和核回归的方法来拟合标记之间的上位性效应的半参数模型。这种半参数模型称为再生核希尔伯特空间（reproducing kernel hilbert space，RKHS）。RKHS 拟合一个同 GBLUP 相似的模型：

$$Y=X\beta+Z\alpha+\varepsilon$$

式中，$Y=(y_i)$ 为表型值向量；X 为固定效应设计矩阵；β 为固定效应向量；Z 为随机效应设计矩阵；α 为个体基因型随机效应向量；ε 为随机误差向量。$u\sim N(0,\ K\sigma_{\alpha}^2)$，$\varepsilon\sim N(0,\ R\sigma_{\alpha}^2)$，其中 K 为个体的核关系矩阵；σ_{α}^2 为误差方差；R 为误差方差的设计矩阵。其中 K 通过核函数 k 求得，一个常见的核函数是高斯核函数：

$$k(x_i,x_j)=\exp\left(\frac{-(x-x_i)'(x-x_j)}{h}\right)$$

式中，h 为带宽参数。确定了核关系矩阵后，个体的基因型效应和未测试品种的效应的预测方法同 GBLUP。研究表明，RKHS 模型在存在上位性效应的时候预测能力高于仅仅包含加性效应的 GBLUP 模型（Bennewitz et al.，2009）。

（二）Bayes 模型

在线性模型 $y_i = \mu + \sum_{i=1}^{p} x_{ij} u_j + \varepsilon_i$ 中，当表型变量 y_i 为连续性变量时，通常假设随机 ε 误差独立并服从 $N(0, \sigma_\alpha^2)$ 的正态分布。模型随机误差的联合分布密度函数为 $L(\varepsilon) = \prod_{i=1}^{n} N(\varepsilon_i | 0, \sigma_\varepsilon^2)$。因此，模型的似然函数可以表示为

$$L(y | \mu, u\sigma_\varepsilon^2) = \prod_{i=1}^{n} N\left(y_i | \mu + \sum_{i=1}^{p} x_{ij} u_j, \sigma_\varepsilon^2\right)$$

式中，$N(y_i | \mu + \sum_{i=1}^{p} x_{ij} u_j, \sigma_\varepsilon^2)$ 是随机变量；y_i 是均值为 $\mu + \sum_{i=1}^{p} x_{ij} u_j$、方差为 σ_ε^2 的正态密度函数。在 Bayes 模型中，模型的联合先验分布一般具有以下结构：

$$p(\mu, u\sigma_\varepsilon^2 | \omega) \propto \left\{ \prod_{j=1}^{p} p(u_j | \omega) \right\} p(\sigma_\varepsilon^2)$$

模型的联合先验分布包括了模型的未知参数，均值（也称为截距项）μ 的先验分布，一般选取平直先验分布，$p(u_j | \omega)$ 为标记效应 u_j 的先验分布密度，通常为独立同分布的先验，$p(\sigma_\varepsilon^2)$ 为随机误差的先验分布，通常取尺度逆卡方分布为其先验分布。当 $\omega = \sigma_{u_i}^2$ 时，标记效应的先验分布为正态先验分布。此时模型的联合后验分布为

$$p(u | y, \mu, \sigma_u^2, \sigma_\varepsilon^2) \propto \prod_{i=1}^{n} N\left(y_i | \mu + \sum_{i=1}^{p} x_{ij} u_j, \sigma_\varepsilon^2\right) \times \left\{ \prod_{j=1}^{n} N(0, \sigma_u^2) \right\} p(\sigma_\varepsilon^2)$$

标记效应的后验均值为 $u = \left(X'X + \dfrac{\sigma_\varepsilon^2}{\sigma_u^2} I \right)^{-1} X'(Y - \mu)$，$X$ 为标记的基因型矩阵，Y 为表型向量。可见此时标记效应的估计同 RR-BLUP 模型完全一致，因此这种模型又称为 Bayes Ridge Regression。在 Bayes Ridge Regression 模型中，模型对所有标记效应的压缩是同质的。而实际情况中，由于一些标记与 QTL 具有较强的连锁不平衡（LD），而另一些标记与 QTL 处于连锁平衡（linkage equilibrium，LE）状态，因此同质压缩的方式在这种情况下并不是最优的。在 Bayes 模型中可以通过选取不同的非高斯先验分布来实现同时进行变量选择和压缩，以此来解决这种问题。

Bayes Alphabet 是一系列对标记的加性遗传效应进行建模的 Bayes 层次模型。Meuwissen 等（2001）首先提出 Bayes A 和 Bayes B 模型。在 Bayes A 模型中，选取尺度逆卡方分布为标记效应方差的先验分布：

$$\sigma_{u_j}^2 \sim x^{-2}(v, S)$$

式中，S 为尺度参数；v 为分布的自由度。之所以选取尺度逆卡方分布为先验分布，是因为在这种情况下，方差的后验分布也为尺度逆卡方分布，同时，误差方差的先验分布为平直先验分布。标记效应的分布为 $u_j \sim N(0, \sigma_{u_j}^2)$ 的正态分布。标记效应的联合先验分布为

$$p(u, \sigma_u^2 | v, S) \propto \{ \prod_{j=1}^{p} N(u_j | 0, \sigma_{u_j}^2) \ x^{-2}(\sigma_{u_j}^2 | v, S) \}$$

标记效应的边缘先验密度为

$$p(u_j | v, S) = \int_0^\infty N(u_j | 0, \sigma_{u_j}^2) \ x^{-2}(\sigma_{u_j}^2 | v, S) \ \mathrm{d}\sigma_{u_j}^2$$

此时模型的联合后验分布为

$$p\left(u\middle|y,\mu,\sigma_{\varepsilon}^{2},v,S\right)\ \alpha\prod_{i=1}^{n}N\left(y_{i}\middle|\mu+\sum_{i=1}^{p}x_{ij}u_{j},\sigma_{\varepsilon}^{2}\right)\times\prod_{j=1}^{p}\left(1+\frac{u_{j}^{2}}{vS^{2}}\right)^{-\frac{1+v}{2}}$$

在迭代中，标记效应按下式进行更新：

$$u^{t+1}=\left(X'X+W_{u}^{t}\right)^{-1}X'Y$$

$$W_{u}^{t}+\mathrm{Diag}\left\{\frac{\sigma_{\varepsilon}^{2}}{S^{2}}\frac{(1+1/v)}{1+u_{j}^{2[t]}/S^{2}v}\right\}$$

由于分子标记只是同 QTL 存在 LD，但并不能代表 QTL，因此有一定的概率会出现分子标记具有多态性而 QTL 实际上没有多态性，或者标记效应的方差极其微小的情况。在 Bayes A 模型中标记效应没有零值，为了能在模型中体现一些标记对表型变异没有贡献，Bayes B 模型赋予标记效应的方差一个混合先验分布，混合先验分布是一个方差以 π 的概率为零、以 $1-\pi$ 的概率不为零的尺度逆卡方分布 $\sigma_{u_{j}}^{2}\sim x^{-2}(v,S)$。Gianola 等（2009）提出，仅仅在方差层面上声明方差的先验分布为混合分布是不严谨的，标记效应的方差为零，仅仅表示标记效应的先验分布是一个方差为零的先验，标记的效应不一定必须为零，理论上这时标记效应可以为任意值，只是因为抽样函数当设定标记方差 $\sigma_{u_{j}}^{2}$ 为零的时候，抽样到的标记效应也为零。一个更恰当的对 Bayes B 模型的描述是在标记效应的层面上声明混合而不是在方差的层面上声明混合，即标记效应的先验分布为以 π 的概率为零、以 $1-\pi$ 的概率不为零的联合尺度 t 分布。标记效应的混合边缘先验密度函数为

$$p\left(u_{j}\middle|v,S\right)=\pi\times0+(1-\pi)\int_{0}^{\infty}N\left(u_{j}\middle|0,\sigma_{u_{j}}^{2}\right)x^{-2}\left(\sigma_{u_{j}}^{2}\middle|v,S\right)\mathrm{d}\sigma_{u_{j}}^{2}$$

实际上，Bayes B 模型仍然给予了所有标记相同的先验分布，Gianola 等（2009）认为，Bayes B 模型选取的标记的先验分布方差比 Bayes A 模型要小，使得更多的数据信息被用来"校正" Bayes B 中的先验分布，这导致 Bayes 学习的有效性降低。Bayes B 模型中，标记效应的后验期望 $E_{BayesB}(u)=(1-\pi)E_{BayesA}(u)$，说明 Bayes B 比 Bayes A 有更强的把标记效应向零压缩的趋势。这意味着先验分布对估计的影响在 Bayes B 中比在 Bayes A 中更大。Habier 等（2011）提出了 Bayes C 和 Bayes D 模型，同时对这两个模型进行了扩展，Bayes C 模型中，标记效应的先验分布为以 π 的概率为零、以 $1-\pi$ 的概率不为零的联合正态分布。在 Bayes D 模型中，逆卡方分布的尺度参数从数据中估计，而不是人为设定。这两个模型的扩展 Bayes Cπ 和 Bayes Dπ 中，概率 π 也是从数据中估计得来。

Park 和 Casella（2008）建立了 Bayes LASSO 模型。在 Bayes LASSO 模型中，标记方差的先验分布为指数分布 $p\left(\sigma_{u_{j}}^{2}\middle|\lambda\right)=\frac{\lambda^{2}}{2}\exp\left(-\frac{\lambda^{2}}{2}\sigma_{u_{j}}^{2}\right)$。标记效应的先验分布为二重指数分布 $p(u\mid\lambda)=\frac{\lambda}{2}\exp(-\lambda\mid u\mid)$。指数分布中的参数 λ^{2} 服从伽马分布，即 $p(\lambda^{2})=G(\lambda^{2}\mid\alpha_{1},\alpha_{2}\mid)$。在 LASSO 模型中，通过调整参数 λ 来平衡模型的拟合程度和

复杂度，而在 Bayes LASSO 中，通过调整参数 λ 来控制标记效应的先验分布形状，当 λ 增大时，二重指数分布方差变小，整个分布变得更加尖锐。总体来说，相对于正态分布，二重指数分布具有更厚的尾部，说明标记效应在取较小值的地方密度更高，这种分布符合大多数标记效应为零的假设条件。Bayes LASSO 模型的参数估计通常使用吉布斯采样方法（Park and Casella，2008）。Campos 等（2009，2013）讨论了参数 λ^2 的伽马先验分布选取。Gianola 等（2009）讨论了参数 λ 的先验分布，选取伽马先验分布和均匀先验分布的两种情况。不同于 LASSO 模型的变量选择过程，Bayes LASSO 通过采用二重指数分布作为标记效应的先验分布，使得 Bayes LASSO 相对于采用正态分布为标记效应的先验分布的 Bayes 岭回归模型具有更强的将标记效应向零压缩的趋势。同时，Bayes LASSO 还解除了在常规 LASSO 中的一个不合理的限制，即模型中只有不多于样本数目的非零回归系数（Campos et al.，2009）。

（三）机器学习模型

1．支持向量回归　　是一种由支持向量机发展而来的回归模型。支持向量机是一种利用监督学习的分类器（Cortes and Vapnik，1995）。支持向量机通过核函数将原自变量从原空间映射到高一维的空间中，再通过在高维空间中建立分类的超平面。根据所取的核函数不同，映射可以分为线性映射和非线性映射。考虑训练样本 $\{(x_i, y_i), i = 1, 2, \cdots, n\}$，$x_i$ 是第 i 个样本的基因型向量，y_i 是第 i 个样本的表型。表型和基因型之间的关系可以写为 $y_i = b + w x_i + e_i$，b 为常数，w 为未知标记效应。b 和 w 可以通过最小化模型的代价函数 $\sum_{i=1}^{p} L[y_i - f(x_i)] + \lambda \|w\|^2$ 获得，其中 λ 为规则化参数，$\|w\|$ 为 w 的范数。在支持向量机中，代价函数 L 称为 ε-insensitive 代价函数。Cherkassky 和 Ma（2004）讨论了支持向量回归的参数优化方法。

2．随机森林回归　　随机森林是一种组合多个回归树的模型集成方法。回归树是一种通过将原数据集切分为多个子集并在多个子集中分别进行回归拟合的方法，这种方法对非线性问题和当自变量过多且相互关系复杂的情况有较好的表现。建立回归树主要有两个步骤：①通过自变量（$X_1, X_2, \cdots, X_n$）将样本空间划分为互不重叠的 M 个子空间（$R_1, R_2, \cdots, R_M$）；②在每个子空间 R_m 中，预测值为对应子空间中所有样本数据的均值。

在全基因选择的情况下，可以通过以下步骤建立回归树：①选择 x_i 为第 i 个 SNP，按照 SNP 的基因型值将整个样本分为两部分。例如，当基因型值被编码为 $\{-1, 0, 1\}$ 时，可分为 $R_1 = (y_i | x_i \leq 0)$ 和 $R_2 = (y_j | x_i \geq 0)$ 这两个空间。这种划分使得残余方差 $RSS = \sum (y_i - \hat{y}_{R_1})^2 + (y_j - \hat{y}_{R_2})$ 最小。$\hat{y}_{R_1}$ 和 $\hat{y}_{R_2}$ 分别为两个空间中的样本表型均值。②在划分的子样本空间中按①选取下一个 SNP 对其中一个子空间进行下一次划分，直到结束条件被满足。

通过这种方法建立的回归树可以对训练数据有很好的拟合程度，但是也容易出现过拟合现象，使得在育种数据集的预测能力表现很差。因此通常通过对构建的回归树进行"剪枝"来获得复杂度更小的树。为了解决过拟合，Breiman（2001）提出了随机森林方法，随机森林方法是通过将大量分类树或者回归树集成在一起来获得分类或者回归预测的方法。随机森林通过有放回的随机抽样抽取样本和 SNP 标记来建立单独的回归树。最终的预测结果是所有回归树预测结果的均值。随机森林具有很多优点，在两个方向上进行随机抽样，使得随机森林不容易陷入过拟合。在处理高维度数据时无须对 SNP 进行选择，数据集也无须规范化，对数据的适应能力很强。随机森林也可以通过置换检验来输出 SNP 的相对重要性，如果 SNP 对表型没有贡献，那么对它们的置换将不会影响随机森林的最终预测，反之亦然。

3．人工神经网络　　人工神经网络模型是一种被广泛应用于模式识别、分类和预测的模型。神经网络的理论来自对人类大脑神经元的研究，人工神经网络模型提供了一个框架使得我们可以定义和拟合任何高度复杂和非线性的函数 $h_{w,b}(x)$。在人工神经网络模型中，最基本的单元是"神经元"。神经元通过输入（x_1、x_2、x_3 以及截距项 b）和激活函数（activation function）来获得神经元的输出，即 $h_{w,b}(x)=f(b+\sum_{i=1}^{3}wx_i)$，其中 f 为激活函数。通过选取不同的激活函数来拟合线性与非线性函数。常见的激活函数为 Sigmoid 函数 $f=\dfrac{1}{1-e^{-z}}$ 和 Hyperbolic tangent 函数 $f=\dfrac{e^z-e^{-z}}{e^z+e^{-z}}$，其中 $Z=b+\sum_{i=1}^{n}wx_i$。Sigmoid 函数的值域为 $[0,1]$，而 Hyperbolic tangent 函数的值域为 $[-1,1]$，代表了单个神经元的激活程度。

人工神经网络模型通过多个神经元彼此相连而形成具有层次结构的模型。人工神经网络模型包含三个层次，输入层、隐层和输出层。每一层都由数目不等的神经元组成。其中输入层和输出层只有一层，隐层可以有多层。一个单隐层的人工神经网络模型如图 2-4 所示。

图 2-4 是一个输入层，具有三个输入神经元，隐层具有三个隐藏神经元和一个单输出神经元构成的人工神经网络模型。在输入层和隐层中，+1 表示截距项，又称为偏倚单元（bias unit）。a_i^l 代表第 l 层第 i 个神经元的激活值。可以看出，从输入层到输出层分为两步。首先，在隐层中，

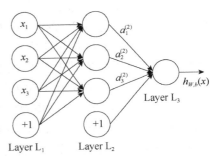

图 2-4　单隐层的人工神经网络模型（姚骥，2018）

输入层变量（在全基因组选择中的输入变量是个体的基因型）的线性组合作为隐层神经元的输入，通过激活函数获得隐层神经元的激活值，激活值再通过输出层神经元的激活函数获得最终的预测值。如果性状为分类变量，输出层的激活函数为 Sigmoid 函数。在全基因组选择中，一个单隐层前馈神经网络可以表示为

$$f(x_i)=\beta_0+\sum_{l=1}^{L}\beta_l\alpha(w_l,b_l,x_i)$$

式中，x_i 代表第 i 个个体的基因型向量；β_0 为截距项；α 为激活函数；w_l 和 b_l 分别为第 l 个隐层单元的偏倚和权值向量；β_l 为对应第 l 个隐层单元的输出层权值。

Gianola 等（2011）阐述了 Bayes 规则化的人工神经网络在表型预测上的应用，发现人工神经网络在奶牛和小麦上的预测表现优于基准的回归模型。González-Camacho 等（2012）做了径向基神经网络、普通神经网络、RKHS、Bayes LASSO 以及最小二乘

回归模型的比较，发现模型在不同的性状中的预测能力差别很大，但神经网络模型能够在有上位性效应存在的情况下提高预测能力。神经网络虽然有很高的自由度，但是也有参数过多、容易过拟合等缺点，调试模型的参数也不太容易。

（四）显性和上位性基因型效应的预测

很多线性预测模型，如 LASSO、岭回归和 Bayes 模型等，在模型中只拟合了加性效应。但是有时非加性效应也对性状起到了很大的贡献，这时仅仅使用加性效应模型得不到很好的预测效果。在杂交种育种或者在自交作物育种的晚期，育种家更加关心品种的基因型值（genetic value）而不是育种值（breeding value），因此对非加性效应进行预测有助于选出具有商业化潜力的杂交种或者常规品种。Massman 等（2013）利用 RR-BLUP 模型拟合 GCA 和 SCA 效应对玉米单交种的基因型值做了预测，发现 RR-BLUP 对单交种的预测值同观测到的表型有很高的相关性，然而 RR-BLUP 的预测能力并不明显超出传统的 BLUP 方法。利用分子标记进行杂交种表现预测其他作物，如小麦、向日葵和水稻（Zhao et al.，2013；Reif et al.，2013；Xu et al.，2014）。然而，在模型中加入上位性效应对预测能力的影响还存在一些争论（Lorenzana and Bernardo，2009；Hu et al.，2011）。利用线性模型拟合非加性效应的一个缺点是非加性效应必须显式地在模型中声明，这导致随着标记数目的增长，模型需要拟合的非加性效应急剧增加。假设有 n 个 SNP 标记，那么这 n 个 SNP 的两两互作的数目为 $n(n-1)/2$ 对，这巨大的互作效应数目增大了过拟合的风险并且带来了巨大的计算量。在 BLUP 模型中采用标记计算的上位性相关矩阵可以避免显式声明标记间的上位性效应带来的计算量增加，两两上位性效应的相关矩阵为加性亲缘矩阵的哈达玛积，这种模型称为 E-GBLUP（extended GBLUP）。一些研究表明 E-GBLUP 的预测能力超过 GBLUP（Su et al.，2012；Muñoz et al.，2014；Jiang and Reif，2015）。Xu 等（2014）利用类似的方法拟合包含显性效应以及各种上位性效应的 BLUP 模型对杂交水稻进行预测，发现拟合非加性效应的 GBLUP 模型能提高对高遗传力性状的预测能力，然而在产量等低遗传力和受环境影响大的性状上预测能力很低。同时非参数模型，如 RKHS、支持向量回归、随机森林和人工神经网络可以拟合非线性效应，同时无须在模型中显式地声明互作变量，并且非参数模型不仅能预测显性效应和两两互作的上位性效应，理论上也能预测多个座位的互作效应。因此在有大量SNP 数据又需要预测非加性效应时，非参数模型具有巨大的应用潜力（Ober et al.，2011；Campos et al.，2012；González-Camacho et al.，2012；Howard et al.，2014）。Jiang 和 Reif（2015）阐明了 RKHS 是如何拟合上位性效应的。非参数模型不仅可以用于预测非加性效应，同时也可用于多性状预测和容纳基因型与环境互作效应。

（五）多性状和多环境预测模型

在作物育种中，育种家通常对群体的多个性状进行评估。这些性状中多数存在遗传相关，利用这种遗传相关可以在一定程度上提高模型预测的能力。GBLUP 模型很容易从单性状扩展到多性状。多性状的 GBLUP 模型可以写为

$$Y=X\beta+Zu+\varepsilon$$

式中，表型向量为 $Y=\{y_1',\ y_2',\ \cdots,\ y_i'\}'$，$y_1'$ 为性状 i 的表型向量。

X 为固定效应的设计矩阵

$$X=\begin{bmatrix} X_1 & 0 & \cdots & 0 \\ 0 & X_2 & \cdots & 0 \\ \vdots & \vdots & & \vdots \\ 0 & 0 & \cdots & X_i \end{bmatrix}$$

固定效应向量 $\beta=\{\beta_1',\ \beta_2',\ \cdots,\ \beta_i'\}'$，

基因型效应设计矩阵为

$$Z=\begin{bmatrix} Z_1 & 0 & \cdots & 0 \\ 0 & Z_2 & \cdots & 0 \\ \vdots & \vdots & & \vdots \\ 0 & 0 & \cdots & Z_i \end{bmatrix}$$

标记效应向量为

$$\mu=\{\mu_1',\ \mu_2',\ \cdots,\ \mu_i'\}'$$

误差向量为

$$\varepsilon=\{\varepsilon_1',\ \varepsilon_2',\ \cdots,\ \varepsilon_i'\}'$$

式中，$\mu \sim N(0,\ G \otimes K)$，$\varepsilon \sim N(0,\ I \otimes R)$，$G$ 为性状间的协方差矩阵，K 为由标记计算的亲缘系数矩阵，$\otimes$ 表示矩阵的克罗内克积。Bayes 模型也能被扩展到多性状模型（Calus et al.，2011；Jia and Jannink，2012；Hayashi and Iwata，2013）。在一些模拟数据以及荷斯坦牛、松树和黑麦的数据集上，多性状模型基本能达到和单性状模型同样的水平或者更好的预测能力，Bayes 多性状模型的预测能力比 GBLUP 要高（Aguilar et al.，2011；Guo et al.，2013；Schulthess et al.，2016）。性状的遗传力，性状间的遗传相关程度以及性状的遗传结构同样影响多性状模型的预测准确率。研究表明，多性状模型对低遗传力性状的预测能力随着低遗传力和高遗传力性状遗传相关性的增加而增加，而对高遗传力性状的预测能力基本不变。同时，多性状模型对单性状模型的优势随着QTL 数目的增加而减少，当两性状之间没有遗传相关时，采用多性状模型的预测能力反而低于单性状模型，这说明多性状模型的优点完全来自性状之间的遗传相关性。为了避免预测能力的下降，Jia 和 Jannink（2012）建议只在性状确定存在遗传相关的情况下使用多性状模型。多性状模型不仅能在性状存在遗传相关时提高预测能力，同时也可以通过一些容易检测的性状来预测那些与其相关的不容易检测的性状。例如，作物在非干旱条件下和干旱条件下的产量可以看作相关的两个性状，利用作物在非干旱条件下的产量表现可以对作物在干旱条件下的产量进行预测，也可以在作物早期对一些晚期的性状进行预测。

基因型与环境互作也是作物育种中的一个重要考量，复杂性状往往伴随着较强的基因型与环境互作。在不同环境中，SNP 的效应大小很可能是不同的，甚至效应的方向也是相反的，往往也不存在在所有地点都表现最好的品种。在预测模型中加入基因型与

环境互作效应，使得预测品种在不同环境下的表现成为可能。同时，利用育种中积累的历史育种数据，也可以预测品种在不同环境下的表现。即使某品种没有在某地试验过，也可以通过经过测试的具有亲缘关系的其他品种的数据预测其表现。Heslot 等（2014）在预测模型中整合了环境协变量，发现加入环境协变量的模型的预测效果比没有基因型与环境互作变量的模型有显著增强，但是基因型与环境互作效应仅仅解释了 7%～12%的表型变异。Jarquín 等（2014）通过在混合线性模型中加入随机环境变量来拟合基因型与环境互作效应，发现加入环境变量后模型的预测效果得到了显著提升。将不同环境中的表型看作不同的性状，也可以用多性状模型通过利用不同环境下性状的协方差来预测（Burgueño et al.，2012；Guo et al.，2013）。当训练群体在被预测的环境下有表型鉴定结果时，模型对目标预测群体特定环境下的表现预测更精确。

（六）不同预测模型的整合

相对单一预测模型，组合不同模型的预测结果会在一定程度上提高预测的能力。假设有两个模型的预测结果相互独立并且预测值是无偏的，为 $\hat{\theta}_1$ 和 $\hat{\theta}_2$。如果简单地将这两个预测结果平均，所得到的新预测值的期望为 $E\left(\dfrac{\hat{\theta}_1+\hat{\theta}_2}{2}\right)=\dfrac{E(\hat{\theta}_1)+E(\hat{\theta}_2)}{2}$，方差为

$V\left(\dfrac{\hat{\theta}_1+\hat{\theta}_2}{2}\right)=\dfrac{V(\hat{\theta}_1)+V(\hat{\theta}_2)}{4}$，组合的预测结果保持了原来的无偏性并且降低了预测值的方差，提高了准确性。Breiman（1996）利用堆叠回归（stack regression）的方法对不同模型的预测结果进行了组合，发现模型组合的预测误差相对单一模型的预测误差有10%左右的降低。Heslot 等（2012）使用了简单回归和堆叠回归的方法对不同模型的预测结果进行了组合，然而并没有发现明显的预测效果增益。Heslot 认为这有可能是由于不同的模型以不同的方式拟合了相同的信息。Breiman 也提到只有当组合差异大的预测模型的结果才会有比较明显的预测能力的提高。

一种类似于组合不同模型结果的方法称为集成算法，如引导聚集算法（bootstrap aggregating，Bagging）。给予一个指定的预测模型，自助集成通过自助法每次抽取训练数据集的一部分来训练模型，一共抽取 N 次，最后将这 N 次训练的模型的预测结果进行平均得到最后的预测值。这种思想也应用在随机森林中，与随机森林不同的是，Bagging 在每次预测模型上都采用所有的自变量（SNP），而随机森林每次随机抽取一部分自变量（SNP）来建立模型。Breiman（1996）报道了自助集成法能够显著地提升一些不稳定模型的预测能力。增强法（boosting）也是一种组合多种模型的方法。增强法并不进行抽样，而是通过一个迭代的方法按顺序训练模型，每次训练模型后，根据模型对每个样本预测的误差更新一个权重向量，误差大的样本给予更大的权重而误差小的样本给予更小的权重，依据权重向量来更新训练样本，通过新的训练样本来进行下一轮的训练，最后将所有训练模型的输出按一定权重进行加权平均得到最终的预测结果。González-Recio 等（2010，2013）采用 L$_2$-boosting 等方法对奶牛数据进行了预测，发现在最小二乘法和非参数方法上应用 boosting 能达到或者高于 Bayes LASSO 和 Bayes A

的预测准确度，并且运算速度比 Bayes 快很多。然而 Heslot 等（2012）在多种作物数据上采用 Bayes LASSO 模型结合 Bagging 和 boosting 的尝试却并没有发现任何预测效果的改进，甚至在采用 Bagging 方法时预测效果反而不如单模型，这可能意味着 Bayes LASSO 是一个强预测模型，Bagging 和 boosting 对其效果有限。虽然目前在全基因组选择上对模型集成的研究不多，但是模型集成方法具有结合不同模型优点、降低最终预测误差以及能拟合非加性效应等理论上的优点，在全基因组选择上有很大的应用潜力。

三、影响模型预测效果的因素

GS 的预测效果除与统计模型有关外，起始训练群体的大小、分子标记与 QTL 间的连锁不平衡程度、目标性状的遗传力大小、QTL 的数目与效应等因素也是影响统计模型预测效果的几大关键因素（Hayes et al.，2010）。提高模型预测的准确率，可以通过加大起始训练群体、增大起始训练群体的世代数来达到。Meuwissen 等（2001）的研究结果表明，当起始训练群体的大小从 500 增加到 2200 时，RR-BLUP 模型的准确率从 0.579 上升到了 0.732，同时 Bayes B 模型的准确率也从 0.708 增加到 0.848。相对于 Meuwissen 与 Habier 分别利用两个世代来建立预测模型（Meuwissen et al.，2001；Habier et al.，2007），Muir（2007）利用 4 个世代的训练群体来建立预测模型，利用 RR-BLUP 来估计相关系数，结果表明即使目标性状遗传率仅为 0.1，起始训练群体中真实育种值与基因组估计育种值（GEBV）的相关系数也能从 0.732 提高到 0.830。标记与标记间或标记与 QTL 间的连锁不平衡，可以利用 r^2 来度量（Hill，1981），标记与未知 QTL 间的 r^2 代表标记能够解释该 QTL 变异的比例，在全基因组选择策略中标记密度越大，标记与标记间或标记与 QTL 间的 r^2 就越大，GEBV 的准确性就越高（Hayes et al.，2009）。Meuwissen 等（2001）通过模拟研究表明，为保证 GEBV 的准确性，r^2 需要大于 0.2。当 r^2 从 0.1 提高到 0.2 时，GEBV 的准确性可以从 0.68 提高到 0.82，此外利用单倍型替换单标记进行预测也可以提高预测的准确率（Calus et al.，2008；Solberg et al.，2008；Habier et al.，2009）。预测的准确性也可以通过提高性状的遗传率来实现，遗传率越高的性状，其预测的准确性越高。提高低遗传率性状的预测精确性，则需要加大起始训练群体的群体大小。QTL 的数目与效应也是影响预测效果准确性的重要因素，如果目标性状由众多微效 QTL 控制，则需要加大起始训练群体的大小才能保证模型预测的准确性（Hayes et al.，2009）。Goddard（2009）研究了这些因素对预测模型准确性的影响，Zhong 等（2009）以大麦为例比较了不同统计模型在不同水平影响因素下的表现。在多亲群体中，群体结构也能影响预测的准确性（Windhausen et al.，2012；Guo et al.，2014）。由于受群体分化、选择和遗传漂移的影响，不同亚群体中 SNP 和 QTL 的连锁不平衡程度是不同的。通过在混合模型中加入标记计算的主成分，能校正群体结构带来的偏差（Yang et al.，2010；Janss et al.，2012），然而这种方法无法预测标记在不同亚群体中的效应。Lehermeier 等（2015）比较了区分亚群体和不区分亚群体情况下 GBLUP 的预测能力，发现 GBLUP 的预测能力同亚群体之间的距离和性状有关，当亚群体遗传结构比较相似时，不区分亚群体的效果比区分亚群体效果要好，这是由于不区分亚群体能获得更大的训练群体。而当亚群体之间遗传结构差异比较大时，由于 SNP 和 QTL 的 LD 模式在亚群体中差异很大，在各个亚群体中进行预测或者进行多个亚群体联合预测的效果比不区分亚群体要好。

四、全基因组选择在作物育种中的应用

全基因组选择具有很高的灵活性，不仅能应用于双亲群体，多亲群体、轮回选择群体和杂交种育种群体也同样适用。Bernardo 和 Yu（2007）以玉米为例研究如何在不降低预测模型的准确性的前提下减少表型测试数据，增加基因型测试数据，结果表明，当单个标记的花费降低到 2 美分的时候，这一方案是可行的。Manickavelu 等（2017）比较了 GS 方法对小麦农家种籽粒大量元素（Mg、K、P）和微量元素（Mn、Fe、Zn）的预测精度，发现 GS 方法对微量元素的预测精度比较低，而对遗传力较高的大量元素预测精度较高。国际玉米小麦改良中心对玉米抗旱性状上的 GS 研究表明，在考虑抗旱和非抗旱两种情况下玉米性状表现的相关性时，利用 GS 方法能显著提高抗旱性的遗传增益（Zhang et al.，2014）。Guo 等（2012）利用 NAM 群体验证了不同选择方法的效果，发现 RR-BLUP 模型优于 Bayes A 和 Bayes B 模型，并且 GS 方法的选择效果比 MAS 方法要好。Zhao 等（2013）利用 GS 方法预测杂交小麦的表现，在预测的杂交小麦表现中，双亲都被测验过的杂交种预测精度最高，其次为有一个亲本被测验过的杂交种，双亲都没有被测验过的杂交种的预测精度最低。在预测玉米杂交种表现的 GS 研究中也有类似的发现（Massman et al.，2013）。Wang 等（2017）利用 GBLUP 预测了杂交水稻在单株产量、千粒重、穗粒数等性状上的表现。Wong 和 Bernardo（2008）以油棕为研究对象的模拟结果表明，全基因组选择策略的遗传进度比传统表型选择高 4%～25%。同时，在大豆、豌豆、大麦以及番茄等作物中也有一定的 GS 应用研究（Sallam et al.，2015；Duangjit et al.，2016；Zhang et al.，2016；Annicchiarico et al.，2017）。GS 方法还可以结合其他育种方法，如双单倍体技术、基因编辑技术以及快速育种技术等实现更高的遗传增益（Li et al.，2018；Watson et al.，2018）。

本 章 小 结

本章主要介绍了表型选择和基因组选择的原理和选择方法。在选择原理部分，主要介绍了性状遗传率的估算方法及其在性状选择中的应用效果，包括遗传率高低对性状选择的指导作用、遗传率与选择响应预测的关系等内容；比较了性状遗传率在逐项选择法、性状独立选择法及选择指数法中的应用效果。在此基础上，分析了影响遗传进度的因素和提高遗传进度的方法。在性状独立选择方法部分，重点介绍了选择指数法、灰色系统理论的主要内容、步骤及其在育种中的应用效果。基因组选择部分，重点介绍了全基因组选择的原理、实施策略，以及预测模型及其影响模型预测效果的因素。

思 考 题

1. 简述遗传率的估算方法。

2. 影响遗传进度的因素有哪些？

3. 简述在选择过程中如何提高遗传进度。

4. 简述选择指数法中性状经济加权值的确定方法。

5. 简述灰色系统理论的主要内容及在作物育种中的应用。

6. 什么是全基因组选择？

7. 全基因组选择预测模型有哪些？

8. 影响全基因组选择预测模型效果的因素有哪些？

主要参考文献

曹玉良，甘信民，顾淑媛，等. 1989. 花生育种应用选择指数的研究 [J]. 花生科技，4：11-15

陈伟栋，廖世模，陈志强，等. 1995. 因子分析法在水稻育种中的应用研究 [J]. 华南农业大学学报，16（3）：88-92

崔世友. 1997. 提高棉花高产育种选择效果的综合指数法 [J]. 作物杂志，3：11-12

杜晓宇，李顺成，韩玉林，等. 2021. 基于灰色关联度法的黄淮南片小麦新品种综合评判 [J]. 中国种业，1：64-68

房裕东，韩天富. 2019. 作物快速育种技术研究进展 [J]. 作物杂志，2：1-7

郭瑞林. 1995. 作物灰色育种学 [M]. 北京：中国农业科技出版社

黄裕新，吕波，施品贵. 2004. 基于改进灰色关联度的权重确定方法 [J]. 武汉科技学院学报，17（3）：72-75

江庆芬. 1986. 选择指数法在育种上的应用 [J]. 河北农业大学学报，9（2）：148-156

孔繁玲. 2000. 植物数量遗传学 [M]. 北京：中国农业大学出版社

李加纳，邱厥，谌利，等. 1991. 甘蓝型油菜多目标综合选择法研究 [J]. 西南农业大学学报，13（3）：269-274

刘录祥，孙其信，王仕芸. 1989. 灰色系统理论应用于作物新品种综合评估初探 [J]. 中国农业科学，22（3）：22-27

刘忠松，罗赫荣，等. 2010. 现代植物育种学 [M]. 北京：科学出版社

庞航，吴常信，张源，等. 1989. 选择指数中计算经济加权值方法的研究 [J]. 遗传，11（1）：13-16

王建康，李慧慧，张鲁燕. 2014. 基因定位与育种设计 [M]. 北京：科学出版社

王亚琦，孙子淇，郑峥，等. 2018. 作物分子标记辅助选择育种的现状与展望 [J]. 江苏农业科学，46（5）：6-12

吴敏生，戴景瑞. 1999. 灰色系统理论在玉米育种上的综合应用 [J]. 华北农学报，14（2）：1-5

徐扬，田涣玲，王欣，等. 2021. 作物数量遗传研究回顾与展望 [J]. 扬州大学学报（农业与生命科学版），42（2）：1-9

杨昆，赵俊，覃伟，等. 2020. 甘蔗育种经济权重选择指数法的应用研究 I. 目标性状经济权重模型的构建 [J]. 热带作物学报，41（1）：24-34

姚骥. 2018. 全基因组选择和育种模拟在纯系育种作物亲本选配和组合预测中的利用研究 [D]. 北京：中国农业科学院博士学位论文

俞世容. 1982. 选择指数在作物育种上的应用 [J]. 湖北农业科学，12：22-27

张胜利，吴常信. 1992. 长期指数选择法的遗传效果分析 [J]. 遗传，19（3）：203-211

Aguilar I, Misztal I, Tsuruta S, et al. 2011. Multiple trait genomic evaluation of conception rate in Holsteins [J]. Journal of Dairy Science, 94 (5): 2621-2624

Annicchiarico P, Nazzicari N, Pecetti L, et al. 2017. GBS-based genomic selection for pea grain yield under severe terminal drought [J]. The Plant Genome, 10 (2): 1-13

Bennewitz J, Solberg T, Meuwissen T. 2009. Genomic breeding value estimation using nonparametric additive regression models [J]. Genetics Selection Evolution, 41 (1): 20

Bernardo R, Yu J. 2007. Prospects for genomewide selection for quantitative traits in maize [J]. Crop Science, 47 (3): 1082-1090

Breiman L. 2001. Random forests [J]. Machine Learning, 45 (1): 5-32

Calus M, De Roos A, Veerkamp R. 2008. Accuracy of genomic selection using different methods to define haplotypes [J]. Genetics, 178 (1): 553-561

Campos G D L, Hickey J M, Pongwong R, et al. 2013. Whole-Genome regression and prediction methods applied to plant and animal breeding [J]. Genetics, 193 (2): 327-345

Campos G D L, Klimentidis Y C, Vazquez A I, et al. 2012. Prediction of expected years of life using whole-genome markers [J]. PLoS One, 7 (7): e40964

Campos G D L, Naya H, Gianola D, et al. 2009. Predicting quantitative traits with regression models for dense molecular markers and pedigree [J]. Genetics, 182 (1): 375-385

Cherkassky V, Ma Y. 2004. Practical selection of SVM parameters and noise estimation for SVM regression [J]. Neural Networks, 17 (1): 113-126

Cortes C, Vapnik V. 1995. Support-vector networks [J]. Machine Learning, 20 (3): 273-297

Duangjit J, Causse M, Sauvage C. 2016. Efficiency of genomic selection for tomato fruit quality [J]. Molecular Breeding, 36 (3): 29

Dudley J, Johnson G. 2009. Epistatic models improve prediction of performance in corn [J]. Crop Science, 49 (3): 763-770

Endelman J B. 2011. Ridge regression and other kernels for genomic selection with R package rrBLUP [J]. The Plant Genome, 4 (3): 250-255

Falconer D S, Markay T F C. 1996. Introduction to Quantitative Genetics [M] . 4th ed. London: Longman

Gianola D, Campos G D L, Hill W G, et al. 2009. Additive genetic variability and the bayesian alphabet [J]. Genetics, 183 (1): 347-363

Gianola D, Fernando R L, Stella A. 2006. Genomic-assisted prediction of genetic value with semiparametric procedures [J]. Genetics, 173 (3): 1761-1776

Gianola D, Okut H, Weigel K, et al. 2011. Predicting complex quantitative traits with Bayesian neural networks: a case study with Jersey cows and wheat [J]. BMC Genetics, 12 (1): 87

Goddard M. 2009. Genomic selection: prediction of accuracy and maximisation of long term response [J]. Genetica, 136 (2): 245-257

González-Camacho J, De Los Campos G, Pérez P, et al. 2012. Genome-enabled prediction of genetic values using radial basis function neural networks [J]. Theoretical and Applied Genetics, 125 (4): 759-771

González-Recio O, Jiménez Montero J, Alenda R. 2013. The gradient boosting algorithm and random boosting for genome-assisted evaluation in large data sets [J]. Journal of Dairy Science, 96 (1): 614-624

González-Recio O, Weigel K A, Gianola D, et al. 2010. L2-Boosting algorithm applied to high -dimensional problems in genomic selection [J]. Genetics Research, 92 (3): 227-237

Guo Z, Tucker D M, Wang D, et al. 2013. Accuracy of across-environment genome-wide prediction in maize nested association mapping populations [J]. G3: Genes, Genomes, Genetics, 3 (2): 263-272

Habier D, Fernando R L, Kizilkaya K, et al. 2011. Extension of the bayesian alphabet for genomic selection [J]. BMC Bioinformatics, 12 (1): 186

Hayes B J, Bowman P J, Chamberlain A J, et al. 2009. Invited review: Genomic selection in dairy cattle: progress and challenges [J]. Journal of Dairy Science, 92 (2): 433-443

Hayes B J, Pryce J E, Chamberlain A J, et al. 2010. Genetic architecture of complex traits and accuracy of genomic prediction: Coat colour, milk-fat percentage, and type in Holstein cattle as contrasting model traits [J]. PLoS Genetics, 6 (9): e1001139

Heffner E L, Sorrells M E, Jannink J L. 2009. Genomic selection for crop improvement [J]. Crop Science, 49 (1): 1-12

Henderson C R. 1953. Estimation of variance and covariance components [J]. Biometrics, 9 (2): 226-252

Heslot N, Akdemir D, Sorrells M E, et al. 2014. Integrating environmental covariates and crop modeling into the genomic selection framework to predict genotype by environment interactions [J]. Theoretical and Applied Genetics, 127 (2): 463-480

Heslot N, Yang H P, Sorrells M E, et al. 2012. Genomic selection in plant breeding: a comparison of models [J]. Crop Science, 52 (1): 146-160

Hill W G. 1981. Estimation of effective population size from data on linkage disequilibrium [J]. Genetics Research, 38 (3): 209-216

Hoerl A E, Kannard R W, Baldwin K F. 1975. Ridge regression: some simulations [J]. Communications in Statistics-Theory Methods, 4 (2): 105-123

Howard R, Carriquiry A L, Beavis W D. 2014. Parametric and nonparametric statistical methods for genomic selection of traits with additive and epistatic genetic architectures [J]. G3: Genes, Genomes, Genetics, 4 (6): 1027-1046

Hu Z, Li Y, Song X, et al. 2011. Genomic value prediction for quantitative traits under the epistatic model [J]. BMC Genetics, 12 (1): 15

Janss L, De los Campos G, Sheehan N, et al. 2012. Inferences from genomic models in stratified populations [J]. Genetics, 192 (2): 693-704

Jarquín D, Crossa J, Lacaze X, et al. 2014. A reaction norm model for genomic selection using high-dimensional genomic and environmental data [J]. Theoretical and Applied Genetics, 127 (3): 595-607

Jia Y, Jannink J L. 2012. Multiple-trait genomic selection methods increase genetic value prediction accuracy [J]. Genetics, 192 (4): 1513-1522

Jiang Y, Reif J C. 2015. Modeling epistasis in genomic selection [J]. Genetics, 201 (2): 759-768

Lehermeier C, Schön C C, De los Campos G. 2015. Assessment of genetic heterogeneity in structured plant populations using multivariate whole-genome regression models [J]. Genetics, 201 (1): 323-337

León R, Rosero A, García J L, et al. 2021. Multi-trait selection indices for identifying new Cassava varieties adapted to the Caribbean region of Colombia［J］. Agronomy,11 (9): 1694

Li H, Rasheed A, Hickey L T, et al. 2018. Fast-forwarding genetic gain [J]. Trends in Plant Science, 23 (3): 184-186

Lorenzana R E, Bernardo R. 2009. Accuracy of genotypic value predictions for marker-based selection in biparental plant populations [J]. Theoretical and Applied Genetics, 120 (1): 151-161

Manickavelu A, Hattori T, Yamaoka S, et al. 2017. Genetic nature of elemental contents in wheat grains and its genomic prediction: toward the effective use of wheat landraces from Afghanistan [J]. PLoS One, 12 (1): e0169416

Massman J M, Gordillo A, Lorenzana R E, et al. 2013. Genomewide predictions from maize single-cross data [J]. Theoretical and Applied Genetics, 126 (1): 13-22

Meuwissen T H E, Hayes B J, Goddard M E. 2001. Prediction of total genetic value using genome-wide dense marker maps [J]. Genetics, 157 (4): 1819-1829

Moreau L, Charcosset A, Gallais A. 1998. Marker-assisted selection efficiency in populations of finite size [J]. Genetics, 148 (3): 1353-1365

Muir W M. 2007. Comparison of genomic and traditional BLUP-estimated breeding value accuracy and selection response under alternative trait and genomic parameters [J]. Journal of Animal Breeding Genetics, 124 (6): 342-355

Muñoz P R, Resende M F, Gezan S A, et al. 2014. Unraveling additive from nonadditive effects using genomic relationship matrices [J]. Genetics, 198 (4): 1759-1768

Ober U, Erbe M, Long N, et al. 2011. Predicting genetic values: a kernel-based best linear unbiased prediction with genomic data [J]. Genetics, 188 (3): 695-708

Park T, Casella G. 2008. The bayesian lasso [J]. Journal of the American Statistical Association, 103 (482): 681-686

Prey L, Schmidhalter U. 2020. Deep phenotyping of yield-related traits in wheat [J]. Agronomy, 10 (4): 603

Piepho H P. 2009. Ridge regression and extensions for genomewide selection in maize [J]. Crop Science, 49 (4): 1165-1176

Reif J C, Zhao Y, Würschum T, et al. 2013. Genomic prediction of sunflower hybrid performance [J]. Plant Breeding, 132 (1): 107-114

Sallam A, Endelman J, Jannink J, et al. 2015. Assessing genomic selection prediction accuracy in a dynamic barley breeding population [J]. The Plant Genome, 8 (1): 1-15

Schaeffer L. 2006. Strategy for applying genome-wide selection in dairy cattle [J]. Journal of Animal Breeding Genetics, 123 (4): 218-223

Schulthess A W, Wang Y, Miedaner T, et al. 2016. Multiple-trait-and selection indices-genomic predictions for grain yield and protein content in rye for feeding purposes [J]. Theoretical and Applied Genetics, 129 (2): 273-287

Solberg T, Sonesson A, Woolliams J, et al. 2008. Genomic selection using different marker types and densities [J]. Journal of Animal Science, 86 (10): 2447-2454

Su G, Christensen O F, Ostersen T, et al. 2012. Estimating additive and non-additive genetic variances and predicting genetic merits using genome-wide dense single nucleotide polymorphism markers [J]. PLoS One, 7 (9): e45293

Usai M G, Goddard M E, Hayes B J. 2009. LASSO with cross-validation for genomic selection [J]. Genetics Research, 91 (6): 427-436

VanRaden P M. 2008. Efficient methods to compute genomic predictions [J]. Journal of Dairy Science, 91 (11): 4414-4423

Wang X, Li L, Yang Z, et al. 2017. Predicting rice hybrid performance using univariate and multivariate GBLUP models based on North Carolina mating design II [J]. Heredity, 118 (3): 302-310

Watson A, Ghosh S, Williams M J, et al. 2018. Speed breeding is a powerful tool to accelerate crop research and breeding [J]. Nature Plants, 4 (1): 23-29

Windhausen V S, Atlin G N, Hickey J M, et al. 2012. Effectiveness of genomic prediction of maize hybrid performance in different breeding populations and environments [J]. G3: Genes, Genomes, Genetics, 2 (11): 1427-1436

Wong C, Bernardo R. 2008. Genomewide selection in oil palm: increasing selection gain per unit time and cost with small populations[J]. Theoretical and Applied Genetics, 116 (6): 815-824

Xu S, Zhu D, Zhang Q. 2014. Predicting hybrid performance in rice using genomic best linear unbiased prediction [J]. Proceedings of the National Academy of Sciences, 111 (34): 12456-12461

Yang X, Yan J, Shah T, et al. 2010. Genetic analysis and characterization of a new maize association mapping panel for quantitative trait loci dissection [J]. Theoretical and Applied Genetics, 121 (3): 417-431

Zhang J, Song Q, Cregan P B, et al. 2016. Genome-wide association study, genomic prediction and marker-assisted selection for seed weight in soybean (Glycine max) [J]. Theoretical and Applied Genetics, 129 (1): 117-130

Zhao Y, Zeng J, Fernando R, et al. 2013. Genomic prediction of hybrid wheat performance [J]. Crop Science, 53 (3): 802-810

Zhong S, Dekkers J C, Fernando R L, et al. 2009. Factors affecting accuracy from genomic selection in populations derived from multiple inbred lines: a barley case study [J]. Genetics, 182 (1): 355-364

Zou H, Hastie T. 2005. Regularization and variable selection via the elastic net [J]. Journal of the Royal Statistical Society Series B-statistical Methodology, 67 (2): 301-320

第三章 作物高产育种

第一节 作物产量构成因素及其相互关系

一、不同作物的产量构成因素

作物生产是为了从单位土地面积上获得更多有经济价值的农产品，以满足人类生活的需要。人们从种植活动获得的作物产品的数量即为作物产量，它由个体产量或产品器官数量所构成。将产量分解成多个构成因素的方法，在作物育种和栽培工作中一直被广泛采用。不同的作物种类其产量构成因素也不同（表 3-1）。禾谷类作物的产量构成为：产量＝单位面积穗数×单穗实粒数×单粒重；豆类作物为：产量＝单位面积株数×单株有效荚数×每荚粒数×单粒重；薯类作物为：产量＝单位面积株数×单株薯块数×单薯重。进行田间测产时，只需测得各构成因素的平均值，便可以计算出理论产量。

表 3-1 不同作物的产量构成因素

作物	产量构成因素
禾谷类（稻、麦、玉米、高粱、谷子）	单位面积穗数、单穗实粒数、单粒重
豆类（大豆、蚕豆、绿豆、红小豆）	单位面积株数、单株有效荚数、每荚粒数、单粒重
薯类（马铃薯、甘薯）	单位面积株数、单株薯块数、单薯重
麻类（苎麻、红麻、亚麻、大麻）	单位面积株数、单株茎纤维重
绿肥作物（苜蓿、紫云英、苕子）	单位面积株数、单株鲜重
油菜	单位面积株数、单株有效角果数、每角果粒数、单粒重
花生	单位面积株数、单株荚果数、单荚果重
向日葵	单位面积株数、单株葵盘数、每葵盘粒数，单粒重（瘦果重）
棉花	单位面积株数、单株有效铃数、单铃子棉重、衣分
烟草	单位面积株数、单株叶片数、单叶重
甘蔗	单位面积有效茎数、单茎重

单位土地面积上的作物产量随产量构成因素数值的增大而增加，但生产实践中，产量构成因素很难同步增长，而且彼此之间存在相互制约关系。因此，在作物品种选育中需要抓住当地主要产量构成因素或产量性状的改良，同时，也要考虑产量构成因素间的制约关系，只有产量构成因素都协调改良了，品种的潜力产量才会得到大幅度提高。

二、产量构成因素间的相互关系

（一）产量构成因素间的相互制约

理论上来说，作物的各个产量构成因素的数值愈大，产量则愈高。但现实中这些产量构成因素的数值是很难同步增长的，在一定的栽培条件下，它们之间存在相互制约关系。例如，禾谷类作物在单位面积上穗数增至一定程度以后，每穗粒数就有减少的趋势，粒重也会有所降低。再如大豆等分枝型作物，当单位面积株数增加到一定程度后，则每株荚数、每荚粒数，都会不同程度减少。

产量构成因素之间的相互制约关系，主要是由光合产物的分配和竞争而产生的。由于作物的群体是由个体组成，当单位面积上种植密度增加后，各个体所占的营养面积及空间就相应减少，个体的生物产量就有所削弱，因此表现出每穗粒数（或荚数）等器官的生长发育也受到制约。由于作物的产量是群体产量，因此，个体变小并不一定最后产量就低。当单位面积穗数（株数）的增加能弥补并超过每穗粒数（每株荚数）减少的损失时，仍表现增产；反之就表现为减产。不同作物品种在不同地区和栽培条件下，有其获得高产的最佳产量构成因素组合。

（二）产量构成因素间的相互补偿

作物产量构成因素在不同生育阶段能够相互调节，即为作物的自动调节和补偿功能。这种补偿能力是陆续在生育的中、后期表现出来，并随着个体发育进程而降低的。作物种类不同，其补偿能力也有差异。主茎生长优势或分蘖分枝能力较弱的作物（如玉米、高粱、单秆型芝麻等）的补偿作用较弱，分蘖或分枝能力较强的作物（如水稻、棉花、大豆等）的补偿能力较强。

水稻、小麦等作物基本苗不足或播种密度低，可通过大量发生分蘖和形成较多的穗数来补偿；穗数不足，每穗粒数和粒重的增加，也可略微补偿。但生长前期的补偿作用往往大于生长后期。补偿程度则取决于种或品种以及生长环境条件。一般分蘖习性能调节和维持田间一定的群体和穗数；每穗籽粒数可以调节和补偿穗数的不足；粒重也有一定变动幅度，如果每穗粒数减少，则粒重就会相对增加。

三、产量形成的生理基础

在整个生育期内，作物利用光合器官将太阳能转化为化学能，将无机物转化为有机物，最后再转化为具有经济价值的收获产品。光合作用在作物产量形成过程中占据重要地位。光合作用与生物产量、经济产量的关系可用下列公式表示：

生物产量＝光合面积×光合强度×光合时间－消耗（呼吸消耗、器官脱落等）经济产量　＝生物产量×经济系数

从上式不难发现，选择适宜的光合面积、提高光合强度、有效地延长光合时间、适当减少消耗、提高经济系数等均可提高产量，这些指标的提高或多或少都与作物株型改良、产量构成因素相关。

作物群体是指该种作物的许多个体的集合体。虽然作物群体是由个体所组成，但不是个体的简单相加，而是每个个体组合成为一个有机的整体。在作物群体中，个体与群体之间、个体与个体之间都存在着密切的相互关系。群体的结构和特性是由个体数及个体生育状况决定的，而个体的生育状况又反映群体的影响。这是因为群体内部如温度、光照、二氧化碳、湿度、风速等环境因素是随着个体数目而变化的。群体内部的环境因

素又反过来影响单株数目和个体生长发育。高产群体特点主要有：产量构成因素协调发展，利于保穗（果）增粒增重；主茎和分枝（蘖）协调进展，利于塑造良好的株型，减少无效枝（蘖）的消耗；群体与个体、个体与个体、个体内部器官间协调发展；生育进程与生长中心转移、生产中心（光合器官）更替、叶面积指数（LAI）、茎蘖（枝）消长动态等诸进程合理；叶层受光好、功能稳定、物质积累多、转运效率高。

选育高光合效率的品种是提高光能利用率的重要途径。因为具有高光合效率的作物群体，整株的碳素同化能力强，更重要的是群体水平上的碳素同化能力强。这些光合性状的表现，涉及形态、解剖结构、生理生化代谢以及酶系统等各个层次。提高作物生产力，应从能提高群体光合生产力的性状来考虑，特别是根据植株形态特征、空间排列及各性状组合与产量形成的关系进行遗传改良，创造具有理想株型的新品种，对于提高作物产量潜力有显著效果。例如，水稻半矮秆直立叶形、直立穗型品种，玉米紧凑型杂交种等，群体叶片反射损失明显减少，单位叶面积接受的太阳辐射量有所降低，量子效率提高，同时适宜密植，增加光合面积，从而使品种产量潜力得到大幅度提高。目前，在生理水平上提高光合效率的遗传改良重点在以下几个方面：改变光合色素的组成与数量，改造叶片的吸光特性，提高光饱和点，缓解光抑光合；改变二氧化碳固定酶，提高酶活性及对二氧化碳的亲和力。在解剖结构和形态学水平上，育种者主要重视对叶色、叶形、叶片厚度、叶片伸展角度等形态特征的遗传改良。

第二节　作物产量性状的遗传

不同作物其产量构成因素不同，但它们有一个共同点，即由种植密度与产量性状共同组成。作物种植密度与品种株型改良、品种抗倒伏能力、土壤肥力和栽培管理等息息相关。鉴于下一节专门探讨作物的株型改良，本节只叙述水稻、小麦、玉米、大豆和棉花等作物产量性状的遗传，掌握了产量性状的遗传规律就能在育种实践中更有针对性地改良作物的产量性状，提高品种的产量潜力。

一、水稻产量性状的遗传

水稻的产量性状主要由有效穗数、穗长、每穗粒数、结实率、千粒重等构成，各性状间存在着不同程度的制约关系，同时还受其他性状影响，特别是与株型性状关系密切。例如，穗数受分蘖力和成穗率影响；粒数受穗长、穗分枝和着粒密度影响；千粒重受粒形、大小和灌浆充实度的影响；着粒密度与穗分枝特性等有关。水稻的产量性状属多基因控制的数量性状，易受环境条件的影响，遗传比较复杂。水稻产量性状由加性效应和部分显性效应控制，极少数情况例外，显性方向因杂交组合而不同。水稻产量性状的遗传率均较低。穗数的遗传率最低，穗数不同的品种杂交，多穗呈部分显性，F_2代表现连续变异。穗粒数的遗传率中等，栽培品种的多粒对少粒是部分显性，F_1呈中间型偏多粒，其后代呈连续变异。粒重的遗传率高于粒数和穗数。粒重大对粒重小是部分显性，基因的加性效应是主要的。穗长的遗传率比较高，长穗与短穗品种杂交，F_1表现为长穗，F_2连续变异。穗型较短的密穗品种，与着粒密度较小的散穗型品种杂交，F_1 代呈中间型偏密穗，密穗呈部分显性。

二、小麦产量性状的遗传

$7.5t/hm^2$ 的小麦高产实践中，有多穗、大穗和中间三种类型。在北部冬麦区常以多穗型实现高产。在大穗型品种中以增加粒数和粒重为基础，根据品种特性和地区生态条件，或着重大粒，或着重多粒，而使穗粒重较高。中间型的品种则兼顾穗数、粒数、粒重的协调增长。生态条件和生产条件不同的地区，其最适的产量结构类型应有不同。冬季寒冷、春夏晴朗干燥的北方地区常选育多穗型品种，而阴雨多、湿度大、日照少的南方地区，一般采用大穗型品种。但随着水肥条件的改善，我国北方小麦品种有逐步由多穗型向中间型或大穗型发展的趋势。

小麦的籽粒产量是一个复杂的数量性状，遗传率低，杂种早世代选择效果较差，但可间接通过产量构成因素进行选择。在产量构成因素中，每株穗数的遗传率最低，早代选择效果差。另外，生产上各种高产株型其分蘖数并不相同，有的高产主要靠主茎穗，有的靠有效分蘖数，这与培育该品种的生态条件有关，取决于不同地区的育种目标。

小麦的每穗粒数与产量呈高度正相关，小麦产量的提高大部分是单位面积内粒数增多的结果，即主要来源于每穗粒数的增多。增加每穗粒数是提高产量最重要而可靠的途径。穗粒数的遗传率在 40%左右，可间接通过增加穗长和有效小穗数或每小穗粒数达到增加穗粒数的目的。但增加每穗有效小穗数比增加每小穗粒数更为有利。因为前者往往穗型较长、籽粒较整齐而千粒重较高；后者往往穗型较密、籽粒大小不匀而千粒重较低。穗长的遗传率较高，一般可达 70%左右，早代选择有效。

产量构成因素中粒重的遗传率最高，一般在 70%左右。早代对粒重的选择是很有效的，因而通过增加粒重可以提高产量。在我国小麦品种更替过程中，粒重的改良对提高产量起到了重要作用。华北北部冬小麦穗分化时间较短，增加每穗粒数困难较多，而千粒重的提高则潜力较大。

三、玉米产量性状的遗传

玉米产量性状包括穗长、穗粒行数、行粒数、粒重、单株果穗数等，它们和玉米产量一样都是数量性状。玉米籽粒产量与产量构成性状的遗传率较低。玉米 F_1 代的果穗长度都表现出明显的超亲优势，其优势指数为 16%～56%。果穗长度的遗传是多种遗传效应互作的结果。在决定穗长的遗传中，基因的显性为主，其平均遗传率较低。果穗长度与每行籽粒数是紧密关联的，果穗长则每行籽粒多，因而行粒数的遗传也是多种遗传效应互作的结果，并且以基因的显性效应为主，加性效应所占的比重较小。玉米穗粒行数的遗传是比较稳定的。研究表明，杂种 F_1 代果穗的籽粒行数介于亲本之间，杂种优势不明显。穗粒行数的遗传，基因的加性效应占主导地位。在育种实践中，如要选育出穗粒行数较多的杂交种，则双亲的穗粒行数必须较多，否则难以奏效。玉米杂交种的单株果穗数基本上不表现出杂种优势，其遗传主要取决于基因的加性效应。玉米杂种 F_1 粒重的优势很明显，超亲优势也很突出。但 F_1 的粒重优势与双亲粒重差异的大小有密切的关系。当亲本粒重的差异较小时，F_1 的粒重优势较小；亲本之间的粒重差异较大时，则 F_1 的粒重优势较大。基因的加性效应在粒重的遗传中占主导地位，但显性效应也很明显，粒重的遗传率中等。

四、大豆产量性状的遗传

大豆产量及产量性状（单株荚数、单株粒数、每荚粒数、空秕粒率、百粒重）均属数量性状，受微效多基因控制，环境影响相对较大。单株粒重、单株荚数、单株粒数的遗传率均甚低，尤其当选择单位是单株时平均仅约 10%，选择单位为家系时遗传率增大至 38% 左右，有重复的家系试验阶段遗传率增大至 80% 左右。因此，产量的直接选择常在育种后期有重复试验的世代进行。单株粒重、百粒重的基因效应主要是加性效应，通过重组常存在加性×加性累加作用。F_1 代产量存在明显的超亲优势。产量的杂种优势与单株荚数及单株粒数的杂种优势有关。亲本的产量配合力在杂种早期 $F_1 \sim F_4$ 世代的表现不一致，存在显著一般配合力×世代和特殊配合力×世代的互作，但在后期 $F_5 \sim F_8$ 世代中则上两项互作并不显著，因而，在杂种早代表现配合力高的亲本，不一定在以后世代表现出高配合力。利用 F_1 代杂种优势与利用后期世代稳定纯系将可能有不同的最佳亲本及其组合。百粒重在早代及晚代中上述两项互作均不显著，因而 F_1 优势和后代纯系两种育种方向的亲本组成有可能是一致的。产量与全生育期呈正相关，与蛋白质含量呈负相关。

自 Keim 等（1990）开始大豆性状的 QTL 分析以来，与大豆产量相关的 QTL 报道日益增多，吴晓雷等（2001）发现 4 个产量 QTL 和 6 个百粒重 QTL 分布在不同的连锁群。Yuan 等（2002）检测到三个产量相关 QTL 分别位于 C_1、I、K 连锁群。Reinprecht 等（2004）检测到 11 个产量 QTL 和 7 个百粒重 QTL，部分 QTL 能够重复检测到。姚丹等（2014）在大豆单株粒数、单株粒重、百粒重和单株荚数 4 个主要产量性状上共检测到 19 个具有明显加性效应的 QTL，其中主效 QTL 15 个，即单株粒数 QTL 3 个，单株荚数 QTL 2 个，单株粒重 QTL 10 个，分布于 C_2、G、A_1 和 M 4 个连锁群上；定位到了 3 个在两年间稳定存在的 QTL，即单株粒数 QTL *qNSPP-12-1*、单株粒重 QTL *qSWPP-12-1* 和 *qSWPP-12-2*。虽然国内外有关产量性状相关的 QTL 报道较多，但是 QTL 定位结果受遗传背景影响较大，只有在不同群体中检测出稳定的 QTL，才可能对作物育种产生实用价值。

五、棉花产量性状的遗传

棉花的皮棉产量是育种的首要目标。皮棉的产量构成因素包括单位面积的铃数、每铃籽棉重（单铃重）、衣分。衣分是皮棉重量与籽棉重量的比率。衣分与衣指和子指有密切关系，衣指是 100 粒种子的纤维重量，子指是 100 粒种子的重量，它们之间的关系如下：

$$衣分＝衣指/（衣指＋子指）$$

衣分与皮棉产量呈高度正相关，可以用衣分来进行产量选择。衣分高低既受衣指影响，也受子指影响，因此衣分高并不一定反映纤维产量高，可能是由于子指小，因此，不以衣分而以衣指作为产量构成因素更为准确和合理。研究表明，单株铃数对于陆地棉子棉产量有最高的直接效应（通径系数为 0.695），其次为铃重（通径系数为 0.682）和衣指（通径系数为 0.386）。鉴于棉铃大小在产量改进上所起的作用相对较小，在产量性状改良中，结铃性（单位面积铃数）应作为重点选择性状。

第三节　株型改良与高产育种

作物的生产过程实质是一个光能吸收、固定和转化的过程，要提高作物生产力，必须提高作物群体的光合生产力，特别是改良植株形态特征、空间排列及各性状组合与产量形成的关系，通过创造具有理想株型的新品种来实现作物产量潜力的遗传改良。作物不同，其株型改良的内容也存在一定差异；即使是同一作物，不同学者进行株型改良的侧重点也不完全一致。

一、水稻的株型改良

不同的学者对于水稻株型的概念有不同的观点，有人认为，水稻的株型是指植物体在空间的排列方式，它是与水稻产量能力有关的一组形态特征，即植株的长势长相。也有人认为，株型主要指植株地上部分的形态特征，特别是叶和茎秆在空间的分布状态，即植株的受光姿态。更多人认为，株型是植株的形态结构，生理、生态所独具的特殊功能等诸方面的综合体现。

（一）穗型的改良

穗部性状主要包括穗数、穗型、每穗粒数、千粒重等。穗数的多少与水稻分蘖能力有关，影响大穗型水稻品种产量的主要因子是单株有效穗数。水稻产量构成可简化为单位面积穗数与穗大小的乘积，但是两者又互相矛盾，因此需要协调好两者之间的关系才能达到增产的目的。从新中国成立初期到现在，水稻品种株型及穗粒结构的演进之路为：高秆穗小穗少→矮秆穗多穗小→半矮秆穗较大→半高秆穗大→半高秆穗更大更重（超高产育种）。

水稻穗型可以根据弯曲度划分为直立、半直立和弯曲三种，其中在水稻生育后期直立穗型比半直立和弯曲穗型更有利于群体下层叶光能利用，它不仅能促使群体中上部的光照条件更好，而且使光的分布更加均匀，因此，直立穗型的受光态势在提高水稻整个群体的光能利用率方面优于其他两种穗型。

经典遗传分析表明，组成穗型的性状基本上是受多基因控制的数量性状。近年来，已克隆了不少与穗发育和调控机制有关的基因，这些成果对阐明水稻穗发育的调控机制及株型育种应用具有重要的促进作用。沈阳农业大学对直立穗型基因进行了精细定位和结构与功能分析，将直立穗型基因精细定位在第 9 染色体上 SSR 标记 RM3025 与 RM24428 之间，进一步的测序分析表明，该基因 cDNA 为 *AK101247*，在第 5 个外显子中有 637 个碱基被 12 个碱基替代，导致编码序列提前终止。该基因导致穗节间的缩短、着粒密度变密、一二次枝梗数增加、每穗粒数增多，进而提高水稻产量。水稻直立穗基因（*DEP1*）是通过 QTL 定位鉴定的显性基因，该基因决定了穗的形态结构，通过调节分生组织的活性，减少穗的长度进而增加谷粒数，达到增产的目的。*DEP2* 是一个直立穗型基因，同时调控水稻穗型和种子大小。*DEP2* 在内含子上有一个碱基发生颠换导致翻译时发生移码，该基因主要在幼嫩的组织中表达。*DEP2* 突变体表现为穗直立、谷粒又小又圆。突变体株型更加紧凑，但一二次枝梗数和每穗粒数没有明显的变化；*DEP3* 是一个直立密穗突变体，与野生型相比缺失了 408bp。*DEP3* 在枝梗数、每穗颖花数、单株产量方面都有明显的提高，是一个促进产量提升的穗型基因。另外，一些与粒型相关的基因如 *GW2*、*GW5*、*GW8*、*GS3*、*GS5* 等相继被克隆。这些与穗型相关基因的克隆和功能分析能够增进对复杂数量性状的遗传和分子基础的认识，为理想株型育种奠定基础。

（二）叶形的改良

水稻上三片叶（剑叶、倒二叶、倒三叶）是进行光合作用的主要场所，理想的上部三片叶的形态是水稻获得高产乃至超高产的基础。水稻理想株型的上部三片叶以短、宽、厚和直立为宜。抽穗之后，水稻功能叶，尤其是剑叶，是光合产物输向穗部的主要供应者。剑叶直接决定水稻穗部及产量的相关性状。水稻剑叶角度的改良要视情况而定，一般是要减小剑叶角度，不少育种家对水稻理想株型叶片的定义均包括上部三叶的直立性，该三片叶是否保持直立性对于水稻籽粒是否能饱满以及最终籽粒产量具有重要意义。水稻直立叶片群体的光合效率高于平展或弯垂叶，直立叶片有利于叶片两面受光，从而提高光能利用率。水稻的产量在一定程度上同功能叶尤其是剑叶的角度呈负相关，适当减小剑叶角度可增大叶片受光面积，提高光合利用率，增加产物积累，促进结实率提高。但是，有时也需要适当增加剑叶角度。在"三系"或"两系"法进行杂交稻制种中，较小的剑叶角度则不利于不育系的授粉，使杂交稻制繁种的产量下降。选育出大剑叶角度的不育系对于提高杂交水稻的配种、繁种效率具有一定意义。

剑叶角度受一对主效基因加微效多基因控制，也有人认为受多基因控制。随着分子生物学和功能基因组学的迅速发展和成熟，不同材料上更多的控制剑叶角度的基因将被检测、定位和克隆，并通过分子辅助选择技术，聚合或排除不同 QTL 位点上的增效等位基因，可选育出更多、更好符合不同需要的剑叶角度的高产品种和不育系。

（三）茎秆性状与抗倒伏改良

水稻的茎秆性状包括茎秆长度、茎节和茎壁厚度等，水稻茎秆具有支撑、运输和贮藏等功能。使水稻具有支撑、运输和贮藏等功能。茎秆长度是株高的主要影响因素，茎秆的抗折能力与株高的平方成反比，降低株高能提高茎秆的抗倒伏能力。20 世纪 50 年代对矮源基因的利用，大大降低了植株的高度，提高了水稻的茎秆强度和生物学产量，使品种的耐肥性、抗倒伏性和耐密植性显著增强。茎壁厚度与水稻倒伏能力具有显著相关性，茎壁厚度越厚，抗倒伏能力越强，尤其是水稻的基部与抗倒伏能力有紧密联系。但并不是茎秆越粗其抗倒伏的能力就越强。水稻茎秆长、茎秆强度与茎秆粗度之间均呈极显著正相关，在一定的株高范围内，茎秆越长，茎基部越粗，茎秆强度越大。

半矮秆基因 *SD1* 的发现和应用，实现了水稻生产的第一次"绿色革命"，大幅度提高了水稻单产水平。由于矮秆品种耐肥抗倒伏、叶挺多穗、收获指数高，因此一般单位面积产量比高秆品种增加 20%～30%。水稻矮化育种的成功，是中国水稻育种史上的一个重要的里程碑，为我国粮食增产做出了巨大贡献。水稻茎秆相关性状通常表现为多基因控制的复杂数量性状。吴海滨等（2006）对水稻 F_2 群体进行了株高 QTL 分析，检测到两个控制株高的 QTL 分别位于 5 号和 9 号染色体上。谭震波等（1996）利用 DH 群体对节间长度进行 QTL 分析，发现地上部节间长度的 QTL 座位多达 12 个。Ookawa 等（2010）利用染色体片段代换系（CSSL）鉴定到一个有效控制茎秆厚度的 QTL，命名为 *SCM2*，携有 *SCM2* 的近等基因系具有茎秆强度增强、穗数增加的表型。近些年通过对一系列突变体的研究，克隆了许多与茎秆相关的基因，如矮秆、半矮秆系列基因 *D1*、*D2*、*D3*、*D6*、*D10*、*D11*、*D14*、*D35* 等，脆秆系列基因 *BC1*、*BC10*、*BC14*、*BC15* 等，这些基因的克隆和功能研究为水稻的茎秆性状改良奠定了理论基础。

降低株高可起到耐肥、抗倒伏的作用，但降低株高的直接后果是株型矮小，群体生物产量上不去，这直接影响水稻产量的进一步突破，因而适宜的株高（1m 左右的半矮秆）是提高产量的关键。

水稻株高是重要的倒伏影响因子，株高与倒伏指数呈显著或极显著正相关。但也有研究认为，株高不一定是造成倒伏的直接原因，品种间差异决定了水稻的抗倒伏性，矮秆品种未必抗倒伏，高秆品种也未必会发生倒伏现象。水稻株高既属于受多效基因控制的数量性状，又属于受单基因控制的质量性状。多数水稻株高由 1～3 对主效基因控制，并受微效基因调控，而且矮化突变体内多由一对隐性基因起作用。我国水稻矮化育种的主要矮源有'矮仔占''矮脚南特''日本晴''农垦 58'等。随着分子生物学技术的不断发展，利用分子标记构建的水稻遗传连锁图谱，开展与株高相关的基因或 QTL 定位研究，使水稻矮秆性状研究从经典遗传学逐渐深入分子水平。水稻植株矮化是矮秆主效基因表达作用的结果，并受修饰或抑制基因的影响。一般认为，矮秆基因能直接导致水稻植株形态学或细胞的结构发生变化，如节间变短或细胞个数减少，从而使植株变矮。基因的表达还受外界环境和内源激素的共同影响，外界环境的影响主要是非生物胁迫导致，如温度能够诱导基因的表达，内源激素的含量变化对矮化有显著的影响。

已有至少 60 个与株高相关的 QTL 被定位或者克隆。水稻"绿色革命"基因 *SD1* 是最具代表的株高基因。半个世纪以来，*SD1* 被广泛运用到育种实践中，培育了一系列半矮秆高产品种。直至今天，*SD1* 依然是水稻栽培品种中应用最广泛的半矮秆基因。*SD1* 通过参与赤霉素的生物合成调控水稻株高，*SD1* 对 GA_3 敏感，突变体外源 GA_3 处理后可以恢复到野生型表型。*SD1* 最早在中国的低脚乌尖中发现，编码 GA_{20ox}，*SD1* 突变后导致 GA_{20ox} 活性降低进而影响赤霉素的合成。除赤霉素外，油菜素类酯（brassinosteroid, BR）也是调控水稻株高的一类重要激素。水稻基因 *D2* 编码一种合成 BR 的关键酶，突变后水稻内 BR 合成受阻导致植株矮化，茎秆变得短粗，谷粒变小。外源 BR 处理可恢复表型；*DLT* 是一个控制水稻半矮秆、分蘖数减少的基因，在水稻根、茎、穗等多个组织中表达。*DLT* 突变体对黄酮质不敏感，研究发现，*DLT* 突变后多个与 BR 合成有关的基因表达量上升，这说明 *DLT* 参与 BR 的信号转导以及 BR 合成基因表达的反馈抑制。

（四）分蘖数量和分蘖角度的改良

分蘖是水稻株型的重要性状，通过分蘖数目、分蘖角度影响水稻的株型结构。分蘖数是水稻产量形成的基础，优良品种往往具备较强的分蘖力。有效分蘖是在水稻生长早期由主茎和几个初生和次生分蘖形成的，后期形成的分蘖不仅难以成穗，而且还会造成不必要的物质浪费。因此，水稻株型育种需要对分蘖进行有效的控制。目前，科技人员已克隆了一些与分蘖相关的基因，为株型塑造提供了技术支撑。控制水稻分蘖基因 *MOC1* 通过抑制营养生长和生殖生长阶段叶腋分生组织的形成来调控分蘖的发生，*MOC1* 突变后水稻只生长出一个主茎，没有其他分蘖。通过多分蘖突变体 *tad1* 和单分蘖突变体 *moc1* 的遗传分析发现，*TAD1* 作用于 *MOC1* 的上游。*TAD1* 编码一个细胞分裂后期启动复合物的共激活蛋白，和 *MOC1* 位于同一个蛋白复合物中并直接互作。最新的研究还发现，独脚金内酯对调节水稻的分蘖有着十分重要的作用，利用图位克隆技术已克隆的基因如 *dwarf 27*、*d88* 和 *OsTB1* 等都与独脚金内酯的含量有关。

分蘖角度是指主茎与分蘖之间的夹角，它直接影响水稻冠层结构，从而影响叶片的光合效率，最终影响水稻的产量。水稻分蘖角度过大，株型分散，占用空间大，单位面积种植密度小，导致单位面积产量低；分蘖角度过小的水稻，株型紧凑，透光性和通风性不好，分蘖间存在恶性竞争，导致群体光能利用率低；分蘖角度大小适宜的水稻，叶片之间的遮光度低，受光面积大，群体光能利用率高。因此，水稻分蘖角度是株型构建的决定性因素之一，合适的分蘖角度对塑造理想株型水稻具有重要意义。

关于水稻分蘖角度，既有受主效基因控制表现为质量性状的观点，又有受多基因控制表现为数量性状的论断。Takahashi（1968）相继报道了首个控制水稻匍匐生长的隐性基因 *la* 和水稻直立生长隐性基因 *er*。之后，诸多研究者对水稻分蘖角度性状进行了大量遗传研究，并定位到不少控制水稻分蘖角度的主效基因。Kinoshita 等（1974）发现了同时影响水稻分蘖角度和株高的基因 *d20*。已报道的 *la*、*la*（*t*）、*d20*、*tac2* 均为控制水稻大分蘖角度的隐性基因，而 *Spk*（*t*）是唯一一个控制水稻大分蘖角度的显性基因。*Spk*（*t*）被精细定位于第 9 染色体 EST 标记 E4055 与 C62163 之间。随着水稻全基因组测序的完成，控制水稻分蘖角度的主效基因 *LAZY1*（*LA1*）、*PROG1*、*LPA1* 等相继被克隆。已克隆的 *TAC1* 基因是控制分蘖角度的单显性基因，主要在茎的节部、分蘖基部不伸长节以及叶鞘枕（节部与叶鞘交接处）中表达。突变体 *TAC1* 由于非编码区的第 4 个内含子剪切位点（agga）发生突变，从而导致表达量下调，使分蘖角度变小呈现直立生长特性，说明该基因的表达水平影响水稻分蘖角度。水稻分蘖角度的调控除受遗传基因的控制外，还受到光照、营养条件、插秧深度、种植密度、植物激素等因素的影响。其中，植物激素是影响分蘖角度的最主要因素，包括生长素、独脚金内酯、油菜素内酯等。研究发现，*LA1*、*d3* 和 *OsLIC* 等都是通过影响植物激素调控水稻分蘖角度。陈明江等（2018）建立了一个水稻发育的遗传调控网络，将控制水稻分蘖角度基因、生长素以及重力响应基因直接连接（图 3-1）。然而，参与水稻分蘖角度调控的其他基因的调控网络和途径很大程度上都未知，仍需进一步研究。

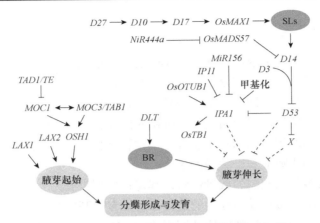

图 3-1 水稻分蘖发育的遗传调控网络示意图（陈明江等，2018）

深灰与浅灰分别表示水稻分蘖发育遗传调控网络中的关键基因与激素

（五）根部性状的改良

水稻根系与产量关系密切，根多则穗多，穗数相同时根多则穗大，而且根量多者其产量必高。在抽穗期，根重与地上部干重、倒三叶长度、穗重均呈极显著正相关。水稻根系分布状态和叶角之间的关系也存在一定的对称性，根量纵深发展是高产株型最为重要的特征。

直立穗品种的根系在前期发根较慢，中期发根快，后期根壮、根旺，从出穗至灌浆中期根系在数量、长度、根重都具有一定优势。直立穗型高产品种在后期活秆成熟，根系生长状态还有助于保持多片绿叶生长的需要。半直立穗型根系发育在全生育期表现比较平稳，后期根系在数量、根长、根重减幅要明显低于直立穗型品种，尤其是后期根系的根干重、根长具有明显的优势，不仅能维持较多绿叶养分、水分需要，保持后期活秆成熟，而且较大的根体积有利于提高植株抗倒伏能力。弯曲穗型品种的根系前期生长较直立穗型品种快，中期和后期生长发育受到限制，其根系的长度、数量、根重均不如直立穗和半直立穗型品种，但从后期根数量、根长和根重下降幅度来分析，下降幅度范围不是很大，后期根体积与直立穗和半直立穗型相比差异并不很大，根系的吸收能力仍可满足后期下部穗籽粒灌浆的养分吸收需要。

根系形态性状的遗传是受核基因控制的，表现为数量遗传。水稻根数、根质量和根直径均表现为数量性状，与细胞质基因无关。近年来，根系性状的 QTL 定位和克隆研究也取得了较大的进展。

二、小麦的株型改良

20 世纪 70 年代以来，矮化育种主导的"绿色革命"推动了小麦育种进程和生产水平的提高。然而，小麦株高的降低致使叶层紧密、光能利用率下降，小麦高产育种遇到了瓶颈，因此，以株型塑造为手段的理想株型育种模式得以广泛开展。

（一）株高的改良

株高是小麦的一个重要农艺性状，它影响着小麦的倒伏、品质以及与产量相关的性状。株高高则生物量大，不耐肥水极易倒伏；株高矮则生物量小，叶片簇拥而引起小麦通风透光性差，从而使产量降低。适宜的株高可以改变株型，提高收获指数。利用具有日本'农林 10 号'矮化基因的品系，与抗锈病的墨西哥小麦进行杂交，育成了同时具有抗倒伏、抗病、高产等优点的多个矮秆、半矮秆品种，极大促进了小麦产量的提高，株高是影响小麦育种成败的一个关键因素。

株高是由微效多基因控制的数量性状，其遗传机制可分为 4 种情况：①显性矮化基因控制的遗传；②隐性矮秆基因控制的遗传；③非专化基因控制的遗传；④多基因控制的遗传。迄今为止，小麦主效矮秆基因已命名 25 个，其中来自'农林 10 号'的 *Rht1*、*Rht2* 和来自赤小麦的 *Rht8* 得到了广泛的应用。小麦的矮秆基因（*Rht1* 和 *Rht2*）STS 分子标记开发和利用以及特异性标记的利用（*Rht8*），对于小麦育种起到了重要作用。Ellis 等（2005）利用不同的群体材料通过精细定位获得了与 *Rht4*、*Rht5*、*Rht8*、*Rht9*、*Rht12* 和 *Rht13* 等矮秆基因紧密连锁的分子标记。近年来不同的研究者利用不同的试验材料对株高性状进行 QTL 定位，以期发现新的矮秆基因或对已发现的矮秆基因进行验证。例如，Guo 等（2018）基于芯片标记技术对 215 个小麦品种（系）进行关联分析，关联到 11 个与株高相关的芯片位点，分别被定位到 3A、3B、5B、6A、6B 和 7B 染色体上。

（二）穗长的改良

穗不仅是小麦产量的载体，而且能够进行高效的光合作用，对小麦的产量起着至关重要的作用。小麦穗长与地上部的生物量、单株生物量及收获指数呈正相关。虽然穗长和小穗密度呈负相关，但长穗小麦能降低禾谷镰刀菌对穗部的感染。此外，在穗长不变的情况下通过增加小穗密度会提高小麦产量。小麦穗长的 QTL 位点几乎覆盖小麦整个染色体组。Guo 等（2018）基于芯片标记技术关联到 12 个与穗长相关的芯片位点，分别被定位到 3B、4A、5A、5B、6A 和 7B 染色体上。Sun 等（2017）基于芯片技术对黄淮麦区的 165 个小麦品种进行关联分析，关联到 6 个与穗长相关的芯片位点，分别被定位在 1B、2B、3B、6B 和 6D 染色体上。Zhai 等（2016）利用 191 个株系的 RIL 群体（'豫麦 8679'×'京 411'），对穗长进行多环境联合分析定位，发现 5 个 QTL 位点，分别被定位在 2B、2D、5A 和 7B 染色体上，且 2D 染色体控制穗长 QTL 位点与 *Rht8* 紧密连锁。

（三）穗颈节的改良

小麦的穗颈长是指穗基部到旗叶叶柄的距离，是穗下节的一部分，是小麦"理想株型"的重要指标之一。小麦穗颈是流的重要组成部分，流畅通对小麦高产具有非常重要的作用。在株高一定的条件下，穗颈节长与单株产量和收获指数呈正比。小麦的穗节（倒一节）作为株高的重要组成部分，对株高具有重要的调节作用。小麦的穗颈节除具有支撑作用外，还具有一定的光合作用和籽粒灌浆来源物质的"库存"作用。茎秆的干物质积累和转移与籽粒的增重有密切关系。张德强（2017）以'小偃81'与'西农1376'杂交所衍生的190个RIL群体为材料，定位到控制穗颈长的7个QTL，分别位于2D、3B、3D、4B、5A、5B和6A染色体上；定位到12个控制穗下节长的QTL，分别位于2B、2D、3A、3B、4B、5B、6B和7B染色体上。马建等（2017）以半野生小麦'Q1028'与'郑麦9023'组合的含有186个株系的RIL群体为材料，对穗颈长进行QTL定位，共定位到三个控制穗颈长QTL位点，分别位于3A、5A和6B染色体上。

（四）旗叶的改良

小麦叶片是进行光合作用的主要器官，叶片大小是影响光合作用的主要因素。上三叶对小麦的产量影响巨大，尤其是旗叶作为小麦的功能叶，它为小麦的灌浆提供41%～43%的碳水化合物。旗叶的大小与千粒重、每穗粒数以及单株籽粒产量呈正相关，因此，旗叶的大小成为育种家关注的主要性状之一。旗叶大小是典型的数量性状，易受环境影响。目前，国内外有关旗叶性状的QTL研究已有诸多报道。Liu等（2018）利用半野生小麦'藏1817'和普通小麦'宁冬3331'组合的含有213个株系的RIL群体进行QTL定位，共定位到7个控制旗叶长的QTL位点，分别位于2B、3A、4B和5A染色体上；共定位到3个控制旗叶宽的QTL位点分别位于1B和4B染色体上；共定位到5个控制旗叶面积的QTL位点，分别位于2B、4B和5A染色体上。常鑫等（2014）利用'小偃81'和'西农1376'为亲本构建的含有236个家系的RIL群体，检测出9个控制旗叶宽的QTL，分别位于1A、4A、3B、5D和7D染色体上。

（五）分蘖角度的改良

分蘖角度是指主茎与分蘖之间的夹角，是构成小麦株型的一个主要组成部分，也是育种家关注的重要性状，它决定群体种植密度，影响作物光合效率以及株型建成，从而调控小麦产量。合适的分蘖角度有利于提高小麦的光合作用和抗倒伏能力。分蘖角度按株型可分为束集型、松散型、紧凑型三类。束集型品种因其分蘖角度小，群体通风度差，群体光合作用面积较小且易感染病虫害，不利于植株的生长；松散型品种旗叶多表现为下披型且株间分蘖相互交叉，光照透过率低，不利于植株的光合作用；紧凑型品种因其株型较为松散，通风透光性均比较好，发病程度低而光合利用率高，有利于作物高产。一般来说高产品种的株型要求前期较为松散，后期适当紧凑。尽管研究者对分蘖角度一直非常关注，但是对其调控机制研究却十分有限。连俊方（2016）采用小麦90k SNP基因芯片技术和SSR标记对亲本（'周8425B'×'小偃81'）及RIL群体各家系进行分子标记检测，在4个环境中共检测4个控制分蘖角度的QTL，分别位于1A、3B和5B染色体上。

三、玉米的株型改良

玉米增产的途径有两种，即增加玉米的单株产量或者提高玉米种植密度。增加玉米的耐密性是当前玉米增产的主要途径。20世纪50年代以前，主要种植农家品种，密度不到 30 000 株/hm², 产量 1500kg/hm² 左右。60 年代中期以后, 杂交玉米品种逐渐取代了农家品种, 密度提高到 40 000 株/hm² 以上, 产量达到 3000~4500kg/hm², 生产上主要采用平展型大穗品种。70 年代初, 发达国家相继选育了一系列紧凑型品种, 提高了群体密度, 产量得到了大幅度提高, 美国等发达国家的玉米种植密度超过 67 500 株/hm², 产量超过了 7500 kg/hm²。株型是影响玉米产量的主要因素, 玉米株型相关的形态指标包括株高、穗位、叶长、叶宽、叶夹角、节长、节粗等。对光的竞争使株高随着种植密度的增大而增高, 导致节间直径降低, 增加了植株倒伏风险, 从而使产量降低。因此, 茎秆抗倒伏能力与株高、穗位高密切相关。茎粗还可作为评价植株营养生长健壮程度的指标之一。节间长对单位面积产量和抗倒伏性均有显著影响, 缩短穗下节的节间长可增加植株抗倒伏性。另外, 合理的叶长、叶宽、叶鞘与茎夹角大小等形态均有利于改善叶片的空间排列和几何构型, 有助于培育玉米理想株型, 减少个体的遮阴反应, 增强光合效率, 增加有机物积累, 最终增加籽粒产量。赵久然 (2005) 认为, 玉米理想株型应该具备以下特征: 根系发达、扎土深、有很好的吸收能力和抗倒伏效果; 植株重心低、抗倒伏强、穗下节间短、穗位低、穗上节间长而利于通风透光; 叶片短、窄、整体紧凑上冲, 叶向值、消光系数、光合效率、群体光合势等生理指标配置合理; 雄穗分枝少, 花粉量充足; 果穗大小适中, 穗行数、行粒数、籽粒搭配合理; 株型上紧凑下平展, 穗上叶片上冲直立; 同时要兼顾耐密、抗病抗倒伏、抗虫抗逆, 并且具有很好的易机收特性。

(一) 株高和穗位的改良

株高和穗位高是玉米形态建成的两个重要指标, 两者之间的关联程度较高, 遗传基础比较复杂, 大量 QTL 研究已经致力于同时解析株高、穗位的遗传构成, 以期能够为育种提供理论依据。玉米茎秆控制着水分和营养的运输, 呈现着玉米植株高度和倒伏抗性。世界范围内, 茎秆倒伏每年造成的产量损失估计为 5%~20%, 提高品种的抗倒伏有利于高产、稳产和适应性的提高。茎秆抗穿刺强度 (RPR) 是评价茎秆强度的可靠指标, 已经被广泛用于测量茎秆强度, 改良茎秆倒伏抗性。茎秆倒伏主要由加性效应控制, 而非加性效应有微小的作用。Flint-Garcia 等 (2003) 提出对于茎秆抗穿刺强度, 利用分子标记辅助手段进行筛选比表型选择更有效, 在 4 个 $F_{2:3}$ 群体中, 检测到有关 RPR 的 35 个位点和 11 对上位性互作效应。每个群体中检测到的所有 QTL 能解释总体表型变异的 33% 以上。控制株高、穗位高的主要遗传成分为非加性效应。何坤辉等 (2016) 以重组自交系群体为材料, 在第 1、3、4、5、6、7、8、10 等 8 条染色体上共检测到 10 个株高 QTL, 8 个穗位高相关 QTL。

(二) 叶夹角的改良

叶夹角 (叶片中脉与主茎之间的夹角) 作为一个重要的株型指标, 与玉米株型育种及产量高度相关, 直接影响光和 CO_2 在冠层内的分布及群体的光能利用, 进而影响植株生长发育的过程和生理特性, 最终影响产量。自 20 世纪 70 年代以来, 叶夹角的变化部分归因于对 B73 的选择, 而 B73 是一个具有直立叶的自交系, 叶夹角相对较小, 被广泛应用于亲本自交系以及杂交种的选育。

叶夹角是典型的数量性状，其遗传规律以基因加性效应为主，非加性效应次之。尽管前人研究了较多调控叶夹角发育的基因和 QTL，但叶夹角大小性状由多基因调控，调控方式比较复杂，单基因在表型控制方面贡献效率较低，且受环境影响较大。大多研究都是基于构建不同的群体，粗定位到大致 QTL 区域，使得单一环境及小群体定位到的 QTL 和基因位点稳定性较差，不同群体、不同环境下的可重复性也较差，很难将理论研究应用于育种实践。虽然国内外已经在控制玉米叶夹角的发育、QTL 定位及遗传规律等方面做了许多工作，但是仍存在一些问题，有待更深入的研究。

（三）叶长、叶宽的改良

叶片是玉米植株进行光合作用的主要部位，其面积是影响产量的重要因素之一，因此研究叶面积的遗传构成及机制，对高产玉米新品种的选育意义重大。Pelleschi（2006）等利用 RIL 群体定位到 5 个叶长 QTL 和 7 个叶宽 QTL。库丽霞等（2010）利用 229 个材料构成的 $F_{2:3}$ 家系检测到 3 个叶长 QTL、4 个叶宽 QTL。Guo 等（2015）利用 4 个 RIL 群体在 3 个环境下对控制不同穗位叶宽的 QTL 进行单群体和多群体联合检测，得到与所有部位的叶宽相关的 3 个共同的 QTL。李春辉等（2015）利用具共同亲本的 3 个群体和密度的分子标记对叶片相关性状进行遗传解析，得到控制叶长的 QTL 6 个，叶宽 QTL 8 个。叶长主要以基因加性效应为主，还有明显的显性效应和上位性效应。叶宽遗传除了加性基因效应起主导作用，显性基因效应也很重要。郑祖平等（2007）定位到 2 个穗位叶宽的 QTL，其中位于第 5 染色体的为主效 QTL；4 个穗位叶长的 QTL。田丰等（2011）利用巢式关联群体（NAM），采用全基因组关联分析方法（GWAS），得到 34 个叶宽的 QTL 和 36 个叶长的 QTL，在玉米 10 条染色体上均有分布。Kulx 等（2010）利用 'Yu82' 和 'Yu87-1' 为亲本构建的 256 个家系的 $F_{2:3}$ 群体中检测到 5 个与叶宽相关和 4 个与叶长相关的 QTL，分布在 1、3、4、5、7 和 8 号染色体上。

四、大豆的株型改良

（一）茎秆性状的改良

随着大豆的遗传改良，株高不断降低，植株抗倒伏能力随之增强，倒伏指数下降。赵颖君等（2008）研究表明，株高和倒伏指数与品种育成年代呈极显著负相关，1923～2005 年分别降低了 21.55% 和 49.98%。主茎节数随着育成年代的增加而增加，与育成年代呈显著正相关；节间长度与育成年代呈极显著负相关，平均每年降低 0.40%；分枝数也与育成年代呈极显著负相关。Voldeng 等（1997）的研究结果表明，遗传改良导致大豆产量每年增加 0.7%，随着遗传改良进程大豆植株倒伏率下降。

大豆品种茎直径随着育成年代的增加而增加，植株的抗倒伏能力增强（郑洪兵等，2008）。大豆的株高、主茎节数、分枝数和茎粗等是株型和繁茂性的性状，这几个性状与籽粒产量存在一定的相关性。王绶（1963）的研究结果表明，大豆产量与株高、分枝数的相关程度达到了显著水平。常汝镇（1980）的研究结果也证明，单株荚数与株高、主茎节数、分枝数呈正相关。赵颖君等（2008）的研究表明，产量与株高、单株分枝数、倒伏指数和节间长度均呈显著负相关，并且达到极显著水平。茎部性状对产量的通径分析表明，株高（0.6828）和茎直径（0.2295）对于产量提高的直接正效应较大，倒伏指数（−0.6462）、节数（−0.6943）和节间长度（−1.0244）对于产量提高的直接负效应较大，说明大豆茎部性状的改良对于提高产量有重要意义。

SyBase 数据库已报道了 255 个大豆株高 QTL，分布在大豆的 20 条染色体上。Mansur 等（1996）以 Minsoy × Noir1 群体检测出 5 个控制株高的 QTL，分别位于 5 个不同的连锁群上。吴晓雷等（2001）检测到控制株高的 4 个位点分布于 C2 和 N 连锁群上。Wang 等（2004）在种间杂交的回交群体中测定了 5 个与株高有关的 QTL，其中有 4 个 QTL 与产量 QTL 处于同一连锁群，分别定位于 C2、E、K 和 M 连锁群。Zhang 等（2004）检测到 8 个与株高有关的 QTL，其中有 4 个 QTL 定位于 B1 连锁群，有 1 个定位于 M 连锁群，有 3 个定位于 C2 连锁群。孙亚男等（2010）检测到 15 个控制株高的 QTL，分别位于 LG B1、LG D1a 和 LG G 等。利用 BioMercator2.1 的映射功能将国内外常用的大豆图谱上的株高 QTL 通过公共标记映射整合到大豆公共遗传连锁图谱 SoyMap2 上，将搜集到的 78 个株高 QTL 和该研究得到的 QTL 进行整合分析，最终得到 12 个大豆株高的"通用"QTL，分别位于 B1、C2、D1a、F、G、K 和 M，其置信区间最小可达 0.24cM，有助于大豆株高的 QTL 精细定位。张雅娟等（2018）以夏大豆重组自交系群体 NJRIMN 为试验材料，定位到 6 个株高加性 QTL，其中 *qPH-6-1*、*qPH-12-1* 和 *qPH-19-2* 存在显著的加性与环境互作效应；还定位到 4 对株高上位性 QTL，其中 *qPH-8-1* 和 *qPH-16-1* 存在显著的上位性与环境互作效应。

已有 33 个主茎节数 QTL 被报道，如 Zhang 等（2004）检测出 10 个控制主茎节数的 QTL，大多数 QTL 位于 B1 和 C2 连锁群，定位在 C2 连锁群上的 QTL 具有较大的效应。在 C2 和 B1 连锁群分别检测到 3 个和 4 个倒伏 QTL，其中有 5 个倒伏 QTL 分别与 5 个株高 QTL 和 5 个主茎节数 QTL 处于相同位置，表明倒伏性与株高和主茎节数有密切关系，虽然较矮的植株可防止倒伏，但往往伴随主茎节数减少和产量下降。

国内外已定位了 58 个控制大豆倒伏的 QTL，分布于 15 个连锁群，其中 L 连锁群上有 12 个 QTL，C2 连锁群上有 10 个 QTL，B1、G 连锁群上均有 6 个 QTL，F 连锁群上有 4 个 QTL，E 和 J 连锁群上均有 3 个 QTL，A2、B2、C1、D1b、K、N 连锁群各有 2 个 QTL，D1a 和 H 连锁群均仅有 1 个 QTL。吴晓雷等（2001）检测到两个控制倒伏 QTL，位于 C2 连锁群的两端，其中一个 QTL（*qLD-2*）与控制株高的 *qPH1* 位点处于同一区域，表明倒伏性与株高存在一定的相关性。Orf 等（1999）在 C2、D1b＋W、L 连锁群检测出 4 个倒伏 QTL，与 4 个株高 QTL 和一个产量 QTL 处于同一位置或相邻位置，表明倒伏性与株高和产量有关。Wang 等（2004）检测到 K 连锁群上有 1 个倒伏 QTL，与 1 个株高 QTL 和 1 个产量 QTL 处于相同区域（*Satt137-Satt178*）。

（二）叶片性状的改良

大豆叶形可分为近圆形、卵圆形、椭圆形、披针形。叶形也是鉴别品种的主要特征之一。大豆品种叶形不同，构成的群体结构也不同，一般圆形、卵圆形叶有利于太阳光截获，但容易造成冠层封顶，株间荫蔽。披针形叶片品种的冠层透光性较好。一般用叶形指数（叶长/叶幅）来评判叶型的状况，比值在 1.8 以下为圆形叶，2.2 以上为长叶。叶形与每荚粒数有密切关系，一般披针形每荚粒数较多，多为 3～4 个，肥大的圆叶每荚粒数较少，多为 2～3 个。有些品种，特别是亚有限和无限性品种，在个体发育过程中，由于发育先后不同，植株不同部位的叶形有所不同，这种现象称为异形叶性。例如，'辽豆 10 号'大豆品种，植株中下部叶为圆叶，上部叶逐渐过渡为近披针形叶，这种类型的品种所构成的群体比较疏朗，生育后期对太阳光的吸收较好，是一种高产的群体构型。

已经有 61 个叶形 QTL 报道，分布在 17 条染色体上，除 H（12 号染色体）、M（7 号染色体）、N（3 号染色体）三个连锁群外，其他连锁群都有 QTL 检测。*Ln* 位点被 Song 等（2004）整合在公共遗传图谱 Satt270-A955_1 之间。Jeong 等（2011）用一个 BC_3F_2 群体将大豆叶形基因 *Ln* 定位在 66kb 的物理区间。陈磊（2014）用三套叶形分离 F_2 群体（'NT-1'×'南农 1138-2'，'NT-1'×'Forrest'，'NT-1'×'科丰 1 号'），将 NT-1 的窄叶基因 *Ln* 定位在 20 号染色体上 48kb 的物理区间。

大豆的单株叶面积随生育进程而不断增加，大约到开花盛期至结荚期达高峰，而后由于植株下部叶片黄落，总面积逐渐减少，至成熟期完全脱落。在高肥条件下，晚熟披针形叶品种单株叶片总面积一般为 2500～3000cm²，椭圆形叶品种可达 4500～5000cm²。郑洪兵等（2008）的研究表明，单株叶面积随品种育成年代的推进而增加，小叶面积与育成年代呈负相关，随着育成年代的推进而降低。单株叶片数目随育成年代的推进呈线性增加的趋势，新品种的叶片数量明显多于老品种。

叶片的色泽因品种不同而有浅绿、绿和深绿等不同深浅程度的区别。大多数品种叶色为绿色，有一些为深绿色，也有一些为浅绿色。成熟的叶色一般都变黄，逐渐丧失生理功能，最终枯死脱落。Kumudimi 等（2001）研究认为，大豆产量与叶片的持绿期和干物质积累有密切联系，新品种叶片的持绿期、干物质和收获指数明显高于老品种。

比叶重是指单位叶面积的干重（叶干重/叶面积，g/dm²），是反映叶片厚薄的一个重要指标。大豆叶片的厚薄，品种间也有一些差异。大豆叶片的厚薄与叶片的生理功能有一定的关系。比叶重可以作为进行高光效选择的间接指标。叶色浓绿、叶片比较厚的品种，一般抗旱能力较强。郑洪兵等（2006）研究结果表明，大豆叶片的比叶重随着品种育成年代的增加而增加，新品种的比叶重显著高于老品种。

叶柄连着叶片和茎，是水分和养分的通道，它支持叶片使其承受阳光。叶柄长度不同对复叶镶嵌、合理利用光能有利。叶柄的长短因品种与环境条件而异。耐密植品种'沈农 12 号'和较耐密植品种'辽豆 14 号'的叶柄长度低于不耐密植品种'辽豆 11 号'，且'沈农 12 号'的最低，与其他两个品种差异达极显著水平。郑洪兵等（2008）研究了吉林省不同年代育成大豆品种的叶柄长度，结果表明，9 个大豆品种叶柄长度随植株高度增加而增加，新品种不同节位叶柄长度变化差异显著，中层较大，下层较小，上层居中，这与新品种的宝塔型冠层结构基本一致。叶柄角是大豆株型的重要构成因素，影响大豆冠层结构、光合作用效率以及最终产量。解析大豆叶柄角的遗传基础对提升大豆产量具有重要意义。王存虎等（2020）以两个叶柄角具有显著差异的亲本 BLA 和 SLA 以及它们衍生的 RIL 群体为材料，构建高密度的遗传图谱，对大豆不同部位的叶柄角进行 QTL 分析，并利用近等基因系验证部分 QTL。结果显示，叶柄角呈正态分布，符合数量性状遗传特征。利用 GBS 技术构建了包含 859 个 Bin 标记的大豆高密度遗传图谱，总遗传长度为 2326.9cM，标记间平均距离为 2.763cM；共检测到 14 个调控叶柄角的 QTL，其中 5 个 QTL 定位在第 12 染色体上且成簇存在；构建的 *qLA12* 和 *qLA18* 的近等基因系表型结果显示，叶柄角在同一对近等基因家系间差异显著，表明 *qLA12* 和 *qLA18* 是两个可信的 QTL。王吴彬等（2012）利用一个大豆的 CSSL 群体（SojaCSSLP1）对叶柄角进行 QTL 定位，共检测到 5 个 QTL，其中与 Sat_286 连锁的 QTL 可被稳定地检测到。Gao 等（2017）利用 165 个 In-Del 标记和一个突变体材料将调控大豆叶柄角的 *GmILPA1* 位点定位在第 11 号染色体上，位于标记 MOL1197 和 MOL1233 之间，进一步通过图位克隆的方式克隆到了 *GmILPA1* 基因，该基因编码 APC8-like 蛋白，可以与 *GmAPC13a* 直接相互作用，通过 APC 复合体行使功能，突变该基因后可使叶枕发育异常、叶柄角增大。

（三）根系的改良

作物正常生长发育是地上绿色部分的光合作用和地下部根群吸收水分、养分等的统一过程。强大的根系能促进地上部分的光合作用，而充足的光合产物又会为根系的生长发育提供必需的营养物质，二者相辅相成，缺一不可。

野生大豆经长期的栽培驯化，其根系也逐渐形成与不同环境条件相适应的生态类型，可划分为浅根型、中间型和深根型三种生态类型。不同根系生态类型的大豆对土壤不同层次的水分利用情况也存在差异，这就决定了其对不同的生态区域有着不同的适应性。根系是农作物抗旱研究的重要对象之一，抗旱性不同的大豆根系性状不同。根系分布深、扩展范围大、分枝多是大豆抗旱性的本质特征。一般而言，抗旱性的品种发根早，主根长，侧根数量多，侧根总长度长，胚根长，成苗率高。王金陵等（1992）研究发现，大豆生长发育后期耐旱的品种具有较大的根重、根体积以及较发达的主根和侧根。Pantalone 等（1996）研究了不同抗旱性大豆品种根系性状的差异性，结果表明，抗旱性的品种根体积、根表面积、根干重、根瘤数、根瘤干重等参数均高于不抗旱的品种。杨秀红等（2001）指出，不同适应性大豆品种的根系性状存在差异，与喜肥水大豆品种相比，抗旱性大豆品种根系比较发达，具有相对较大的根系重量、较大的根体积、较强的根系吸收活性及较发达的主根和下部侧根。不同结荚习性大豆品种根系性状也存在差异，亚有限结荚习性大豆的根系比较发达，根量多，根体积庞大，根表面积大，侧根发达，下胚轴粗壮。

随着大豆品种遗传改良的推进，大豆根系性状也得到了改良。杨秀红等（2001）对黑龙江省和吉林省 42 份不同年代大豆品种的根系性状进行了研究，结果表明，不同年代大豆根系性状存在差异，20 世纪 50～90 年代，大豆品种根鲜重、根体积、根表面积、根干重、侧根长度 5 个主要根系性状均表现为随年代推进而呈增加趋势，90 年代品种的这 5 个根系性状均表现最高。谢甫绨等（2006）的研究结果表明，经过长期的遗传演变和人为加压选择大豆根干重有了明显的增加，俄亥俄当代品种根干重最大，辽宁当代品种次之，辽宁 20 世纪 20 年代老品种最小，而且各品种的根干重均在鼓粒期达到最大。随着育种进程的推进，主根长度不断增长。根瘤性状也随育种进程得到明显改良，当代品种根瘤数明显多于 20 年代老品种。根系活力和根系活跃吸收表面积等性状改良程度很大，当代品种根系活力和根系活跃吸收表面积比 20 年代老品种大。

孙帆（2019）的研究结果表明：不同年代大豆品种根系硝酸还原酶（NR）、谷氨酰胺合成酶（GS）、谷氨酰胺 α-酮戊二酸氨基转移酶（GOGAT）活性在整个生育期内的表现为近代品种＞20 世纪 60 年代～21 世纪前 10 年品种＞早期品种。整个生育期，NR、GS、GOGAT 活性均随品种育成年代的推进呈线性增长的变化。随着大豆品种的演替，根系的遗传改良提高了氮代谢关键酶活性，改善了大豆对氮素的利用效率，提高了大豆产量潜力。

（四）大豆的理想株型

大豆株型是指植株在空间的态势。株型包括植株的许多性状，如株高，分枝的多少、长短、角度，叶片的大小、形状、层次分布和调位性，叶柄的长短、角度等。大豆株型与结荚习性的关系十分密切，一般无限结荚习性品种的植株较高大，叶片下大上小，整个植株呈塔状；有限结荚习性品种的植株一般较矮小，叶片大小均匀或上大下小，整个植株呈扇面形。结荚习性是大豆株型的基本特征之一。王金陵（1996）指出，大豆株型的演变过程是：自分枝性强、主茎不明显、植株高大蔓化的典型无限结荚习性，经过主茎逐渐发达、分枝减少、株高降低、直立性提高的无限结荚习性品种，进而向主茎明显、分枝少、主茎节多、荚多、秆强的无限以至亚有限结荚习性演变，进一步再演变为植株矮化、主茎突出发达、顶端有明显花簇的典型有限结荚习性。即大豆的结荚习性是按无限性－亚有限性－有限性的顺序演变的。

为了探索实现大豆产量突破的途径，大豆的株型问题，特别是理想株型问题越来越受到关注，不少的研究者对此都提出了自己的设想。盖钧镒等（1990）认为，大豆的理想株型与理想型是有区别的，理想株型主要指植株由高效受光态势的茎叶构成；而理想型除理想株型外貌外，还包括内在光合特性、物质积累与分配等相应生理过程。董钻和张仁双（1993）指出，要达到 4875kg/hm² 的产量，每公顷大豆群体需要截获 1794.1 万 kJ 的热能，并需从土壤中吸收 N 405kg、P_2O_5 80kg、K_2O 181.5kg 和水 9750t。为此，最好采用植株高大、叶片下大上小的亚有限结荚习性株型品种来构建庞大的大豆群体，这样的株型能在叶面积指数达到 6 或 6.5 时，叶层比较疏朗，不至于过于密集，而且这样的株型节数多、单株荚数也较多。除株型良好外，开花早，花期长（最好能持续40～50d）；耐肥抗倒，干物质分配合理。在辽宁省，'辽豆 10 号'和'辽豆 14 号'即属于该类株型，在该理论的指导下，也已采用'辽豆 10 号'创造了 4361kg/hm² 的高产记录；采用'辽豆 14 号'创造了 4923kg/hm² 的超高产记录。张孟臣等（1993）从河北省夏大豆区生态条件出发，为当地确立了三种高产株型育种目标，即：①亚有限主茎型；②亚有限或有限短分枝型；③高大分枝型。'冀豆 7 号'即为亚有限主茎型品种，采用'冀豆 7 号'种植的高产田，产量已经达到了 4500kg/hm²。而何志鸿等（1997）

认为，在黑龙江省为适应窄行密植高产栽培的需要，必须选用矮秆或半矮秆、抗倒伏的株型品种。美国的 Cooper（1981，1985，1991）为半矮秆密植栽培所设计的株型是：株高小于 75cm，有限或亚有限结荚习性。总之，由于大豆高产的群体结构是株型与生态条件互作的结果，因此，生态条件不同，对其高产的株型要求也不同，不存在共同的高产株型模式。

五、棉花的株型改良

株型育种对提高棉花产量和纤维品质意义重大。棉花株型是根据果枝和叶枝的分布情况以及果枝的长短而形成的，包括株高、果枝长度、主茎节间长度、果枝节间长度、总果节数、总果枝数、有效果枝数和果枝夹角等多个株型构成因素，这些性状均属于复杂的数量性状，受基因型和环境的共同控制，利用传统的育种方法改良株型的难度较大，株型性状与其他性状如产量、品质、早熟等存在相关关系。张培通等（2006）利用陆地棉重组自交系研究棉花株型性状 QTL，检测到三个株高 QTL、两个果枝长 QTL 和三个株高/果枝长 QTL。Wang 等（2006）利用陆地棉重组自交系，检测到三个果枝长 QTL 和三个株高/果枝长 QTL。

杨延龙等（2019）研究结果表明，随着品种更替，棉株第一果节长度、果枝节间长度和节枝比逐渐增加，株型由紧凑型向较松散型转变；株高、果枝始节和始节高度逐渐增加，上部果枝与主茎的夹角逐渐减小，果枝上举，具有高产株型特征；根据棉花机采对品种特性的要求，近期品种果枝始节高度和果枝角度较符合机采棉对株型的要求；不同年代品种间果枝数、叶枝数、倒四叶宽和茎粗无明显差异。皮棉产量、总铃数和衣分均随品种更替逐渐增加。在棉花品种更替、产量提高过程中，棉花经济性状改善，但品种株型由紧凑型向较松散型转变，生育期偏长，收获指数偏低，棉纤维马克隆值偏大。

我国传统棉花群体结构主要有高密小株类型、中密中株类型和稀植大株类型三种，分别在西北内陆棉区、黄河流域棉区和长江流域棉区广泛应用，为实现棉花高产稳产发挥了重要作用。当前，我国棉花栽培进入了以"轻简节本、提质增效、生态安全"为主攻目标的新时期，对棉花合理群体结构也有了新要求。一方面要提高光能利用率，充分挖掘棉花群体的产量潜力，实现棉花高产稳产；另一方面通过优化成铃、集中吐絮，提高生产品质并实现集中收获。董合忠等（2018）提出构建"降密健株型""增密壮株型""直密矮株型"三种新型棉花群体结构代替传统群体结构的观点。

1. 降密健株型　是在传统"高密小株型"群体的基础上，通过适当降低密度（起点群体降低 10%～20%），并适当增加株高（10%～15%）等措施而发展起来的以培育健壮棉株、优化成铃、提高机采前脱叶率为主攻目标的新型群体结构，皮棉产量目标为 2250～2400kg/hm²，适合西北内陆棉区。主要指标如下：①适宜的种植密度和株高。密度为 15 万～20 万株/hm²，盛蕾期、初花期和盛花期株高日增长量以 0.95cm/d、1.30cm/d 和 1.15cm/d 比较适宜，最终株高为 75～85cm。其中，采用杂交种等行距（76cm）种植时，密度降至 12.0 万～13.5 万株/hm²，株高 80～90cm。②适宜的最大叶面积系数（群体获得最大干物质积累量所需要的最小叶面积指数）为 4.0～4.5。适宜叶面积系数动态为苗期快速增长，现蕾到盛花期平稳增长，适宜最大叶面积系数在盛铃期出现，之后平稳下降。③果枝及叶片角度分布合理。在盛铃吐絮期冠层由上至下，叶倾角由大到小，上部为 76°～61°，分别比中部和下部大 14° 和 30°。④节枝比（棉株的果节数与果枝数之比）和棉柴比（籽棉与棉柴的质量比）适宜。分别为 2.0～2.5 和 0.75～0.85。⑤非叶绿色器官占总光合面积的比例显著提高。生育后期非叶绿色器官占总光合面积的比例由 35% 增加到 38%，铃重的相对贡献率由 30% 提高到 33%。⑥长势稳健，集中成铃，脱叶彻底。棉株上中下棉铃分布均匀且顶部棉铃比例稍高，脱叶催熟效果好；植株上部铃重和纤维品质指标一致性好；霜前花率达到 85%～90%，脱叶率达到 92% 以上，含絮力适中，采净率高、含杂率低。

2．增密壮株型 是在传统"中密中株型"群体的基础上，通过适当增加种植密度（起点群体增加 50%～80%），并适当降低株高（15%～20%）等措施而发展起来的以培育壮株、优化成铃、集中吐絮为主攻目标的新型棉花群体结构，皮棉产量目标为 1650～1800kg/hm²，适合黄河流域棉区。主要指标如下：①适宜的种植密度和株高。收获密度达到 7.5 万～9 万株/hm²，盛蕾期、开花期和盛花期株高日增长量以 0.95cm/d、1.30cm/d 和 1.15cm/d 比较适宜，最终株高为 90～100cm。通过调控株高和叶面积动态，确保适时适度封行。②适宜的最大叶面积系数为 3.6～4.0。其动态也是苗期较快增长，现蕾到盛花期平稳增长，最大适宜叶面积系数在盛铃期出现，之后平稳下降。③果枝及叶片角度分布合理，使棉花冠层中的光分布和光合分布比较均匀。④节枝比和棉柴比适宜。分别为 3.5 左右和 0.8～0.9。⑤集中成铃和脱叶彻底，伏桃与早秋桃占比达到 75%～80%，机采棉田脱叶率达到 95% 以上。

3．直密矮株型 长江流域棉区和黄河流域实行两熟制的产棉区多采用套种棉花或前茬作物收获后移栽棉花的种植模式。经过各地探索发现，把套种或前茬后移栽棉花改为前茬后直播早熟棉，并通过增加密度，矮化并培育健壮植株，建立"直密矮株型"群体结构，不仅省去了棉花育苗移栽环节，也为集中收获提供了保障。"直密矮株型"的皮棉产量目标为 1500kg/hm² 左右。主要指标如下：①适宜的种植密度和株高。种植密度为 9 万～12 万株/hm²，最终株高为 80～90cm。通过调控株高和叶面积动态，确保适时适度封行。②适宜的最大叶面积系数和动态。麦（油、蒜）后早熟棉构建"直密矮株型"群体结构的最大叶面积系数为 3.5～4.0。苗期以促进叶面积增长为主，现蕾到盛花期叶面积系数平稳增长，使最大适宜叶面积系数在盛铃期出现，之后平稳下降。③节枝比和棉柴比适宜。分别为 2.5～3.0 和 0.85 左右。④果枝及叶片角度分布合理，使棉花冠层中的光分布和光合分布比较均匀。⑤集中成铃和脱叶彻底。单株果枝数 10 台左右，成铃时间主要集中在 8 月中旬到 9 月中下旬，棉花伏桃和早秋桃合计占总成铃数的比例为 75% 以上，机采前脱叶率达到 95% 以上。

六、油菜的株型改良

（一）油菜株高的改良

油菜株高与产量呈显著正相关，但随着植株高度增加，重心增高，抗倒性降低，也会影响产量和机械化收获，因此，油菜株高应在 160cm 左右更为合理。需要指出的是，由于生态条件的差异，生长区域的不同，对油菜株高要求亦有差异。有研究结果表明，四川油菜的理想高度应该为 180cm；长江流域的株高应该在 160～170cm；黄淮区油菜理想株高为 160cm 左右。Sun 等（2016）利用 60k SNP 对株高进行了全基因组关联分析，总共检测到 68 个与株高显著关联的位点。唐敏强等（2015）通过 60k SNP 芯片对甘蓝型油菜的株高进行全基因组关联分析，共检测到了 4 个与株高显著关联的 SNP，分别位于 A07、C01 和 C02 染色体上，它们对表型变异的解释率分别为 11.33%、11.75%、12.31% 和 10.97%。Li 等（2016）利用 60k SNP 芯片对甘蓝型油菜的株高进行了全基因组关联分析，研究共检测出 8 个与株高相关的 QTL，它们分别位于染色体 A03、A05、A07 和 C07 上，进一步研究确定了三个与株高相关的候选基因，其功能主要与赤霉素合成相关。王嘉等（2015）利用 SNP 芯片对甘蓝型油菜的株高进行 QTL 检测和候选基因筛选，共检测到 11 个株高 QTL，它们分别位于 A01、A06、A07、A08、A10 和 C06 染色体上。

（二）油菜分枝特性的改良

分枝特性一般包括分枝部位、分枝数、分枝长度和分枝夹角等，它是油菜生育后期株型构成的重要选择指标。目前对油菜分枝习性研究主要集中在有效分枝部位和一次有效分枝数上，传统的稀植、大株型、高产品种表明分枝部位与产量呈负相关，一次有效分枝数决定角果数和光合面积，直接影响产量，与单株产量呈正相关。李殿荣等（1994）认为，在低密度条件下，油菜高产株型应具备一次有效分枝数 7～8 个，分枝长度在 35～50cm 的特点。为适应机械化作业，在高密度条件下，油菜一次分枝数在 3～5 个为宜。分枝夹角（即一次分枝与主茎之间的夹角）决定了植株的集散度，直接影响到株间和株内对光、热、气等环境因素的利用。根据分枝与主茎之间夹角的大小将油菜分为紧凑型（<30°）、中间型（30°<夹角<35°）和松散型（>35°）。油菜理想株型育种分枝夹角应<30°，该分枝夹角适于油菜机械化和高产的要求。

分枝角度受到一对主基因控制，主基因间具有加性-显性效应或只具有加性效应。油菜植株随着分枝部位的逐渐升高，分枝角度也逐渐增大，植株中部三个分枝的角度值最能够代表全株分枝的角度。张倩（2013）利用 F_2 群体对分枝角度进行 QTL 初步定位，结果在 LG1 连锁群上检测到 1 个 QTL，其位于 SWUC893 和 SWUC816b 两个标记之间。Wang 等（2016）利用基于第二代测序技术的集群分离分析方法并通过经典 QTL 验证，在 A6 染色体上鉴定到一个分枝角度性状的主效 QTL。Shen 等（2017）定位到 17 个分枝角度性状 QTL，其中有三个主效 QTL，并在 QTL 区间内鉴定到与生长素等相关的 27 个候选基因。段秀建（2015）鉴定到 4 个与分枝角度显著关联的 SNP 标记。Liu 等（2016）则对 143 份油菜自然群体进行分枝角度性状的全基因组关联分析，结果鉴定到 25 个显著 QTL，并在其区间内发现包括 *LA1* 在内的多个候选基因。

（三）油菜角形的改良

角形包括角果大小和角果的着生状态。油菜的角果既是光合器官又是经济器官。角果的多少、大小、着生状态直接影响油菜产量。以往对角形的研究集中在单株有效角果数、每角粒数和千粒重产量三要素上，认为对产量直接影响作用最大的是单株有效角果数，其次是每角粒数，千粒重的直接影响最小。除产量要素外，角果的空间着生状态与群体的通风透光、CO_2 扩散、光能利用关系密切。高光效结角层结构要求果序在成熟时处于直立状态，结角层各层内大中角比例高，小角、阴角比例低。李爱民等（2004）认为冬油菜成熟期"华盖式"结角层结构可以有效提高光能利用率，是一种比较理想的甘蓝型油菜结角层。杨光等（2003）认为冬油菜高效结角层中各分枝的结角起点应在主序之上 3cm 左右，结角终点不低于主序 10～15cm。徐东进等（1990）研究认为春油菜合理结角层结构是：群体中各枝序的结角起点在主序之上 5cm 左右，结角终点不低于主序 15～20cm。在目前油菜育种目标要求机械化高密度的背景下，对角形的要求也有所改变，长江流域未来育种目标需要角果上举、结角密度大的类型。

（四）油菜主花序长度的改良

油菜的主花序具有生长优势，在植株生长发育过程中，主花序能够优先于分枝生长，具有开花时期早、成熟时间早以及结实率高等特点，因此，主花序作为油菜的重要株型性状，对其研究有利于探索在密植条件下提高油菜的结实率和产量。阴涛（2015）利用 F_2 群体构建的遗传图谱检测到一个与主花序长度相关的 QTL，该位点位于 A02 染色体上；漆丽萍（2014）检测到 23 个与主花序长度相关的 QTL，主要分布在 A01、A03、A05、A06、A07、C08 和 C09 染色体上；Chen 等（2007）利用 F_2 群体构建的 DH 群体检测到 8 个与主花序长度相关的 QTL 位点，分别位于 A07、A09、C01、C03、C05、C08 和 C09 染色体上。Li 等（2007）检测到多个与主花序长度性状相关的 QTL 位点，分别位于 A02、A07、A10、C03、C04 和 C09 染色体上。

第四节　超级稻产量构成因素分析

一、理想株型与超级稻

为了通过塑造理想株型进而达到水稻高产，1989 年国际水稻研究所（IRRI）提出培育"超级稻"（super rice），后又改称"新株型"（new plant type，NPT）水稻育种计划。该新株型水稻的主要特征是少蘖、大穗、茎秆粗壮、根系强大等。我国领土幅员辽阔，因此适应各地独特生态环境的水稻品种也不尽相同。不同的生态区具有不同的理想株型模式，广东省农业科学院黄耀祥提出"丛生根深早长新株型"型模式，四川农业大学周开达提出"重穗型"株型模式，沈阳农业大学杨守仁提出"短枝立叶、大穗直穗"模式。袁隆平针对长江中下游的杂交籼稻提出了如下理想株型模式：株型适度紧凑，分蘖力中等，株高要求在 1m 左右，剑叶挺直、较厚，叶片向内微卷成凹形，生育后期即灌浆结实期稻穗下垂，穗长 25～30cm，每穗总粒数 180 左右。

前人提出的理想株型模式主要是对形态、生理指标等的具体要求。而目前对株型性状的遗传研究，主要是对株型的某一具体性状进行剖析，缺乏整体性研究。最近，我国学者克隆了控制水稻理想株型基因 *IPA1*，该基因编码 OsSPL14，通过 miRNA156 调节使水稻的分蘖数减少，穗粒数和千粒重增加，增加抗倒伏能力，进而增加产量。目前，

IPA1 高产水稻的选育已被纳入国家超高产水稻育种计划，该项目拟将 *IPA1* 导入各地的主栽品种中，旨在通过对主栽品种株型的改良实现提高水稻产量的目的。

中国是世界上开展超级稻育种较早也是最成功的国家之一。中国的超级稻可分为两大类，一类是南方的超级杂交籼稻，它又包括两系法亚种间超级杂交稻和三系法亚种间超级杂交稻。另一类是北方的常规超级粳稻。两者均已达到每公顷超过 12t 的超高产水平，而且均已有超级稻新品种审定推广，如南方的'两优培 9''协优 9308'，北方的'沈农 265''沈农 606''吉粳 88'等。

二、北方粳型超级稻的产量构成因素分析

北方粳型超级稻育种研究始于 20 世纪 90 年代中期，首次较为系统、完整地提出了"利用籼粳稻亚种间杂交或地理远缘杂交创造新株型育种材料，再通过复交聚合有利基因并进行优化性状组配，选育理想株型与有利优势相结合的超高产品种即超级稻"的理论与技术路线。在育种实践上育成了超级粳稻新品种。例如，育成的直立大穗型超级粳稻'沈农 265'，实现了一季产量 12t/hm^2 的预定目标。继'沈农 265'之后，又先后育成了'沈农 606''沈农 9741''沈农 016''沈农 6014''吉粳 88''龙粳 14''龙粳 18'等。其中的'沈农 606'不但产量潜力高，而且主要米质指标均达到了一级优质粳米标准（GB/T 1354—2018）。

研究一定生态和产量条件下产量构成因素的最佳组合，是实现超高产的必要条件。研究表明，要获得 11.25t/hm^2 以上产量的结构参数为：一般直立穗型品种为 4.5×10^6 穗/hm^2、实粒数为 100 粒/穗，大穗型直立穗品种为 3.0×10^6 穗/hm^2、实粒数为 150 粒/穗，千粒重均在 25g 以上，株高均为 100cm 左右。在产量结构运筹上，一般的趋势是：在适当降低穗数的基础上，较大幅度提高每穗粒数和适当增加千粒重，求得产量构成因素乘积（产量）的较大幅度提高。目前生产上推广的品种，其产量的主要限制因素是库容量，只有在增库的基础上扩源，即在增加单位面积颖花数的基础上促进抽穗后群体物质生产，才能进一步提高产量。否则，抽穗后生产的光合产物重新积累在茎秆和叶鞘中，并不能转化为籽粒产量。因此，北方稻区特别是辽宁稻区超高产的方向应该是：在保持直立穗型前提下，进一步谋求扩大库容，即增加每穗颖花数，适当提高千粒重，选育大穗型直立穗品种。

穗粒数由一次枝梗籽粒数和二次枝梗籽粒数组成。一次枝梗籽粒数与一次枝梗数呈极显著正相关，每个一次枝梗至少有一个大维管束与茎秆相通。二次枝梗籽粒数与二次枝梗数呈极显著正相关，而二次枝梗数与穗颈大、小维管束数均呈极显著正相关。粳稻穗颈大，维管束数较少，决定了一次枝梗数的上限较低，因此即使在高肥低密度条件下，一次枝梗籽粒数和穗粒数增加幅度较小，主要表现为穗数明显增加，显然增产潜力有限，这可能是北方粳稻多穗型品种难以实现超高产的重要原因。二次枝梗籽粒数与穗粒数的关系较一次枝梗籽粒更密切，要增加穗粒数势必以增加二次枝梗籽粒数为主，而二次枝梗籽粒通常结实性较差，这是大穗型品种结实率低的原因之一；同样是二次枝梗籽粒，其结实性也因所在位置而异，穗轴上部二次枝梗籽粒结实性优于下部，与一次枝梗籽粒无显著差异。可见，通过籼粳稻杂交选育穗颈维管束发达，一次枝梗数多，二次

枝梗主要偏于穗轴上部的大穗型品种，是北方粳稻超高产的方向。

三、南方籼型超级稻的产量构成因素分析

南方籼型超级稻可以分为：矮秆丛生根深早长超高产株型模式、两系法籼粳亚种间超级杂交稻、三系法亚种间重穗型超级杂交稻等三种模式。

（一）矮秆丛生根深早长超高产株型模式

在我国南方籼稻区，开展水稻超高产育种研究最早的是广东省农业科学院。早在20世纪70年代，黄耀祥（1990）就在水稻矮化育种的基础上，提出通过丛化育种，即培育"丛生根深早长新株型"来提高华南籼稻产量的设想。"七五"和"八五"期间，广东省农业科学研究院根据培育超高产籼稻品种的实际需要，在充分研究已经育成的高产品种'桂朝2号'（在四川宜宾曾创造 15.8t/hm^2 的超高产）株型特征的基础上，又进一步提出了培育"半矮秆丛生根深早长新株型"实现超高产的构想，并在超高产育种实践中获得成功，育成了具有丛生根深早长特性的'特青2号'。'特青2号'在广东汕头作双晚栽培，创造了 12.3t/hm^2 的超高产纪录，验证了黄耀祥关于"丛生根深早长新株型"构想的正确性。

在华南稻作区，水稻分早晚两季种植。与北方单季稻和南方一季中稻相比，每一季的生长时间都较短。要获得高产，品种的生长速度必须快，这样才能通过群体冠层的早形成减少生育前期的漏光损失，尽可能多地利用生育前期的温光条件，增加日产量。"丛生根深早长新株型"要求植株生长前期分蘖旺盛，丛生矮生，满苗而少荫蔽，长相玲珑均整；根群健旺，分布深广，活力强，不早衰，从而为发展成多穗、齐穗群体打好基础；拔节后长粗长高快，为形成粒多、粒重的矮秆重穗型群体创造条件；抽穗后灌浆期保持旺盛的光合势，茎蘖转色好，营养物质运转顺调，经济系数高。"丛生根深早长新株型"与 IRRI 提出的新株型最本质的区别是分蘖力。前者主张超高产品种要有强的分蘖力，有强的分蘖力才能"丛生早长"。而后者则主张超高产品种应有弱的分蘖力，有弱的分蘖力才能减少无效分蘖，才能培育出大穗。早晚兼用型超级稻（13～15t/hm^2）株型指标为：株高 105～115cm，每穴 9～18 个穗，每穗 150～250 粒，根系活力强，生育期 115～140d，收获指数 0.6。

（二）两系法籼粳亚种间超级杂交稻

袁隆平（1997）认为，通过两系法直接利用籼粳稻亚种间杂交所产生的强大优势，有可能培育出比现有三系杂交稻产量高 20%以上的超高产杂交稻，而且理论上两系法具有不受恢复系制约、组合选配自由、易育成强优势组合等优点。光温敏核不育系和广亲和基因的发现，为实现这一设想提供了可能。然而，籼粳亚种间直接杂交所产生的强大"负向优势"劣化了株型，使"可利用优势"大打折扣。为此，袁隆平进一步提出选育水稻亚种间杂交组合的技术策略：①矮中求高。通过利用等位矮秆基因，亚种间杂交稻的植株过高问题已获得基本解决。反过来又要求在不发生倒伏的前提下适当增加株高，借以提高生物学产量，使其具有充足的源，这样才能为高产奠定基础。②远中求

近。以部分利用亚种间杂种优势为主攻方向，即选育亚种间杂交组合，以此克服纯亚种间杂交因遗传差异过大所致的生理障碍和不利优势。③显超兼顾。在培育亚种间杂交稻时，既要注意利用双亲优良性状的显性互补作用，又要特别重视保持双亲有较大的遗传距离，避免亲缘重叠，以充分发挥超显性的作用。④穗求中大。以选育每穗颖花数为180 粒左右、每公顷 300 万穗左右的中大穗型组合为主，不片面追求大穗和特大穗，以利于协调库源关系，提高结实率和充实度。

两系法亚种间杂交稻培矮‘64s/E32’和‘两优培九’育成以后，袁隆平（1997）对培育两系法超级杂交稻的株型模式进行了重新修正。新株型模式的总体要求是高冠层、低穗位、大穗型。具体要求包括上部三片叶长、窄、直、厚、V 字形，穗重 5g 左右，穗数 300 穗/m²。这是一种典型的"叶下禾"株型模式。

与 IRRI 的新株型超级稻相比，袁隆平提出的两系法超级杂交稻育种模式更注重在机能改进（杂种优势）基础上的株型塑造，亦即更强调理想株型与优势的结合。这一超级稻育种理念与杨守仁等（1996）提出的超级稻育种理念是一致的，只不过前者是在亚种间杂种优势利用基础上强调株型改良，而后者则是在株型改良基础上强调亚种间有利优势的利用。

（三）三系法亚种间重穗型超级杂交稻

周开达（1995）提出，利用籼粳稻亚种间杂种优势是选育籼型超级稻的另一条途径。根据四川盆地一季中稻生长季节高温、高湿、少风、多云雾等生态条件，在深入研究水稻光合效率、株叶型态和产量构成因素与产量潜力相互关系的基础上，他认为在矮秆或半矮秆基础上适当增加株高，减少穗数，增加穗重，更有利于增加群体光合作用与物质生产，减少病虫害，获得超高产。这种稀植重穗型模式在四川盆地是比较符合生态生产实际的。在这种生态条件下，重穗型品种株高为 120～125cm，茎秆坚韧，弹性好，抗倒伏能力强；前期株型稍散，拔节后叶片直立、紧散适中、叶片稍厚、剑叶长40～50cm，根系粗壮、不早衰、成熟期尚能保持一定的吸收力，成穗率在 70% 以上，单株成穗 15 个左右，穗长 28～30cm，穗着粒数在 200 粒以上，结实率 80% 以上。由于重穗型每穗着生的粒数多，易影响结实率和充实度，使产量降低。因此，在选育重穗型超级杂交稻时，需要掌握穗粒数的"适度"问题。

本 章 小 结

本章主要介绍了作物产量构成因素及其相互关系，介绍了产量形成的生理基础。分别以水稻、小麦、玉米、大豆、棉花为例，分析了产量构成因素的遗传机理。在株型改良与高产育种部分介绍了水稻穗型、叶片、茎秆、分蘖、根系性状的遗传改良与高产的关系；分析了小麦、玉米、大豆、棉花、油菜等作物主要株型性状与高产的关系，最后以北方粳型超级稻和南方籼型超级稻为例，介绍了我国超级稻的育种成绩，分析了超级稻的产量构成因素和不同类型超级稻的遗传改良方向。

思 考 题

1. 简述禾谷类作物的产量构成因素及其相互关系。

2．根据株型改良的结果，简述水稻的理想株型。

3．分析小麦株高、穗下节间与产量的关系。

4．根据紧凑型玉米的理想株型，试分析玉米株型改良的方向。

5．分析北方粳型超级稻的株型特点及产量构成因素。

主要参考文献

蔡星星，张盛，王欢，等．2017．水稻株型基因的研究现状及应用前景[J]．分子植物育种，15（7）：2809-2814

陈明江，刘贵富，余泓，等．2018．水稻高产优质的分子基础与品种设计[J]．科学通报，63：1276-1289

陈民志，杨延龙，王宇轩，等．2019．新疆早熟陆地棉品种更替过程中的株型特征及主要经济性状的演变[J]．中国农业科学，52（19）：3279-3290

陈温福．2017．作物高产理论与实践[M]．北京：中国农业出版社

陈温福，徐正进，唐亮．2012．中国超级稻育种研究进展与前景[J]．沈阳农业大学学报，43（6）：643-649

陈温福，徐正进，张龙步，等．1999．水稻超高产育种的理论与实践[J]．中国农业科技导报，1（1）：21-25

陈温福，徐正进，张龙步，等．1995．水稻超高产育种生理基础[M]．沈阳：辽宁科学技术出版社

陈宗祥，冯志明，王龙平，等．2017．水稻分蘖角基因TAC1的育种应用价值分析[J]．中国水稻科学，31（6）：590-598

董海滨，张煜，许为钢，等．2017．高产小麦品种蘖叶构型动态模式的探索[J]．麦类作物学报，37（12）：1555-1563

董合忠，张艳军，张冬梅，等．2018．基于集中收获的新型棉花群体结构[J]．中国农业科学，51（24）：4615-4624

费志宏，谢甫绨，朱洪德，等．2006．黑龙江省早熟大豆品种主要农艺性状演变趋势[J]．中国油料作物学报，28（1）：21-24

付远志，薛惠云，胡根海，等．2019．我国棉花株型性状遗传育种研究进展[J]．江苏农业科学，47（5）：16-19

盖钧镒．2006．作物育种学各论[M]．2版．北京：中国农业出版社

高巍，郑红兵，李大勇，等．2010．吉林省大豆品种遗传改良过程中叶片和叶柄特征变化的研究[J]．安徽农业科学，38（24）：12954-12957

勾晓霞，王建军，王林友，等．2014．调控水稻产量性状的分子机理研究进展[J]．浙江农业学报，26（1）：254-259

郭小红，王兴才，孟田，等．2015．中国辽宁省和美国俄亥俄州育成大豆品种形态、产量和品质性状的比较研究[J]．中国农业科学，48（21）：4240-4253

郭小红，王兴才，孟田，等．2015．中美大豆Ⅲ熟期组代表品种根系形态和活力的比较研究[J]．中国农业科学，48（19）：3821-3833

黄收兵，徐丽娜，陶洪斌，等．2012．华北地区夏玉米理想株型研究[J]．玉米科学，20（5）：147-152

黄耀祥，林青山．1994．水稻超高产特优质株型模式的构想和育种实践[J]．广东农业科学，（4）：1-6

黄耀祥．1990．水稻超高产育种研究[J]．作物杂志，（4）：1-2

贾波，谢庆春，倪向群．2012．玉米理想株型研究进展[J]．江西农业学报，24（4）：31-33

金剑，刘晓冰，王光华，等．2003．美国大豆品种改良过程中生理特性变化的研究进展[J]．大豆科学，22（2）：137-141

冷语佳，钱前，曾大力．2014．水稻理想株型的遗传基础研究[J]．中国稻米，20（2）：1-6

李成奇，王清连，董娜，等．2011．棉花株型性状的遗传分析[J]．江苏农业学报，27（1）：25-30

李莓，曲亮，邓力超，等．2018．高产高收获指数油菜品种的筛选与应用[J]．湖南农业科学，（2）：15-17，20

李天．2017．农学概论[M]．3版．北京：中国农业出版社

梁彦，王永红．2016．水稻株型功能基因及其在育种上的应用[J]．生命科学，28（10）：1156-1167

凌启鸿，张洪程，蔡建中，等．1993．水稻高产群体质量及其优化控制探讨[J]．中国农业科学，26（6）：1-11

刘坚，陶红剑，施思，等．2012．水稻穗型的遗传和育种改良[J]．中国水稻科学，26（2）：227-234

齐海坤，严根土，王宁，等．2017．机采棉杂交后代主要株型性状与产量和品质的关系[J]．棉花学报，29（5）：456-465

孙亚男，齐照明，单大鹏，等．2010．大豆株高QTL的定位与整合分析[J]．分子植物育种，8（4）：687-693

王存虎，刘东，许锐能，等．2020．大豆叶柄角的QTL定位分析[J]．作物学报，46（1）：9-19

王盈，赵磊，董中东，等．2019．小麦株高和旗叶相关性状的QTL定位[J]．麦类作物学报，39（7）：761-767

王学芳，郑磊，张智，等．2016．甘蓝型油菜抗倒性及其与株型结构的关系研究[J]．江西农业学报，28（9）：9-13

王学芳，张耀文，田建华，等．2015．油菜高光效育种研究进展[J]．中国农学通报，31（27）：114-120

魏锋，洪德峰，马毅，等．2013．玉米株型性状的杂种优势研究[J]．河南农业科学，42（11）：11-13

谢甫绨．2011．大豆生理与遗传改良[M]．北京：中国农业出版社

徐正进，林晗，马殿荣，等．2012．北方粳稻穗型改良理论与技术研究及应用[J]．沈阳农业大学学报，43（6）：650-659

杨守仁．1987．水稻超高产育种新动向——理想株型与优势利用相结合[J]．沈阳农业大学学报，18（1）：1-5

杨守仁，张龙步，王进民．1984．水稻理想株型育种的理论和方法初论[J]．中国农业科学，17（1）：6-13

袁隆平．1997．杂交水稻超高产育种[J]．杂交水稻，12（6）：1-3

曾川，刘成家，徐洪志，等．2014．油菜株型育种研究进展[J]．中国农学通报，30（12）：14-18

张雅娟，曹永策，李曙光，等．2018．夏大豆重组自交系群体 NJRIMN 开花期和株高 QTL 定位[J]．大豆科学，37（6）：860-865

赵颖君，徐克章，李大勇，等．2008．吉林省大豆品种遗传改良过程中茎部性状的演变[J]．中国油料作物学报，30（4）：417-422

郑芳英，翟雨，李宗坤．2012．玉米株型性状与单株产量的遗传相关和通径分析[J]．安徽农业科学，40（25）：12406-12407

郑洪兵，徐克章，赵洪祥，等．2008．吉林省大豆品种遗传改良过程中主要农艺性状的变化[J]．作物学报，34（6）：1042-1050

周开达，马玉清，刘太清，等．1995．杂交水稻亚种间重穗型组合选育——杂交水稻超高产育种的理论与实践[J]．四川农业大学学报，13（4）：403-407

周文期，王晓娟，寇思荣，等．2019．玉米叶夹角形成的分子调控机理研究[J]．土壤与作物，8（3）：339-348

Jiang J, Tan L, Zhu Z, et al. 2012. Molecular evolution of the *TAC1* gene from rice (*Oryza sativa* L.) [J]. J Genet Genomics, 39: 551-560

Jin J, Huang W, Gao J P, et al. 2008. Genetic control of rice plant architecture under domestication[J]. Nature Genetics, 40: 1365-1369

Specht J E, Hume D J, Kumudini S V. 1999. Soybean yield potential genetic and physiological perspective[J]. Crop Science, 39 (6): 1560-1570

Voldeng H D, Cober E R, Hume D J, et al. 1997. Fifty-eight years of genetic improvement of short-season soybean cultivars[J]. Crop Science, 37 (2): 428-431

Wilcox J R. 2001. Sixty years of improvement in publicly developed elite soybean lines[J]. Crop Science, 41 (6): 1711-1716

Yu B, Lin Z, Li H, et al. 2007. *TAC1*, a major quantitative trait locus controlling tiller angle in rice[J]. The Plant Journal, 52: 891-898

第四章　作物品质育种

作物品质是指人类所要求的农作物目标产品的质量，能够最大限度地满足人类各种产品质量要求的农产品称为优质农产品。

品质优良是现代农业对作物品种的基本要求之一，也是由经济发展和人们生活需要所决定的。随着经济的发展和人们生活水平的不断提高，对作物品质也提出了更高的要求。一个优良的作物品种不但要营养丰富，而且要具有符合要求的加工品质、营养品质及商业品质等。近年来，为了改善食物构成，提高人们的营养水平，我国政府提出要加强农作物的品质育种工作。

1. 作物品质的分类　对作物品质的要求，往往因作物种类、用途、市场需要等而异。按品质性状的性质不同，可将作物的品质分为外观品质、营养品质、碾磨品质、食品加工品质、纤维品质等。

2. 作物品质改良的作用　随着人们生活水平的提高，要求新育成的作物品种不仅要更高产、稳产，而且应具有更好、更全面的产品品质。这主要是因为：

1）某些品质性状与产量直接有关。如水稻的出米率、小麦的出粉率、油料作物的含油率、糖料作物的含糖率等，都与作物产品中有效利用物质的产量直接有关。

2）改良作物品质有利于保证人、畜健康。如油菜是主要油料作物之一，但原有的大多数品种芥酸和亚麻酸含量高，而油酸和亚油酸含量低，影响了营养价值。芥酸虽然对人体无害，但消化率较低。亚麻酸虽是人体必需脂肪酸，但由于它易氧化变质而严重影响菜籽油食味，亦应将其含量降至一定水平。油菜籽中含有的硫代葡萄糖苷类物质，榨油后残留在饼粕中，动物食用后会导致甲状腺肿大、新陈代谢紊乱等。为了提高油菜籽的利用价值，目前各国都注重选育和推广高含油量、低芥酸、低硫代葡萄糖苷的优质品种。

3）农产品的品质直接或间接地影响加工工业产品的产量、质量、生产成本与经济效益。如棉花的纤维品质性状与纺织工业的纺纱支数、织布的种类、布的牢固度及光洁度等关系极为密切。小麦籽粒胚乳质地的软硬会影响磨粉的工艺流程和动力消耗。

目前作物品质的优劣已成为农民选用种植品种的主要依据之一。如果一个品种的品质不良，即使产量较高，也难以受到欢迎。近十几年来，我国的优质米生产之所以得到迅速发展，主要是因为优质米的品质好，能够满足消费者生活水平提高的需要；同时优质米的价格较高，给稻农带来较好的经济效益。

在现代农业生产上，对优质品种的需要也是多方面的。本章将以大豆为例，介绍作物品质育种的相关技术。我国是消费大豆大国，因此加强大豆的品质育种，不断地提高大豆品种的蛋白质和脂肪的含量，是科研工作者尤为重要的任务。

第一节 大豆品质性状概述

一、大豆品质研究现状及意义

大豆［*Glycine max*（L.）Merr.］通称黄豆、毛豆，起源于中国。大豆的栽培历史非常悠久，中国各地均有种植，亦广泛种植于世界各国。我国是继巴西、美国、阿根廷之后，世界第四大大豆生产国。大豆是我国重要的粮食作物，其种子含有丰富的植物蛋白质。籽粒中总蛋白质的含量在 40%左右，是大豆的主要营养组成成分，也是人们日常所需的植物蛋白的重要来源。中国是食用油消费大国，大豆油消费又是世界植物油消费之首。因此大豆的生产状况对我国国民经济和人民生活都有着重大的影响。中国国家统计局产量数据显示，2019 年大豆产量为 1810 万 t，同比增加 13%，大豆蛋白质、脂肪含量也有不同程度的提高。随着中国大豆优势产业区划的逐步形成与完善以及大豆加工专业化和综合利用的需要，优异大豆品种及种质资源的利用已成为国内外大豆育种界的热点和重点问题，也越来越引起大豆育种者和生产者的关注。

目前大豆育成品种蛋白质含量为 40%～45%、油分含量为 18%～22%。美国、日本等国把如何提高大豆蛋白质含量列入研究的重要课题。由于南美的特殊气候及土壤条件，阿根廷和巴西的大豆油分含量相对较高而蛋白质含量相对较低。阿根廷大豆品种蛋白质平均含量为 39.1%，油分平均含量为 22.9%，巴西大豆的油分平均含量亦达 22%，因此，阿根廷和巴西大豆育种家倾注于大豆蛋白质含量的提高。美国有些育种目标为产量和蛋白质兼优或提升单位面积总蛋白质量。我国大豆蛋白质含量为 42%左右，脂肪含量为 18%左右。南方大豆蛋白质含量较高，而且高蛋白质大豆资源主要集中在长江中下游地区的湖北、江苏。南方大豆脂肪含量相对较低。

我国大豆主要分布于五大产区：北方春大豆区（包括东北春大豆亚区、黄土高原春大豆亚区、西北春大豆亚区）、黄淮海流域夏大豆区（冀晋中部春夏大豆亚区、黄淮海流域夏大豆亚区）、长江流域春夏大豆区（长江流域春夏大豆亚区、云贵高原春夏大豆亚区）、东南春夏秋大豆区、华南四季大豆区，其中黑龙江省播种面积占全国的 1/3 以上。我国大豆品种趋势是：东北地区春大豆脂肪含量高，一般为 20%～23%，蛋白质含量为 35%～45%；南方夏大豆蛋白质含量高于东北春大豆，而脂肪含量低些。由于我国人口众多，大豆育种强调产量，但对品质的要求还不够高，只要产量高，无论其蛋白质和脂肪含量如何，均可种植。出口产品没有通过品种特征加以区分，统称为"东北黄豆"或"黑龙江黄豆"。由于不同的粒形和不同的脐色，它们在销售市场上没有优势。改革开放以来，我国大豆育种水平有了很大提高。育种者不断为各个地区的大豆生产提供优良品种，促进了大豆生产的发展。

由于大豆是主要的食用油与蛋白质的来源，大豆品质在以后的育种与生产中越来越重要。大豆生产将由单纯强调产量向产量与品质协调发展转变，选育和推广高产高蛋白质、高产高油大豆品种将是大豆发展的主要方向。高油大豆种植面积将进一步扩大。脂肪含量将稳步提高。高油大豆品种要逐步达到三高标准，即脂肪含量高、单产水平高和蛋白质含量较高，同时兼顾外观品质，实现脂肪与产量、脂肪与蛋白质的协调发展。因此。在以后的育种与生产上要坚持高产、优质相结合。高油品种与高蛋白质品种兼顾，推广综合配套栽培技术的原则，实现大豆提质、增产、高效。

二、大豆品质性状的分类

大豆品质评价指标主要包括物理指标和化学指标两部分，物理指标即大豆的外观品质及商品等级划分；化学指标即大豆中蛋白质含量、脂肪含量、脂肪酸组成、氨基酸配比等。近年来，大豆中的生物活性物质和其他一些成分如皂苷、异黄酮、磷脂、膳食纤维、低聚糖、维生素等也得到了重视。大豆作为主要蛋白质和油料作物，加工产业最受关注的品质主要是指蛋白质及其氨基酸组分和脂肪含量及脂肪酸组分。

（一）外观品质及商品等级划分

中国是大豆原产国，大豆种植历史悠久，但是近年来，我国大豆种植面积和产量持续缩减，目前，中国已由大豆原产国和产豆大国变成了世界上最大进口国。农业农村部2019 年 2 月发布的数据显示，中国九成大豆需求依靠进口。从 2000 年开始大部分进口大豆为转基因大豆。主要原因是进口的转基因大豆产量高、品质好、出油率高。但总体来说，我国大豆的商品等级低，产品良莠不齐，产品竞争力下降。大豆品质下降的原因包括以下几方面：一是种植结构不合理，长期重、迎茬现象严重。二是生产过程中病虫害的影响大。尽管使用各种农药化肥，但仍控制不住大豆病虫草害的发生。食心虫连年发生，在我国，普通年份大豆食心虫虫食率为 10%～30%，造成产量损失 4%～10%，严重年份达到 50%以上，较大的种群数量造成大豆经济损失严重。大豆灰斑病在局部地区发生严重，并有蔓延趋势，致使虫蚀粒、病斑粒增多。三是大豆品种有越区种植和播期拖后的现象，遇上早霜和低温冷害等灾害性天气，会使大豆严重减产，品质下降，出现秕粒、青粒、长粒及未熟粒等。四是收获机械性能条件有限，造成大豆在脱粒时破碎粒增多，这些都严重影响商品大豆的等级。

依据国家标准《大豆》（GB 1352—2009），将大豆按种皮颜色和粒型分为五大类。

（1）黄大豆　　种皮为黄色、淡黄色，脐为黄褐、淡褐或深褐色的，籽粒不低于95%的大豆。

（2）青大豆　　种皮为绿色的，籽粒不低于 95%的大豆，按其子叶的颜色分为青皮青仁大豆和青皮黄仁大豆两种。

（3）黑大豆　　种皮为黑色的，籽粒不低于 95%的大豆，按其子叶的颜色分为黑皮青仁大豆和黑皮黄仁大豆两种。

（4）其他大豆　　种皮为褐色、棕色、赤色等单一颜色的大豆及双色大豆（种皮为两种颜色，其中一种为棕色或黑色，并且其覆盖粒面1/2 以上）等。

（5）混合大豆　　不符合（1）～（4）规定的大豆。

另外大豆标准（GB 1352—2019）规定了大豆的商品等级（表 4-1）。主要包括完整粒率、损伤粒率、杂质含量、水分含量、气味和色泽等指标。大豆按完整粒率定等，3 等为中等。完整粒率低于最低等级规定的，应作为等外级。其他指标按照国家有关规定执行。

表 4-1 大豆质量指标

等级	完整粒率%	损伤粒率/%		杂质含量/%	水分含量/%	气味和色泽
		合计	其中热损伤率			
1	≥95.0	≤1.0	≤0.2			
2	≥90.0	≤2.0	≤0.2			
3	≥85.0	≤3.0	≤0.5	≤1.0	≤13.0	正常
4	≥80.0	≤5.0	≤1.0			
5	≥75.0	≤8.0	≤3.0			

完整粒率是大豆标准中的唯一定等指标，完整粒率符合哪一个等级，就判定哪一个等级，损伤粒、热损伤粒、杂质、水分等为限制指标（图 4-1）。

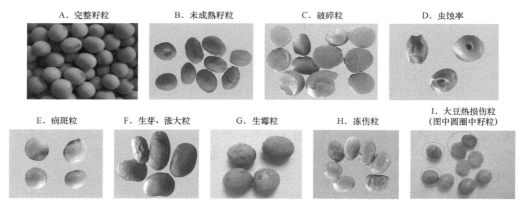

图 4-1 大豆外观品质等级划分各类指标的典型图片

图片引自 GB 1352—2019 规定中外观等级划分的典型图片

与其他国家相比，我国对农产品检测的研究相对晚一些，研究成果也较少。大豆作为一种重要的农产品，日益受到人们的重视，但是目前对大豆品质的检测、分级仍然停留在人工水平上。因此应用机器视觉技术对大豆进行品质检测有着重要的意义。利用机器视觉检测大豆品质对快速获得无损检验、鉴别、分级、优选大豆具有重要意义，有力地促进我国大豆标准化、产业化进程，规范大豆市场，确保大豆质量，增加市场竞争能力，对最终进一步提升我国农业产值有着重要的意义。

（二）营养品质

1. 大豆蛋白质的营养品质 大豆营养品质主要是指蛋白质和脂肪的含量。这些品质性状都受基因的控制，其表现既有遗传效应，也受环境条件的影响。大豆的蛋白质品质，主要是看含硫氨基酸，特别是蛋氨酸、色氨酸与胱氨酸的含量。

大豆籽粒中总蛋白质的含量最高，是禾本科作物蛋白质含量的 3 倍，是根茎类作物的 16 倍。蛋白质含量因品种、产地、栽培条件不同而异，一般在 40% 左右，变异幅度在 29%～53%。大豆中主要含 18 种氨基酸，分别为天冬氨酸、苏氨酸、丝氨酸、谷氨酸、脯氨酸、甘氨酸、丙氨酸、胱氨酸、缬氨酸、色氨酸、蛋氨酸、异亮氨酸、亮氨酸、酪氨酸、苯丙氨酸、赖氨酸、组氨酸、精氨酸。在大豆种子蛋白质的氨基酸组分中，谷氨酸含量最高，其次为天冬氨酸，再次为精氨酸、亮氨酸，赖氨酸的含量在 6% 左右，也是较高的，其他各种氨基酸的含量多在 5%以下。遗传改良大豆蛋白质品质育种的最终目标是通过提高大豆蛋白质的氨基酸比例，力争增加限制因素（蛋氨酸、色氨酸和胱氨酸）在大豆蛋白质品质中的比例。由于大豆蛋白质的赖氨酸含量已比较高，因此在提高大豆蛋白质的品质时，常常不太考虑赖氨酸含量的提高，而更加重视含硫氨基酸含量的提高。

大豆蛋白质主要由贮藏蛋白、结构蛋白和防御相关蛋白三种组成。大豆种子贮藏蛋白组分不同是因为划分的原理和性质不同，根据溶解度不同把大豆种子蛋白质组分划分成易溶于水的清蛋白（7.5%）、易溶于盐的球蛋白（28.56%）、易溶于乙醇的醇溶蛋白（1.81%）和易溶于稀酸稀碱的谷蛋白（5.71%）。随着超速离心技术的进步，前人研究发现大豆蛋白质各组分之间的沉降系数差异巨大，因此把大豆蛋白质划分为 2S、7S、11S 和 15S 4 种主要组成成分（表 4-2）。其中 7S 和 11S 这两种组成成分约占大豆种子总蛋白质的 70%左右，是大豆贮藏蛋白的主要成分（图 4-2）。Duranti M 和 Fukui K 等的研究结果证实 7S 球蛋白对降血压有良好的作用。其主要原因是 7S 球蛋白在体内可分解消化成加速脂肪代谢的活性多肽，这些多肽可以与体内血液中的胆汁结合，从而使人体血液中的脂肪含量降低。Ohara 在 2007 年对 60 名成年人进行研究，这些人的血脂含量为 1.70~3.39mmol/L，每天服食 6.0g 剂量的大豆伴球蛋白片剂并坚持 1 个月，与对照组血脂含量对比，测试组的血脂含量下降了 25%。研究结果显示，其相对含量的差异会造成大豆种子蛋白质的营养成分和功能特性发生变化，7S 球蛋白的降低会引起 11S 球蛋白的补偿性增加，这对大豆蛋白质营养成分的改善非常重要，遗传改良大豆蛋白质育种的最终目标是实现大豆蛋白质氨基酸比例的提高。刘珊珊等研究表明 7S 球蛋白 α-亚基的缺失可以增加大豆蛋白质中氨基酸的总量，并可以有效地改善大豆种子蛋白质的营养特性。11S 球蛋白与 7S 球蛋白之间的不同的比值会造成大豆种子性能指标及蛋白质营养成分的千差万别。7S 球蛋白中的 β 亚基含量的高低可通过调整硫素或氮源供应的比例来实现，进而控制 β-伴大豆球蛋白的含量实现大豆种子营养价值的提升，α-亚基的相对含量与氨基酸成分之间达到显著或极显著负相关。11S 球蛋白亚基缺失品系含硫氨基酸含量较高，这样为提高大豆含硫氨基酸育种提供了重要的研究材料。

表 4-2 超速离心法分离大豆蛋白质

组分	占总蛋白质的百分比/%	成分	蛋白质分子质量	等电点
2S	15~22	胰蛋白酶抑制剂	8 000~21 500	4.5~5.8
		细胞色素 C	12 000	
7S	34~37	血球凝集素	110 000	4.8
		脂氧化酶	102 000	
		β-淀粉酶	617 000	
		β-球蛋白	180 000~210 000	
11S	31~41	球蛋白	321 000~350 000	5.2
15S	9~11	—	600 000	

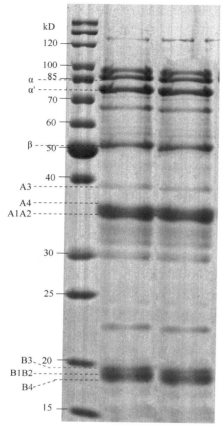

图 4-2　大豆种子贮藏蛋白 SDS-PAGE 图谱

2．大豆脂肪的营养品质　　大豆籽粒的脂肪含量一般在 20%左右，与蛋白质含量呈显著负相关。大豆脂肪中脂肪酸主要分为饱和脂肪酸和不饱和脂肪酸两类。饱和脂肪酸包括硬脂酸、棕榈酸。不饱和脂肪酸有油酸、亚油酸、亚麻酸，除上述几种脂肪酸外，还有少量的花生酸、豆蔻酸以及微量的棕榈油酸、月桂酸、二十二烷酸等。大豆脂肪的品质主要取决于脂肪酸的组成及配比，食用油的脂肪酸组成直接关系到油品质的优劣。油品质以油酸含量高为最好。亚油酸是必需的脂肪酸，能降低血液胆固醇，预防动脉粥样硬化。而亚麻酸、花生酸、芥子酸是对油品质不利的脂肪酸，因此在食用油的大豆育种中应尽力减少这几类脂肪酸的含量。7S 球蛋白 α-亚基的相对含量与脂肪含量呈显著正相关，与棕榈酸含量呈显著负相关，与亚油酸含量、硬脂酸和亚麻酸含量呈显著正相关。因此，通过遗传手段调节亚基含量是"双高"（高蛋白、高脂肪）品种育种的新方向。

3．大豆异黄酮的营养品质　　大豆异黄酮是大豆生长过程中形成的次级代谢产物，在大豆种子的子叶和胚轴中含量高，在种皮中含量低，在种子中所占的比例很低。研究表明高异黄酮大豆对乳腺癌、前列腺疾病、骨质疏松和更年期综合征等多种疾病具有一定的生物疗效。目前，高异黄酮大豆品种主要有'东农 53''吉育 94''中黄 68'等。这些优质高异黄酮大豆品种主要集中在北方大豆产区，其中由中国农业科学院选育的大豆新品种'中黄 68'的显著特征是豆腥味不明显。

4．大豆磷脂的营养品质　　大豆磷脂是从生产大豆油的油脚中提取的产物，是由甘油、脂肪酸、胆碱或胆胺所组成的酯，能溶于油脂及非极性溶剂。组成成分复杂，主要含卵磷脂（约 34.2%）、脑磷脂（约 19.7%）、肌醇磷脂（约 16.0%）、磷脂酰丝氨酸（约 15.8%）、磷脂酸（约 3.6%）及其他磷脂（约 10.7%）。大豆磷脂不仅具有较强的乳化、润湿、分散作用，还在促进体内脂肪代谢、肌肉生长、神经系统发育和体内抗氧化损伤等方面发挥很重要的作用。

5．大豆矿质元素、维生素及其他营养品质　　大豆中钙、磷、铁等矿质元素及多种维生素含量高，吸收率高，是理想的综合防治贫血症的食品，是植物食物中矿质元素的良好来源之一。另外研究证明，大豆含钙量高，食用大豆蛋白质较食用优质动物蛋白质造成的尿钙损失要少 1/3 左右。除此之外，大豆中含有多种维生素、胰蛋白酶抑制剂、膳食纤维等，对于提高免疫力、抗癌、降血压血糖和减缓衰老有良好的疗效。皂苷化合物，具有抗氧化、调节胆固醇、改善心肌供氧，提高机体的耐缺氧能力、抑制自由基对机体的损伤、提高免疫力、抗癌等功效。

（三）大豆的加工品质

随着越来越多新型食品的兴起，大豆深加工制品已从食品、轻化工原料渗透到社会的各个应用领域。为了满足食品加工的不同条件和多种用途的开发需要，了解大豆不同的加工品质，积极开展专用品质育种，为大豆加工业提供优质原料，成为大豆育种的主要目标之一。

豆腐营养丰富且对人体有一定的保健作用，这一特点受到人们的极大重视，并成为国内外人们餐桌上的美味佳肴。大豆是加工豆腐的生产原料，其品质无疑会对豆腐凝胶的形成及豆腐的品质带来一定的影响，因此国内外许多豆腐加工专家对大豆品种以及其中的组成成分在豆腐凝胶形成方面的作用做了大量的研究工作，并取得了一定的成果。豆腐加工专用品种的加工品质主要考虑蛋白质含量和豆腐得率。在豆腐生产的过程中，影响品质的主要因素除生产工艺外，主要受大豆品种蛋白质含量和蛋白质组分的影响。

有研究表明，不同的大豆 11S 和 7S 亚基缺失品系对豆腐品质分别有着不同的影响。7S 球蛋白豆浆产品的乳化性和豆腐的内聚性好，豆腐的产量高，是因为 7S 球蛋白赖氨酸的含量高，溶解能力强。7S 球蛋白的 3 个亚基对蛋白质凝胶影响也不同，Schaefer 等证实在相同的 11S 球蛋白含量下，α 亚基对凝胶硬度的影响很小，该结论与王显生、许显滨的研究结论相同。

7S 球蛋白含硫氨基酸和总氨基酸含量与 11S 球蛋白（glycinin）含量相比都比较低，而且营养质量较差，由 7S 球蛋白形成的凝胶硬度较差，其食品功能特性也低于 11S 球蛋白。刘春等测量的凝胶硬度、内聚力、黏性和回弹性与 α′-、α-、β-亚基和 7S 组分的含量呈负相关；与王显生、简爽等的结果有所不同，区别在于其对硬度、内聚、黏性和回弹力测量发现与 7S 各亚基 α′、α、β 亚基以及其他 11S 酸性亚基、碱性亚基、11S/7S 呈负相关，凝胶弹性和咀嚼性与 α 亚基、β 亚基和碱性亚基的含量呈负相关。

7S 球蛋白亚基含量的高低直接影响大豆蛋白质的乳化性，Rivas 证实 7S 球蛋白比 11S 球蛋白具有更好的乳化作用，原因是大豆蛋白质的乳化受到表面疏水性的影响。7S 球蛋白具有高度疏水性，可以提高油脂的吸附率。此外，增加 11S 与 7S 的比值将逐渐降低大豆蛋白质的乳化性、凝胶透明度和起泡性。大豆种子蛋白的持水能力与 α-亚基含量呈显著负相关。蛋白质的持水能力会影响蛋白质系统的流变性和蛋白质产物的质地。

11S 含量与豆腐凝胶硬度呈极显著正相关（$r=0.1820$）。与普通品种相比，使用 A5 亚基缺失的突变体制成的豆腐具有更高的硬度；程翠林等研究了亚基与豆腐凝胶硬度的关系，结果表明 11S 球蛋白的酸性亚基 A1、A2 和 A4 含量与豆腐凝胶硬度呈显著正相关，相反 A3 含量则呈非显著性相关，同时碱性亚基含量与豆腐凝胶硬度的相关性不显著，另外 A1、A2、A4 酸性亚基与出品率呈显著正相关性。许显滨曾报道，用不具 11S A5 亚基球蛋白的大豆蛋白质生产豆腐，干物质含量高，豆腐出品率高，同时可以提高豆腐的营养品质。Poysa 等研究结果认为 A3 亚基对豆腐凝胶硬度起着重要作用，而 A4 亚基对豆腐品质起副作用，A1 和 A2 亚基可以使豆腐质地明显好于缺少该亚基的豆腐，但同时缺少亚基时豆腐的凝胶硬度有所增加。李辉尚研究了不同大豆北豆腐的加工适应性，结果表明大豆蛋白质 11S 组分含量与北豆腐持水性呈显著的正相关，而与北豆腐的硬度、弹性、胶黏性、黏结性和咀嚼性等品质特性呈显著负相关。我国大豆种质资源丰富，大豆加工品质育种具有很好的物质基础。我国在这方面的研究工作与美国等先进国家相比差距较大，大豆收购市场混乱，原料利用率低。为了改变只生产大豆、出售大豆的单一生产经营方式，为大豆综合开发利用提供稳定、优质的大豆加工原料，我们有必要全面了解国内外大豆加工品质育种的发展状况，做到知己知彼。

（四）大豆的安全品质

食物过敏是一个全世界关注的公共食品安全问题，其中许多过敏反应是由于患者食用或接触了含有蛋白质的食物所引起的。饮食中蛋白质含量丰富的食品，如大豆、松子、花生、芝麻等，由于含有多种致敏物质，也最易引起过敏反应，在美国，90%以上的食品过敏反应都与以上几种食品有关。

大豆种子的组成成分中蛋白质的含量较高，是人类重要的蛋白质来源之一。随着现代分离工艺的改进，新型食品的兴起，越来越多的大豆蛋白质被广泛添加于奶粉及动物饲料等各种加工食品中。但是由于大豆是主要致敏食物之一，大豆蛋白质食品的广泛普及使多数人受益的同时，也使过敏人群食品的选择范围受到了严重的限制，使他们对蛋白质的营养需求得不到充分满足。去除大豆蛋白质添加食品中的大豆致敏原，可以降低过敏人群发生过敏反应的概率，并保证了对蛋白质的营养需求。传统清除大豆抗原蛋白的技术手段有很多，主要包括加热、膨化加工、生物酶解及热乙醇处理等。但是大豆蛋白质热稳定性非常好，因此上面的方法都不能够生产无抗原大豆。过敏蛋白缺失型新品种育种是去除大豆过敏蛋白原最经济可靠的方式，也成为大豆蛋白质品质育种的一个最新研究方向。

Duke 等在 1934 年的研究结果表明大豆是最重要的食品致敏原之一。Hari 等证实 7S 球蛋白的 α-、α′-、β 亚基是大豆主要的过敏原。对过敏人群进行调查统计，发现其中大约有 25%的人对 α-亚基过敏。α-亚基在授粉 18～20d 开始积累，在大豆子叶发育形成质体的过程中积累，其分子质量为 72kDa。分析氨基酸组成及利用溴化氢裂解蛋白实验结果显示，α-亚基由两个蛋氨酸残基组成，α-亚基缺失型大豆株系为低致敏大豆新材料。

大豆 7S 球蛋白是大豆致敏蛋白的主要来源之一，包括三种主要成分：GlymBd60K、GlymBd30K 和 GlymBd28K。大部分人只对其中的一种蛋白质过敏，但也存在对花生过敏的人对这些大豆成分都表现过敏。目前对各种引起过敏的大豆蛋白质编码基因已经确认，其中 GlymBd60K 是大豆 7S 球蛋白的 α-亚基，GlymBd28K 是 MP27-MP33 的同系物，GlymBd30K 已被证明是先前研究的 P32 囊泡蛋白质。7S 球蛋白 3 个组成成分以及 11S 球蛋白的组成成分 Gy4 亚基皆是大豆的主要致敏原，因此大豆种子中7S、11S 球蛋白亚基缺失或含量降低，可以降低大豆抗原含量，减少过敏反应，并且能够改良大豆蛋白质的营养价值和加工特性，大豆 7S、11S 球蛋白亚基缺失品种的选育将成为大豆蛋白质改良育种的最新目标及研究方向，通过选育 7S、11S 球蛋白亚基缺陷型大豆新品种，不但可以去除过敏原蛋白，而且使大豆营养和加工品质得到改善。

7S 球蛋白 α-亚基致敏蛋白缺失型大豆新品种不仅和普通大豆一样能为人类及畜产

业提供蛋白质营养，还为 α-亚基致敏蛋白过敏的人群提供优质植物蛋白源，扩大了大豆 7S 球蛋白过敏人群的食品选择范围，这对改善大豆蛋白质品质成分具有深远意义。大豆 7S 球蛋白致敏蛋白缺失新品系的选育成功，一方面填补了中国致敏蛋白缺失大豆品种的空白，为培育多种致敏蛋白亚基缺失优异新品种提供了基础；另一方面为进一步研究致敏蛋白基因的表达和调控机制提供了必要的物质基础，并为大豆在食品添加和饲料加工中的广泛应用提供了安全保障。

三、大豆品质性状形成的影响因素

大豆作为一种重要的粮油兼用型作物，在国民经济及人们的生活中占有重要的地位，是植物油及植物蛋白质的重要来源。大豆的油脂及蛋白质含量是由不同品种本身的遗传物质决定的，同时还受生态条件（如光照强度、温度、水分、营养元素等）影响，为了提高大豆的品质，在选择优质品种的同时，还可以通过改善其生态条件来提高其品质。

（一）光照强度

阳光是植物赖以生存的必要条件，植物通过光合作用合成营养物质满足其生长发育的需要。适合的光照条件还对作物许多优良品质的形成起至关重要的作用。大豆是典型的短日照作物，因此光周期反应是决定大豆品种适应性的重要因子之一。

韩天富等的研究结果表明，开花前、后的光照长度对大豆干物质积累和产量形成作用重大。长日照可提高大豆的干物质积累量，在正常成熟的前提下还可明显提高产量。东北大豆花荚期及以前的长日照有助于干物质的积累和较多花荚数量的形成，鼓粒开始后迅速缩短的日照条件有利于物质向籽粒的运转并促进籽粒的整齐成熟。长光照下大豆籽粒蛋白质含量下降，油分上升，棕榈酸和油酸占脂肪的比例下降，亚油酸和亚麻酸的比例有所升高，硬脂酸含量存在处理间的显著差异，但与光照长度的关系复杂。光照长度对蛋白质含量的影响大于对油分的影响。相关分析表明，花荚期和鼓粒期长度与化学品质性状关系密切，较长的开花后阶段有利于含油量和亚油酸含量的提高。

（二）温度

温度是影响植物生长发育最重要的环境因子之一，几乎影响植物体内一切生理生化变化，也是影响作物品质的重要因素。温度对大豆品质影响的研究较少，大豆是喜温作物，在各生长发育阶段对温度都有不同的要求。大豆在结荚与鼓粒期间，如果平均温度低于 20℃，便不利于糖分的形成与转化，因而含油量低。但如果温度高于 35℃，尤其是昼夜温差小的情况下，则又不利于糖分的积累，因而不利于脂肪的提高，但是干旱亦不利于光合作用的进行，所以低温地区的高温年份、阴雨地区的多日照年份、干旱地区的有灌溉措施的或多雨年份，大豆脂肪含量表现增高。

孙君明等研究表明，日最低温度与日平均温度对饱和脂肪酸的形成影响最大，温度日差对饱和脂肪酸的形成影响最小。平均最低气温与棕榈酸、油酸亚油酸、饱和脂肪酸（棕榈酸＋硬脂酸）呈极显著的正相关，与亚油酸及不饱和脂肪酸（油酸＋亚油酸＋亚麻酸）呈极显著的负相关。异黄酮含量与各地区的平均气温和降水量呈负相关，与日照时数呈正相关，且与平均气温的相关性最高。

徐豹等将不同温度周期下收获的部分品种种子做了 17 种氨基酸分析，发现日夜温度均为 20℃条件下生长的大豆比日温 30℃、夜温 20℃条件下的大豆各种氨基酸的百分率普遍要高些。野生种、栽培种均如此。因此大豆氨基酸的成分含量是受环境条件影响的。

低温促进不饱和脂肪酸的合成，使种子中三酰基甘油中的亚麻酸增多。相关分析表明大豆种子亚油酸含量与其亚油酸氧化还原酶活性和品种结荚-成熟期的日照时数呈正相关，而与脂肪酶的活性无关，亚麻酸含量与其结荚-成熟期间累积平均温度呈正相关。北部与南部地区种植的不同类型的大豆品种亚麻酸含量明显不同，在北部地区，豆蔻酸和亚麻酸含量明显高，而油酸含量低。低温条件下，脱饱和加剧的原因，目前还有一些争论。这些争论可能是考虑这些变化是否是对低温的一种适应或是低温生长的结果。这两种观点被认为都是存在的。一些人认为低温生长导致它们的脱饱和酶的量或活性的变化，这些变化是一种适应，它能使细胞膜有效地起作用。另一些人认为低的生长温度增加了氧的可溶性，由此为脱饱和酶的存在提供了更多的底物。

（三）水分

水是植物体的重要组成部分，也是植物生命活动的必要条件。因此，植物生长环境的水分状况适合与否对其品质的形成起重要作用。大豆是需水量较多的作物，是豆类作物中对水分最敏感的，土壤水分不足会影响作物中干物质的合成以及累积。

张敬荣等研究结果表明，大豆在开花、结荚及鼓粒期干旱，蛋白质含量均上升，脂肪含量及脂肪蛋白质总量则下降，以在鼓粒期遇干旱时相关指标的变化为最显著。饱和脂肪酸含量均下降，饱和脂肪酸比率亦下降，其中以结荚期和鼓粒期不饱和比例最小。棕榈酸含量也均下降，鼓粒期下降显著，硬脂酸含量变化不显著，开花、鼓粒期略有上升，唯有结荚期是下降的。大豆不饱和脂肪酸总量均显著提高，不饱和脂肪酸比率上升。但是不同生育时期干旱，不饱和脂肪酸各个组分消长变化的趋势是，亚麻酸含量只有荚期下降，亚麻酸比率最低。鼓粒期干旱也使油酸含量上升、亚油酸含量下降，但升降变化均不显著，亚麻酸含量也上升。开花期干旱与结荚期和鼓粒期干旱不同，油酸含量略降、亚油酸含量略升、亚麻酸含量剧升、亚麻酸比率上升。但也有人报道，在不灌溉条件下，水分胁迫导致发育种子中亚麻酸含量降低，油酸含量增加。后期干旱对其亚麻酸含量降低不明显，干旱引起大豆种子亚麻酸含量的下降的有效作用期大致在最大叶节开花后的 20d 内。

（四）营养元素

合理的氮、磷、钾营养水平及其配比，能够协调土壤营养供应，促进大豆对养分的吸收，从而有利于大豆品质的改善。磷素可以影响大豆植株的生长发育和共生固氮，施磷可以大大提高大豆籽粒产量以及能够改善大豆品质，也可以促进大豆籽粒中蛋白质的积累，而不利于脂肪的形成。磷也是蛋白质的成分，其化合物参与植物体内化合物、蛋白质、脂肪的合成与转化过程。氮是蛋白质的重要成分，也是叶绿素的组成成分，适量用氮肥、磷肥可以促进大豆的生长和干物质积累。适施钾肥具有增加脂肪含量的趋势，脂肪含量平均增加 1.4%。李永孝研究指出，氮、磷、钾肥对大豆籽粒蛋白质和油脂含量影响明显，都有一个适值，过高或过低都使品质下降。庄无忌（1984）研究结果表明各种脂肪酸含量受施肥水平影响较大，随着施肥水平的升高，棕榈酸、硬脂酸和油酸含量升高，亚油酸和亚麻酸含量降低，这可能是油酸与亚油酸、亚麻酸含量呈显著负相关，而亚油酸与亚麻酸含量呈显著正相关的缘故。因此，在高油大豆生产中，采用窄行密植栽培模式，增加施肥水平（混合肥），可以达到既高油又高产的目的。岳寿松等（1998）于大豆花荚期喷洒有效微生物（ME），结果显示可以提高大豆籽粒蛋白质和脂肪含量。吴英（1998）通过盆栽试验结果表明，施镁可以提高大豆蛋白质和脂肪含量。李玉颖认为硫能较明显地增加大豆蛋白质含量，含硫氨基酸量有增加趋势，脂肪含量略有降低。Kumar 等指出硫可以增加脂肪含量。吴明才指出，缺硼导致蛋白质含量下降 7.23%。赵久明在大豆初花期用 20mg/L 柠檬酸钛喷施植株结果表明，喷施钛肥可使大豆蛋白质含量明显提高。GuPat 研究了磷、锌、钼配施对大豆品质的影响，认为大豆蛋白质随锌、钼的施用而有所提高，脂肪含量只受锌的影响。锌、钼对蛋白质的影响不显著，锌锰互作对蛋白质含量的影响达极显著水平。

前人在施肥对大豆品质影响的研究中多偏重种肥的效果方面，而对叶面喷肥研究较少。在蛋白质、脂肪的快速积累期间，如果给予一定种类与用量的叶面喷肥，可能会对其品质产生显著的影响。但前人在大豆叶面喷肥对品质影响的研究中多为成品叶面喷肥效应方面，无法确定其喷肥效应为哪一种成分引起的，因此分别进行单一的氮、磷、钾叶面喷肥试验是必要的。而且高脂肪品种和高蛋白品种由于体内的生理生化机制差异，对叶面喷施不同营养元素的反应有可能不同，因此分别进行高脂肪品种试验和高蛋白品种试验以对比其差异是必要的。

（五）种植密度

种植密度对大豆籽粒的脂肪、蛋白质含量具有显著的影响，相关性分析结果显示，种植密度与大豆籽粒的脂肪含量呈负相关，与籽粒中的蛋白质含量之间呈正相关，因此，适当的增加种植密度，可提高大豆蛋白质含量。蛋白质、脂肪总含量受种植密度的影响较小，并且不存在品种间的差异性。

（六）环境效应的影响

大豆籽粒蛋白质和脂肪含量受年份及地点的影响显著，地点效应大于年份效应。通常年份对各种脂肪酸影响最大，地点只对油酸和亚麻酸产生显著影响。在中国，栽培大豆籽粒的蛋白质含量随着地理纬度的增高而逐渐降低，低纬度地区种植的大豆其蛋白质含量较高，高纬度地区种植时其蛋白质含量较低，脂肪含量则相反，海拔对蛋白质、脂肪的影响与纬度相似。

宁海龙（2003）研究结果表明，东北三省地点效应表现为由南向北逐渐降低的规律性。大豆蛋白质含量和脂肪含量的品种效应表现相反，蛋白质含量基本表现为由南向北逐渐降低，而脂肪含量由南向北逐渐升高。这种有规律性的差异都是由有规律性的环境差异造成的。环境条件一方面直接影响大豆品质的表现，即地点效应，同时环境条件又间接影响大豆品种生态类型的形成（王金陵，1986），对品种的品质产生影响。

从全国来看，大豆油分与蛋白质含量的地理分布情况和油分与蛋白质形成的生态环境条件相符。我国吉林地区大豆的含油量最高，杭州及安徽省最低。这种高低的差别与 7~9 月的温度呈显著相关。1962 年山西农业大学曾就全国大豆含油量的情况进行了初步分析，结果是春大豆的含油量高于夏大豆，而夏大豆的含油量又高于秋大豆。春大豆中北方春大豆的含油量高于南方春大豆，黄淮地区夏大豆含油量也稍高于南方夏大豆。

胡明祥等（1984）用产自中国南北各地的 195 个大豆品种种子均进行油分与蛋白质含量的分析。结果是，纬度每升高一度蛋白质含量下降 0.21%，纬度每上升一度油分增加 0.12%。

大豆品质受各因素的影响不是单一的，而是多种因素共同作用的结果。

第二节　大豆品质性状的遗传及育种途径

一、大豆品质性状的遗传规律研究

（一）大豆蛋白质含量遗传研究

大豆品种间杂交，蛋白质含量的遗传一般表现为数量性状遗传，受微效多基因控制，加性效应明显，F_2 明显分离，但也有个别组合具有质量性状的遗传属性，以高蛋白质或低蛋白质为显性，其表现既有遗传效应，也受环境影响，遗传规律极其复杂。不同的研究材料得出的结果也不尽相同。

刘顺胡等采用'科丰 1 号'×'南农 1138-2'衍生的重组自交系群体和（'Essex'×'兴县灰布支'）×'兴县灰布支'回交自交衍生群体为材料进行研究，认为蛋白质含量的遗传符合一对主基因＋多基因的遗传模型，主基因和多基因遗传率分别为 31.3%~40.9%和 37.2%~53.7%；姜振峰通过对'charleston'和'东农 594'及其 147 个 $F_{2:12}$~$F_{2:14}$ 代重组自交系的试验研究认为，大豆蛋白质含量的遗传主要为两对主基因＋多基因的遗传模型；但也有多基因的遗传模型，并且存在有加性效应和上位效应。关于是否存在母体效应，观点也不太一致。盖钧镒的研究结果表明，蛋白质含量的遗传存在母体效应，主要是母体核基因作用的影响，也有部分母体细胞质效应。

大豆蛋白质含量的遗传力估值为 31%~99%，遗传力最高可达 99%，已经近乎质量性状遗传。但多数育种家的实践证明，蛋白质含量是复杂的性状，具有较低的遗传力，很少在早代选择高蛋白质后代。

关于蛋白质含量是否存在超亲分离，过去的研究结果尚不一致。通常认为，双亲差异大的栽培大豆与野生大豆组合后代，大多出现高蛋白质为部分显性或超显性，有明显的超亲分离现象；而栽培大豆品种间杂交，其后代蛋白质含量的变异幅度，受双亲限制很少出现超亲分离的个体。

关于大豆蛋白质含量的适宜选择世代，1973 年 Brim 和 Burton、1979 年 Miller 和 Fehr、1984 年 Serbern 和 Lambert、1984 年胡明祥等、1992 年尹丽华等都认为，早世代（F_2）选择是有效的。但是是否还需要在以后的连续世代中进行选择还不明确。孟庆祥通过试验认为，在 F_3、F_4 系统内仍然有比较大的变异幅度，还有产量与蛋白质含量的负相关或显性效应的存在，平均蛋白质的含量可能会随着世代的增加而有所下降。因此，为提高选择的有效性及选择效率，将蛋白质含量的测定选择推迟至 F_4 或 F_5 代进行是必要的。有时，还需要进行第二次蛋白质含量的测定。

大豆籽粒形成过程中，在初期是脂肪和蛋白质同时积累，后期以合成蛋白质为主，蛋白质积累的主要时期是籽粒形成中期到后期。大豆籽粒在发育过程中脂肪和蛋白质的积累是一个动态过程，且在各品种间略有差异。

大豆在不同生长时期籽粒蛋白质含量的变化有一定的规律。张恒善等认为在大豆籽粒的发育过程中，大多数品种蛋白质相对含量前期高，中期下降或者降后稍微回升，只有少数品种蛋白质相对含量是一直上升或者一直缓降。王继安等的研究表明，大豆蛋白质含量的积累有两个峰期。第一峰期出现在鼓粒始期，但蛋白质产量很低，无实际意义；第二个峰期出现在产量最高的黄秆期（全株 90%荚成熟，70%～80%叶片脱落），此时籽粒脱水归圆，蛋白质多肽链处于稳定状态，游离氨基酸极少，可以认为是蛋白质含量的真正峰期，并且蛋白质含量的高峰与每公顷蛋白质收获最高峰是一致的。因此黄秆期是蛋白质产量的最适收获期。大豆籽粒蛋白质含量除品种间存在显著差异外，还受环境条件的影响。同一个大豆品种在不同的环境条件下蛋白质含量也有很大变化。根据蛋白质的积累速度，提高蛋白质含量的栽培措施应在鼓粒始期和鼓粒盛期实施，在完熟期以前收获有利于提高蛋白质含量。

（二）大豆脂肪含量遗传规律

关于大豆脂肪品质性状的遗传机制，前人的研究结果认为，棕榈酸和亚麻酸的遗传受单个或两个主基因位点控制；硬脂酸含量在不同的材料中受不同的主基因位点控制；在不同材料的同一位点，具有不同的等位基因控制着油酸含量，而且油酸与亚油酸具有完全相反的相关关系。上述不同研究者的结果具有相对一致性，但不同材料间仍有一定的差异。郑永战和盖钧镒等研究结果表明：脂肪酸组分含量的遗传主要受主效基因和多基因控制，除脂肪及亚麻酸含量的主基因遗传率较低外，其他性状主基因遗传率均在70%以上，高者达到90%以上。

油分含量属于典型的数量性状，普遍表现为中间型遗传，除双亲水平近似的组合外，很少出现超亲个体，这也说明在高油育种中选择双亲油分含量均高是必要的。品种间杂交油分含量遗传力属中等大小，亲本差异大时，遗传力大些，同时，受环境因素影响也较大。

大豆脂肪相对含量积累动态在不同品种中呈现前低、中高、后期平稳下滑的趋势。有研究表明多数品种脂肪含量随着鼓粒天数的增加而增加直至成熟，只有极个别高油品种在鼓粒盛期后约 20d 达到最大值 21%，成熟时略有降低。高蛋白质品种在发育中晚期脂肪积累几乎停滞，而蛋白质积累速率高。总体看来，脂肪含量在鼓粒盛期最高，鼓粒盛期后 10～20d 明显降低，成熟时又明显回升。就高油大豆而言，脂肪含量积累呈现"低—高—低"趋势，并且种子成熟后的脂肪含量要高于初期的含量。根据脂肪积累规律，提高脂肪含量的栽培措施应在鼓粒盛期及以后约 10d 进行，鼓粒盛期采取措施最为重要，且在完熟期收获有利于提高脂肪含量。

（三）大豆异黄酮含量的遗传差异

大豆异黄酮含量在品种间差异很大，从地区分布来看，南方地区大豆品种的异黄酮含量要比黄淮夏大豆和北方春大豆低。从籽粒外观来看，大豆种子异黄酮含量与种粒大小呈负相关，与种皮颜色的关系为：黑、褐色种皮＞黄色种皮＞绿色种皮。这就为我们进行高、低异黄酮含量的种质资源筛选提供了很大的空间和一定的方向性。

孙君明等应用质量-数量性状的遗传分析方法，研究大豆异黄酮含量的遗传方式。结果显示，在三个杂交组合中，籽粒中异黄酮含量具有质量-数量性状的遗传特点，由一个主效基因和若干微效基因共同控制；在主效基因遗传效应中，同时存在加性和显性效应，且各组合的加性和显性效应不同。微效基因的遗传变异亦因组合而异，约为主效基因变异的 $1/17\sim1/3$。对大豆异黄酮含量的遗传规律进行研究。结果显示，杂种 F_2 代异黄酮含量的遗传方式具有数量性状遗传特点，遗传机制呈累加作用；F_1、F_2 代异黄酮含量一般介于双亲之间的中间型，F_2 代接近中亲值，且在大部分组合中表现杂种优势，也有部分超亲优势现象。F_2 代部分组合的广义遗传力表现较高，可以在 F_2 代进行初步的遗传选择，杂种后代与中亲值呈显著的正相关。

二、大豆品质育种品种选育途径

（一）大豆高蛋白质含量育种

1. 提高大豆品种蛋白质含量的育种策略　　大豆蛋白质含量与脂肪含量、籽粒产量均呈负相关，因此，培育蛋白质和脂肪含量均高的大豆品种或在提高蛋白质含量的同时提高大豆产量是困难的。为了解决这些问题，在育种策略上应注意以下几点。

（1）育种目标　　制定大豆品质育种目标，要根据国民经济的发展和商品生产发展对大豆品种品质的要求，在丰产稳产的基础上，分别选育蛋白质含量高或蛋白质和脂肪合计含量高的大豆品种。

（2）选育方法　　提高蛋白质或脂肪含量以直接选择效果最好，但为解决上述负相关的矛盾，Thome 和 Fehr 利用蛋白质与蛋白质＋脂肪总量呈正相关的特点采用选择指数法，结果使蛋白质含量提高 3.4%，而脂肪含量只降低 0.5%。Brim 等（1979）认为，对蛋白质含量进行二三轮的轮回选择之后，接着对产量进行选择，可能是一种可行的策略。此外诱变育种可以打破高产与低蛋白质含量、高蛋白质含量与低脂肪含量的不利连锁，是培育高产、高蛋白质、高脂肪大豆品种的另一有效方法。

2. 大豆蛋白质品质的遗传改良　　大豆蛋白质的品质取决于其中氨基酸的组成成分及必需氨基酸含量。作为大豆籽粒蛋白质的限制性必需氨基酸——蛋氨酸等的含量高低，是当前评价大豆营养品质的主要指标。另一种构成蛋白质的含硫氨基酸是胱氨酸，它虽不属必需氨基酸，但可节省对蛋氨酸的利用。所以大豆蛋白质品质改良的任务，主要是提高大豆蛋白质中以蛋氨酸为主的含硫氨基酸的含量。

（1）种质资源的分析筛选　　当前大豆蛋白质品质的改良集中在寻找含硫氨基酸含量高，尤其是蛋氨酸含量高的大豆种质资源。美国对约 5000 份资源分析结果显示，蛋氨酸含量为 1.0%～1.61%，多数为 1.2%～1.4%。吉林省农业科学研究院大豆所对东北三省 2341 份资源分析结果，蛋氨酸平均含量为 1.29%，变幅为 0.90%～1.73%，胱氨酸平均含量为 1.45%，变幅为 0.76%～1.79%。大豆类型间蛋氨酸和胱氨酸的平均数差异不显著，但每一类型内变异却较大，因此筛选含硫氨基酸含量高的种质资源是必要的，也是可能的。

（2）大豆蛋白质组分及遗传研究　　大豆种子蛋白质贮藏蛋白主要由 7S 和 11S 球蛋白组成，占其含量的 70% 左右。11S 球蛋白比 7S 球蛋白含有更多的蛋氨酸和胱氨酸。国外大豆育种家已通过从资源中筛选和利用辐射诱变等方法获得了 7S 和 11S 组分亚基特异材料，并培育出一批优良大豆蛋白质基因材料，达到了改良大豆蛋白质营养价值和功能特性的目的。国内关于亚基缺失材料的育种和遗传分子机理解析的研究较少。刘珊珊课题组自 2002 年起，以低致敏大豆的选育、开发及分子机制的解析为研究方向，利用分子标记辅助选择与常规育种手段相结合，现在已经育成了多份 α-亚基缺失型低致敏大豆新品系。经多年多点试验，α-亚基缺失型大豆品系，普遍表现出综合农艺性状良好、蛋白质含量较高、品质优良等优点。19 世纪末对大豆贮藏蛋白的研究多是针对蛋白质组分、氨基酸含量以及部分品种 7S 和 11S 的含量分析。现如今国内越来越多的科研工作者开展了针对国内大豆种质资源中 7S 和 11S 组分相对含量变异的研究，也有很多院校、科研院所利用诱变筛选获得了许多蛋白质亚基缺失的新材料，但在国内利用这些材料通过杂交、回交育种，育成亚基组合类型的大豆材料（尤其是只含 7S、只含 11S、多种亚基组合缺失或不同 11S/7S 类型等），用其进行大豆品质改良的报道尚不多见。

（3）提高大豆含硫氨基酸含量的育种途径　　为了提高大豆蛋白质含硫氨基酸的含量，应筛选含硫氨基酸含量高的优异种质资源并采用适当的育种途径、方法。Wihtehead 等（1983）对三个杂交组合的 F_2 和 F_3 代进行了选择评价，有两个组合的蛋氨酸含量提高了，有一个组合的胱氨酸含量增加了。2008 年，刘春等对 1400 份大豆品种采用 0.2%、0.4%EMS 和 Coγ 射线分别进行化学诱变和物理诱变，结果发掘出了 34 份 7S 和 11S 相关亚基缺失或者较低亚基含量的大豆突变体种质资源。随后，在 2010 年成功报道了具备我国遗传背景的 7S 球蛋白相关亚基缺失突变体材料的获得后，刘珊珊课题组通过回交转育的方法于 2012 年成功获得了 α'-亚基缺失型、(α'+α)-亚基双缺失型大豆新品系，并于 2014 年又报道了 α-亚基缺失、高蛋白质、高油的双高型新品系。7S 蛋白质的含量大幅度地降低，11S 球蛋白质的生成量增多，选择 11S/7S 高的、减少 11S 中低蛋氨酸亚基或增加高蛋氨酸亚基的比例等，以提高大豆蛋白质的蛋氨酸含量。

进行作物品质改良的方法，现在仍以品种间杂交为主。由于大多数品质性状基因具有加性效应，双亲各性状的平均值对杂种后代群体水平有很大影响，因此应尽可能选配综合性状好，不存在严重缺陷的组合。现代农业对作物新品种所要求的性状越来越全面，因而目前普遍重视利用复合杂交或聚合杂交培育高产优质新品种。例如，在利用引进外来高蛋白质材料与当地适应品种杂交培育高产、高蛋白质大豆新品种方面，王金陵认为，三交方式"引进/适应 1//适应 2"比单交方式"引进/适应"效果好。

在作物的野生种或近缘植物中往往存在着优良的品质性状，通过远缘杂交、回交或遗传工程等方法，可将有用的基因转移到栽培品种中。例如，野生大豆蛋白质含量一般比栽培大豆高 4%～6%，东北农业科学研究院利用野生大豆与栽培大豆杂交，选出了一些农艺性状较好、蛋白质含量高达 48%～50%的新品系。

根据《大豆》（GB 1352—2009）标准规定，高蛋白质大豆质量指标应符合表 4-3 规定。

表 4-3 高蛋白质大豆质量指标

等级	粗蛋白质含量（干基）/%	完整粒率/%	损伤粒率		杂质含量/%	水分含量/%	色泽气味
			合计	其中热损伤粒			
1	≥44.0						
2	≥42.0	≥90	≤2.0	≤0.2	≤1.0	≤13.0	正常
3	≥40.0						

（二）大豆油、脂改良育种

大豆油在食用油中占有举足轻重的地位，提高大豆油含量是品质改良育种的主要方向之一。目前，大豆的品质改良主要集中在提高某些营养成分的含量上，目前商业化的有关品质改良的转基因大豆已有高油酸大豆和高硬脂酸转基因大豆两种，还有许多基因工程改良的优质大豆材料或品种处在试验和扩繁阶段，有的作为储备品种准备商品化。

脂肪含量属微效多基因控制的数量性状，对环境条件反应敏感，高脂肪材料少而不突出，因此，高脂肪大豆新品种的选育是一项难度较大的课题，创造高脂肪大豆品种应以常规杂交育种为主，采取杂交、回交、轮回选择等方法与辐射育种、诱变育种及外源 DNA 导入等多种方法相结合。

早在 20 世纪 60 年代，美国北方推广了两个高产、高油大豆品种 'Amsoy'（生育期组Ⅱ）和 'Ransom'（生育期组Ⅲ），平均脂肪含量为 22%～23%。我国学者经过努力，已筛选出脂肪含量高于 23%的高油材料，先后推广了脂肪含量在 22%以上的品种。

（三）大豆脂肪品质的遗传改良

大豆籽粒脂肪酸的组成是决定大豆油脂品质的重要因素。油酸的含量决定了食用油的品质，因此提高油酸的相对比例已成为当前大豆品质改良的重要内容。目前美国每年有 10 万余公顷的高油酸转基因大豆种植（商品号为 G94-1，G94-19，G168）。澳大利亚和新西兰等国家购买了美国的高油酸大豆的生产专利，已经投放市场。目前我国还没有高油酸大豆品种，因此改善大豆油脂中脂肪酸的合理比例和提高油酸含量，应是我国开展大豆品质育种的重要内容之一。

大豆脂肪含量受多基因控制，以加性效应为主，遗传力较高。大豆脂肪中含有7%～8%的亚麻酸，使豆油在存放过程中易发生氧化变质，食味变劣，若能将其含量降至 2%～5%，豆油的保存质量则会明显改进。

如何提高油脂的耐贮性和风味品质，降低大豆籽粒中亚麻酸含量已成为大豆品质改良的重要课题。也有学者认为（尹田夫，1988），片面强调降低亚麻酸育种会严重降低大豆对逆境的阻抗能力。大豆脂肪酸的改良应是在降低饱和脂肪酸含量的同时，提高不饱和指数，即提高亚油酸、油酸含量，适当降低亚麻酸含量。

利用基因工程技术在大豆中引入外源的与脂肪酸代谢相关的基因，可以获得一些大豆本身不能合成的特殊脂肪酸。这些引入的基因能够利用大豆中已有的脂肪酸作为底物合成特殊目的的脂肪酸。

品质的好坏是相对用途而言的，大豆蛋白质和含油量是大豆品质的重要组成部分。大豆食品主要是蛋白质含量较高的优质品种，含油量高的品种是用于榨油的优质大豆。大豆加工需要原料，对高蛋白质、高脂肪和低脂肪、氧化酶和胰蛋白酶抑制剂的品种进行种植，建立产品原料基础以获得专项指标（蛋白质或油含量）的最佳品种，充分利用大豆的深加工，从根本上解决大豆深加工产品的质量问题，并可能减少加工设备和简化技术，提高经济效益。

辛大伟等利用高油品种'东农 47'、高产品种'黑农 37'、高蛋白质品种'东农 42'，通过生殖生长期的动态取样研究品质性状积累规律。研究表明：大豆的蛋白质含量在积累过程中高蛋白质品种始终最高。高油品种基本处于最低水平，高产品种介于其间；大豆油分含量在积累过程中高油品种始终最高，高蛋白质品种最低。高产品种仍介于其间。蛋白质含量占籽粒干物质的比重在籽粒形成初期就已确定。到籽粒成熟期比重变化很小，油分含量也具有同样特性。

根据《大豆》（GB 1352—2009）标准规定，高油大豆质量指标应符合表 4-4 的规定。

表 4-4　高油大豆质量指标

| 等级 | 粗脂肪含量（干基）/% | 完整粒率/% | 损伤粒率 | | 杂质含量/% | 水分含量/% | 色泽气味 |
			合计	其中热损伤粒			
1	≥22.0						
2	≥21.0	≥85	≤3.0	≤0.5	≤1.0	≤13.0	正常
3	≥20.0						

（四）大豆异黄酮改良育种

在大豆异黄酮的育种选择过程中，要获得理想的基因组合，一个途径是采用双亲异黄酮含量均高或均低的组合，此组合出现正向或负向超亲的机会较少，但高含量或低含量异黄酮的个体较多。另一个途径可通过超亲来达到理想目的，超亲率高的组合虽然双亲并不十分优良，但大量的超亲现象可以弥补双亲的不足，使后代拥有较多的优良个体，而那些中亲值不高，正向或负向超亲率低的组合，育种选择的概率变小。

环境条件是大豆籽粒异黄酮含量形成的外部条件，是外因。大豆籽粒中异黄酮含量受环境条件变化影响特别大，因此应更多地关注生态条件效应对大豆异黄酮含量的影响。

（五）改进营养成分的品质育种

我国在特殊品质选育方面也取得了一定的进展，中国农业科学院利用引进的缺失胰蛋白酶抑制剂（SKTI）及缺失脂肪氧化酶的近等基因系分别与我国大豆主栽品种杂交，创造出一批特异新种质，培育出优异的新品种（系）。选育出了无胰蛋白酶抑制剂品种'中黄 28''吉育 52'和高异黄酮品种'中豆 27''东农 53'。东北农业大学陈庆山教授带领的大豆遗传改良团队，通过杂交、系谱法选育出大豆品种'东农豆 252'，其豆浆几乎没有豆腥味。20 世纪 80 年代初，美国、日本科学家通过筛选、辐射等处理方法先后发现了 Lox1、Lox2、Lox3 三种大豆脂肪氧化酶缺失体类型材料。美国科学家 Hidebrand 和 Hgmowitz 对 6499 份美国大豆资源进行了脂肪氧化酶活性筛选，从中发现了两个缺失 Lox1 的大豆品种。河北农业科学院育成高产又缺失脂氧酶 2，3 的大豆品种'五星一号'；黑龙江省农业科学院绥化所育成'绥无腥一号'，缺失脂氧酶 2。

第三节 大豆品质育种的发展方向及发展策略

一、大豆品质育种的发展方向

（一）专用型大豆品种的育种目标要求

随着大豆品质改良育种的深入发展，根据大豆的不同用途培育专用型品种也是未来育种工作的重要的研究方向。不同加工用途对大豆品种的要求如下：

（1）豆腐用品种　　要求选择色泽均匀、颗粒饱满，蛋白质含量（尤其是水溶性蛋白组分）、蛋白质抽提率、凝固率高，蛋白质组分 11S 比例高，且无 A5 亚基，豆腐颜色白、味道佳、口感好的品种。

（2）豆奶原料品种　　要求大豆品种的蛋白质含量高。

（3）酱制品用品种　　要求籽粒黄色或黄白色，脐色淡，大粒或中粒，蛋白质含量、碳水化合物含量高，蒸煮时易软化的品种。

（4）豆芽用品种　　要求百粒重小于 10g，发芽率高，豆芽生长快，芽长，脂肪含量低，蛋白质和碳水化合物含量高，味道佳的品种。

（5）毛豆用品种　　要求绿色种皮，粒大，荚色深绿，无斑点，荚长 5cm 以上，蛋白质、矿物质、糖分和维生素含量高，味甜、香、口感好，易煮熟的品种。

（6）纳豆用品种（日本）　　要求籽粒吸水、保水能力强，碳水化合物含量高、油分少，脐色呈白色或棕色，粒形整齐一致且为小粒或极小粒，加工蒸煮时必须十分柔软的品种。

（7）饭拌豆用品种（韩国）　　要求大粒，易煮烂，种皮黑色或褐色，蛋白质含量低，糖分含量高，色素浸出量高，口感好的品种。

围绕上述目标，各国大豆育种者已培育出一批品种应用于生产中。我国已经育成很多特殊用途的专用品种，如'黑河 49''东农 48''合丰 43''垦丰 17''蒙豆 16'适合于豆腐加工；'绥农 5 号''绥农 8 号''东农 42 号''合丰 33 号'适合制作豆奶；'宏丰 16''东农 690'适合于豆芽用，也就是珍珠豆或小金黄；适合加工豆酱用的有'东农 34''黑农 32'等；适合出口供日本加工纳豆的有'红丰小粒豆 1 号''黑农小粒豆 1 号''长白 1 号''吉林小粒豆 1 号''合农 58'等小粒黄豆品种；适合作毛豆食用的有'毛豆 292''毛豆 305''毛豆 75'等品种；适合加工豆豉用的有'湘 B68''黑农 39 号'等。

（二）常规育种与分子育种方法相结合

目前，我国的农业已经从定量型向品质效益型发展，解决大豆品质问题显然是紧迫而现实的。大豆育种技术路线的首要目标是拥有具有优良性状的种质资源。最终目标是创造出满足消费者需求的新品种。中间是常规育种、生物技术、基因组学和分子育种的整合。大豆优质育种的成功最终取决于掌握大量优良种质资源和具有多学科合作的综合育种平台。同时，大豆育种的市场化和产业化是大豆优质育种的动力和最终目标。方法的创新是突破大豆品质育种的关键。我国具有丰富的大豆优异种质资源，因而加大大豆种质资源保护力度，加强对优异大豆种质资源的发掘和利用，加大具有潜在应用价值基因的发掘力度是我国长期的基础性研究工作。

大豆品质育种中有关质量性状改良的内容有脂肪氧化酶、蛋白酶抑制剂、球蛋白等，由于这些性状遗传相对简单，用分子标记筛选鉴定优良品质资源和进行后代选择具有很大的潜力。大豆中还有许多品质性状如蛋白质、脂肪、脂肪酸、异黄酮、皂苷、低聚糖等属于微效多基因控制的数量性状，对这些有重要价值的性状进行定位，目的之一就是尽可能发掘对改良大豆品质有利用价值的等位基因，将分子标记辅助选择用于大豆品质育种实践。

常规育种方法难以在高蛋白质、高油品质育种中取得进一步突破。分子育种在某些常规育种无法解决的问题中开始显示出明显的优势。以遗传改良为主要目标的大豆分子育种技术作为生命科学的前沿领域，可以在提高选择效率和改善大豆品质方面发挥重要作用。这是实现大豆优质育种突破的关键因素之一。转基因技术的应用是大豆育种领域的一场革命。它在改善大豆抗性、品质和产量，降低生产成本以及增强大豆产业竞争力方面具有不可替代的作用。大豆杂种优势利用研究是我国大豆育种取得突破的发展方向。中国应该借鉴国外种子跨国公司和大型科研机构的成功经验，加快学科建设和成果转化，形成常规育种方法的基础，充分运用分子育种技术，在应用上取得突破。转基因技术与异质优势的结合，并将科技成果转化为产业化发展的出路，为我国大豆优质育种提供了良好的技术发展平台。

一个品种发展的关键在于品种是否有市场，而市场取决于收益。尽管我国相继出现优质特殊大豆品种，但由于大豆生产与市场之间的脱节，优质品种无法尽快实现大规模种植和产业化。如果公司期望获得所需的原材料，则必须执行高质量和优惠的价格，以确保原材料的供应，实现企业效率，增加种植者的收入并加速新品种的工业化进程。我国应着力培育优质大豆消费市场，以市场为导向带动大豆优质育种和专业化生产的发展。

（三）发展大豆食品，优化膳食结构

从国内情况来看，我国居民的膳食结构中优质蛋白质明显低于世界平均水平，优化膳食结构，提高优质蛋白质摄入比重，应当是 21 世纪饮食营养生活中的主要问题。根据我国人民消费习惯和资源供应的可能，我国膳食结构调整不可能按西方国家的主要靠增加动物蛋白质的模式进行，增加豆类特别是大豆的供应量来解决蛋白质摄入量不足的问题将是必然的选择。国际上对大豆的评价越来越高，大豆制品除能补充膳食中的优质

蛋白质外，还富含能降低血脂等作用的物质。大豆中的棉子糖、水苏糖还是双歧杆菌的增殖因子，豆渣是很好的优质食用纤维，大豆含有的异黄酮，还具有抗氧化、抗溶血、降血脂的作用。

美国在大豆蛋白质加工方面取得了重要进展，如用挤压技术制作大豆蛋白肉；应用超滤技术实现了大豆中低聚糖和蛋白质分离浓缩；采用三相分离技术，将大豆蛋白质、脂肪和其他组分一次分开，将大豆蛋白质加以提纯利用；采用超临界流体技术萃取出大豆油和蛋白质，油质晶莹透明，蛋白质功能性好。

现代营养科学和生命科学的研究结果充分证明，大豆不仅具有食品必需的多种功能，还具有满足特殊要求的多种特定功能。大豆深加工，其产品包括用大豆油制备生物柴油、燃料油乳化剂和大豆油墨，用大豆蛋白质生产复合聚酯材料和食用包装材料，利用大豆磷脂来生产抗癌和抗癌药物及化妆品中间表面活性剂等。

二、大豆品质育种的发展策略

首先，充分利用我国大豆种质资源。我国大豆种质资源丰富，大豆品质育种具有很好的物质基础。大豆品质育种的首要问题是进行优良种质的筛选。开展优质品质育种的困难是缺少对大量资源和杂交后代进行筛选和快速鉴定的方法。如果能找到某种优良品质性状与直观性状的高度相关将对后代的选择有参考价值。

其次，生物工程技术的广泛应用对大豆品质育种的发展起着积极的推动作用。目前，优良的基因在品种间转移并不困难，困难的是优良基因与不良性状连锁。例如，众所周知大豆蛋白质含量与脂肪含量和籽粒产量呈负相关，因此加工品质的改良需要一个恰当的育种方法，同时也有必要探索一些提高蛋白质或脂肪含量的农艺措施。只有多学科的通力协作，才能加速大豆品质的育种进程，从根本上解决大豆蛋白质的质量问题。

最后，要高度重视国外大豆种质资源的利用。国外大豆种质与本国大豆种质相比，地理远缘，生存差异大，具有优势性状互补的明显特征。有资料表明，在以国内亲本为母本，国外亲本为父本的杂交组合当中，其国外亲本遗传贡献率为 13/32。从对近 10 年国外大豆种质资源品质性状的鉴定评价分析结果看，国外大豆资源中不乏高蛋白质、高脂肪含量的优异种质，这些优异种质对当前大豆品质育种也是不可忽视的重要因素，应同样得到充分的利用。

本 章 小 结

本章主要介绍了大豆品质性状的类别，大豆品质性状主要包括外观品质、加工品质、营养品质。分别分析了光照、温度、水分、营养元素等环境因素对品质形成的影响。同时也分析了大豆蛋白质含量、油脂含量及异黄酮含量的遗传特点及相应的育种方法。分别从专用型大豆品种的选育、常规育种与分子育种方法相结合、发展大豆食品、优化膳食结构及发展非转基因大豆加工业等方面介绍了大豆品质育种的发展方向。

思 考 题

1. 大豆品质性状包括哪些内容？

2．影响大豆品质的因素有哪些？

3．简述大豆蛋白质含量的遗传规律。

4．简述不同专业型大豆品质的育种目标要求。

5．简述我国大豆品质育种的发展策略。

主要参考文献

曹永强，宋书宏，董丽杰．2012．大豆蛋白质和油分含量遗传研究进展［J］．大豆科学，31（2）：316-319

陈海敏，华欲飞．2000．品种差异对大豆蛋白质功能性的影响［J］．中国油脂，（6）：178-180

程翠林，王振宇，石彦国．2006．大豆蛋白亚基组成与7S/11S对豆腐品质及产率的影响［J］．中国油脂，（4）：14-17

崔亮．2020．大豆品种对发酵豆制品品质的影响［D］．沈阳：沈阳农业大学硕士学位论文

盖钧镒．2000．作物育种学［M］．北京：中国农业出版社

简爽，卢为国，文自翔．2012．大豆微核心种质蛋白亚基含量变异的分析［J］．河南农业科学，41（5）：42-45

李峰，乔红霞，李可夫．2014．大豆卵磷脂在医学中的研究应用进展［J］．中国食品工业，1：48-52

李辉尚．2005．不同大豆品种的北豆腐加工适应性研究［D］．北京：中国农业大学硕士学位论文

刘春．2006．大豆种子贮藏蛋白亚基特异种质的筛选、鉴定及其遗传稳定性与功能性研究［D］．南京：南京农业大学硕士学位论文

刘珊珊，秦智伟，刘宏宇．2002．大豆加工品质育种的发展状况［J］．大豆科学，21（2）：138-143

刘元法，王兴国．2000．大豆磷脂的组成［J］．西部粮油科技，25（4）：40-42

孟祥勋，杨庆凯．2002．大豆杂种不同世代（F₂～F₆）蛋白质含量遗传变异与选择世代分析［J］．大豆科学，21（1）：25-30

秦雪艳，宋建华．2002．大豆的营养与保健作用［J］．现代化农业，（5）：47-48

邱丽娟，常汝镇，陈可明．2002．中国大豆（*Glycine max*）品种资源保存与更新状况分析［J］．植物遗传资源学报，3（2）：34-39

孙星邈，邱红梅，马晓萍．2017．东北三省大豆种质品质性状鉴评与综合分析［J］．大豆科学，（6）：872-878

王继峰．2019．大豆异黄酮的保健功效及高异黄酮大豆的遗传育种研究［J］．黑龙江科学，10（14）：42-43

王金陵．1986．大豆品质育种［J］．作物杂志，（2）：1-3

王显生，杨晓泉，高文瑞．2006．不同亚基变异类型的大豆分离蛋白凝胶质构特性的研究［J］．中国粮油学报，21（3）：116-121

魏荷，王金社，卢卫国．2015．大豆籽粒蛋白质含量分子遗传研究进展［J］．中国油料作物学报，37（3）：394-410

许显滨，陈霞．1991．大豆品种IISA5端球蛋白与豆腐加工特性的研究［J］．大豆科学，10（3）：250-250

张海波．2009．浅析大豆的营养价值及其加工利用［J］．山西农业科学，37（5）：73-75

周莎莎．2011．A3蛋白亚基的研究进展［J］．健康必读，9：275

朱志华，李为喜，刘三才．2005．我国大豆品质现状及其对策［J］．现代科学仪器，1：80-83

Fukushima D．1991．Recent progress of soybean protein foods: chemistry, technology, and nutrition［J］．Food Reviews International, 7 (3): 323-351

Derbyshire E, Wright D J, Boulter D. 1976. Legumin and vicilin, storage proteins of legume seeds［J］. Phytochemistry, 15 (1): 3-24

Duranti M, Lovati M R, Dani V. 2004. The α′ subunit from soybean 7S globulin lowers plasma lipids and upregulates liver β-VLDL receptors in rats fed a hypercholesterolemic diet [J]. Journal of Nutrition, 134 (6): 1334-1339

Fukui K, Kojima M, Tachibana N. 2004. Effects of soybean β-conglycinin on hepatic lipid metabolism and fecal lipid excretion in normal adult rats [J]. Bioscience Biotechnology and Biochemistry, 68: 1153-1155

Gayler K R, Sykes G E. 1985. Effects of nutritional stress on the storage proteins of soybeans [J]. Plant Physiology, 78 (3): 582-585

Hari H B, K Won Seok K, Sungchan J. 2009. All three subunits of soybean beta-conglycinin are potential food allergens [J]. Journal of Agricultural and Food Chemistry, 57 (3): 938-943

Hayashi M, Nishioka M, Kitamura K. 2000. Identification of AFLP markers tightly linked to the gene for deficiency of the 7S globulin in soybean seed and characterization of abnormal phenotypes involved in the mutation [J]. Breed Science, 52: 123-129

Kim J H, Ahn K M, Kim W, et al. 2014. Identification of novel IgE-binding soybean allergens using serological analysis of a recombinant cDNA expression library (SEREX) [J]. Food Science and Biotechnology, 23: 1037-1042

Krishnan H B. 2005. Engineering soybean for enhanced sulfur amino acid content [J]. Crop Sci, 45: 454-461

Qiu L, Xie H, Chang R. 2002. Utilization of genetic diversity on establishing Chinese Soybean (*G. max*) core collection [J]. 中国粮

油学报，（G00）：15-21

Metcalfe D. 1992. The nature and mechanisms of food allergies and related diseases [J]. Food Technology, 5 (5): 136-140

Nishinari K, Kohyama K, Zhang Y. 1991. Rheological study on the effect of the a5 subunit on the gelation characteristics of soybean proteins [J]. Agricultural and Biological Chemistry, 55 (2): 351-355

Ogawa T, Bando N, Tsuji H. 1991. Investigation of the IgE-binding proteins in soybeans by immunoblotting with the sera of the soybean-sensitive patients with atopic dermatitis [J]. Journal of Nutritional Science & Vitaminology, 37 (6): 555-565

Ogawa T, Tayama E, Kitamura K. 1989. Genetic improvement of seed storage proteins using three variant alleles of 7S globulin subunits in soybean (*Glycine max* L.) [J]. Jpn J Breed, 39: 137-147

Poysa V, Woodrow L, Yu K. 2006. Effect of soy protein subunit composition on tofu quality [J]. Food Research International, (39): 309-317

Ramlan B M S M, Maruyama N, Takahashi K. 2004. Gelling properties of soybean beta~conglycinin having different subunit compositions [J]. Bioscience Biotechnology & Biochemistry, 68 (5): 1091-1096

Rayhan M U , Van K , Kim D H. 2011. Identification of Gy4 nulls and development of multiplex PCR-based co-dominant marker for Gy4 and α′ subunit of β-conglycinin in soybean [J]. Genes & Genomics, 33 (4): 383-390

Renkema J M S, Knabben J H M, Vliet T V. 2001. Gel formation by β-conglycinin and glycinin and their mixtures [J]. Food Hydrocolloids, 15 (4/6): 407-414

Schaefer M J, Love J. 1992. Relationships between soybean compounds and tofu texture [J]. J Food Qual, 15 (1): 53-56

Song B, An L, Han Y. 2016. Transcriptome profile of near-isogenic soybean lines for β-conglycinin α-subunit deficiency during seed maturation [J]. PLoS One, 11 (8): e0159723

Cong T V, Xuan T D T, Shan S L, et al. 2017. Evaluation of 7S β-subunit deficiency and its inheritance among soybeans *Glycine max* L. in the Mekong Delta, Viet Nam [J]. Biosphere Conservation, 6: 1-5

Utsumi S, Matsumura Y, Mori T. 1997. Structure-function relationships of soy proteins [M] //Damodaran S, Para A. Food Proteins and Their Applications. New York：Marcel Decker：257-289

Utsumi S. 1989. Studies on improvement of quality of seed storage proteins by gene manipulation [J]. Nippon Nogeikagaku Kaishi, 63 (9): 1471-1478

第五章　作物抗逆育种

作物在其一生当中，并非总是一帆风顺的，其间可能受到病、虫等的侵袭，也可能受到不良气候和土壤等的困扰（图 5-1）。前者称为生物胁迫（biotic stress），后者为非生物胁迫（abiotic stress）。不管哪种类型的胁迫，都会对作物的产量和品质带来负面影响。生产上增强作物抗性的方法有很多，如错期播种、喷施化学防控剂、选用抗逆性强的品种和控制肥、水用量来调节作物生长势等。其中，培育抗逆性强的作物新品种是应对各种不利环境条件最经济、最有效的方法。

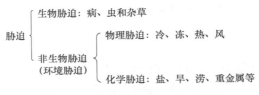

图 5-1　胁迫类型（Levitt，1980）

近年来因自然降水不均匀造成的局部地区干旱或因灌溉不当引发的土壤次生盐渍化以及作物生长季频繁发生的"倒春寒"、高温热害等因素严重制约了作物的生长发育，造成产量降低和品质下降，已愈发引起人们的关注。本章将重点讨论作物的抗旱耐盐、抗寒和耐热育种。

第一节　作物抗旱耐盐育种

干旱缺水已经成为世界农业生产面临的严重问题，也是制约我国农业和经济发展的重要因素。在全世界，干旱和半干旱地区的总面积约占陆地面积的 30%以上；在我国，干旱和半干旱地区占国土面积的 50%左右，其中大部分分布在北方和西北地区，干旱已成为制约这些地区农业生产的主要限制因素。如果再考虑其他非干旱地区的季节性干旱的影响，那么干旱对农作物高产稳产的影响就更加严重。土壤中的盐碱是影响提高粮食作物产量的另一个重要因素，据 2010 年统计，世界上已有超过 40 亿 hm^2 的内陆盐碱地和因灌溉不当造成的次生盐碱地 4.5 亿 hm^2。我国盐碱地主要分布在东北、西北等干旱半干旱地区，如黑龙江、吉林、甘肃、新疆等地。近年来随着温室、大棚生产的发展，土壤次生盐渍化面积在逐年增加，可用耕地面积不断减少。因此，培育抗旱耐盐的作物新品种，增强作物的抗逆性，对于保障农作物的稳产高产具有十分重要的意义。

一、作物抗旱耐盐机制

作物对不同逆境如干旱、盐等的响应机理非常复杂，但也有许多相似之处。一般而言，作物对逆境的响应分为三个步骤：①细胞感知外界的环境信号，产生胞间信使；②胞间信使在细胞或组织间进行转导，然后作用到受体细胞；③受体细胞接收胞间信使，并对此产生应答，使受体组织中的生理生化反应和功能发生改变，最终表现出对逆境的抗性或适应。

作物的抗旱性和耐盐性是在形态、生理生化和分子等多级水平上综合调控的遗传性状。在胁迫条件下，作物在形态结构（包括细胞、组织和器官的结构）、生理生化反应（包括渗透调节物质、酶活性和代谢途径）和分子水平如基因表达与调控、信号转导等方面会发生一系列的变化，从而使植株产生抗逆的反应，获得抗逆性。研究表明，作物对干旱和盐胁迫的响应过程存在许多共性，如都能引发细胞失水，产生渗透胁迫；导致细胞内活性氧含量增加，产生氧化胁迫；都能抑制能量代谢，使光合作用降低，导致植物生长发育变缓等。但也有差别，如盐胁迫还会对植物造成离子毒害。也就是说，耐盐的作物一般具有较强的抗旱能力，反之抗旱的作物不一定耐盐。下面从形态结构、生理生化和基因水平上解析作物的抗旱耐盐机制。

（一）形态结构

叶片是植物进行光合作用和蒸腾作用的器官，其组织结构对生境条件反应最为敏锐。在长期的进化过程中，抗旱和耐盐植物的形态结构会发生一系列的变化，主要表现为：表皮具有表皮毛以防止水分蒸腾。叶片表皮细胞大小不等且排列紧密，细胞外壁有较厚的角质层以减少水分蒸腾。叶片气孔多且小，多数位于下表皮。研究表明，植株对缺水的响应首先通过降低气孔孔径来调节气孔的开度，从而减少蒸腾作用失水。具有栅栏组织/海绵组织的值大、表面积/体积值小特点的叶片，可以减少植物缺水萎蔫时的机械损伤和最大程度保持水分。此外，盐生植物还具有腺毛或乳状突起（如盐节木），利于减少蒸腾和排出盐分。泌盐盐生植物还具有显著的泌盐结构，即盐腺和盐泡，具有调节离子平衡、稳定渗透压的作用。

发达的根系对植物抗旱、耐盐具有至关重要的作用。张明生等（2006）在对 15个不同甘薯品种的抗旱性比较实验中发现，抗旱性强的品种，其发根节数、每节发根数和发根条数均明显高于抗旱性弱的品种。另外，在较低盐浓度的胁迫条件下，植株表现出主根伸长、表面积和体积增大，扩大水分吸收的面积以满足地上部分对水分的需求；但随着盐浓度的增加，根系生长（包括根长和根数目）受到显著抑制。总之，发达的根系能使植物从遭受干旱和盐害的土壤中吸取更多的水分，保证基本的生理需求。

（二）生理生化

1. 活性氧代谢　　在逆境如干旱、盐等胁迫条件下，细胞质膜首先受到损伤，损伤的质膜加速了脂质的过氧化作用，导致细胞内活性氧类物质的积累超出细胞自身的清除，产生氧化胁迫，主要表现为：①膜脂过氧化程度加深，使维持植物细胞区域化的膜系统损伤甚至瓦解；②活性氧与色氨酸残基或者酶蛋白的巯基发生反应，使酶失活；③活性氧攻击核酸碱基，破坏核酸结构，使变异产生而积累；④活性氧对 DNA 复制过程的伤害，导致蛋白质的合成受到破坏。超氧阴离子自由基、羟自由基、单态氧和过氧化氢等都属于活性氧类物质。植物在正常生长条件下，体内活性氧的产生与清除维持着一种动态平衡状态，但当植物长期处于胁迫状态时，这种平衡状态就会被打破，造成活性氧的大量累积。研究表明，胁迫条件下光呼吸和 NADPH 活性的增强均可导致 H_2O_2 过量积累，从而抑制巯基氧化酶的活性。H_2O_2 在金属还原剂存在的条件下可形成具有反应活性的羟基原子团，可与生物分子发生氧化反应，进而引发氧化级联反应，导致酶失活、蛋白质降解和 DNA 损坏等，最终产生毒害作用。

为应对氧化胁迫，植物在长期的进化过程中形成了一套完备的抗氧化防御系统来保护细胞免受活性氧的伤害，主要包括非酶促抗氧化剂和抗氧化物酶两大类。非酶促抗氧化剂有谷胱甘肽（GSH）、抗坏血酸（ASA）、类胡萝卜素（CAR）、半胱氨酸、生物碱和 α-生育酚等；抗氧化物酶有过氧化物酶（POD）、超氧化物歧化酶（SOD）、过氧化氢酶（CAT）、谷胱甘肽还原酶（GR）和抗坏血酸过氧化物酶（APX）等。研究表明，抗氧化剂和抗氧化物酶在维持细胞的完整结构与正常功能方面发挥着重要的作用，如在胁迫条件下，植物体内抗氧化剂和抗氧化物酶的浓度增加。作为一类金属酶，SOD 是构成植物抗氧化的第一道防线，能够快速有效地清除多余的活性氧自由基，同时还可与 CAT 或者 POD 相互协作，保护膜结构从而维持细胞正常的生理功能。

2．渗透调节　　干旱、盐渍都会构成对植物的渗透胁迫，在一定范围内，植物能够通过自身细胞的渗透调节（osmotic adjustment，OA）作用来抵抗外界的渗透胁迫。渗透势反映了细胞的吸水能力和植物组织水分状况，是衡量植物抗旱耐盐的重要生理指标之一。当渗透胁迫发生时，不同器官或不同组织间的水分将会按水势大小重新进行分配，即水分从水势高的部分流向水势低的部分。

渗透调节作为植物适应水分胁迫的重要生理机制，与植物抗性密切相关。渗透调节能增加细胞溶质浓度，降低渗透势，保持膨压，缓和脱水胁迫，有利于保持水分和细胞各种生理过程的正常进行。就抗旱而言，参与渗透调节的物质主要为有机溶质，包括可溶性糖类、氨基酸及其衍生物（如脯氨酸、甘氨酸和甜菜碱等）和一些保护蛋白质等，但对于作物耐盐性，除参与渗透调节的物质如有机溶质外，还有无机渗透调节剂如 Na^+、Cl^-、K^+ 等。由于渗透调节是植物抗旱、耐盐的重要生理机制之一，因此提高作物渗透调节能力就成了抗旱耐盐育种的一种重要手段。

（1）有机溶质　　在胁迫条件下，植物会合成和积累一些有机的渗透调节物质来平衡细胞内外的渗透势。这些有机溶质可以是一些小分子物质如可溶性糖、氨基酸及其衍生物或多元醇，也可以是一些大分子的蛋白质等。

1）可溶性糖。许多生理实验研究表明非结构碳水化合物（蔗糖、己糖和糖醇）受胁迫条件诱导后可大量积累，积累量因品种不同各异。糖的累积与植株对渗透胁迫的耐受性之间存在较大的相关性。起渗透调节作用的糖类有葡萄糖、果聚糖、蔗糖、海藻糖等。葡萄糖是光合作用的直接产物，是活细胞的能量来源和新陈代谢的中间产物，是自然界分布最广且最为重要的一种单糖。研究表明在干旱等胁迫条件下，小麦嫩叶中的葡萄糖含量显著高于成熟叶片。果聚糖（fructosan）是由果糖基转移酶催化的由蔗糖与一个或多个果糖分子连接而成的高分子多糖，在干旱等逆境条件下可释放出更多的果糖参与渗透调节。研究发现，在胁迫作用下植物体内果聚糖含量增加，刺激根系的生长发育，提高了植物吸收水分的能力。蔗糖是光合作用的主要产物，广泛分布于植物体内，特别是在甜菜、甘蔗和水果中含量极高。作为一种重要的非结构性二糖，蔗糖在胁迫发生时发挥如下作用：一是作为渗透调节物质，提高植物细胞的渗透势；二是作为信号分子，诱导植物体内抗性基因的表达；三是作为抗氧化剂发挥作用。海藻糖是一种非还原性糖，在自然界中广泛分布于动植物及细菌、真菌体内，作为应激保护剂分子对多种生物活性物质具有非特异性保护作用。大量研究表明在海藻糖丰富的生物体内，海藻糖不但可作为碳库调节生长发育，还可充当渗透调节物质保护和维持细胞质膜、蛋白质、核酸等的空间结构和功能活性，有助于降低高温、渗透、脱水应激和有毒化学物质等多种胁迫造成的损伤，提高植物的耐受性。

2）脯氨酸。脯氨酸是一种具有较强水溶性的氨基酸，也是一种常见的植物渗透调节剂。植物体内脯氨酸的生物合成途径有两条：鸟氨酸依赖途径和谷氨酸依赖途径。在胁迫发生时，以谷氨酸依赖途径为主。大量实验证明，脯氨酸的含量与胁迫程度呈正相关，即随着胁迫程度的增加，脯氨酸的含量也增加。在胁迫条件下，脯氨酸含量的增加可以有效降低细胞水势、减轻渗透压力。脯氨酸能够调节细胞质 pH 以防止细胞质酸化，对细胞膜的完整性有保护作用。同时，作为羟自由基清除剂也参与调节氧化还原状态或者清除活性氧。在胁迫解除后，也可以作为氮源供植物生长。

3）甜菜碱。甜菜碱是公认的在细胞中起着无毒渗透保护作用的相容性次生代谢产物，广泛存在于植物、动物、细菌等多种生物体内。作为细胞渗透剂，甜菜碱可以降低细胞内的渗透势避免细胞脱水，还可以调节离子（Na^+、K^+、Cl^-）的吸收和分布、保护细胞内蛋白质的结构和酶的活性，从而降低质膜的透性、减少胁迫对细胞膜的伤害。当植物受到干旱胁迫或者盐分胁迫时，大部分植物会合成并积累甜菜碱，增强了植株对渗透胁迫的抗性。

4）多元醇。多元醇是普遍存在于植物体内的小分子有机质，含有多个羟基，亲水能力强，能有效维持细胞膨压，进而有效地抵抗高盐和干旱胁迫下的渗透脱水。多元醇包括甘露醇、山梨醇和肌醇等。

5）多胺类。多胺（polyamine）是一类小分子生物活性物质，广泛存在于生物体内，与植物的生长发育、衰老和抗逆性都有着密切的联系。植物体中的多胺主要以腐胺（Put）、亚精胺（Spd）、精胺（Spm）和尸胺（Cad）等形式存在。多胺能够减轻植物在逆境条件下叶绿素的损失，稳定类囊体膜组分，具体作用机理可能是多胺化合物直接结合在膜上引起的。S-腺苷甲硫氨酸合成酶（SAMS）和 S-腺苷甲硫氨酸脱羧酶（SAMDC）是植物多胺合成过程中的限速酶。研究表明，植物体内多胺含量及其合成酶活性受逆境胁迫的诱导，这种反应对植物抗逆性具有重要的意义。

（2）保护蛋白　　在渗透胁迫下，植物体内会发生许多生理生化反应的变化来诱导胁迫相关基因的表达，从而积累一些保护蛋白，如水通道蛋白（AQP）、晚期胚胎丰富蛋白（LEA）、脱水素（dehydrin）、渗调蛋白（osmotin）、热激蛋白等。这些受胁迫诱导表达的保护蛋白是植物本身对逆境环境的响应，具有提高植物抗逆性的作用。

1）水通道蛋白（aquaporin，AQP）。干旱和盐胁迫导致水流量发生改变，以使细胞和组织适应胁迫环境。研究表明水通道蛋白是植物与水分关系中的中心元件。水通道蛋白形成的特殊水通道有利于水分通过磷脂双分子层向细胞内扩散，增强了质膜的水分渗透性。研究报道称水通道蛋白基因可受干旱和盐胁迫的诱导而表达，从而提高胁迫条件下通过质膜的水流量。Siefritz 等（2002）通过构建反义表达载体降低 NtAQP1 基因在烟草中的表达，发现转基因植株的根系水力传导率明显降低且耐旱性减弱。

2）胚胎发生晚期丰富蛋白（late embryogenesis-abundant protein，LEA protein）。LEA 蛋白可以作为渗透调节蛋白和脱水保护剂，参与细胞渗透压的调节，保护细胞结构的稳定性，避免植物在干旱高盐等胁迫条件下细胞成分晶体化，还可以与核酸结合调控相关基因的表达。LEA 是第一个在种子成熟阶段被鉴定表达的基因。研究表明，不同来源、不同大小的 LEA 蛋白存在相同的保守结构域，这些保守的结构域在种子成熟干燥过程或渗透胁迫下具有保护细胞免受低水势损伤的功能。

3）热激蛋白（heat shock protein，HSP）。热激蛋白首次发现于 20 世纪 60 年代的果蝇唾液腺高温实验。对热激蛋白的研究，多以动物材料为主，植物热激蛋白的研究起步较晚，但进展速度较快，目前已经在大豆、草莓、大麦、拟南芥等植物中克隆到了热激蛋白基因。热激蛋白通常是诱导性蛋白质，在正常生长条件下不产生或很少产生，但在逆境条件下可以快速产生。研究表明，热激蛋白不仅参与植物对热胁迫的响应，还参与对其他逆境如干旱、高盐等胁迫的应答。Campalans 等（2001）发现水分胁迫可诱导植物产生大量的低分子量热激蛋白。

4）渗调蛋白。渗调蛋白是一种阳离子蛋白质，多数以颗粒状存在。可能在渗透胁迫下，通过自身吸附水分或改变膜对水的透性，减少细胞失水，维持细胞膨压；或螯合细胞脱水过程中浓缩的离子，减少离子毒害作用。还可能通过与液泡膜上离子通道的静电相互作用，减少或增加液泡膜对某些离子的吸入，改变该离子在细胞质和液泡中的浓度，来传递胁迫信号，诱导胁迫相关基因的表达，从而增加植物对胁迫的适应性。

（3）离子平衡和区域化　　除渗透胁迫外，盐胁迫还会对植物造成离子毒害。与抗旱不同的是，作物耐盐的另一重要机制就是离子平衡和区域化。离子平衡是指植物在盐胁迫条件下能够有效地降低细胞内 Na^+ 的浓度，增加 K^+ 的吸收，恢复 Na^+ 与 K^+ 的比例，使细胞获得耐盐性，这是组织或细胞保持内部稳定状态的一种方式。盐生植物遭受盐胁迫时，往往把盐从细胞质和细胞器中清除出去，使其集于液泡中，这种现象称为盐的区域化。它的优点在于一方面使渗透压保持一定梯度，让水分进入细胞；另一方面维持细胞质中正常的离子平衡，从而能避免高浓度盐对质膜的伤害，保持酶的活性。许多编码膜蛋白的基因如 SOS1、HKT1、NHX1 等被克隆出来，它们的编码产物参与离子平衡和区域化，在作物抗盐方面发挥重要作用。Olias（2009）通过对番茄质膜 SOS1 基因的耐盐性分析，提出了一个由 SOS1、HKT1、NHX1 等多个基因共同参与的 Na^+ 长距离运输与区域化模型（图 5-2）。

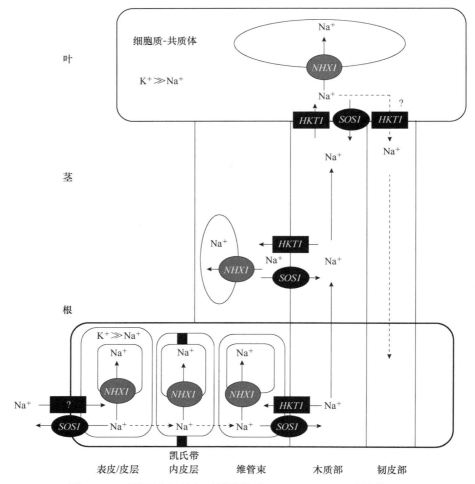

图 5-2　Na$^+$长距离运输与区域化模型（Olias，2009，略做修改）

（三）基因水平

　　植物为了抵御或适应干旱、盐渍等逆境胁迫，在分子水平上一些基因的表达状况会发生改变，从而合成或抑制某些蛋白质的生成，提高其抗逆性。这些基因按照功能可以分为两类。一类是功能基因，这些基因通过合成相关物质来提高植物在逆境中的抗性，如渗透调节物质合成基因 *BADH*、*Sac*、*P5CS* 等。渗透调节物质的合成对于维持植物在渗透胁迫环境中的生存至关重要，将 *BADH*、*Sac*、*P5CS* 等基因转入植物体后，甜菜碱、糖类和脯氨酸等含量明显增加，同时转基因作物抗逆性也明显加强；另一类是调节基因，这类基因可以在逆境信号转导中发挥作用，迅速传递信息让植物在逆境中做出反应来抵抗恶劣环境，如 DREB 类转录因子、MYB 类转录因子、NAC 类转录因子、蛋白激酶类基因等。下面我们主要讨论编码转录因子和蛋白激酶类的调节基因。

　　1. 编码转录因子的基因　　转录因子是可以和基因启动子区域中顺式作用元件发生特异性作用的 DNA 结合蛋白。转录因子可同时调控多个抗逆基因的表达和逆境信号的传递，与单纯改造或者导入单个功能基因相比，增强一些关键转录因子的调节能力也许是提高作物抗逆能力的较好途径。对植物抗旱、耐盐转录因子研究较多的相关基因家族有 DREB、bZIP、MYB、NAC 等。

DREB（干旱应答元件结合蛋白）转录因子可结合抗逆基因启动子中的顺式作用元件，启动抗逆基因表达，参与高盐、干旱或低温等不同胁迫应答反应。*DREB1A* 和 *DREB2A* 是同属于 DREB 家族的转录因子基因，表达产物是 DRE 结合因子。黄蔚等（2014）通过对胡萝卜转录因子基因 *DcDREB-A6* 的研究发现，其转录因子基因的表达量受干旱、高盐等非生物胁迫的影响，干旱胁迫下该基因表达变化幅度较小，而高盐胁迫影响相对较大，盐胁迫处理 8h 后其表达量增加 46 倍。许多转基因实验证据表明，过量表达 *DREB* 基因使受体植物的抗旱、耐盐能力明显增强。

bZIP 类转录因子普遍存在于动物、植物及微生物中，对植物在逆境下的基因表达调控具有重要作用。受脱落酸、水杨酸等诱导基因的启动子区含有 bZIP 类转录因子识别的 G 盒作用元件，故外源脱落酸、干旱或者高盐诱导内源脱落酸合成的同时，bZIP 类转录因子也随之被激活。王策等通过对玉米中 bZIP 类转录因子编码基因 *ZmbZIP81* 的研究发现，干旱、高盐和 ABA 胁迫可诱导其表达，*ZmbZIP81* 基因的超表达可增强拟南芥对 NaCl 胁迫的抗性。

MYB 类转录因子是植物转录因子中最大的家族之一，因含 MYB 结构域而得名，它们在植物的生长发育、生物和非生物胁迫以及在调节多种基因的表达中起着重要作用。研究表明，在逆境胁迫下拟南芥 *AtMYB2* 表达明显增强，同时增强了相关干旱应答基因的表达。周淼平等（2013）对导入小麦 MYB 转录因子 *TaPIMP1* 基因的研究发现，干旱处理后 *TaPIMP1* 基因表达上调，其种子萌发率高于非转基因对照组。

NAC 类转录因子是植物中另一类重要的转录因子，具有参与植物生长发育、信号转导、响应生物胁迫和非生物胁迫的作用。*ANAC019*、*ANAC055* 和 *ANAC072* 是从拟南芥中分离到的三个 NAC 基因，在受干旱、高盐和 ABA 诱导条件下表达增强，实验表明这些基因的超表达显著增强了转基因植株的耐旱能力。

2. 编码蛋白激酶的基因 大量实验证明蛋白质磷酸化和去磷酸化过程在细胞的信号识别与转导中起重要作用，而细胞信号识别与转导直接关系着植物体对环境变化的感应和对逆境信息的传递，在这个过程中蛋白激酶发挥重要的作用。

目前研究较为清楚的是钙依赖性蛋白激酶（Ca^{2+}-dependent protein kinase，CDPK）。CDPK 在植物生长、发育和逆境信号的传递中发挥着重要作用。玉米中受干旱和高盐胁迫诱导的启动子可以被原生质体中 CDPK1 和 CDPK1a 激活，而对照实验中去除 CDPK1 激酶区的突变体植株对胁迫没有反应。AtCPK23 是 CDPK 蛋白激酶家族的一员，过量表达 *AtCPK23* 基因的拟南芥株系具有较强的干旱和高盐耐受性，可能是通过改变气孔的开闭来调节植物对干旱和高盐的响应。

类受体蛋白激酶（receptor-like protein kinase，RLK）位于细胞膜上，具有感受外界刺激、参与胞内信号传递的功能。从拟南芥中克隆到的类受体蛋白激酶基因 *RPK1* 受干旱、高盐及低温诱导。实验表明，在干旱或高盐胁迫下，*RPK1* 的表达量逐步增强并在一定的时间内保持稳定的表达。

二、作物抗旱耐盐育种方法

种质资源的收集和筛选是作物抗旱与耐盐育种的基础。第一，要对当前广泛利用的自交系或生产上应用的丰产性较好的杂交种进行抗性鉴定，筛选出抗逆性较好的材料作为作物抗性育种的基础材料，对这些材料的要求越高，则越有利于提高育种效率。第二，广泛引进国外如墨西哥国际玉米小麦改良中心（CIMMYT）等外来抗性种质资源，对其进行驯化、改良，扩充我国抗逆种质资源。第三，充分挖掘我国地方品种的潜力，鉴定有利的抗逆基因并加以利用。第四，重视近缘种和远缘种抗逆资源的利用。例如，李新海等（2002）从我国 37 份主要玉米自交系中筛选出 K22 等 12 份耐旱自交系。刘贤德等（2004）对我国 38 份主要玉米自交系和 26 份杂交种进行抗旱鉴定，筛选出'武 109'等 13 份优良耐旱自交系和'豫玉 22''协单 969'等耐旱杂交种。这些抗旱种质资源的获得，为我国的玉米抗旱育种奠定了基础。此外，很多热带的水稻品种如'TKM6'和'IET5849'等有较好的抗旱特性，可在水稻抗旱育种中作为亲本使用。IRRI 对上万份稻种资源进行耐盐性评价，发现有 5%左右的材料具有不同程度的耐盐性，其中'农林 72'和'Pokkilid'等不仅耐盐性强，而且一般配合力高，在育种上有较高的利用价值。

（一）常规育种

作物的抗旱与耐盐性都是由多基因控制的数量性状，基因通常有加性效应，因此常规杂交育种仍然是当前选育抗旱耐盐品种的主要方法。育种家常用的策略是先在非胁迫条件下选择产量，然后再在胁迫条件下进行评价。美国利用这种方法育成了优良的玉米抗旱杂交种；但这种方法通常选择强度不大，因此选择效果不明显。但也有育种家认为，直接在逆境条件下进行选育较好，如抗旱育种试验一般安排在旱季，通过灌水来控制干旱程度。由于干旱环境可以充分显示其抗旱性状的遗传变异，材料之间抗旱基因的遗传差异容易被鉴定，因此选择效果好，但因干旱强度、干旱的一致性和干旱时间很难控制，易受环境条件的影响，这种方法的实际操作存在一定的困难。

利用抗性强的种质材料为亲本，通过杂交和选择育种可以有效实现抗性与丰产性的有机结合。例如，林琪等以抗旱性强的小麦'978009'为父本，以高产、优质、分蘖力强的'莱州 137'为母本，育出的'青麦 6 号'不仅高产，而且具有抗旱、抗盐等多种抗性。Sehurdin 用源自土耳其的小麦品种与俄罗斯的地方品种杂交，育成了一系列既高产又抗旱的小麦品种'Lutescens53/12''Albidams-21''S-43''S-21'等。

（二）离体诱变育种

与常规诱变技术相比，离体诱变结合组织培养在取材方面可以不受季节的限制，增加选择概率，缩短育种年限。王亚等（2015）利用平阳霉素作为诱变剂添加于培养基中进行诱变处理，然后利用 NaCl 进行定向选择，筛选出花生耐盐新种质 132 份，其中耐盐性极强的种质 26 份，培育的'宇花 2 号''宇花 21 号'花生新品种播种在 0.4%～0.5%的盐碱地上，2017 年亩产高达 425kg 以上，表现出较强的耐盐性。

（三）分子育种

分子育种属于生物技术育种的范畴，是在基因水平上开展作物育种的新兴技术。以分子标记辅助选择技术、转基因技术和基因编辑技术为代表的现代分子育种技术已成为当前作物育种的重要手段。作物分子育种将先进的分子育种技术手段与常规育种方法相结合，实现了目标基因型和表现型的同步选择，能够打破物种隔离，大幅缩短育种周期，提高育种效率，在作物抗旱耐盐育种方面发挥着越来越重要的作用。

1. 分子标记辅助选择　　传统杂交育种往往面临着种质资源匮乏、育种周期长、选择效率低等问题，这严重制约了作物新品种选育的质量和数量。分子标记辅助选择的原理是利用与目标基因紧密连锁或表现为共分离的分子标记对目的基因进行筛选，从而减少连锁累赘，获得期望的个体，达到高效育种的目的。分子标记辅助选择可以在作物生长的任何阶段进行，既节省土地资源，又缩短了育种时间。分子标记辅助选择还可以对较难进行表型鉴定的抗逆性状和根部性状进行基因层面的选择，这一优势对作物抗逆育种具有不可替代的作用。分子标记是分子标记辅助选择的基础，常用的分子标记有RFLP、RAPD、SSR、AFLP、SNP 等。下面以玉米为例，解析分子标记辅助选择在作物抗旱耐盐育种中的应用。

玉米在开花期对干旱非常敏感。耐旱玉米具有以下特点：单株穗多、开花吐丝期短、叶片衰老延迟、卷叶、根系发达等。开花吐丝期长是耐旱性差的一个标志。Ribaut和 Ragot（2007）利用分子标记辅助选择将开花吐丝期短的耐旱供体 Ac7643 中的几个QTL 等位基因渗入干旱敏感受体 CML247 中，获得了开花吐丝期较短耐旱的玉米品系。在国际玉米小麦改良中心（CIMMYT）的耐旱玉米品系中已经定位到了 6 个 QTL位点，分别位于 1、2、5、6、8、10 号染色体上。Ikegaya 等（1999）以尼加拉瓜大刍草（*Zea nicaraguensis*）为供体亲本，自交系 Mi29 为轮回亲本，开发了两个近等基因系（NIL），每个近等基因系有一个或多个不同的特异耐旱性 QTL 位点。通过将具有不同QTL 的两个近等基因系杂交以获得耐旱性，可以快速培育耐旱玉米杂交种。

目前，国内外对于玉米抗盐碱标记的开发及应用鲜有报道。管飞翔（2012）以'RA'×'M5P'为亲本构建了 RIL 分离群体，在正常环境和盐碱胁迫下分别观察相对根长和相对胚芽长，共定位到 10 个 QTL。在正常情况下相关联的 QTL 有 5 个，分别位于 1、2、6、8、10 号染色体上。在盐胁迫条件下相关联的 QTL 有两个，分别位于 1、7 号染色体上。在碱胁迫下相关联的 QTL 有三个，分别位于 1、3 号染色体上。王士磊等（2012）以'黄早四'×'Mol7'为亲本构建分离群体，在盐胁迫下观察幼苗存活时间、干重盐害指数、鲜重盐害指数、株高盐害指数 4 个性状，得到相关联的 6 个QTL，分别位于 1、5、6 号染色体上。

2. 转基因技术　　近年来随着基因组学和功能基因组学研究的深入，越来越多的抗旱、耐盐基因被挖掘，利用转基因技术培育抗逆新品种的分子育种手段也越来越受到重视。

如前所述，参与抗旱耐盐的基因按功能划分为两类：功能基因和调节基因。依据它们的表达是否需要 ABA 诱导又可划分为依赖 ABA 和不依赖 ABA 信号途径的基因。其中，依赖 ABA 信号途径的基因有两种类型：一种是除基因的表达需要 ABA 外，胁迫诱导的基因表达需要转录因子的合成，如 MYB、MNC 和 bZIP 转录因子等都会对 ABA 处理和胁迫有响应；另一种是胁迫诱导的基因表达不需要转录因子等蛋白质的合成，只需依赖 ABA。不依赖 ABA 信号途径的基因同样分为两种类型：一是基因的表达受干旱和盐等胁迫诱导但对 ABA 处理不产生响应，如 *rd19* 和 *rd21* 等；二是基因的表达受干旱、低温及高盐等胁迫诱导且不依赖 ABA，但对外源 ABA 处理有响应。

基因表达的转录调控在植物应对胁迫的响应中发挥重要作用，这一过程主要依赖于转录因子与顺式作用元件之间的相互作用。在一定环境条件下，多种蛋白质之间或蛋白质与 DNA 之间的相互作用可以激活或抑制目的基因的启动子，影响转录速度。虽然有关干旱和 ABA 响应基因的顺式作用元件被广泛研究，但由于对其了解依然有限，在依赖和不依赖 ABA 的基因表达中发挥作用的顺式和反式作用元件的功能尚待进一步研究。

3. 基因编辑技术　是新一代的基因工程技术，通过对作物自身基因进行精确改变，不需要外源基因的导入就能培育新品系（种），因而受到了作物育种家的极大关注。基因编辑技术是指对基因组中的某些 DNA 序列进行定点改造的遗传操作技术，其基本原理是通过人工构建能特异性切割 DNA 序列的核酸酶，对目的基因片段进行精准的靶向剪切，使 DNA 双链断裂，随后激活细胞内的 DNA 修复机制，产生基因修改。常用的核酸酶有锌指核酸酶（ZFN）、类转录激活因子效应物核酸酶（TALEN）以及 CRISPR/Cas9。其中，CRISPR/Cas9 技术系统以其快速、高效和廉价而在突变体库的建立、基因功能鉴定以及品质和农艺性状的遗传改良方面得到广泛应用。

通过基因编辑技术定点敲除抗性负调控因子基因或增强正调控因子的基因表达，以及通过编码区定点替换改变相关基因功能，都能在不同程度上提高作物对环境的抗性，这些是作物抗性育种的重要途径。目前基因编辑技术应用于作物育种主要是通过定点敲除靶标基因，造成基因的功能缺失来实现性状改良，因此敲除的基因必须是目标性状的负调控因子。多数情况下，作物性状改良需要获得基因功能，所以基因定点替换或插入显得更为重要。但植物细胞中同源重组效率很低，目前已报道的植物基因组片段定点替换效率在水稻、玉米和拟南芥中不到 1%。控制重要农艺性状的正调控基因目前还无法高效、精准地进行编辑，这一情况极大地限制了基因编辑技术在作物育种上的应用。

第二节　作物抗寒育种

低温伤害是农业生产中常遇到的一种严重自然灾害，不仅限制农作物的地理分布而且严重影响农作物的产量和品质，全球每年因低温灾害造成的农林作物损失高达数千亿美元。因此，加强对抗寒机理的深入研究，提高作物抵御外界环境温度异常变化的能力和培育抗寒作物新品种具有重要意义。

寒害泛指低温对作物生长发育所引起的损害。根据低温的程度，分为冷害和冻害两种，前者是指在生长季节内 0℃以上低温对作物造成的伤害，后者是指 0℃以下低温对作物所造成的伤害。在我国，热带和亚热带地区的喜温作物容易遭受冷害，而在我国北方地区的早春和晚秋季节作物容易遭受冻害。寒害对作物的影响主要表现为光合作用降低，养分吸收和运输能力减弱，持续的寒害最终导致植物生长迟缓、萎蔫甚至局部坏死等，使作物的产量和品质下降。

抗寒性是植物在长期适应低温冷害环境中，通过自身的遗传变异及体内一系列的生理生化变化等，产生的一种能够适应外界环境温度变化和抵御低温的能力。抗寒性的发展遵循基因→蛋白质（酶）→生理功能的过程。因此，本节我们将从形态、生理生化和基因水平上解析作物的抗寒机制。低温胁迫能够导致细胞脱水和活性氧代谢的紊乱，产生渗透胁迫和氧化胁迫，因此植物在遭受低温、干旱和高盐胁迫时有着类似的抗逆机制，它们之间存在着诸多信号路径的交叉。

一、作物抗寒机制

（一）形态结构

植物虽然不能像动物那样通过运动来趋利避害，但在长期进化的过程中形成了多种在寒冻环境中生存的适应机制，包括被动适应机制和主动适应机制。被动适应机制是指植物体自身具有的结构特征，如叶片较小、栅栏组织发达，细胞壁衍化成角质层、蜡质、木质、栓质和特殊气孔等附属结构，这些附属结构以及木质部间的导管组织能够阻止水分子和冰的扩散运动。主动适应机制与植物的诱导性抗寒防卫反应有关，主要是指在基因水平和生理生化等方面发生的变化。

（二）生物膜系统

低温胁迫能够影响植物膜系统的稳定性。植物受到低温胁迫后，细胞膜结构首先遭到破坏，这是引起植物损伤和死亡的根本原因。低温造成生物膜系统损伤体现在两个方面，一是寒害会直接造成膜系统的物理损伤，二是低温胁迫所产生的过氧化物会使生物膜中的不饱和脂肪酸发生氧化反应。

研究发现，植物的抗寒能力与膜系统的稳定性密切相关，即抗寒能力强的植物体内具有较高的膜脂不饱和度，也就是说亚油酸、亚麻酸及棕榈酸含量在膜系统脂肪酸中的比例较高。这些不饱和脂肪酸可以在较低温度下保持膜的流动性，维持细胞正常的生理功能。因此，通过提高自身不饱和脂肪酸含量和比例是植物抵御低温、增强抗寒性的主要途径之一。将蓝细菌中的Δ9去饱和酶基因 *des9* 转入烟草后，转基因植株中不饱和脂肪酸含量和植物抗寒性均有提高。由于膜脂不饱和度既有遗传稳定的一面，也有受低温诱导的一面，因此，不能把生物膜系统中不饱和脂肪酸含量的高低作为衡量植物抗寒性的唯一标准。

在低温胁迫条件下，植物细胞膜受损，透性增大，导致细胞内离子（主要是 K^+）外渗增多，电导率增大。一般而言，抗性较强的作物品种电导率增长较小，相反抗性能力差的品种电导率增长较大。因此相对电导率的测定被认为是衡量作物抗寒耐热性的一项重要生理指标。

低温逆境使膜脂过氧化产物——丙二醛（MDA）大量积累，过量的 MDA 可与膜蛋白发生交联，引起膜脂流动性降低和膜蛋白变性，导致膜结构受损和膜透性增大。可见，MDA 含量的增加也是低温胁迫下细胞膜受损的一个重要标志。一般而言，抗寒能力强的作物品种遭受胁迫后，MDA 含量较低。

（三）渗透调节物质

寒害发生时，植物自身的防御网络涉及的各种代谢途径发生改变，更多渗透调节物质产生，以降低或消除胁迫带来的伤害。逆境胁迫下，植物体内的游离脯氨酸、可溶性蛋白质和可溶性糖等物质的含量都会升高。它们可以作为防脱水剂，降低细胞的水势，增强持水力，从而减轻植株受到的伤害。因此，目前普遍认为植物体内具有较高含量的脯氨酸、可溶性蛋白质和可溶性糖是其具有较高抗寒性的内在原因。

研究表明，植物抗寒性与脯氨酸的含量呈正相关。品种抗寒性越强，脯氨酸含量也越高。作为一种重要的有机渗透调节物质，脯氨酸能够调节渗透压、维持细胞结构和物质运输等，防止活性氧的过氧化作用，以保持细胞的相对稳定，使植株表现出一定的低温抗性。

可溶性糖也是一类重要的渗透调节物质。低温胁迫下，可溶性糖可以提高细胞液的浓度、降低水势、增加保水能力，从而使冰点下降。它还能间接诱导蛋白质的合成并促进 ABA 的积累，以提高植物的抗寒能力。研究表明，植物细胞中可溶性糖含量与植物抗寒性之间表现为正相关。简令成等（2005）对不同小麦品种的抗寒性进行测试，发现品种抗寒性的高低与可溶性糖含量的增加呈正相关。此外，一些遗传学证据也证明了可溶性糖在抗寒性中的作用，Galiba 等（2001）研究中国春小麦的几个近等基因系时发现，可溶性糖的含量因受害时期的不同而改变，且它的积累与抗寒性之间存在显著相关性。

低温胁迫下细胞中可溶性蛋白质的含量增加，研究表明，可溶性蛋白质含量与植物的抗寒性密切相关。可溶性蛋白质有较强的亲水性，它可以和一些低分子糖聚集在叶绿体等细胞器的周围，增加细胞的持水力，降低冰点，防止细胞内结冰。刘慧民等（2003）研究了不同温度下五叶地锦可溶性蛋白质含量的变化，结果表明，植物体内可溶性蛋白质含量的增加与温度变化有关，可溶性蛋白质含量的增加提高了五叶地锦的抗寒性。

（四）植物激素

植物的生长发育、基因表达及植物对环境刺激的响应，都与其体内激素水平相关。抗寒锻炼的开始是因为环境因素改变了植物体内激素间的相互平衡，导致各种代谢途径的变化和生长的停滞。低温胁迫下植物体内渗透调节物质发生变化的同时，内源激素水平积累也会发生变化，进而诱导了基因表达及植物抗寒能力的提高。可见，激素平衡关系的改变是引发植物抗寒锻炼的主要推动力。

脱落酸（abscisic acid，ABA）是植物在抗寒锻炼中变化最为显著的激素，被称为"逆境激素"。许多研究表明，作物抗寒性的高低与内源 ABA 含量的多少呈正相关，如抗寒性强的冬小麦品种内源 ABA 的含量要高于抗寒性弱的品种（赵春江，2000）。另外，低温胁迫下通过喷施一定浓度的外源 ABA 也可以增强玉米幼苗的抗寒性（石如意等，2018)。

赤霉素（GA）是最早被认为与抗寒性有关的激素，许多研究认为，抗寒性强的植物 GA 含量一般低于抗寒性弱的植物。赤霉素能够通过刺激细胞分裂、促进叶绿素形成来提高植物的抗逆性。通过喷施适宜浓度的 GA 不仅提高了 SOD、POD、CAT 等抗氧化物酶的活性，而且还降低了 MDA 含量、ROS 生成速率，增强了植物的抗寒能力。

与 ABA 和 GA 相比，生长素（IAA）、细胞分裂素（CTK）等激素在植物抗寒中研究较少。目前认为 IAA 和 CTK 与植物的抗寒性有一定的关系。研究表明，CTK 可以提高玉米的抗寒能力和产量。冬小麦在低温胁迫下，IAA 含量下降，而 CTK 含量增加，有利于提高植物的抗寒性。乙烯对抗寒锻炼的作用并无直接影响，但也有研究指出，乙烯利通过释放乙烯促进落叶休眠，以增强植株的抗寒性。

（五）抗氧化系统

在低温胁迫下，植物对氧的利用能力减弱，多余的氧在植物代谢中被转化成为活性氧（ROS），过多的活性氧会引发膜脂过氧化和膜蛋白变性，最终导致植物受损或死亡。如前所述，植物可以通过酶促和非酶促两大抗氧化防御系统来保护植株不受活性氧的毒害。酶促的防御系统包括 SOD、CAT、POD、APX 等保护酶类；非酶促氧化酶体系包括抗坏血酸（ASA）和谷胱甘肽（GSH）等一些低分子量的抗氧化剂。低温胁迫发生时，抗氧化酶和抗氧化剂的含量与活性都会发生变化。在清除活性氧的过程中各种抗氧化酶是作为一个整体共同起作用的。ASA-GSH 循环广泛分布于植物各细胞器中，可以及时清除多余的 H_2O_2。许多研究表明，抗寒性的强弱与 POD、CAT、SOD、APX 等活性密切相关。一般而言抗性强的品种此 4 种酶活性均高于抗性弱的品种。王小丽等（2009）将玉米自交系'齐 319'幼苗经不同低温处理，发现 POD、CAT 和 SOD 活性均增加。过表达 *StAPX1* 基因的番茄明显地提高了植物耐受低温的能力（Duan et al.，2012)。

（六）含水量

植物体内的含水量也影响抗寒性，植物为适应低温条件而在体内发生的一系列生理生化变化都需要水的参与，因此测定植物体内的含水量变化也是研究植物抗寒性的重要部分。田娟等（2009）通过对 20 个不同品种的紫薇抗寒性进行研究，测定不同品种在不同低温胁迫下的含水量得出，随着低温胁迫程度的加深，各个品种的相对含水量均逐渐下降。张振英等（2012）对河北省常见的 6 种观赏树木通过电导法和含水量综合评价了抗寒性，得出植物的抗寒性与含水量呈负相关，即植物体内含水量越高，抗寒性越差。

（七）植物抗寒的分子机制

低温胁迫条件下，植物相关基因的表达和蛋白质的合成被诱导，植物体内发生了如抗氧化系统的活化和小分子抗性物质的积累等适应性变化，从而缓解低温胁迫中受到的机械伤害和生理伤害，提高自身的抵御能力。目前，在拟南芥（*Arabidopsis thaliana*）、水稻（*Oryza sativa*）、大麦（*Hordeum vulgare*）以及苜蓿（*Medicago sativa*）中鉴定出多个低温诱导基因。这些基因可分为两类：一类是抗寒功能基因，另一类是抗寒调控基因。转基因研究表明，过量表达这些功能基因可以提高受体植株的抗寒性。

抗寒调控基因主要包括蛋白激酶和 CBF 转录因子。它们调控基因的表达、低温信号转导和抗寒蛋白的活性等。钙依赖性蛋白激酶（CDPK）是植物中最大的一个蛋白激酶亚族，由多基因组成，包括 12 个亚族。大量研究表明，CDPK 能被非生物胁迫（低温、干旱、高盐等）激活诱导。过量表达 *CDPK* 基因可诱导胁迫应答基因的表达，从而提高植物对低温等非生物胁迫的抗性。从模式植物拟南芥中克隆到的受体蛋白激酶基因 *RPK1*，它的胞外部分含有富亮氨酸重复序列，并与感受环境胁迫信号相关。

转录激活因子 CBF 是低温等非生物胁迫环境中调控下游基因表达的重要转录因子，它在植物抗冷中发挥重要作用。现已发现主要包括 CBF1、CBF2 和 CBF3。CBF1、CBF2 和 CBF3 在转基因植物中的组成型过量表达能够诱导抗冻基因的表达，从而提高植物的抗寒能力。Fowler 等（2002）利用基因芯片技术分析了拟南芥中响应低温胁迫的 306 个基因，结果发现只有 12%的低温响应基因受 CBF 调控，说明植物中还存在诸多不依赖 CBF 的信号通路。目前研究最深入的是 ABA 依赖途径。研究表明，植物中约占 10%的 ABA 应答基因都参与低温响应。植物在低温胁迫后，ABA 含量有所升高，同时 ABA 信号途径也参与调节 *COR* 基因的表达。此外，有研究报道 ABF2 和 CBF3 存在互作，这表明了两条途径并不是完全相互独立的，甚至可以相互反馈、相互调节。

二、作物抗寒育种方法

当前国内外作物育种注重产量提高和品质改良的选育工作，而对品种的抗性方面关注度不够，导致现代品种易于遭受寒害。目前抗性品种的选育正得到广泛的重视，针对不同地区和不同作物的寒害种类，确定育种目标，并采取相应的选育途径和方法。抗寒种质资源的搜集与评价是作物抗寒育种的基础。扈光辉（2008）对 60 份玉米自交系进行了低温评价，鉴定出了 5 份玉米耐低温种质。马延华等（2013）通过对来自国内外 36 份玉米自交系苗期耐寒性强度的研究，筛选出了 7 份强耐寒自交系、11 份中度耐寒自交系、17 份敏感自交系和 1 份高度敏感自交系，其中来自俄罗斯的玉米自交系品种抗寒性最强。

（一）杂交育种

杂交育种通过杂交、选择和鉴定，不仅能够获得集亲本优良性状于一体的新类型，而且由于杂种基因的超亲分离、微效多基因的分离和累积，在杂交后代群体中可能出现性状超越任一亲本，或通过基因互作产生亲本所不具备的新性状类型。因此，杂交育种是培育作物抗寒新品种的有效方法。

作物的抗寒性是由多基因控制的数量性状，只有多个基因相互作用和共同表达才能显著提高作物的抗寒性，如采用抗寒性较好的亲本进行杂交，将有利于提高杂交后代的抗寒性，并有可能培育出更抗寒的新品种。例如，我国的冬小麦杂交种'东农冬麦 1

号'可在黑龙江省内种植（北纬 47°左右）。搜集抗逆性突出的种质资源，通过远缘杂交或高世代回交等方法将这些优良的抗性基因导入育种材料中。例如，冬黑麦和小偃麦耐寒能力明显优于冬小麦，可利用远缘杂交等手段将冬黑麦和小偃麦的耐寒基因导入冬小麦中，拓展冬小麦的种质资源，进行小麦的抗寒性育种。

（二）诱变育种

诱变育种包括物理诱变和化学诱变两种，具有变异性状稳定快、经济和突变率高等优势，可在短时间内培育出新品种。利用辐射和化学诱变剂培育抗寒新品种，虽不及杂交育种应用范围广，但同样能取得成功。

辐射诱变常用射线包括紫外线、X 射线、γ 射线、α 射线和中子等。庞伯良等利用航天诱变与 ^{60}Co γ 射线相结合的方法进行水稻新品种的选育，提高了诱变育种的选择效率，育成了一批优质水稻新品种。化学诱变具有成本低、突变率高、对材料损伤轻等特点。常用的化学诱变剂有甲基磺酸乙酯（EMS）、硫酸二乙酯（DES）和乙烯亚胺（EI）等。孙加焱等对甘蓝型油菜'605'品种的种子进行 γ 射线结合 EMS 诱变的复合处理，经田间筛选和鉴定，获得了一批突变体材料，为油菜的遗传改良提供了丰富的种质资源。

（三）关联分析与分子标记技术辅助育种

常规杂交育种在获得优质抗寒品种中有独特的优势，但也存在很明显的劣势，如抗寒性种质资源不足、选择周期长、费用高等，严重影响了育种目标的实现。借助关联分析和分子标记技术对作物的抗寒性遗传位点进行解析，可推动对育种材料的抗寒性改良。关联分析是基于连锁不平衡发现新位点的方法。分子标记辅助育种是通过分析与目的基因紧密连锁的分子标记的基因型来选择性育种。

Li 等（2011）通过关联分析发现三个单核苷酸多态性与黑麦耐寒有关。Cui 等（2013）找到 24 个与水稻耐寒性密切相关的 SSR 标记，为水稻分子标记辅助抗寒育种奠定了基础。Fracheboud 等（2004）在玉米 6 号染色体上找到一个影响光合作用耐寒性的 QTL 位点，该位点不仅能够解释低温下慢性光抑制变异的 37.4%，还与暗反应速率、地上部分干物质重等显著相关。

（四）转基因育种

相较于传统杂交育种和分子标记辅助育种，转基因育种更加快捷和有效。越来越多的抗寒功能基因和抗寒调控基因的克隆与鉴定，为通过基因工程手段培育新的抗寒作物品种奠定了基础。刘强等（2002）从玉米中克隆了两个 DREB 转录因子，并发现其在植物抗寒和抗旱中具有调控作用。王颖（2004）研究发现转录因子 ABP2 能够启动或增强抗逆相关基因 *corSa*、*ERD14* 及抗氧化基因 *CSD1* 的表达，显著降低植物体内源活性氧的含量，综合改良植物抗寒、抗旱和耐盐的能力。拟南芥中的 *CBF3* 基因编码与DRE/CRT 顺式作用元件结合的转录因子，该基因的过表达显著提高了脯氨酸和可溶性糖的水平，从而增强了抗寒性（Gilmour et al., 2000）。

将常规杂交育种与分子育种有机结合起来，充分挖掘和利用作物种质资源中蕴含的优良抗逆基因资源，培育出耐寒性强的品种服务于农业生产，将是未来作物抗逆性育种的主要研究方向之一。

第三节 作物耐热育种

进入 21 世纪以来，全球的极端热胁迫天气发生愈发频繁，高温干热对农作物的生产造成重大损失。据统计，1980～2008 年热胁迫使小麦和玉米的全球产量分别下降了 5.5%和 3.8%。然而，全球水稻产量需要每年增加 1%才能满足人口增长和经济发展对其的需求。因此，培育耐热的作物新品种对保障世界粮食安全具有非常重要的意义。

作物对热害的适应能力称为抗热性（heat resistance）。根据作物对热胁迫的响应方式，抗热性分为避热性和耐热性。避热性是指作物通过某种方式如加强蒸腾作用、改变叶片的空中取向等使自身的温度降低，从而避免高温损伤。但由于蒸腾作用是一个耗水过程，所以依靠蒸腾作用的降温效应对于旱地节水型作物来说是不适宜的。另外，作物生长后期气温日趋增高，早熟也可视为发育过程中的避热方式。耐热性是指某些细胞或亚细胞成分及功能的变化使作物抵抗热害，从而避免高温损伤。因此，作物的避热性并非真正意义上的耐热。下面我们将着重讨论作物的耐热性。

一、作物耐热机制

（一）形态结构

与热敏感品种相比，耐热作物品种的叶片一般具有如下特点：叶片厚，叶肉组织细胞排列紧密，无细胞间隙，很少出现质壁分离；叶片上表皮气孔关闭，气孔腔很小，下表皮气孔频度高，气孔体积小且开张度小；叶脉维管束发达，特别是木质部导管数多且孔径大，厚壁组织发达且排列紧密。花的正常发育是作物获得高产的关键，与作物产量密切相关，然而它却是对高温胁迫最敏感、最易受损伤的器官。对热胁迫下处于开花期的花药壁的研究发现，耐热水稻品种'996'的花药壁表皮细胞排列整齐、细胞间隙小，药隔维管束较大且维管束鞘细胞排列紧密，木质部和韧皮部界限清晰；而热敏感品种'4628'的花药壁表皮细胞形状不规则，排列疏松，细胞间隙大，药隔维管束组织受到破坏且维管束鞘细胞形状异常，排列紊乱，木质部和韧皮部界限不清（张桂莲等，2008）。

随着热胁迫程度的加剧，细胞发生质壁分离，液泡膜破裂解体；叶绿体弯曲或膨大变形，叶绿体被膜出现程度不等的断裂、解体，类囊体片层松散，基质外流；线粒体外膜破裂，内膜和嵴发生断裂。研究表明，耐热品种在热胁迫下的超微结构变化过程与热敏感品种相比基本相同，只是受损害的时间早晚有差异。可见，耐热品种膜的热稳定性高是其耐热的主要原因。在叶肉细胞中，核仁对高温最为敏感，叶绿体比线粒体对高温更敏感，液泡膜比质膜对高温更敏感；在叶绿体中，类囊体膜比叶绿体被膜对高温更敏感。但也有研究指出，线粒体遭到破坏的时间要早于叶绿体和细胞核，所以线粒体比叶绿体和细胞核具有更低的高温耐受性。

（二）质膜的稳定性

与低温冷害完全相反，高温胁迫是指超出植物正常生长发育上限温度的对植物生长、发育甚至产量和品质造成损害的一种逆境。因此，无论高温或低温胁迫，细胞膜首先受到伤害。高温对细胞膜的影响主要表现在膜结构、膜脂成分以及结合在膜上的酶的稳定性方面。膜的热稳定性在很大程度上取决于膜内饱和脂类的水平，当饱和脂类或脂肪酸含量较高时，膜的相变温度也高，即提高了质膜的热稳定性。

质膜热稳定性是反映作物抗热性的一个重要指标。Martineau 等（1979）指出，植物叶片被高温伤害后，膜的通透性增加，胞质外渗量增加，组织浸出液中电解质浓度也随之增高，电导率升高，此时可以通过测定叶片外渗电导率来确定高温的伤害程度。目前人们大多将高温半致死温度、时间和膜热稳定性作为植物耐热性的鉴定指标。前者是将处理时间、温度和细胞伤害率用 Logistic 方程进行拟合，求出该方程出现拐点时的时间值或温度值，并以此作为植物组织的高温半致死时间或最高半致死温度的估计值，从而反映植物材料的田间抗热性。后者是测定电导率来反映品种的耐热性，是衡量膜热稳定性的最常用指标之一。陈希勇等（2000）通过测定小麦幼苗的细胞膜系统稳定性，发现不同基因型之间细胞膜系统稳定性差异显著，并且细胞膜系统的稳定性与热胁迫环境中的千粒重、穗粒重热感指数呈显著负相关。研究表明，电导率受发育阶段、器官类型和品种特性等影响。一般而言，耐热品种电解质外渗率明显低于感热品种；发育中的叶片电解质外渗率低于成熟叶片。

丙二醛（MDA）是高活性的脂过氧化物，能交联脂类、核酸、糖类和蛋白质，在高温下其在细胞中的积累常导致质膜伤害。因此，MDA 含量也是评判作物耐热性的一项重要指标。研究表明，高温胁迫下植物体内 MDA 含量上升，且温度越高增幅越大（李成琼等，1998）。一般而言，耐热品种在高温和常温下叶片 MDA 含量都比感热品种叶片中的含量低，且温度越高这种趋势越明显。

（三）保护酶活性

热胁迫会使细胞活性氧代谢失调，造成活性氧积累，引起膜蛋白和膜脂的变化，从而改变膜透性，对植物造成高温伤害。植物酶促防御系统包括超氧化物歧化酶（SOD）、过氧化物酶（POD）、过氧化氢酶（CAT）和抗坏血酸过氧化物酶（APX）等都具有清除活性氧的能力，因而成为植物抗热性生理基础之一。测定酶活性也被用于作物耐热性鉴定。研究表明，小麦耐热性的提高与 SOD、CAT 活性，较高的抗坏血酸含量以及较少的氧化损伤呈正相关。

（四）热激蛋白

热激蛋白是在植物遭遇非生物胁迫时激活并能大量产生的一类蛋白质，可使结构受损的蛋白质恢复正常构象。研究发现，在热激处理 3～5min 内，HSP 的 mRNA 量增加，20min 时可以检测到新合成的 HSP，让植物一直处于热激状态，HSP 的合成一般持续几个小时。HSP 存在于植物细胞膜、细胞质、细胞核、细胞器和内膜系统中。尤其是有不少的 HSP 可与细胞膜相结合，说明 HSP 可能对高温下维持膜的功能起一定的作用。HSP 具备以下特征：①保守性较高，亲缘关系较远的生物体内同一家族的 HSP 同源性高，但非同一家族的 HSP 无明显同源性；②具有时效性，当植物受到非生物胁迫时，HSP 会在短时间内大量表达积累，参与胁迫应答；③种类丰富，在线粒体、叶绿体、内质网中都有定位，存在于不同细胞器中的 HSP 具有不同的生物学功能，既可以独立发挥作用，又能与其他蛋白质协同互作。

HSP 有不同的分类方式，根据分子质量（kDa）的大小将 HSP 分成 HSP110、HSP90、HSP70、HSP60 和分子质量在 15~30kDa 的 smHSP（small HSP）。分子质量在 60Da 以上的又统称为 laHSP。smHSP 包括细胞质 I 类 smHSP、细胞质 II 类 smHSP、叶绿体 smHSP、线粒体 smHSP 和内膜 smHSP 等。除热激外，正常生活的细胞中也有 HSP，但这类 HSP 是组成型表达的，称为 HSC（heat shock cognate protein）。在结构和功能上都难以区分的 HSC 和诱导型 HSP 统称为 HSP。除高温外，热激蛋白还受其他因子如低温、干旱、高盐、厌氧、营养饥饿、ABA 等诱导。

HSP 在植物中广泛分布，对维持细胞活性起重要作用，其相当一部分充当分子伴侣，参与生物体内新生肽的运输、折叠、组装、定位以及变性蛋白的复性和降解等生物过程。研究表明，smHSP 的表达和耐热性有关，Lee 等（1995）将拟南芥的热激转录因子表达，诱导细胞质 I 类 smHSP 表达，耐热性提高。此外，HSP 的耐热性与细胞内的可溶性蛋白的稳定有关，有研究表明大豆、豌豆细胞内富含 smHSP 的组分具有维持蛋白质热稳定性的作用。热锻炼过程中大量 HSP 表达，而它们都富集在膜组分中，可能有阻止膜蛋白变性、防止生物膜破碎的功能。

（五）渗透调节物质

1. 可溶性蛋白　高温逆境会引起植物体内蛋白质的变性，使植物受到伤害，同时细胞内酶钝化，使蛋白质合成速率下降。植物的抗热性与可溶性蛋白的含量有关，耐热品种比不耐热品种可保持较高的蛋白质合成速率和较低的蛋白质降解速率。因此，可溶性蛋白含量可以作为反映作物耐热性的指标之一。周莉娟等（1999）以耐热性不同的黄瓜品种幼苗为材料进行高温胁迫处理，结果发现高温处理下耐热品种可溶性蛋白降解速率比不耐热品种慢，解除胁迫后，耐热品种的蛋白质合成较不耐热品种恢复得快。

2. 脯氨酸　作为植物细胞内重要的渗透调节物质之一，能稳定原生质胶体及组织内的代谢过程，有利于组织细胞持水和防止脱水，并具有解氨毒和保护质膜完整性的作用。脯氨酸可抑制细胞膜透性的增大和 MDA 含量的增加，与此同时也不同程度地提高了抗氧化酶的活性和渗透调节物质的含量，并且减缓高温胁迫对氮代谢的影响，从而缓解高温胁迫的伤害。研究表明，正常条件下植物体内游离脯氨酸的含量并不高，但在逆境胁迫条件下如干旱、高温、冰冻、盐碱等，植物体内的脯氨酸含量显著提高。因此，脯氨酸含量在植物抗逆生理生化研究中常作为一项重要的测定指标。近年来有研究指出，脯氨酸的增幅在 30℃ 轻度胁迫时与种间耐热性呈负相关，而 38℃ 重度胁迫时与耐热性呈正相关。也有研究表明，高温胁迫可以诱导游离脯氨酸积累，但其含量的高低与耐热性强弱没有明显的对应关系。

（六）冠层温度

由于蒸腾作用，作物叶片温度低于周围空气的温度。冠层温度即空气温度和叶片温度的差值，它可以间接反映出植株的水分吸收速率和呼吸速率。不同耐热性的作物品种间冠层温度存在差异，如耐热小麦品种的冠层温度显著低于热敏品种的冠层温度，冠层温度是鉴定小麦耐热性的优良指标之一。耐热小麦在灌浆结实期（开花到成熟）和对照品种相比冠层温度偏低，具有良好的代谢功能、组织结构和较强的抗逆性，非常有利于高产、稳产，如耐热品种'陕 160''小偃 107''陕 229'始终保持相对较低的冠层温度，耐热性差的'西农 1376'则表现出较高的冠层温度。研究表明，冠层温度低的小麦品种在田间表现为高产、适应性强、适宜种植区域广，说明冠层温度和小麦产量呈正相关。

（七）激素

在高温胁迫条件下，植物体内的激素平衡被打破，包括激素的稳定性、含量、合成以及在植物细胞内的分布。外源施加植物激素会明显修复植物受到的热胁迫伤害，Chhabra 等（2009）研究发现，将芥菜种子浸泡于 100μmol IAA、100μmol GA、100μmol 激动素、0.5μmol ABA 溶液中，明显提高了芥菜的耐热性。这说明不论是促进植物生长的激素还是抑制植物生长的激素都对植物的耐热性有影响。

ABA 是一种重要的植物抗逆激素，通过调节气孔的开关来响应干旱、低温和高盐胁迫，同时也在植物耐热方面发挥重要的功能。ABA 本身是一种信号分子，但也影响其他信号分子如 NO、Ca^{2+} 参与植物耐热性。Gong 等（1998）研究发现，ABA 通过影响 Ca^{2+} 和 ROS 系统提高玉米幼苗的耐热性。

水杨酸（SA）通过抵御氧化胁迫，清除 ROS，增强植物的抗氧化能力，降低对细胞膜的伤害，在抵御热胁迫方面发挥重要的功能。外源施加 0.5mmol 的 SA 降低了热胁迫条件下电解质的渗透率和 ROS 的产生速率，提高了可溶性糖和可溶性蛋白质的含量，进而增强了水稻的耐热性。

（八）热激转录因子

热激转录因子（HSF）是高等植物热胁迫响应基因转录水平上的中心调控蛋白，可以激活一系列热胁迫响应相关基因的表达，在热胁迫信号转导以及耐热性中起着非常重要的作用。典型的 *HSF* 基因包括 N 端的 DNA 结合域（DBD）、寡聚化结构域（OD）、核定位信号（NLS）、核输出信号（NES）和 C 端的激活域（CTAD），根据 OD 结构域的不同可以将热激转录因子分为 A、B、C 三类。细胞中的 HSF 在非逆境条件下以无活性的单体形式存在于细胞质中，而细胞一旦受到高温胁迫，HSF 相互结合形成有活性的三体进入细胞核，通过结合下游基因启动子上的热激元件（HSE），诱导下游基因的转录。在拟南芥所有的 21 个 HSF 中，HSFA2 是热胁迫条件下表达水平最高的，作为信号放大器调控了一系列下游基因的表达。

（九）植物耐热相关基因

随着生物技术的发展，许多与耐热相关的基因被克隆并转入植物，这些基因包括热激蛋白基因、热激转录因子基因、脂肪酸合成酶基因、抗氧化基因和一些编码铁蛋白的基因等。

Katiyar（2003）将拟南芥的 *hsp101* 基因导入水稻，发现转基因植株的耐热性有一定程度的提高且产量稳定。Rhoad 等（2005）从玉米中克隆了 *ZmHSP22*，利用激光共聚焦显微镜发现该基因定位于线粒体中，过表达 *ZmHSP22* 的转基因拟南芥表现为生育期缩短且耐热性增加。

彭振（2016）利用转录组测序技术分析了高温胁迫下不同耐热性的两个棉花品种，发现有 4698 个基因与耐热性相关。基因本体 GO（gene ontology）富集分析发现有编码蛋白激酶、转录因子和热激蛋白的基因，其中有 4 个 AP2/EREBP 转录因子家族基因和两个热激转录因子基因。拟南芥热激转录因子 HsfA2 是一类参与逆境胁迫调节的关键基因，Charng 等（2007）利用 T-DNA 插入技术获得了拟南芥 *HsfA2* 突变体，37℃热处理后，突变体和野生型相比表现为耐热性下降，免疫印迹法分析发现，突变体中小分子量热激蛋白的数量比野生型显著降低。

植物中的脂肪酸去饱和酶主要有 FAD2、FAD3、FAD6、FAD7、FAD8 5 种，催化产生不饱和脂肪酸。研究表明，脂肪酸的饱和度与耐热性具有明显的相关性。因此，编码脂肪酸去饱和酶基因在植物抗高温胁迫中起着积极的作用。编码叶绿体 ω-3 脂肪酸去饱和酶基因沉默表达（Murakami et al., 2000），转基因后代中三烯脂肪酸含量较野生型低，提高了植物的耐热性。刘训言（2006）从番茄叶片中克隆了叶绿体 ω-3 脂肪酸去饱和酶基因 *LeFAD7*，转基因分析发现抑制该基因的表达可以提高番茄植株的耐热性。

Miller 等（2007）以拟南芥抗坏血酸过氧化物酶双突变体为材料研究植物的耐热性，发现叶绿体 APX（tylAPX）突变体耐热性增强，而胞质 APX（APX1）突变体耐热性降低，说明它们触发不同的信号机制，导致耐热性有差异。李枝梅等（2013）将定位于叶绿体和细胞质的胆碱氧化酶基因 *codA* 在番茄植株中过量表达，研究了该基因与耐热性的关系。结果表明，*codA* 基因能够抑制高温胁迫下番茄体内活性氧的产生，提高 PSⅡ的耐热性和抗氧化酶基因的表达。

另外，还有一些基因与植物的耐热性有关，如小麦 *TaFER-5B* 基因编码一个铁蛋白，该基因受高温、PEG、H_2O_2 的诱导。将 *TaFER-5B* 转入'冀麦 5265'中，提高了转基因植株的耐热性，可能的机制是铁蛋白参与了活性氧的清除（臧新山，2014）。

二、作物耐热育种方法

高温胁迫是影响农作物生长和限制作物产量提高的主要非生物胁迫因素之一，培育耐高温农作物品种是当前和今后作物育种工作面临的一个重要课题。与其他抗逆育种类似，耐热作物育种包括常规育种、诱变育种和分子育种三种方法。

（一）常规育种

作物耐热性是一个受多对基因控制的复杂的数量性状，因而给育种带来了一定的困难。从物种进化的观点来看，在一些热胁迫严重的地区可能存在着许多耐热的种质资源，如我国北方麦区，特别是小麦生长后期高温频率高、干热风常发生的地区，很可能具有不同类型的耐热小麦优良种质资源。一方面，由于小麦生长后期气温日趋增高，因此早熟可以被认为是发育特性的避热方式；另一方面，晚熟品种也可能具有较好的耐热性。因此，对耐热种质的地理分布进行详尽的研究，广泛搜集耐热的种质资源是作物耐热性育种的基础。

育种方法对育种成效至关重要。孙其信（1991）通过对四倍体小麦耐热性基因的染色体定位发现，在 3A、3B、4A、4B、5A 染色体上都具有耐热性位点，而细胞膜热稳定性一般也认为属于数量遗传。Wang（1988）曾报道小麦细胞的耐热性与某些特殊热激蛋白的产生呈正相关，并通过离体细胞选择技术获得了耐热性明显优于对照的耐热细胞系。Moffatt 等（1990）根据叶绿素荧光测定研究认为，小麦品种的耐热性具有较高的一般配合力和具有一定的细胞质反应，而且认为轮回选择也是积累小麦耐热基因的有效途径。杂交育种是培育作物耐热新品种的常用方法。利用遗传基础有差异的耐热材料进行杂交组配，就有可能产生耐热超亲的后代，如棉花品种'Pima S6'在高温胁迫条件下比对照品种'Pima S1'增产69%。

（二）诱变育种

诱变是增加植物突变概率的常用育种手段，诱变结合组织培养过程中加入特定的选择或改变培养的环境，可以在一定程度上克服诱变育种的劣变多、易形成嵌合体、难以控制突变方向等缺陷，使嵌合体的分离纯化与目标变异体的定向筛选同步进行，加快育种的速率。

朱守亮（2009）利用平阳霉素诱变处理甘蓝无菌苗下胚轴，采用组织培养过程中附加高温持续胁迫定向筛选的方法，获得了耐热突变体材料。

（三）分子育种

近年来随着高温天气的频发，作物耐热性的分子育种研究愈发引起人们的关注，并取得了较大进展。研究表明，耐热性是多基因控制的数量性状，其遗传力高，且以加性效应为主，兼有上位性。曹立勇等（2002）利用籼粳稻 DH 群体，通过在田间及温室高温条件下对该群体的结实率性状进行考查，结合分子标记连锁图谱，在 1、3、4、8、11 号染色体上检测到 6 个具有加性效应的 QTL，贡献率为 2.27%～8.13%。赵志刚等（2006）评价水稻孕穗期的耐热性时，以稻穗上半部分的育性作为指标，在 4、8 号染色体上检测到与孕穗期相对耐热性相关的 QTL 各一个，对表型变异的解释率分别为16.8%和 9.9%。陈庆全等（2008）利用 181 个 SSR 标记对水稻抽穗开花期耐热性进行试验，共检测到 7 个抽穗开花期主效应 QTL 和 7 对上位性 QTL，得出水稻抽穗开花期耐热性受多个具有加性效应的基因控制，基因的效应比较小，基因间还存在互作效应。

孙其信（1994）和徐如强（1998）利用膜热稳定性的方法，分别对四倍体和普通六倍体小麦的耐热性基因进行了染色体的定位，鉴定出了与耐热性基因有关的染色体，同时对异源细胞质对小麦耐热性的影响进行了研究，认为近缘种质的异源细胞质对耐热性有显著的影响，并存在显著的核质互作。陈希勇（2007）等以'中国春''HOPE'及两亲本染色体代换系为材料，利用膜热稳定性和大田条件下高温胁迫的方法，对与耐热性有关的基因进行了染色体定位。结果表明，无论是利用膜热稳定性的方法，还是利用大田条件下高温胁迫环境进行耐热性评价，'HOPE'的 2A、3A、2B、3B、4B 染色体代换到'中国春'相应染色体后，均显著提高了'中国春'的耐热性，证明这些染色体含有与耐热性相关的基因。利用单染色体代换系和不同耐热性代换系杂交组合，对耐热性的基因效应分析结果显示，'HOPE' 2A 染色体上的耐热性基因表现为显性效应；3A、2B、3B 和 4B 染色体上的耐热性基因表现为加性效应；2A 和 3A、2B 和 3B、3B 和 4B 染色体以及这些染色体上的耐热性基因与 2A 染色体上的耐热性基因之间均存在互作效应。

通过基因工程的方法可以定向改良作物的耐热性，加速选育进程。提高转基因植株耐热性的基因包括一些编码热激蛋白、热激转录因子、脂肪酸合成酶、渗透压保护剂等的基因。然而，植物的抗逆性是一个多基因参与的协同防御反应，因此，利用一个关键调控基因促进多个功能基因的表达，增强植物的抗逆性，已成为植物抗逆基因工程的新策略。例如，过表达拟南芥热激转录因子基因 *HsfA2* 和 *DREB2A* 增强了受体植物的耐热性。利用转基因技术获得的特异种质，通过温室加代、幼胚培养、分子标记选择、有限回交/滚动回交等手段，加快转基因作物新品系、新种质的定向培育，提升作物品种耐热性的总体水平，是对常规育种技术的改良。该技术的优点是用目标基因作为供体，当地推广品种作为轮回亲本，将转基因技术和回交育种技术相结合，定点改良当地品种的某一缺点；另外，可以通过连续回交的方法来促进目的基因在后代植株中的纯合与稳定，缩短育种进程。

本 章 小 结

本章讲述了作物抗旱耐盐、抗寒、耐热的机制以及相应的育种方法。在作物抗旱耐盐机制方面，重点介绍了作物形态结构、生理生化和抗旱耐盐基因的研究进展。作物抗旱耐盐育种方法部分，介绍了常规育种、离体诱变育种、分子育种在抗旱耐盐育种中的应用。作物抗寒育种部分，介绍了作物抗寒机制和作物抗寒育种方法及主要研究进展。作物耐热育种部分，讲述了作物耐热的机制及耐热育种的方法。

思 考 题

1. 简述作物抗旱耐盐机制。
2. 分析作物形态性状与抗旱耐盐的关系。
3. 简述作物抗旱耐盐的分子育种方法。
4. 简述作物抗寒机制。
5. 分析作物抗寒的分子机制。
6. 简述作物耐热育种的主要方法。

主要参考文献

陈芳，郑炜君，李盼松．2013．小麦耐热性鉴定方法及热胁迫应答机理研究进展［J］．植物遗传资源学报，14（6）：1213-1220

陈丽萍，何道一．2010．植物抗旱耐盐基因的研究进展［J］．基因组学与应用生物学，29（3）：542-549

陈希勇，孙其信．2000．春小麦耐热性表现及其评价［J］．中国农业大学学报，5（1）：43-49

范吉标．2016．狗牙根耐寒生理及分子机制解析［D］．北京：中国科学院大学博士学位论文

胡兴旺，金杭霞，朱丹华．2015．植物抗旱耐盐机理的研究进展［J］．中国农学通报，31（24）：137-142

黄蔚，王枫，徐志胜．2014．胡萝卜 DcDREB-A6 亚族转录因子基因的克隆与非生物胁迫响应分析［J］．农业生物技术学报，22（10）：1213-1222

黄杏．2012．外源 ABA 提高甘蔗抗寒性的生理及分子机制研究［D］．南宁：广西大学博士学位论文

李新海，高根来，梁晓玲．2002．我国主要玉米自交系开花期耐旱性差异及改良［J］．作物学报，28（5）：595-600

刘慧民，王崑，李奇石，等．2003．五叶地锦低温处理条件下与抗寒相关的部分生理生化指标的变化规律［J］．东北林业大学学报，（4）：74-75

刘凯．2012．拟南芥 CBF1 基因转化香蕉及其抗寒性研究［D］．长沙：湖南农业大学博士学位论文

刘克禄，陈卫国．2015．植物耐热相关基因研究进展［J］．植物遗传资源学报，16（1）：127-132

路玉彦．2011．大麦对异常高温和低温耐性的差异性研究［D］．扬州：扬州大学硕士学位论文

王锋尖，黄英金．2004．水稻高温胁迫及耐热性育种［J］．中国农学通报，20（3）：87-90

王敏，江彪，何晓明．2018．蔬菜作物耐热性遗传研究进展［J］．安徽农业科学，46（13）：23-26

王涛，田雪瑶，谢寅峰．2013．植物耐热性研究进展［J］．云南农业大学学报，28（5）：719-726

王亚，乔利仙，武秀玲．2015．平阳霉素诱变与 NaCl 定向筛选对花生后代产量和品质性状的影响［J］．华北农学报，30（1）：202-206

吴昊，李燕敏，谢传晓．2018．作物耐热生理基础与基因挖掘研究进展［J］．作物杂志，5：1-9

臧新山．2014．小麦热胁迫响应基因 TaFER、TaOEP16-2 和 TaPEPKR2 的克隆及功能鉴定［D］．北京：中国农业大学博士学位论文

张宏一，朱志华．2004．植物干旱诱导蛋白研究进展［J］．植物遗传资源学报，5（3）：268-270

张明生，谢波，戚金亮．2006．甘薯植株形态、生长势和产量与品种抗旱性的关系［J］．热带作物学报，27（1）：39-43

赵龙飞，李潮海，刘天学．2012．作物耐热性研究进展［J］．中国农学通报，28（9）：11-15

周淼平，周小青，姚金保．2013．转 MYB 基因小麦耐寒性的初步分析［J］．江苏农业学报，29（3）：474-479

朱守亮．2009．利用甘蓝单倍体和体细胞筛选耐热育种材料技术研究［D］．杨凌：西北农林科技大学硕士学位论文

Alfred T, Mitchell H K, Tracy U M. 1974. Protein synthesis in salivary glands of Drosophila melanogaster: relation to chromosome puffs [J]. Journal of Molecular Biology, 84 (3): 389-398

Campalans A, Pagès M, Messeguer R. 2001. Identification of differentially expressed genes by the cDNA-AFLP technique during dehydration of almond (Prunus amygdalus) [J]. Tree Physiol, 21 (10): 633-643

Fowler S, Thomashow M. 2002. Arabidopsis transcriptome profiling indicates that multiple regulatory pathways are activated during cold acclimation in addition to the CBF cold response pathway [J]. Plant Cell, 14: 1675-1690

Ikegaya F, Koinuma K, Ito E. 1999. Development and characteristics of new inbred line "Mi29" for silage maize [J]. Bull Kyushu Natl Agric Exp Stn, 35 (6): 71-83

Levitt J. 1980. Responses of Plants to Environmental Stresses: Water, Radiation, Salt, and Other Stresses [M]. New York: Academic Press

Miller G, Suzuki N, Rizhsky L, et al. 2007. Double mutants deficient in cytosolic and thylakoid ascorbate peroxidase reveal a complex mode of interaction between reactive oxygen species, plant development, and response to abiotic stresses [J]. Plant Physiol, 144 (4): 1777-1785

Olías R, Eljakaoui Z, Li J. 2009. The plasma membrane Na^+/H^+ antiporter SOS1 is essential for salt tolerance in tomato and affects the partitioning of Na^+ between plant organs [J]. Plant, Cell & Environment, 32: 904-916

Ribaut J M, Ragot M. 2007. Marker assisted selection to improve drought adaptation in maize: the backcross approach, perspectives, limitations and alternatives [J]. Exp Bot, 58: 351-360

Siefritz F, Tyree M T, Lovisolo C. 2002. PIP1 plasma membrane aquaporins in tobacco: from cellular effects to function in plants [J]. Plant Cell, 14 (4): 869-876

第六章　作物杂种优势利用

　　杂种优势是指在生物界中，两个亲本杂交产生的 F_1 代在一种或多种性状如生长势、生活力、适应性和产量等方面优于双亲的现象。具体于作物而言，杂种优势泛指不同变种或物种的 F_1 杂交后代，在生物量（株高和产量）、生长发育（细胞体积和数量增长）速度、开花时间、育性（繁殖成功率）、对病害或昆虫的抗性、对不利环境的适应性等性状方面，表现出比双亲更优异的现象。杂种优势是生物界存在的一种普遍现象，被广泛地运用到农作物育种和生产实践中。例如，在水稻中，我国自杂交水稻大面积推广以来，其种植面积常年稳居水稻总面积的 50%以上，已经累计推广超过 80 亿亩，增产超过 6000 亿 kg，为保障我国和世界粮食安全做出了重要贡献。

第一节　作物杂种优势利用研究现状与进展

一、作物杂种优势利用现状

　　杂种优势是一种极其复杂、极其普遍的生物学现象，人类很早就发现了杂种优势，并利用了这个神秘的自然现象。国内外学者研究文献，见解各异，时间跨度较大，相差可达千年。李源祥对中国史书岩画、历史学与国外史料考证，初步认定，杂种优势利用起源于中国，可追溯到夏商时代（公元前 16 世纪），比国外早 1000 年。中国从《诗经》（公元前 6 世纪）到《齐民要术》的古籍中，都记载了品种的遗传与变异现象。宋应星在《天工开物》中描述，"种性隋土而分""幻出早稻一种"等变异现象，提出了中国古代朴素的遗传变异的概念。Collins 指出早期美洲人已经有了预防自交衰退的办法。在危地马拉西部，通常在一个田块种植几个品种，以此来获得高产，这是有目的地应用杂交技术，并认识到杂种优势的好处。1882 年，Wiegmann 描述过十字花科植物的杂种优势。Gartner 和 Focke 分别于 1849 年和 1881 年，介绍他们的杂交试验并提到杂种优势。达尔文在题为 "The effects of cross and self fertilization in the vegetable kingdom" 一文中科学且全面地描述了杂种优势在植物中的表现。

　　（一）杂种优势在作物育种中的应用

　　杂种优势在作物育种中的广泛利用极大地提高了粮食产量，为解决全世界范围内粮食危机做出了巨大贡献。玉米和水稻是利用杂种优势比较典型的作物。达尔文在 1876 年发现杂交玉米比对应自交玉米的植株高 16%（Danvin，1876），随后 Shull（1908）详细描述了杂交和自交玉米包括株高、茎秆强度、根系、叶片、苞叶、种子硬度和种子行数等性状的差异，并认为应将持续杂交而不是分离得到纯系作为玉米育种家的正确目标。因为玉米的雌花和雄花分别位于植株的不同位置，这给大范围的玉米杂交带来了天然的便利。杂交玉米从 20 世纪 30 年代起，在美国的播种面积逐步扩大，到 20 世纪 40 年代，整个艾奥瓦州的玉米种植区全部种植杂交玉米，接近 20 世纪 60 年代时，大部分美国（95%）的玉米种植区基本上都在种植杂交玉米，到 1997 年，美国的平均玉米产量达到了 $8t/hm^2$，而在 1930 年，美国的玉米平均产量仅为 $1t/hm^2$。到目前为止，杂交玉米已经在北美、欧洲、阿根廷、中国和巴西等有商业化玉米种植区域（占世界玉米种植面积的 65%）种植。中国的杂交水稻研究项目始于 1964 年，因为水稻为自花授粉，没有合适的不育单株，直到 1970 年秋天，袁隆平寻找到了理想的野败型雄花水稻植株，这为杂交水稻育种带来了突破。随后，杂交水稻育种项目成了国家级的协同研究项目，在 1974 年，进行了小面积的杂交水稻示范并取得了预期的结果。紧接着，越来越多的优异杂交组合被选育出来，杂交水稻在中国的种植面积也越来越大，到 2004 年，中国有近 60%的水稻田推广种植杂交水稻。

（二）数量遗传学的发展与杂种优势利用

杂种优势得到长足的进步伴随着数量遗传学的发展。通过数量遗传学研究一些独特的遗传设计和模型，采用统计方法把数量性状表型的总效应（方差）加以分解，对数量性状的表型特性加以说明，由此推动了作物育种学科以及杂种优势利用的发展。数量遗传学借助分子遗传学的研究成果，用 DNA 分子多态性标记，将数量性状位点（QTL）落实到基因组，这样又促进了传统数量遗传学向分子数量遗传学的发展。

利用分子数量遗传学方法探究杂种优势遗传效应的遗传群体主要有 NCIII设计的 F_2 群体、三重测交设计群体、永久 F_2 群体、基于 NCIII设计的回交群体，以及多个群体组合等。在不同作物的杂种优势遗传基础研究中，可能某个遗传效应对某个具体性状呈现主要作用，因而不同作物、不同遗传背景的材料和群体，可得到相应的杂种优势遗传基础的解释。对水稻、棉花和玉米的杂种优势遗传学研究表明，自花授粉作物的杂种优势产生的原因较为复杂，可能由显性、超显性和上位性共同控制或其中两种效应的互作控制，而异花授粉作物杂种优势产生的重要原因可能是显性或超显性单个效应影响，其遗传基础相对较简单。作物杂种优势农艺性状的 QTL 定位结果表明，不同性状的杂种优势遗传基础不尽相同，经典的显性、超显性和上位性效应位点在不同程度上控制着农艺性状的杂种优势。在拟南芥中，Seymour 等利用 30 个亲本以半双列杂交设计方案组配了 435 个杂种，通过全基因组关联分析检测到的显著位点可以解释群体内 20%的开花期和干重表型变异，并挖掘到了具有经典的显性和超显性效应位点，包括了与开花时间有关的 MADS-box 转录因子 AGAMOUS-LIKE 50（AGL50）。Yang 等利用 200 个拟南芥杂交组合探索了生物量杂种优势的遗传基础，研究结果表明全基因组的超显性效应对生物量贡献不大，但显著的杂合位点遗传效应与生物量极显著相关，挖掘到的重要候选基因涵盖了细胞代谢、发育及胁迫响应的生物功能途径，包括 WUSCHEL、ARGOS 以及细胞周期相关基因。在水稻中，Chen 等利用 4 个雄性不育系和 6 个父本构建了 384 个杂种 F_1 株系，对一般配合力（GCA）和特殊配合力（SCA）进行全基因组关联分析，检测到 34 个位点与农艺性状、GCA 和 SCA 显著关联，其中 Ghd8、GS3 和 qSSR4

能解释 30.03%的籽粒产量 GCA 表型变异。Huang 等利用 17 个代表性水稻种质组配出了 10 074 个杂种 F₂ 株系,通过对产量性状进行 QTL 定位及 GWAS 分析,检测到控制杂种优势的主要基因位点为 HD3a、TAC1、LAX1 和 Ghd8;进一步研究发现,在杂交组合中这些基因位点产生的单倍型组合,在杂交一代中高效地实现了水稻花期、株型、产量各要素的理想搭配。在玉米中,Liu 等对三个杂交 F₂ 群体的 5360 个株系的株高和产量等 19 个农艺性状进行 QTL 定位,共定位到 628 个遗传效应位点,其中多数位点以完全与不完全显性、超显性效应对杂种优势有贡献。在所定位到的 QTL 位点中,*Ky4q19* 是一个影响玉米穗分枝数和每穗产量的杂种优势 QTL 位点,该位点包含玉米主效基因 *ub3*,与水稻株型产量基因 *OsSPL14*(IPA1)为同源基因,将水稻基因 *OsSPL14* 转入我国南方水稻后,其产量增加了 10%左右。在油菜中,Jan 等对 950 个杂交 F₂ 株系开花时间和芥子油苷含量的 GCA 进行全基因组关联分析,共检测到 44 个 SNP 与开花时间和芥子油苷含量 GCA 显著关联,其中位于 A02 染色体上的 *FLOWERING LOCUS T*(*FT*)和 *FLOWERING LOCUS C*(*FLC*)两个单倍型开花基因对开花时间具有明显的加性效应;而位于染色体 A02 和 C02 上的具有加性效应的同源单倍型基因能显著降低芥子油苷含量。

(三)基因组学与杂种优势利用

基因组包括一个物种的全部遗传信息。基因组学的发展,为数量遗传学拓宽了思路,改进了研究手段,且为杂种优势利用和作物育种建立了新的技术体系。随着 DNA 分子标记的改良和进步、基因组学的快速进展,各类作物的种质将被鉴别,用于生产的杂种优势群将得到广泛建立和完善。杂种优势群的划分,促进了杂种优势的利用。

早在 1992 年,DNA 分子标记被应用于著名玉米单交种'B73'×'Mo17'的后代群体的遗传作图研究,通过重组自交系与双亲回交,可对杂种优势进行 QTL 作图。利用已知序列的 cDNA 克隆追溯到与杂种优势相关的基因,并把这些基因与其他物种如水稻中和杂种优势有关的基因相比较。Cabatc 等采用已知序列的 cDNA 克隆研究为提高杂交种产量而进行的相互轮回选择群体中基因表达方式的变化。基因组学提供了关于遗传效应对杂种优势影响的信息,优化了杂种优势的育种技术和选择方法,以强化杂种优势的表达。运用 RFLP 分析,已知轮回选择导致等位基因频率的变化和等位基因频率在原有群体及选择群体中的变换,发现并描述了玉米自交系遗传多样性和复杂性。

随着分子多态性研究的深入,开发出了多种分子标记,为杂种优势利用拓宽了思路,改良了技术。Senior 等筛选出三对微卫星(SSR)分子标记——phio57、phi112 和 umc1066,并定位于 7 染色体上,中国农业科学院作物研究所利用 phio57 在含有优质蛋白玉米(QPM)上显示了有利的选择效率。番兴明等指出,利用 SSR 分子标记可以把 QPM 自交系划分为不同杂种优势群,提高了选育玉米杂交种的效率。

基因组学使人们对作物遗传和生理学现象有了更全面的认识和比较,从而有可能去发现各种作物中类似杂种优势这样复杂的生物学现象的一般规律和特殊规律,通过基因组分析可获得的知识将成为理解杂种优势的重要基础。就玉米或水稻来讲,已获得了整个基因组完整的 DNA 序列,可以通过与其他生物的 DNA 数据库进行序列分析和比较,从已有 DNA 序列功能推断出新的 DNA 序列功能，揭示这些功能基因组的特征以及基因间的互作。玉米、水稻等作物基因组破译将会使作物杂种优势利用得到长足发展。

二、作物杂种优势利用展望

（一）杂种优势利用研究完善与突破的途径

就蔬菜作物来看，尚有很多未利用的杂种优势。典型的自花授粉蔬菜作物菜豆、豌豆、莴苣等，似乎没有近交衰退现象，杂交种也无优势。迄今也未能在较大面积生产上应用杂交种，近交衰退机理不明是重要原因。因此，近交衰退的机理应是杂种优势应用重要的研究方向之一。

目前人类基因组与主要作物水稻、玉米等基因组已被破译，即标志着"后基因组"时代的来临。与遗传有关的因素除 DNA 序列和 RNA 序列之外，其他因素主要有不由 DNA 编码主宰而由 DNA 与其他分子交汇作用或者是蛋白质与蛋白质交汇作用后主宰的遗传特性。可以预见，"后基因组"来临，将为杂种优势利用确立新的研究方向，同时也将为杂种优势利用建立起广泛的平台，一些难题将迎刃而解，如自交衰退的机理、小麦基因组与杂种优势的关系、水稻二系法的完善、以新式方法配制杂交种等。

（二）挖掘杂种优势相关的重要基因

杂种优势利用的热点和难点之一是挖掘与杂种优势相关的重要基因。目前对作物产量和其他农艺性状的杂种优势还主要集中在基于多组学挖掘相关优良位点和基因方面，被克隆到的重要基因很少。对优异等位基因的功能验证和分子调控网络构建是未来作物杂种优势利用研究的重点。通过分子标记、转基因、分子设计等育种手段将表型组学、基因组学、代谢组学、转录组学等多学科交叉联用，从而筛选到目标性状的调控基因、构建分子调控网络，在解释杂种优势形成的分子机理方面起了较为关键的作用。

韩斌等（2016）通过对 1495 份杂交稻品种材料的水稻杂种优势理论研究以及对 17 套代表性遗传群体进行基因组分析和田间产量性状考察，综合利用基因组学、数量遗传学及计算生物学领域的最新技术手段，鉴定出了控制水稻杂种优势的主要基因位点。在杂交组配中，这些基因位点产生了全新的基因型组合，在杂交一代中高效地实现了对水稻花期、株型、产量各要素的理想搭配。此项研究成果阐明了水稻杂种优势的遗传机制，对推动杂交稻和常规稻的精准分子设计育种实践有重大意义。

（三）杂种优势预测

育种家和遗传学家在开始利用杂种优势之初，就想到了对杂交后代的杂种优势进行预测，以更加便利地达到期望的目的。在作物杂种优势育种实际应用中，往往是通过配制大量的杂交组合后进行田间表型筛选，从而选育出与对照相比更具杂种优势的杂交组合，其存在周期长、工作量大、盲目性强、效率低等缺点，这也导致了育种结果的不确定性。如何在育种早期世代或杂交种亲本的创新初期来预测组合亲本潜在的杂种优势，是杂种优势利用中最为关注的问题。

目前生产中普遍采用的作物杂种优势预测方法在本质上分为两种，第一种是根据杂交亲本的遗传差异预测杂种后代的表现，以遗传距离法为代表；第二种是根据杂交亲本的互作效应预测杂种后代表现，以配合力法为代表。第一种方法仅从亲本个体间的遗传差异着手，并没有考虑到亲本基因间的互作效应（加性效应、非加性效应）；第二种方法在一般情况下所测得的配合力由基因的加性效应决定，仅在特定组合中才能由双亲基因的非加性效应（等位或非等位基因间互作）表现出来，而且田间配置组合工作量巨大，目前条件下很难全面测定亲本间的互作效应。

1．利用杂交双亲表型值预测杂种优势　　最简单和直接的杂种优势预测方法是根据杂交双亲对应的表型值来对 F_1 杂交后代进行预测。例如，在杂交水稻选育过程中，就株高而言，人们往往会根据杂交双亲的株高来对后代的株高进行预测，获得适当株高的杂种后代。此方法实际的观测与预测的结果往往会因有较大偏差而无法被采用，如同样高度的水稻在杂交以后往往会产生更高的杂种后代。另外，玉米亲本根的生物量对杂交玉米根的生物量没有观测到直接的显著相关性；拟南芥 15d 的幼苗干重对杂交后代的幼苗干重仅有很低的预测能力。

2．利用地理差异预测杂种优势　　双亲遗传组成的适当差异是强优势组合的重要条件，来自不同地理环境的杂交双亲遗传组成往往是不同的，因此可利用地理差异预测杂种优势。考虑到亲本遗传差异与地理起源的关系不明显。因此，不能把地理差异作为杂种优势预测的唯一指标。

3．利用群体遗传学方法预测杂种优势　　Grffing 将一般配合力和特殊配合力的计算方法做了规范后，提出了利用配合力预测杂种优势的线型模型，首次将配合力应用于杂种优势预测中。现今，配合力已成为预测杂种优势的主要方法之一，可为配制杂交种提供依据，但此方法需要耗费大量的时间、人力、物力。

4．利用遗传距离方法预测杂种优势　　遗传距离作为一种对生物遗传差异的定量描述，其客观性得到了植物育种分类实践的检验和承认。徐静斐和李成荃等在籼稻、粳稻中发现遗传距离与产量杂种优势之间存在显著的直线回归关系。但杂种优势还受到遗传基础的影响，在育种实践中，除要求选择一定大小的遗传差异组合及杂交双亲具有一定遗传距离的组合外，还应通过改造遗传基础来提高杂种优势。

5．利用计算机模拟法预测杂种优势　　随着计算机的发展，育种家开始探索利用计算机预测杂种优势和选配亲本的方法，并建立了最适亲本组合选择的计算机程序。计算机模拟一般是在无法进行真实试验或条件不够难以进行试验时采取的方法。

6．利用同工酶谱差异法预测杂种优势　　运用同工酶谱差异法预测杂种优势的研究始于 20 世纪 60 年代，经过多年的研究与实践，利用同工酶谱差异法预测杂种优势取得了很大的进展，并逐步应用到作物育种与实际生产中。Chwartz 在对玉米杂种的研究中，首次发现了杂种同工酶谱中出现的"杂种酶"谱，并推测这种杂合酶带可能与杂种优势有关。李继耕从 1978 年起利用同工酶技术研究杂种优势，发现了亲本酶谱的差异与杂种优势的关系，并在 F_1 酶谱中发现了双亲所没有的带型。由于同工酶谱差异法所能检测的差异性位点较少，且受生物种类、酶种类以及作物生长发育阶段等影响，因此，利用其进行杂种优势预测受到了一定限制。

7. 利用分子标记预测杂种优势　　DNA 分子标记的出现推动了对 F_1 杂交后代杂种优势的预测进程，RFLP、RAPD、AFLP 和 SSR 等分子标记技术在不同的物种中被用来预测不同的表型。

基因组预测是通过数量遗传统计模型计算标记位点的遗传效应值，预测特定性状的育种值，可以显著提高产量或农艺性状改良的育种效率。在水稻中，Cui 等利用 NCIII 设计和水稻全基因组 160 万个标记对 1495 个杂种的育种值进行杂交试验和预测准确性评估，使用最佳线性无偏预测（BLUP）对其表型进行预测，对 100 个杂交种的产量、粒数、千粒重、株高、粒长和粒宽预测，准确性分别为 0.54、0.62、0.54、0.58、0.92 和 0.87，此结果为水稻杂交种选育提供了更为有效的分子辅助育种方法。Kadam 等利用全基因组 2296 个 SNP 和 BLUP 模型对玉米杂种 F_1 的产量和株高育种值预测，其预测准确性为 0.28～0.91。用全基因组水平的 SNP 来估计个体育种值，不仅使得品种选育具有导向性，而且能够更好地将有利基因聚合在一起，比传统育种更加精确和高效。

高通量基因组数据和代谢谱信息结合对杂交后代杂种优势进行预测，使得杂种优势利用朝着便利、成本降低和效率提高的方向发展。一般来讲，在用不同水平遗传信息结合的不同数学方法对 F_1 杂交后代表型或者杂种优势进行预测的不断探索中，以代谢组学为基础的预测方法，表现出了很大的潜力，在实际育种方案中显得更具有可行性。尽管如此，在预测能力（对特定性状的预测能力较强，而对其他性状的预测能力较弱）和预测范围方面（对遗传距离近或已知遗传距离的亲本会得到较好的预测效果，而对遗传距离远或未知遗传距离的亲本预测能力较弱），由于存在局限性，代谢组辅助性状选育仍然存在阻碍。

（四）建立基于大数据作物杂种优势利用平台

基于大数据技术的"基因型到表型"全基因组预测策略是通过统计模型对基因组与转录组和代谢组进行全基因组预测，计算不同基因变异位点的育种值，构建育种位点效应值数据库。通过育种值预测表型辅助育种家选系、配组合；选择遗传背景差异较大且优质等位变异聚合度较高的优势亲本进行分子设计育种，对杂交后代进行高产优质相关表型性状的鉴定，筛选高产优质目标性状的强优势亲本和组合，培育高产优质新品种。

结合数量遗传学和转录组学挖掘控制杂种优势效应的候选基因，采用新型基因组技术、优势品种设计育种、分子生物学的基因编辑技术、控制杂种优势重要基因的分子生物学功能，创制符合育种新目标的种质，并构建优势等位基因数据库，推动实现工程化作物育种进程。在作物杂种优势分子遗传研究方面有效利用全基因组选择育种、分子设计育种，快速精准地筛选目标性状强的优势候选组合和材料，大幅度降低田间测试的成本，降低田间的工作量，结合优异等位基因的功能验证研究，突破杂种优势的育种分子理论及杂种优势育种的应用范围。

第二节　作物杂种优势遗传机理研究进展

尽管杂种优势被广泛利用，但其产生的机理到目前为止却仍未被完全的解释清楚，目前在对杂种优势现象进行利用的过程中仍然有很大的阻碍。揭示杂种优势形成的机理，对于杂种优势在整个生物界的利用，缓解目前人类所面临的资源短缺等多种危机，具有重要的生物学和社会学意义。

一、杂种优势形成机理的传统假说

自达尔文系统地描述了杂种优势现象约三十年后，一些科学家率先提出了一些杂种优势产生的可能假说，其中主要有显性假说和超显性假说，在此不再详述。另外还有染色体组-胞质基因互作模式（genome-cytoplasmic gene interaction）假说。此假说由Srivastava（1981）提出，又称为基因组互作模式。认为基因组间互补可能包括细胞核与叶绿体、线粒体基因组的互作和互补，杂种优势就是这些互作或互补所致。在小麦族中发现的不同来源核质结合的核质杂种表现有优势的事实支持这一假说。

鉴于利用杂种优势可大幅度提高作物产量和改良作物品质，社会、经济效益显著，人们对杂种优势表现的遗传机理与生理生化基础深感兴趣，并进行了多方面研究，得到了不少有价值的结果。但迄今为止，杂种优势形成的遗传机理与生理生化基础尚无突破性进展，尽管大量有关杂种优势的文献在不断出现，由于大部分是独立而非全面的数量性状分析，在这些信息的基础上找到杂种优势产生的分子机理依然不成熟。但随着现代分子生物学的快速发展及研究的不断深入，杂种优势的理论与应用研究将会取得更大的进展。

二、基因组水平的研究

在显性假说及超显性假说等理论指导下，运用基因组学尤其是分子标记技术，多个物种不同的性状被用来研究杂种优势的产生机理。Li 等（2015）研究生长素运输基因 *Dw3* 可显性控制高粱杂交后代的株高，靠近 *Dw3* 的另外一个控制株高的 QTL（*qHT7.1*）在没有 *Dw3* 的背景下，也是通过显性控制杂交后代的株高，当 *Dw3* 和 *qHT7.1* 相斥连锁存在时，杂交后代表现为单位点的超显性遗传模式。Zhu 等（2016）对水稻永久 F_2 群体苗期 8 个性状的 QTL 采用高密度 SNP 进行定位和遗传效应分析时，发现超显性在所有性状中普遍存在，双基因上位性也占据了大量的遗传效应，总的来讲，单位点和双位点之间的微弱（统计学上无法检测）优势积累可以解释 F_1 杂交后代苗期的杂种优势。赖锦盛（2018）以 B73 自交系为代表的 Ried 群和以 Mo17 自交系为代表的 Lancaster 群利用第三代测序技术（PacBio 单分子测序技术）与 BioNano 映射技术组装了高质量的玉米 *Mo17* 基因组。通过比较 *B73* 与 *Mo17* 两个基因组发现，在染色体上的基因排列顺序上至少有 10%的基因存在非共线性现象，同时基因组结构变异上至少 20%的基因存在导致蛋白质编码功能改变的重要序列突变。玉米不同自交系基因组间存在的遗传变异相比其他物种内部的遗传变异更为突出，这些种内基因顺序和基因结构的变异对杂种优势与基因组进化有重要影响。该研究结果在基因组学层面对玉米自交系间能够形成特别显著的杂种优势的原因提供了一个新的解释。

三、转录组水平的研究

在转录组水平，亲本和杂交后代的基因表达模式也为杂种优势机理的揭示提供了依据。Guo 等（2004）对玉米亲本和正反交杂交后代的转录本进行等位基因特异性 RT-PCR 分析时，在共计 15 个基因中，有 11 个出现了不一样的表达水平，从不等于双亲的平均值到单基因水平都有出现，而亲本起源效应对等位基因的特异性表达起到微弱的效果。在进一步比较对照组和在高密度以及干旱条件下杂交玉米的等位基因表达差异时发现，改良过的杂交种会同时表达两种等位基因，而未改良的杂交种倾向于单等位基因的表达，杂交后代中亲本等位基因不一致的表达为揭示杂种优势的机理提供了依据。

在水稻和玉米等作物上利用转录组研究杂种优势的相关研究结果证明，杂种后代与亲本之间的基因差异表达有助于解析植物杂种优势形成的分子机理。由于杂种优势是由许多位点共同调节的，采用单基因的方法研究复杂性状不能区分基因间的间接调控作用，而杂种优势的研究越来越显示了基因间呈现复杂的网络调控关系。单一座位引起的杂种优势，很可能是因为调控网络中关键基因的改变。最新的转录组学、蛋白质组学、代谢组学和表观遗传组学的研究揭开了杂种优势调控网络的神秘面纱。

四、基于表观组解析植物杂种优势分子机理

除了基因组和转录组的变异，作物大多数个体还存在表观遗传的变异。表观遗传变异通过创造稳定的表观遗传个体来影响杂种优势；或者杂交个体可能表现不同的表观遗传状态，引起杂种优势。杂种优势导致的基因表达差异也可能在于表观遗传变异。通过 DNA 甲基化、组蛋白修饰和小分子 RNA（sRNA）等层次调节植物基因表达，从而在植物体响应外界环境胁迫、自身生长发育和内在稳定基因组等方面发挥重要作用。Wang 等对大豆 4 个亲本和 12 个杂交种的 12 个农艺性状与 DNA 甲基化程度进行相关性分析，结果发现低度甲基化有助于增加节间数，过度甲基化有利于增加茎粗。Shen 等对拟南芥 Ler 和 C24 及其正反杂交 F_1 的全基因组 DNA 甲基化水平研究结果表明，杂交种 F_1 甲基化水平比亲本显著增加，尤其在转座元件上发现了大量的甲基化；而且这些甲基化的位置主要发生在与亲本甲基化不同的区域和被 sRNA 覆盖的区域。拟南芥和玉米上也同样发现杂种 F_1 的 siRNA 比亲本的表达水平低。总之，从表观学角度对杂种优势遗传基础进行探讨，虽然使得杂种优势机理的解析变得更为复杂，但是这也是阐释机理不可或缺的环节。

利用表观遗传学和小分子 RNA 水平对杂种优势的研究在最近数年也有较大进展。在水稻中，以籼稻'9311'和粳稻'日本晴'为亲本，产生的正反交后代在幼苗时期即有很显著的优势。对亲本和杂种进行表观遗传分析和小分子 RNA 转录水平分析后，发现转录区域不同的甲基化修饰和其他激活或者抑制的组蛋白修饰与基因的表达呈相关关系，亲本和杂交后代之间不同的表观修饰也与转录水平具有一致性，且正反交 F_1 的表观修饰与亲本之间的表观修饰存在等位基因修饰倾向性。在'日本晴/9311'的 F_1 中，大多数基因为非加性表达，而在'日本晴/9311'中，更多的基因表现为加性。至于小分子 RNA，77.7% 和 78.8% 的 siRNA 在 F_1 杂交后代中的表达水平位于双亲中亲值，剩下部分的 siRNA 表达水平往往更多的是被下调（He et al.，2010）。

五、杂种优势机理在蛋白质组水平的研究

尽管在转录组水平上研究杂种优势促进了其机制的解析，但基因表达水平并不总能

反映其蛋白质水平。因此，从蛋白质组水平上可以进一步探究杂种优势形成的机制。在蛋白质组水平，不同物种、组织和时期的亲本和杂交后代的表现同样为杂种优势机理的揭示提供了丰富的理论基础。玉米 'UH005' 和 'UH250' 的正反交二维蛋白质组学分析表明，大部分（76%）的蛋白质在 F_1 杂交后代中为加性效应，而非加性表达的蛋白质中 44% 的蛋白质与低亲的表达水平一致。授粉后 35d 的胚中和葡萄糖代谢有关的酶，相比于 25d 时的水平显著上调，且多数会超过高亲水平。玉米胚和水稻胚之间非加性表达的基因存在显著的重叠，证明单子叶植物在产生杂种优势的过程中可能存在保守的器官和组织特异性（Marcon et al.，2010）。

随着质谱鉴定技术、色谱分析与质谱联动技术及双向荧光差异凝胶电泳等相关技术的发展，蛋白质组学相关技术已经应用于杂种优势机制研究。Hu 等利用质谱技术对玉米杂交种 '郑单 909' 及其亲本的幼穗进行蛋白组定量分析，结果发现在杂交种中的蛋白质表达模式主要是碳代谢和氮同化影响的显性表达模式。Xiang 等在杂交超级稻 'LYP0' 中找到 11 个与亲本有显著差异的蛋白质，其中包括参与植物体中黄酮类化合物合成的苯丙氨酸解氨酶。由此可见，作物杂种优势现象的分子机制主要与生长和发育相关通路上的基因大量表达有关，从而提高了植物对环境的耐受性，并促使其他基因发挥最大遗传贡献。蛋白质技术分析蛋白差异表达在广度和精度上仍受技术因素的限制，因此高分辨率和高灵敏度蛋白质组学定量技术及其他相关技术的发展，将会有助于揭示杂种优势形成的分子机理。

六、杂种优势机理在代谢组水平的研究

随着代谢成分检测技术的日益成熟，基于亲本和杂交后代之间代谢组水平变化的研究，为连接基因组和表型之间的缺口，寻找杂种优势产生的机理提供新的路径。早在 2009 年，基于拟南芥代谢组，Andorf 等（2009）为杂种优势的机理提出了一个前馈双层网络模型，在系统生物学层次分析了杂种优势。当把杂种优势视作适合度的增加时，该模型预测的结果是被涉及的特定生物学网络会有增加的调控互作关系，随后的确在实际代谢组数据中观察到了增加的网络互作关系。此外，该模型预测到了一个通过增加杂合度增加杂种优势的阈值。Groszmann 等（2015）发现具有杂种优势的拟南芥杂交后代，在具有更强营养生长的同时，植物免疫防御水平会有所下降。在分子水平具体表现为防御和压力应答基因表达水平变化与基本防御水平减弱呈现一致，同时差异表达的基因会减少水杨酸的生物合成和增加生长素的含量。增加的生长素含量在 F_1 中表现为叶片细胞数量的增加，减少的水杨酸则增加细胞体积，最终激素调节的抗性和压力应答网络调节拟南芥的杂种优势。

七、杂种优势机理在系统生物学中的研究

Groszmann 等（2014）在不同的拟南芥杂交后代中，从胚胎发生到营养生长终点再到产生种子，在细胞学和分子层面上对杂种优势进行了分析。在不同的时期，虽然亲本之间遗传关系比较紧密，但杂交后代表现出不同水平和不同类型的生长方式。在细胞学水平，杂交后代通过不同比例增加细胞数量和细胞体积而最后增加叶片体积；在基因表

达水平上，不同组合之间改变的基因表达模式与调节叶片体积的过程保持一致。不同水平、组织和发育时期杂种优势的积累最终产生了生物量和产量的杂种优势，这些杂种优势的产生与杂交后代整个生长周期中的发育改变是密不可分的。Birchler 等（2003）和 Yao 等（2013）结合多倍体和二倍体的杂种优势和自交衰退的差异，证明基因组剂量效应作用于杂种优势。Birchler 等（2010）认为杂种优势的遗传基础就是数量性状主要受动力学和由蛋白质构成的多亚基复合体的组装状态所调控的结果，也认为数量性状的决定因素会表现一定程度的剂量敏感性，调控功能基因的剂量效应和差异等位基因的网络互作共同对杂种优势的影响可能是未来研究的方向，即基因组平衡假说。在解释由多基因杂种优势产生的生长和产量差异的模型中认为，在多个物种中观察到的多基因杂种优势现象可能分享同一个生物学机制，因为杂交后代拥有不同的蛋白质代谢，会有更优的能量利用效率和更快的细胞循环过程，从而会更高效地生长。

第三节 杂种优势利用的方法和途径

一、杂种优势利用的原则

作物杂种优势能够在生产上利用，必须满足以下三个基本条件：①组配出强优势的杂交组合。为了获得更高的产量，杂种 F_1 代必须有足够高的优势表现，并且杂种的表现要满足品种三个条件，即 DUS（差异性、相对一致性、相对稳定性）特性。这里所指的强优势是广义的，既包括产量优势，也包括其他性状的优势，诸如抗性优势，表现抗主要病虫害、抗倒伏等；品质优势，表现营养成分高或适口性良好等；适应性优势，表现为适应地区广或适应间套作等；生育期优势，表现早熟性或适应某种茬口种植等；株型优势，表现耐密植或适于间套作等。强优势的杂交组合，除产量优势外，必须具有优良的综合农艺性状，具有较好的稳产性和适应性，凡只是产量方面具有强优势而其他性状不具优势的杂交组合，往往不能稳产高产，风险性较大，不宜推广利用。②异交结实率高。异交体系是生产杂种品种种子所必需的，没有高效的异交体系，则无法大批量、低成本地生产杂种品种种子。对自花、常异花授粉作物而言，异交体系是能否利用其杂种优势最重要的因子。建立高效的异交体系，降低种子生产成本，使得杂种品种的种子价格降到农民可接受的范围，就成为杂种优势利用研究的重点问题。③繁殖与制种技术简单易行。要有一套简便可行的杂种种子生产及亲本繁殖技术能被农民掌握。在生产上大面积种植杂种品种时，必须建立相应的种子生产体系。这一体系包括亲本繁殖和杂种品种种子生产两个方面，以保证每年有足够的亲本种子用来制种，有足够的 F_1 商品种子供生产使用。故必须有简单易行的能保持亲本纯度的亲本品种（系）自交授粉繁殖方法；有简单易行的能保证种子质量且制种产量高的生产杂种种子的方法。

基于以上三条，杂种优势利用可以有以下几点要求：一是必须有优势组合，即选配优良组合，提高双亲纯合度，增加杂种的杂合性与一致性；二是制种成本低。在作物杂种优势利用研究方面都是围绕着这三条进行的，但由于作物繁殖方式不同以及用于选育杂种亲本的原始材料有很大差异，因此不同作物杂种优势利用研究的侧重点有差异，对自花、常异花授粉作物而言，异交体系是最重要的，对异交作物而言，培育高配合力的自交系则是关键。

二、不同繁殖方式作物利用杂种优势的特点

作物的繁殖方式不同，其后代的遗传特点也不同，在杂种优势利用的方法上也有差异。作物繁殖方式分有性繁殖和无性繁殖，有性繁殖又可分为异花授粉作物、常异花授粉作物、自花授粉作物。

（1）自花授粉作物杂种优势利用特点　　自花授粉作物如小麦、大麦、水稻、大豆等作物，长期进行自花授粉，使品种的基因型都趋于纯合。要使双亲纯合，只要对原始群体进行一次或二次单株选择，即可使品种内各植株的基因型纯合一致，再根据其经济性状和配合力大小选配亲本，其所得的杂种一代性状表现较为整齐一致，在亲本的选育和保存方面比异花授粉及常异花授粉作物要简单些。

（2）（常）异花授粉作物杂种优势利用特点　　异花授粉作物如玉米、甜菜、大麻、白菜、油菜等，常异花授粉作物如棉花等，天然异交率高，遗传基础复杂，群体内株间差异较大。F_1 代杂种生长不整齐，产量优势表现不突出。异花授粉作物的基因型杂合，必须人工控制授粉，强迫进行自交，然后根据育种目标对其主要经济性状进行选择淘汰，育成基因型纯合、主要经济性状优良和配合力高的优良自交系。然后利用自交系间杂交产生 F_1，只有这样的自交系才能作为杂种一代的亲本加以利用。

（3）无性繁殖作物杂种优势利用特点　　无性繁殖的作物如马铃薯、甘薯等需通过品种间杂交产生杂种，在杂种 F_1 群体中选择经济性状优良、杂种优势强的单株，通过无性繁殖，形成一个优良的无性系，继续按照育种目标选择便成为一个无性系品种。因此无性繁殖作物的杂种优势利用为，在育种程序上先利用杂合体的亲本品种经过选择和选配后，获得杂合体杂种，通过单株选优而后无性繁殖形成无性系品种。这些无性系品种可以固定杂种优势，免去种植亲本和每年制种的麻烦。马铃薯、甘薯、甘蔗以及大部分果树等都可以进行无性繁殖，首先选用优良的品种进行杂交产生 F_1 代，利用 F_1 代进行无性繁殖，这样可以固定杂种优势。

三、杂交种配制方法

获得强优杂交种的 F_1 代杂交种是利用杂种优势的基本条件之一。F_1 代杂交种来源于杂交双亲即母本父本杂交，这里参与杂交的母本、父本即为自交系。为保证发挥杂种的优势，自交系在遗传上必须是高度纯合、高配合力的。参与杂交的双亲遗传纯合度越高，杂种的一致性就越好，杂种优势就越大。选育优良的自交系就成为获得强优势杂交品种的基础，这也成了杂种优势利用的第一步工作。

（一）人工去雄配制杂交种

对雌雄异花，繁殖系数高，用种量小，花器较大、去雄较易的作物，均可采用人工去雄的方法生产杂种种子。人工去雄生产杂种种子的方法有一个最大优点，即组配容易、自由，易获得强优势组合。玉米人工去雄可采取在隔离区内父母本隔行相间种植，

在母本雄穗刚露出时，用手拔掉雄穗，任其与父本花粉自由授粉杂交。烟草不但花器大，且花器构造简单，便于人工去雄，而且繁殖系数极高，一个颖果可结数千粒种子，如每株去雄杂交 20 朵花，即可收获数万粒杂交种子供大田栽种。棉花的花器大，人工去雄杂交虽比玉米费工，但容易进行，在盛花期一个劳动日能去雄授粉几百朵花，用于育苗移栽，在生产上也是可行的。

（二）化学杀雄配制杂交种

选用某种化学药剂，在作物生长发育的一定时期喷洒于母本，直接杀伤或抑制雄性器官发育，造成生理不育，达到去雄的目的。化学杀雄利用杂种优势具有组配容易、自由及制种手续简单等特点。化学杀雄的原理是：雌雄配子对各种化学药剂有不同的反应，雌蕊比雄蕊有较强的抗药性，利用适当的药物浓度和药量可以杀伤雄蕊而对雌蕊无害。受到药物抑制的雄蕊，一般表现为花药变小、不能开裂、花粉皱缩空秕、内部缺乏淀粉、没有精核、失去生活能力。许多药剂都能使作物雄性败育，但能用于杂交制种的必须具备以下条件。

1）处理母本后仅能杀伤雄蕊，使花粉不育，不影响雌蕊的正常发育。

2）处理后不会引起遗传变异。

3）处理方法简便、药剂便宜、效果稳定。

4）对人、畜无害，不污染环境。

（三）利用雄性不育系配制杂交种

雄性不育是生物界普遍存在的现象，且大多数是可以稳定遗传的，采用雄性不育系为母本配制 F_1 种子既可省去人工去雄的工作，又可获得高品质 F_1 种子。现已在许多农作物上得到了广泛应用，如水稻、棉花、大白菜、甘蓝型油菜、萝卜、番茄和辣椒等。利用雄性不育性制种，是克服雌雄同花作物人工去雄困难的最有效途径。因为雄性不育特性是可以遗传的，可以从根本上免除去雄的手续。细胞质雄性不育、细胞核雄性不育、核质互作雄性不育、基因型-环境互作雄性不育、隐性核不育、显性核不育均可用于生产杂种。

第四节　雄性不育性的应用

一、质核互作雄性不育性的应用

（一）三系的选育

1. 不育系及相应保持系的选育

（1）选定单株成对测交及连续回交　　为目前选育不育系及保持系（maintainer line）最常用、最主要的筛选方法。即以雄性不育株作母本，选用准备作为一代杂种亲本之一的品种内若干正常能育株作父本（原品种或异品种），进行成对人工杂交，同时将每一父本的植株进行人工控制自交以稳定其性状。对每一杂交组合和父本自交株都分别编号挂牌，如一雄性不育株上有几个花序分枝，则可把每一花序与不同父本植株进行杂交，分枝挂牌，以便于找出保持系，牌上注明父母本和授粉日期等。从雄性不育株花序上和父本株上收获的种子要分组合、分系统单收、单脱粒、单保存。下一年将杂交组合的种子和父本的自交种子，按编号顺序栽种。在这一代（F_1）中要对每个测交组合的植株进行观察，鉴定其育性及其对雄性不育株的保持能力，如发现某一个杂交组合的植株都是不育株，则这一组合就是一个不育系，同时这一组合的父本自交系就是它的保持系。以后只要每一代用这个保持系作父本，用不育系植株作母本进行回交，同时父本自交，就能将不育系和保持系代代繁殖下去。但这种只经一次筛选就找到保持系的情况是不易碰到的，一般在第一代里只要发现部分组合里有些不育株，就应选择不育株比例最高的组合、不育程度最高的植株作母本，用该组合的父本自交后代植株作父本，继续进行回交。回交双亲的性状要尽量相似，以减轻后代分离，加速选育过程，各回交组合和父本自交的种子，同样要单收、单脱粒、单保存并重新编号。至第三代仍按上一代方法，继续进行后代育性的鉴定、选择、回交和自交。对于遗传规律比较简单的不育性，一般在第三、四代里就可选出不育系和保持系，以后的保持繁殖方法是将不育系和保持系按一定比例（经试验测定）栽植在有隔离条件的不育系繁殖区内，任其自由授粉。其后从不育系行上收获的种子仍为不育系，小部分供下一年不育系繁殖区用种，大部分供下一年一代杂种制种区作母本用；从保持系行上收获的种子仍为保持系。例如，郑州市蔬菜研究所在发现金花苔萝卜雄性不育株后，就是采用单株成对测交及连续回交方法，选育出不育系和保持系的。

（2）人工合成保持系　　此法是根据"核胞质"型遗传理论制定的选育方法。即用不育株（系）与不同品种、不同单株进行杂交，然后通过测交、自交等一系列环节，人工合成 N（$msms$）基因型，即为理想的保持系。具体步骤如下。

第一代用不育株作母本，用品种甲、乙、丙等几株能育株作父本进行杂交，同时父本进行自交。所用父本应该是经济性状和配合力都符合要求的。

第二代淘汰自交后代有育性分离的自交系和这些植株所配的杂交组合。在自交后代无育性分离的父本所配的杂交组合内可能有两种情况，有些组合的 F_1 代全部能育，有些组合的 F_1 代有育性分离。如果出现后一种情况，则可按上述筛选法进行回交筛选。如果是前一种情况，则从 F_1 中选株作父本，用该组合的相应父本的自交后代去雄作母本进行反向回交。

第三代 BC_1 应该全部是能育株，从中选 4～5 株作父本，用不育株作母本，分别进行测交和自交。

第四代选测交后代有育性分离的组合，从相应父本的自交后代内至少选 10 株再分别进行测交和自交。

第五代在各测交组合中如果出现后代全部为不育株的即为不育系，这组合的父本自交后代即为保持系。

2. 恢复系的选育　　恢复系在杂优组合中充当父本用以生产 F_1 代种子，并能使不育系的育性恢复。通常的选育法是顶交法或测交法。将雄性不育系作为母本，分别与数个综合经济性状良好的自交系或品系测交，从而选出组合最优，同时又能使育性恢复的系统。

另外，按照一般杂交育种的程序，采用恢复系×恢复系、恢复系×优良品种和不育系×恢复系等组配方式进行杂交，从 F_1 代开始，根据恢复力和育种目标，进行多代单株选择，并在适当世代与不育系测交，从中选出恢复力强、配合力高、性状优良的恢复系。高粱、水稻、小麦等作物均用上述方法选育出恢复系。

（二）利用"三系"制种的方法

利用雄性不育系配制一代杂种种子，每年需要有两个隔离区，即一个不育系繁殖区和一个制种区。在不育系繁殖区内栽植不育系和保持系，目的是扩大繁殖不育系种子，为制种区提供制种的母本；不育系繁殖区同时也是不育系和保持系的保存繁殖区，即从不育系行上所收种子除大量供播种下一年制种区用外，少量供播种下一年不育系繁殖用，而从保持系上收获的种子仍为保持系，可供播种下一年不育系繁殖区内保持系行用。在制种区内栽植不育系和父本系，从不育系行上收获的种子为一代杂种，从父本系行上收获的种子仍为父本系，可供播种下一年制种区内父本行用，故制种区同时也是父本系的繁殖保存区。

应注意不育系繁殖区的隔离距离应依据繁殖超级原种或原种的距离，制种区应依据繁殖一级良种的距离。制种区和不育系繁殖区都要注意去杂去劣，尤其是不育系繁殖区和制种区内的父本系，在生长期间至少应进行 2~3 次。为了提高种子产量，父母本应使盛花期相同，可根据父母本生育期长短，调节播种和定植期，开花期如遇天气不好或昆虫少，可采用人工辅助授粉以增加种子产量。父母本的栽植行比，因作物种类、品种、系统、地区等而异，需经过实际测验，确定既能保证充分授粉又能增加种子产量的比例和栽植方式。

二、核基因不育系的应用

（一）不育系的选育

1. 单隐性基因控制的不育系选育

（1）寻找不育源　　自然条件下作物群体中可通过突变产生不育源，在采种田或生产田中可以搜寻到不育株。也可通过电离辐射或远缘杂交的方法获得。

（2）测交保种　　用不育株相邻的同品种（或品系）的可育株若干与不育株分别交配，分别留种。

（3）观察测交后代育性及分离情况　　当测交后代出现全部育性恢复的群体时，则说明该不育基因为隐性（*msms*）。从测交各组合中找出可育、不育比例为 1:1 分离的组合来，该组合的原供粉株为 *MSms* 基因型，用后代群体中可育与不育株交配，经选择，育成遗传稳定的甲型不育系。当测交后代全可育时，则说明供粉株基因型为 *MSMS*，测交后代基因型为 *MSms*。只要再将分离出的不育株与若干可育株（*MSMS* 与 *MSms* 混合群体）测交，肯定能找出测交后代育性 1:1 分离的组合来，选育即可完成。

2. 单显性基因控制的不育系选育　　对于单显性基因控制的不育株来说，基因型只有 *MSms* 一种（*MSMS* 无法从实践中获得），而相对应的可育株基因型则为 *msms* 一种。因此，在发现不育株后，用该不育株相同品种或品系的可育株若干分别测交。当发现所有测交后代均为育性 1∶1 分离时，则说明该不育是显性单基因控制的。

3. 新型核基因（互作型）控制的雄性不育系选育　在大白菜品系中广泛存在核不育复等位基因中的显性恢复基因 "*Msf*" 和隐性可育基因 "*ms*"，显性不育基因 "*Ms*" 在雄性不育材料中也容易找到。因此，可能在一般的大白菜育种材料中筛选到甲型 "两用系" 及临时保持系来选育雄性不育系。如果现有已知基因型的核不育复等位基因雄性不育材料（如甲型 "两用系"、乙型 "两用系"、临时保持系、核不育系），最好通过转育培育新的雄性不育系。如果已知基因型的甲、乙型 "两用系" 间经济性状差异较大，用它们配成的核不育系本身即是一代杂种，再与父本自交系组配后，获得的是三交种。为了使不育系的经济性状稳定遗传，最好先使这种甲、乙型 "两用系" 相互杂交，使两者的基因交流。然后，在它们的杂种后代中选育新的甲型 "两用系" 和临时保持系。利用遗传基础相似的甲型 "两用系" 和临时保持系配成的不育系经济性状才能稳定。

（二）核不育的应用

1. 单基因隐性或显性不育系的应用

（1）不育系自繁区　隔离条件下，将不育系按常规采种的方法定植，初花期从群体中找出不育株并加以标记，混合自然授粉，从不育株上获得的种子即为不育系。对于自花或常异花作物则需人工授粉。

（2）杂种一代种子生产区　隔离条件下，将不育系与父本按（3~4）∶1 的比例相间种植，不育系行内的密度应为常规的两倍。初花期找出不育系中的可育株并及时拔除。自然或人工放蜂授粉（自花与常异花作物则人工辅助授粉），从不育株上采收的为 F_1 代种子，父本系上收的种子，明年制种时仍作父本系。

2. 新核基因型（互作型）雄性不育系的应用　需设立 3~5 个隔离区。一个为甲型两用系繁殖区。在这个区内只种植甲型两用系，开花时，标记好不育株和可育株，只从不育株上收种子，可育株在花谢后便可拔掉（不需留种）。从不育株上收获的种子一部分下一年继续繁殖甲型两用系，一部分下一年用于生产雄性不育系。第二个隔离区为雄性不育系生产区。在这个区内按 1∶（3~4）的行比种植乙型两用系中的可育株（系）和甲型两用系，而且甲型两用系的株距比正常栽培的小一半。快开花时，根据花蕾特征（不育株的花蕾黄而小），去掉甲型两用系中的可育株，然后任其授粉。在甲型两用系的不育株上收获的种子为雄性不育系种子，下一年用于 F_1 代种子生产。在乙型两用系的可育株上收获的种子，下一年继续用于生产雄性不育系种子（实际上往往需要另设隔离区繁殖临时保持系）。第四个隔离区为 F_1 代制种区。在这个区内按 1∶（3~4）的行比种植 F_1 代的父本和雄性不育系，任其自由授粉。在不育系上收获的种子为 F_1 代种子，在父本植株上收获的种子，下一年继续作父本种子用于生产 F_1 种子。实际上父本系往往需要另设繁殖隔离区。

第五节　杂种优势固定

利用优势强的杂种 F_1 代种子，无论是采用哪种方法途径，都需要每年配置杂交种，不仅增加了种子成本，加大了工作量，同时也易发生制种混杂的现象，使种子纯度降低，影响大田产量。如何保持杂种优势，并使其在若干世代中不发生显著衰退，是国内外育种学家和科研人员在不断探索的课题。

早在 20 世纪 50 年代，就开始了固定杂种优势的研究。当时多以玉米品种间杂交种为试验材料，有的研究者认为通过选择杂交种后代优势可以得到保持。刘仲元研究认为，严格选择的 F_2 代和 F_3 代分别比 F_1 代增产 2.2%～12.2%和 2.9%～20.1%。景奉文以'金皇后'×'小粒红'等杂交种为材料，进行选择对杂交种后代产量影响的试验。结果表明，经过严格选择的杂交种后代比同一年未经选择的一般杂交种后代产量高 2.6%～6.6%。

一、利用无性繁殖

在水稻上可利用基茎节再生，使强优势的水稻杂交一代种的优势得到固定。但需要解决三个问题，即早穗、越冬和剪节费工。而随着组培技术的发展，利用工厂化育苗，大规模组培强优势的 F_1 组培苗，是固定杂种优势的很有前途的技术。

在生产中，用无性方式繁殖而性器官又能结种子的作物（如马铃薯、甘薯）能方便地固定杂种优势。据上海市农业科学院报道，若将水稻下部茎节斜插于田间，则其出苗快、成活率高。

二、利用无融合生殖

无融合生殖是不通过受精过程的一种生殖方式。它不经过受精作用而产生胚和种子。是一种不发生性细胞融合的无性过程。花药培养技术是利用孤雌生殖固定杂种优势的有效手段。贵州省黔南自治州罗甸县农业科学研究所采用花药培养水稻杂交一代种，得'汕优 2 号''甸优 2 号'等二代花培株系 64 个，经比较、鉴定花培的优系与对应的水稻杂交一代种相比，生长整齐一致，异型株少于 0.5%；成穗率增加显著，分蘖力相近。采用远缘杂交结合延迟授粉的方法也是利用孤雌生殖固定杂种优势的一种途径。苏联在 1969 年通过属间杂交得到孤雌生殖的玉米。1973 年苏联科学院西伯利亚分院生物研究所将 72 条染色体的鸭茅状摩擦禾无融合生殖基因导入了四倍体玉米。不过这种基因的表现型表现不完全，但它们认为通过杂交、选择可以把它保存下来，并传给四倍体和二倍体的玉米品种，从而得到真正的无融合生殖的玉米。

三、利用多倍体

以两个同源四倍体为亲本杂交产生的二代杂种即为双二倍体。虽然双二倍体在自交或杂交时也分离，但杂种第二代中杂合的个体比二倍体杂种的要多，而且纯隐性的个体出现的频率比二倍体后代的低，因此可相对保持杂种优势。同源多倍体一般比它的二倍体生长缓慢，难以保持早熟性的杂种优势，且其结实率也较低，因此需要进一步改进。

四、利用染色体易位

易位是通过非同源染色体片段之间的交换来改变基因间的位置效应。广东省农业科学院以水稻'矮优 2 号'为材料，用 γ 射线处理杂交当代种子，在 M_2 代得到染色体易位植株。经过 5 个世代的鉴定和选择，得到了主要性状稳定的易位纯合体。易位系的结实率和千粒重提高，起到了固定杂种优势的作用。

五、利用半配合生殖法

半配合生殖是指在授粉后，精核进入卵细胞，但不与卵核融合，而是彼此独立分裂，最后形成镶嵌着父本和母本特性的嵌合体。其产生的后代多为单倍体，经染色体加倍后成为纯合二倍体。棉花育种中的半配合材料是从 Pima 棉中选育得到的，除具有半配合特性外，还具有黄色叶片指示性状。将其应用于陆地棉×野生棉杂种选育中，可通过单倍体的加倍，使早代稳定以保留多种变异类型，确保其不在长期分离过程中消失，从而使杂种优势固定。

六、利用组织培养法

把杂交育种得到的优良杂种一代的植株组织或体细胞进行离体培养，可以培养出大量 F_1 苗供生产使用，以代替年年杂交制种的方法。此方法是一种具有广阔发展前景的固定杂种优势技术。

七、利用平衡致死法

英国科学家在探讨固定杂种优势的过程中，发现月见草的单倍性胚中产生一系列的易位突变，将所有染色体连成一个重组，和正常胚结合所产生的杂交种不可能有纯合子（带有易位突变的胚在纯合时会死亡），所以，一切同质结合的个体将自行死亡并被淘汰，故其后代全部为异质结合体，永久地保持杂合性。目前，已有可能用人工诱变的方法诱发具有平衡致死的易位突变。

八、利用染色体结构变异法

利用染色体结构的变异，使杂种在减数分裂时形成两种基因型不同的配子。由于在自交受精过程中，同质基因结合的合子会引起个体的死亡，只有异质基因结合的合子才可以生存。因此，这些后代可以成为"永久杂合体"，从而一直保持杂种优势。

九、利用现代生物技术固定杂种优势

利用现代生物技术，将具有无融合生殖特性的远缘物种的遗传物质导入水稻中，进而筛选水稻无融合生殖种质。通过穗茎注射法将大黍（*Panicum maximum*）总 DNA 导入籼型水稻之后获得了一些变异个体。利用粳稻广亲和品系'02428'与无融合生殖大黍品系'OK85'进行不对称体细胞杂交后成功地获得了再生植株，再生植株在花器形态、结构和生殖特性上发生了明显的变异，出现了多花药、多胚珠和多胚囊结构等特异的生殖现象。但通过分子育种技术和原生质体融合技术创造出具育种价值的水稻无融合生殖种质十分困难。近年来植物生物技术飞速发展，通过分子生物学以及基因工程的手段去研究和改良作物，在农业生产中取得了很好的应用前景。近期通过分子生物学以及基因工程的手段在无融合生殖研究领域中取得了重要进展。2018 年底，美国加利福尼亚大学戴维斯分校 Venkatesan Sundaresan 教授团队发表的水稻无融合生殖体系，通过编辑 *PAIR1*、*REC8*、*OSD1*（*MiMe*）三个基因，结合卵细胞中异位表达 *BBM1*，实现了水稻的无融合生殖。2019 年，王克剑团队发表的利用基因编辑技术建立的水稻无融合生殖体系，在'春优 84'中敲除 *MiMe* 和 *MTL* 等内源基因，获得了可以发生固定杂种优势（fixation of hybrids）的材料。通过无融合生殖途径实现"一系法"水稻育种目标的技术思路再次引起了许多学者的广泛关注。

从基因突变或基因工程技术方面利用植物杂种优势，具体步骤如下：利用基因突变或基因工程技术将杂交种生殖细胞的减数分裂转变为类似有丝分裂从而得到与杂交种基因型和染色体倍性一致的配子；诱导配子发育成种子或植株。杂交种可产生与自身基因型和染色体倍性完全一致的克隆种子或植株，使杂种优势可以被长期利用，解决了之前在利用杂种优势中由于花期不一致等原因导致亲本间杂交困难、制种产量低、杂交种成本高等问题。

本 章 小 结

杂种优势在粮食作物、蔬菜作物及林木植物生产实践中被广泛利用，大幅度提高了作物产量和改良了作物品质，产生了显著的社会效益和经济效益。杂种优势虽然在实践应用上取得了成功，但对杂种优势遗传及生理机制的研究还没有达到人们预期的深度。本章系统介绍了杂种优势利用的现状和杂种优势的机理研究进展。包括传统的显性、超显性假说，基因组水平、转录组水平、表观组、蛋白质组、代谢组等水平的研究进展。详细介绍了杂种优势利用的方法和途径，包括杂种优势利用的原则、不同繁殖方式作物利用杂种优势的特点和杂交种配制方法等。系统介绍了雄性不育在杂种优势中的应用原理和方法。最后介绍了杂种优势固定的方法及在作物杂种优势利用中的情况。

思 考 题

1. 作物杂种优势利用有哪些途径及特点？
2. 简述杂种优势机理在分子遗传研究上的进展。
3. 在作物杂种优势利用中如何预测杂种优势？
4. 简述作物雄性不育性在杂种优势利用中的应用。
5. 杂种优势固定方法有哪些？
6. 作物杂种优势表现特点有哪些？
7. 利用杂种优势的原则是什么？

主要参考文献

蔡得田，袁隆平．2001．二十一世纪水稻育种新战略Ⅱ．利用远缘杂交和多倍体双重优势进行超级稻育种［J］．作物学报，27：110-116

陈深广，沈希宏，曹立勇，等．2010．水稻产量性状杂种优势的 QTL 定位［J］．中国农业科学，43（24）：4983-4990

陈泽辉，高翔．2000．Suwan 种质选系的配合力和杂种优势研究［J］．中国农业科学，33（增刊）：113-118

但志武．2016．水稻籼粳亚种杂种优势预测与机理分析［D］．武汉：武汉大学博士学位论文

番兴明，张世煌．2003．根据 SSR 标记划分优质蛋白玉米自交系的杂种优势群［J］．作物学报，29（1）：105-110

李博，张志毅，张德强，等．2007．植物杂种优势遗传机理研究［J］．分子植物育种，5（S1）：36-44

李竞雄．1990．玉米杂种优势研究的回顾和展望［C］//中国遗传学会．植物遗传理论和应用研讨会论文集．北京：中国

遗传学会

李锐, 马海林, 白建荣. 2018. 玉米强杂种优势组合的基因型分析与分子预测 [J]. 山西农业科学, 46 (4): 494-500

梁晓玲, 王业建, 杨杰. 2018. 玉米耐旱遗传育种研究及分子育种策略 [J]. 玉米科学, 26 (3): 1-5

刘纪麟. 2004. 玉米育种学 [M]. 3 版. 北京: 中国农业出版社

刘贤青, 董学奎, 罗杰. 2015. 基于连锁与关联分析的植物代谢组学研究进展 [J]. 生命科学, 8: 986-994

刘新芝, 彭泽斌, 傅骏骅. 1998. 采用 RAPD 分子标记、表型和杂种优势聚类分析法对玉米自交系类群的划分 [J]. 华北农学报, 13 (4): 36-41

潘光堂, 杨克诚, 李晚忱. 2020. 我国西南玉米杂种优势群及其杂优模式研究与应用的回顾 [J]. 玉米科学, 28 (1): 1-8

秦泰辰. 1982. 杂种优势利用的原理和方法 [M]. 南京: 江苏人民出版社: 3-18

秦泰辰. 1993. 作物不育化育种 [M]. 北京: 中国农业出版社: 495-518

秦泰辰. 2009. 从遗传学、基因组学回顾与展望杂种优势的应用 [J]. 江苏农业学报, 25 (2): 421-427

商连光, 高振宇, 钱前. 2017. 作物杂种优势遗传基础的研究进展 [J]. 植物学报, 52 (1): 10-18

史关燕, 赵雄伟, 韩渊怀. 2020. 基于多组学解析作物杂种优势机制及其利用展望 [J]. 山西农业大学学报 (自然科学版), 40 (4): 1-9

孙其信. 1998. 农作物杂种优势机理研究及展望 [J]. 作物杂志, 4: 31

谭静, 番兴明, 杨峻芸. 2004. 玉米分子标记遗传距离与产量杂种优势关系的研究 [J]. 西南农业学报, 17 (3): 278-281

万建民. 2010. 水稻籼粳交杂种优势利用研究 [J]. 杂交水稻, 1: 3-6

汪鸿儒, 储成才. 2017. 组学技术揭示水稻杂种优势遗传机制 [J]. 植物学报, 52 (1): 4-9

王懿波, 王振华, 王永普. 1997. 中国玉米主要种质杂种优势利用模式研究 [J]. 中国农业科学, 30 (4): 16-24

王智权, 江玲, 尹长斌, 等. 2013. 水稻产量相关农艺性状杂种优势位点的定位 [J]. 中国水稻科学, 27 (6): 569-576

王智权, 肖宇龙, 王晓玲, 等. 2013. 水稻杂种优势利用的研究进展 [J]. 江西农业学报, 2 (5): 23-28

吴敏生, 戴景瑞. 2000. 中国 17 个优良玉米自交系的分子标记杂合性及其与杂交种性状的关系研究 [J]. 西北植物学报, 20 (5): 691-700

吴晓林. 2000. 用分子标记预测植物和动物杂种优势的研究 [D]. 长沙: 湖南农业大学博士学位论文

吴玥. 2014. 中国北方玉米杂种优势群和杂种优势模式的研究 [D]. 长春: 吉林农业大学硕士学位论文

辛业芸, 袁隆平. 2014. 超级杂交稻两优培九产量杂种优势标记与 QTL 分析 [J]. 中国农业科学, 47: 2699-2714

许晨璐, 孙晓梅, 张守攻. 2013. 基因差异表达与杂种优势形成机制探讨 [J]. 遗传, (6): 714-726

杨淑华, 王台, 钱前. 2016. 2015 年中国植物科学若干领域重要研究进展 [J]. 植物学报, 51 (4): 416-472

袁力行, Warburton M. 2001. 利用 RFLP 和 SSR 标记划分玉米自交系杂种优势群的研究 [J]. 作物学报, 27 (2): 149-156

袁隆平. 2012. 选育超高产杂交水稻的进一步设想 [J]. 杂交水稻, 3 (9): 1-2

张世煌. 1998. 玉米杂种优势类群和杂种优势模式 [J]. 作物杂志, (增刊): 84-85

张世煌. 2006. 论杂种优势利用的循环育种策略 [J]. 作物杂志, 3: 1-3

张世煌, 彭泽斌, 袁立行. 2000. 玉米杂种优势与我国玉米种质扩增 [C] //中国农学会. 21 世纪玉米遗传育种展望. 北京: 中国农业出版社: 37-41

张书芹, 韩雪松, 胡恺宁. 2017. 植物杂种优势遗传基础研究进展 [J]. 分子植物育种, 15 (11): 4734-4740

张天真. 2015. 作物育种学总论 [M]. 北京: 中国农业出版社: 146-165

赵旭. 2013. 玉米杂种优势群划分及群体遗传结构分析 [D]. 兰州: 甘肃农业大学硕士学位论文

郑淑云, 王守才, 刘东占. 2006. 利用 SSR 标记划分玉米自交系杂种优势群的研究 [J]. 玉米科学, 14 (5): 26-29

Cantelmo N F, Von Pinho R G, Balestre M. 2017. Genome-wide prediction for maize single-cross hybrids using the GBLUP model and validation in different crop seasons [J]. Molecular Breeding, 37 (4): 51

Chen J, Zhou H, Xie W, et al. 2019. Genome-wide association analyses reveal the genetic basis of combining ability in rice [J]. Plant Biotechnology Journal, 17: 2211-2222

Chen Z J. 2010. Molecular mechanisms of polyploidy and hybrid vigor [J]. Trends in Plant Science, 15 (2): 57-71

Crow J F. 1998. 90 years ago: the beginning of hybrid maize [J]. Genetics, 148 (3): 923-928

Cui Y R, Li R D, Li G W, et al. 2020. Hybrid breeding of rice via genomic selection [J]. Plant Biotechnology Journal, 18 (1): 57-67

Gonzalez-Bayon R, Shen Y, Groszmann M, et al. 2019. Senescence and defense pathways contribute to heterosis [J]. Plant Physiology, 180 (1): 240-252

Huang X H, Yang S H, Gong J Y, et al. 2016. Genomic architecture of heterosis for yield traits in rice [J]. Nature, 537 (7622): 629-633

Li L Z, Lu K Y, Chen Z M, et al. 2008. Dominance, overdominance and epistasis condition the heterosis in two heterotic rice hybrids [J]. Genetics, 180 (3): 1725-1742

Moll R H, Lonnquist J H, Fortuno J V, et al. 1965. The relationship of heterosis and genetic divergence in maize [J]. Genetics, 52 (1908): 139-144

Reif J C, Hailauer A R, Melchinger A E, et al. 2005. Heterosis and heterotic patterns in maize [J]. Maydica, 50 (3): 215-223

Riedelsheimer C, Czedik-Eysenberg A, Grieder C, et al. 2012. Genomic and metabolic prediction of complex heterotic traits in hybrid maize [J]. Nature Genetics, 44 (2) : 217-221

Schrag T A, Westhues M, Schipprack W, et al. 2018. Beyond genomic prediction: combining different types of omics data can improve prediction of hybrid performance in maize [J]. Genetics, 208 (4): 1373-1385

Shen H S, He H, Li J G, et al. 2012. Genome-wide analysis of DNA methylation and gene expression changes in two *Arabidopsis* ecotypes and their reciprocal hybrids [J]. Plant Cell, 24 (3): 875-892

Westhues M, Schrag T A, Heuer C, et al. 2017. Omics-based hybrid prediction in maize [J]. Theoretical and Applied Genetics, 130 (9): 1927-1939

Williams W. 1959. Heterosis and the genetics of complex characters [J]. Nature, 184 (4685): 527-530

Xu S, Xu Y, Gong L, et al. 2016. Metabolomic prediction of yield in hybrid rice [J]. Plant Journal, 88 (2): 219-227

第七章 细胞工程育种

细胞工程是以细胞为基本单位，在体外条件下进行培养、繁殖或人为地使细胞的某些生物学特性按人们的意志发生改变，从而改良生物品种和创造新品种，加速动物或植物个体的繁殖，或获得某些有用物质的过程。细胞工程根据操作对象的不同，可分为植物细胞工程和动物细胞工程两大领域。植物细胞中涵盖植物所有的遗传信息，在合适的条件下，一个单独的植物细胞可以发育成为一个完整的植物体。目前国内外已将细胞工程普遍应用于作物育种研究中，取得了一系列重大进展，包括植物茎尖脱毒、植物材料快速繁殖、单倍体育种、突变体育种、远缘杂交育种、人工种子、转基因育种和种质资源保存等方面。

第一节 植物细胞工程研究技术

植物细胞工程是以细胞的全能性为理论基础，在细胞水平上对植物进行操作，获得新性状、新个体、新物质或产品的育种新技术。植物细胞工程包括植物组织培养、花药（粉）培养、体细胞培养与无性系变异筛选、原生质体培养、体细胞杂交、人工种子生产技术及染色体工程技术等。

一、植物组织培养

植物组织培养一般是指分离一个或数个体细胞或植物体的一部分在无菌条件下培养，接种到人工培养基上，在人工控制的条件下进行一段时间的培养，使其分裂分化并最终形成完整的新植株。根据培养植物材料的不同，植物组织培养包括器官培养、茎尖分生组织培养、愈伤组织培养和细胞悬浮液培养。植物组织培养的基本过程包括：①外植体的选择，根据试验目的选择用于组织培养的起始材料，如健康植株的特定部位或组织、根、茎、叶、花、果实等；②外植体的灭菌，根据外植体的种类选择合适的化学药剂对外植体表面进行消毒，建立无菌培养体系；③外植体的接种和培养，将植物材料经表面灭菌处理后，切碎或分离出器官、组织、细胞，再经无菌操作转接到无菌培养基上，在适宜的条件下使其生长，分裂和分化形成愈伤组织或进一步分化成再生植株；④组培苗的炼苗移栽，通过减肥、增光、降温、控水等措施，提高试管苗对外界环境条件的适应性，提高光合作用的能力，提高试管苗的移栽成活率。

目前植物组织培养应用最多、最有效的就是植物脱毒和离体快速繁殖。很多农作物都带有病毒，如甘薯、马铃薯和大蒜等，严重地影响了作物的产量和品质。但感病植株体内病毒的分布并不均匀，1943 年 White 的研究表明植物生长点附近的病毒浓度很低甚至无病毒。1952 年法国 Morel 发现采用微茎尖组织培养可以获得无病毒苗木，这成为解决病毒危害和品种退化问题的一个重要途径。世界各国早已采用组织培养技术进行种薯、蔬菜、花卉和中药材种苗的脱毒繁殖与工厂化生产，如草莓快繁脱毒系统，明显提高了草莓的产量和品质，平均增产可达 20%～30%，糖度增加 3%～5%。日本静冈县的草莓生产，每 3 年就进行一次组培脱毒，草莓的产量和品质明显提高。20 世纪 70 年代初，我国采用茎尖脱毒培养技术解决了马铃薯退化的问题，为全国各地提供了无病毒种薯，使种薯产量大为增加。目前，我国已经有不少地区建立了无病毒苗的生产中心，形成了规范的无病毒苗生产体系，包括无病毒苗的培养、鉴定、繁殖、保存、利用和研究，并在 13 科 30 多种作物上快速繁殖出无病毒苗，大面积用于生产实践。

利用组织培养进行繁殖最明显的特点就是繁殖速度快，使用材料少，生产效率高，省时省工。尤其对于一些繁殖系数低且不能用种子繁殖的名、优、特植物品种的繁殖，具有重大的意义。组织培养快速繁殖技术繁殖出大量幼苗的方法主要包括：①通过茎尖、茎段、鳞茎盘等产生大量腋芽；②通过叶等器官直接诱导产生不定芽；③通过愈伤组织培养诱导产生不定芽、茎尖或不定芽形成丛生芽。最早成功应用的是兰花。美国、日本、荷兰、新加坡等国，采用组织培养快速繁殖技术繁殖兰花、水仙等名贵花卉，形成了强大的兰花产业，美国每年快速繁殖出售兰花的金额达 5000 万美元，荷兰每年出口名贵花卉的总金额达 15 亿美元。我国已将组织培养快速繁殖技术应用于甘蔗、马铃薯、葡萄、猕猴桃、香蕉、罗汉果、月季、观叶花卉等十几种植物的生产中，获得了显著的效益。例如，通过对罗汉果的叶、茎尖、腋生枝进行组织培养，年繁殖系数达 10^3～10^8；中国广西的甘蔗快繁技术，其年繁殖系数达 2 万以上，是常规育种的 40 倍。

二、花药（粉）培养

花药（粉）培养又称"单倍体育种"，是将花药（粉）接种到人工培养基上进行离体培养，使其脱分化形成细胞团，然后再分化形成胚状体或愈伤组织进而发育成单倍体植株，再进行染色体加倍，获得纯合的二倍体，从中选育出遗传性状符合育种目标需求的优良单株，培育成新品种。花药（粉）培养的基本流程包括：①外植体的选择，选择花粉发育至一定时期的花药，对大多数植物来说，花粉发育的适宜时期是单核期，尤其是单核中、晚期；②外植体（花蕾）预处理，预处理最常用的方式是低温预处理，还包括高温、离心和预培养等方式，根据植物种类、品种和生理状态选择适宜的预处理方法；③外植体消毒，因为花药在花被或其他组织的严密包被中，本身处于无菌状态，所以一般只需要对花蕾表面进行消毒即可；④剥取花药进行接种，由于花丝是二倍体，接种时注意去掉花丝；⑤诱导培养，根据培养目的选择合适的培养基和培养条件，一般脱分化需要暗培养，再分化需要光照；⑥单倍体加倍获得纯合二倍体植株，加倍方法主要包括自然加倍、人工加倍。利用花药（粉）培养进行单倍体育种，可以克服后代分离，缩短育种年限，加速育种进程；有利于筛选隐性突变体，选择效率高；利用单倍体细胞进行遗传转化，能直接表达外源基因，不受显隐性的影响，已经被广泛应用。

自 1964 年印度学者 Guha 首次利用曼陀罗花药培养技术获得绿色植株后，该技术立刻引起了世界各国的关注。目前，花药（粉）培养技术已经在各国广泛应用，已有 1000 多种植物成功地获得了花粉植株，包括玉米、小麦、水稻、油菜、马铃薯、烟草等 30 多种农作物。美国农业部的研究人员采用花药培养技术成功地培育出了高蛋白水稻品种，与常规品种相比，其蛋白质含量增加了 10%，赖氨酸含量增加了 5%～7%，对提高稻米品质具有重要的意义。在我国，花药（粉）培养技术的研究始于 20 世纪 70 年代，现已育成花粉植株的作物有 65 种。我国首先育成了包括玉米、小麦、水稻、小黑麦、甜菜、茄、甘蔗、杨树在内的 19 种作物、蔬菜、果树与林木的花粉植株。仅在水稻中选育的品种就达 60 多个，小麦 20 多个。其中由中国农业科学院作物育种栽培研究所通过花药培育成的水稻品种 '中花 8 号''中花 9 号''中花 10 号' 的推广面积达 2 万 hm^2；北京市农林科学院用（'洛夫林 18 号' × '5238-036'）× '红良 4 号' 的杂交一代花粉培养选育而成的小麦品种 '京花 1 号'，是我国第一个用细胞工程方法培育的小麦品种，具有高产质佳，抗病性好，适应性较广等特点。通过花药组织培养选育的烟草新品种 '早育 1 号'，从花药培养到正式确定为烟草新品种只用了 4 年时间，大大缩短了育种年限，提高了育种效率。2001 年，华中农业大学吴江生等通过油菜小孢子培养选育的 '华双 3 号' 获得了国家科技进步二等奖，该品种具有高产、优质、多抗病和双低（低芥酸、低硫苷）等优点。同年，北京市海淀区植物组织培养技术实验室研究开发的科研项目 "甜（辣）椒花药培养单倍体育种技术的研究与应用" 也获得了国家科技进步二等奖。

三、体细胞培养与无性系变异筛选

体细胞培养是对植物体细胞进行培养，通过胚状体途径或器官发生途径获得再生植株。在体细胞培养过程中，细胞处在不断分生状态，容易受到培养条件和外加压力的影响而产生各种遗传和不遗传的变异。因此通过体细胞培养获得的再生植株中存在广泛的变异，其中有些是可遗传的有利变异，可以从中筛选出符合育种目标的种质材料。例如，在小麦、水稻、马铃薯、甘蔗等的再生植株中存在高频率的突变体，又称为体细胞无性系变异。体细胞无性系变异是一个重要的遗传变异来源，已经广泛应用于新品种的选育中。例如，由江苏省农业科学院农业生物遗传生理研究所选育的 '生选 3 号'，是以 '扬麦 158' 幼穗为外植体，经诱导体细胞无性系变异，从抗赤霉病性显著提高，而农艺性、品质性状基本保持 '扬麦 158' 的优良特性的无性系变异中选育而来，是一个适应性广的优质、高产、抗赤霉病小麦新品种。

在体细胞培养过程中，可以通过在培养基中添加某种化学试剂或某种胁迫物质诱导产生突变，将其中产生有利变异的突变体筛选出来培养成苗，即可培育出优良新品种。该方法已经广泛应用于抗逆境胁迫突变体，如抗寒、抗旱、耐盐等；抗病突变体，如抗玉米小斑病、抗烟草野火病等；抗除草剂突变体，如抗除草剂玉米、油菜等作物的筛选。目前国内外专家已经利用细胞突变体筛选出抗枯萎病、抗黄萎病、耐盐、耐高温的棉花植株；耐盐碱、抗叶枯病和叶瘟病的水稻；抗寒亚麻新品种；抗花叶病毒的甘蔗无性系等。

四、原生质体培养

植物原生质体是指用特殊方法脱去细胞壁后裸露的、有生活力的原生质体团。就单个原生质体而言，除没有细胞壁外，它具有活细胞的一切特征，仍然具有细胞的全能性。原生质体培养是将原生质体放在人工配制的培养基上，在人工控制的条件下培养成再生植株的过程。在适宜的外界环境条件下，原生质体可形成细胞壁，进行有丝分裂，形成愈伤组织或胚状体获得再生植株。原生质体培养的流程主要是：①通过机械分离法或酶解分离法进行原生质体的分离；②原生质体纯化，主要是由于分离的原生质体溶液中，除完整无损伤的原生质体外，还存在破碎的原生质体、未去壁的细胞、细胞器及其他碎片等组织残渣，需要将这些杂质除掉，进行纯化之后才能培养；③原生质体培养，主要有液体浅层培养法、液体悬滴培养法、固体平板法、固液双层培养法（应用最广泛）等；④细胞壁再生，细胞分裂形成细胞团；⑤诱导产生愈伤组织或胚状体，植株再生。原生质体没有细胞壁，有利于细胞融合，实现远缘物种的体细胞杂交；吸收能力强，便于外源 DNA 或细胞器的导入，是遗传操作的理想受体。原生质体培养为改良作物品质、提高产量、转移与导入外源 DNA 提供了一种创新的技术途径。

自 1960 年英国 Cooking 首先从番茄茎尖细胞中分离到原生质体后，国内外就对原生质体培养进行了大量研究，并取得了一定的成果。至今世界各国已经从 320 多种高等植物的原生质体培养中获得了完整的植株，其中玉米、小麦、水稻、野生大豆、谷子等原生质体培养再生植株是由我国首先完成的。美国利用原生质体培养技术已成功培育成了抗除草剂的大豆、油菜和烟草新品种。日本利用原生质体培养等技术成功培育了水稻、马铃薯、蔬菜和果树新品种。我国已在包括粮、棉、豆类、蔬菜与药用植物在内的 40 多种植物上获得原生质体培养的再生植株。中国科学院遗传与发育生物学研究所以多秆、多穗青饲玉米品种为供试材料，培养出中国首株玉米原生质体再生植株；并对小麦推广品种‘徐州 211’进行原生质体培养，成功培育出了小麦原生质体再生植株。孙慧慧等采用固液结合培养，以甘蓝型油菜‘中双 6 号’子叶为材料进行原生质体培养，获得了再生植株，建立了甘蓝型油菜原生质体培养及植株再生体系，为原生质体转基因奠定了基础。

五、体细胞杂交育种

体细胞杂交育种技术是细胞生物学与植物分子遗传学相结合发展起来的一项育种新技术。体细胞杂交又称"细胞融合"，是指把两种不同基因型个体或不同种、属、科生物细胞的原生质体分别分离出来，再用一定的技术融合成一个新的杂种细胞，乃至发育成杂种植株的过程。体细胞杂交技术建立在原生质体培养的基础上，主要流程包括：①原生质体的分离和培养；②原生质体间的融合，最常用的方法是聚乙二醇（PEG）融合法和电融合法；③融合后杂种细胞的选择，可以通过互补选择法、物理特性差异选择法、生长特异性筛选法等进行杂种细胞的筛选；④诱导杂种细胞产生愈伤组织，植株再生。该方法能够打破种间杂交障碍，用栽培品种和野生种、不同种属之间的物种作为亲本，经过原生质体融合、选择和再生，选育出品质优良、抗逆性强的新品种，为远缘杂交育种开辟了新的技术途径。

自 1972 年首次培育出烟草种间体细胞杂种以来，国内外体细胞杂交育种技术经过了几十年的研究，在作物育种中取得了一些成果。世界各国利用体细胞杂交育种技术获得 16 个科，70 多个种内、种间、属间与族间的体细胞杂交种。美国和日本等国的科学家采用细胞融合技术将番茄和马铃薯的细胞融合在一起，培育出了"番茄薯"或"薯番茄"的新型植物，它的根部长马铃薯，地上部分结番茄。日本首次利用体细胞杂交技术，成功培育出了甘蓝与白菜的体细胞杂交种，结球甘蓝与芜菁、油菜变种小松菜的中间杂交种。油菜原生质体融合技术起始于 20 世纪 70 年代，通过将拟南芥和白菜型油菜原生质体融合，获得了自然界中不存在的属间体细胞杂种拟南芥油菜。胡琼等采用 PEG 融合法对甘蓝型油菜和新疆野生油菜叶肉的原生质体进行融合，获得了对称性杂种。李省印等采用体细胞杂交技术获得了平菇种内杂交株，选育出了适应性强、丰产、优质、耐热的'优生 1 号'新品系。黄贤荣等将狭叶柴胡与胡萝卜体细胞进行杂交，培养出了愈伤组织，将中药柴胡中的药效成分转入胡萝卜中，虽然没有培养出再生植株，但为获得药效成分高含量的胡萝卜细胞系及再生植株提供了一个新的方案。获得成功的属间体细胞杂种植物还有芥菜＋油菜、烟草＋龙葵、烟草＋大豆等。

第二节　主要作物细胞工程研究进展

一、玉米

玉米组织培养和细胞培养起步较早，1949 年 La Rue 用甜玉米的胚乳作外植体，首次诱导出愈伤组织，但最终未获得再生植株。1974 年，Green 用玉米幼胚作外植体进行愈伤组织的诱导，首次获得了玉米二倍体再生植株，并筛选出抗小叶斑病的再生植株。此后，国内外许多科学家对玉米组织培养进行研究。例如，Naqvi 等（2002）进行了用玉米种子诱导愈伤组织的研究；Shohael 等（2003）对如何高效地获得玉米再生植株进行了探索性研究，均取得了一定的进展。目前，已经能够高效地对多种基因型玉米诱导出胚性愈伤和再生植株，并证实了玉米幼胚是最好的胚性愈伤诱导进行植株再生的材料。我国学者刘世强等通过对 3 个玉米自交系及其组配的 3 个单交种进行愈伤组织诱导，发现 7~8 叶期的幼茎和授粉 22d 的幼胚出愈率较高；谢友菊等以玉米幼穗为材料，诱导出胚性愈伤组织；母秋华等对超甜玉米的花药及幼胚进行培养，成功获得再生植株，并作亲本筛选出甜玉米纯系及高产杂交组合；张举仁等建立了玉米体细胞无性系的成套技术，主要以骨干玉米自交系和单交种为外植体，通过细胞突变体筛选获得抗逆自交系，通过耐盐筛选培育出耐盐自交系和耐盐高产单交种。

单倍体育种是加快玉米自交系选育的有效方法，可以通过花粉培养法获得纯合的玉米自交系。1991 年杭玲等通过玉米花粉培养技术培育出了玉米花培杂交种'桂花 1号'和'桂三 1 号'；1995 年杨宪民利用花粉培养技术选育出花培杂交种'花单 1号'。虽然通过玉米花药培养已经选育出了一些优良玉米自交系，并组配得到了优良的花培杂交种，但是大多数基因型愈伤组织诱导率和幼苗分化率很低，甚至不能诱导愈伤组织和再生幼苗，限制了花粉培养技术在玉米单倍体育种的应用。以生物诱导为基础的玉米单倍体育种技术已成为现代玉米育种的核心技术之一。该技术以单倍体诱导系为父本，以目标选系基础材料为母本进行杂交，在当代籽粒上即可产生一定比例的单倍体。

由于绝大部分玉米单倍体是不育的，需要对其进行化学加倍才能获得玉米 DH 系。可以将授粉后 12～20d 剥取的玉米单倍体幼胚接种于含有玉米单倍体加倍剂的培养基中进行加倍，得到染色体加倍的玉米，从而提高了玉米单倍体加倍效率。

二、小麦

单倍体育种能够加速杂种后代纯合，缩短育种周期，提高育种效率。小麦花药培养是培育小麦单倍体，获得小麦 DH 系的主要方法。我国小麦花药培养技术处于世界先进水平，不仅研制出了在小麦花药培养中广泛应用的 N6、W14、C17 等培养基，而且针对影响小麦花药培养的诸多因素进行了大量研究，如供试材料基因型、脱分化培养基、培养条件等，优化了小麦花药培养体系，提高了花药培养效率。由北京市农林科学院育成的小麦花培品种'京花 1 号'，是世界上第一个大面积种植的冬小麦花培品种，其蛋白质含量高达 16.7%，比对照增产 16.9%。之后育成了'花培 6 号''北京 8686''陇春31 号''扬麦 9 号'等多个小麦花培品种。虽然小麦花药培养体系已经完善，但是其基因型特异性强，可用于杂交亲本的基因型相对狭窄，限制了花药培养在小麦育种的大规模应用。

陆维忠等将细胞工程应用于小麦抗赤霉病育种中。通过对农艺性状优良的小麦品种'宁麦 3 号''扬麦 3 号'等幼穗、幼胚进行脱分化和再分化，在添加呕吐毒素（DON）的培养基上进行突变体筛选，获得了高抗赤霉病突变系。远缘杂交是充实小麦种质资源的常用方法之一，由于远缘杂交不亲和性，可以通过对杂种幼胚培养获得远缘杂交后代。陆维忠等以'华山新麦草''纤毛鹅观草'等野生种为赤霉病抗源，以'中国春''川 114'为受体进行远缘杂交，通过对授粉 10～12d 的杂种幼胚进行培养，获得了远缘杂交后代，通过连续回交，筛选到了抗赤霉病株系。由于远缘杂交获得的杂种后代分离严重，需要较长世代才能稳定，可以利用花药培养技术对远缘杂种后代进行花药培养，在较短时间内获得稳定遗传的株系。

三、水稻

自 1968 年日本育种学家新关（Niizeki）和大野（Oono）等首次通过花药培养技术获得了单倍体水稻花粉植株，世界各国科学家开始对水稻花药（粉）培养技术开展广泛研究。我国于 1970 年开始进行水稻花药培养技术研究，1975 年天津市农业科学院育成了世界上第一批水稻花药培养品种'花育 1 号''花育 2 号'。实现了水稻花药培养技术从理论到实践的突破，达到了世界先进水平。随着水稻花药培养技术的不断改进，花药愈伤组织诱导率、绿苗分化率及自然加倍率都有了较大的提高，许多科研院所相继培育出了许多新品种，包括中国农业科学研究院作物育种栽培研究所培育的中花系列、北京市农林科学研究院作物研究所培育的京花系列、天津农业研究院培育的花育系列、黑龙江省农业科学院水稻研究所培育的龙粳系列等。由湖南省水稻研究所培育的早熟、高产、抗病性强的水稻花培品种'湘花 1 号'和广东省植物研究所育成的水稻花培品种'单籼 1 号'等都已在生产上得到了大面积推广。虽然水稻花培技术已经成熟，通过花培技术选育出了很多粳稻品种，并在生产上大面积推广，但是籼稻花药培养愈伤组织诱导率和绿苗分化率偏低，花药培养难度大，限制了花药培养技术在籼稻育种中的广泛应用。到 20 世纪末，通过花培选育的籼稻品种只有 5 个。

水稻花药培养还常用于杂交稻育种。杂种优势的利用是实现水稻产量突破的重要途径，杂交稻的三系在应用中会发生退化、杂种后代分离严重等问题。通过传统方法对三系杂交稻进行提纯比较烦琐，而通过花药培养进行"单倍体育种"可以快速有效地对三系杂交稻进行提纯复壮。例如，江苏里下河地区农业科学研究所利用水稻花药培养技术成功对杂交水稻不育系'协青早 A'、印尼水田谷不育系'Ⅱ-32A'和'优-IA'的新型不育系进行了提纯，不育程度达 100%，纯度达 99.9%。四川省农业科学院生物技术研究所建立了"杂交—辐射（体培）—花培—南繁北育"技术体系，用于恢复系的选育。通过对'明恢 63'×'紫圭'的 F_1 幼穗进行射线照射后进行花药培养，成功培育出了广泛应用于生产的优良籼型水稻恢复系'川恢 802'。

日本科学家首先实现了水稻野生种与栽培种的远缘杂种株的选育。野生稻长期生长在各种逆境中，具有许多优良的遗传特性，可以用来改良栽培稻，提高产量、品质、抗病虫害及抗逆性。由于野生稻基因组与栽培稻基因组差异大，杂交难以获得杂交种。因此采用体细胞杂交技术，获得了水稻野生种与栽培种的体细胞杂种，将野生稻的优良性状导入栽培稻，育成了能够抗病虫害、抗寒、抗旱的水稻新品种。我国云南省农业科学院程在全等发明了一种提高野生稻与栽培稻远缘杂交胚拯救育种效率的方法。该方法通过胚拯救途径获得远缘杂交后代，整个培育时间仅需 30d，胚拯救技术成苗率高达 94%，解决了杂交种不结实及胚拯救过程中效率低的问题，提供了一种快速有效获得大量野生稻和栽培稻远缘杂交种苗的新方法。

四、棉花

棉花是我国重要的经济作物和纤维作物，在我国国民经济中有十分重要的地位。野生棉是引进外源基因、创造变异的重要来源。主要通过有性杂交、胚拯救和细胞融合等方法，将野生棉的优良性状导入栽培棉中，培育抗性强、品质优良、产量高的棉花新品种。张献龙等首次从野生棉克劳茨基棉中获得了再生植株，并系统研究了不同野生棉愈伤组织的诱导和分化，获得了戴维逊氏棉（*Gossypium davidsonii*）、克劳茨基棉（*Gossypium klotzschianum*）、司笃克氏棉（*Gossypium stockii*）、雷蒙德氏棉（*Gossypium raimondii*）和旱地棉（*Gossypium aridum*）的再生植株。

棉花体细胞培养主要是以种子发芽后的胚轴、子叶或植株的叶片、茎秆等体细胞为外植体进行培养，诱导愈伤组织、胚胎再生获得再生植株。在培养过程中常出现多种类型的变异，将其中有利变异筛选出来培育成苗，获得符合育种目标要求的种质材料。国内外专家通过体细胞培养技术，已经筛选出抗枯、抗黄萎病、耐盐、耐高温的棉花植株。张献龙等用枯、黄萎病菌毒素作为筛选剂，对棉花下胚轴、愈伤组织等进行筛选，获得了一批抗枯、抗黄萎病菌毒素的突变体。

棉花原生质体培养已经进行了大量的研究，并在多个棉种上取得了成功。陈志贤等于 1987 年首次通过棉花细胞悬浮培养获得再生植株之后，又从陆地棉原生质体中成功培养出再生植株。这项成果为棉花体细胞杂交和外源遗传物质的导入提供了理论基础，对棉花品种的改良有重要的意义。目前转基因技术已经在棉花育种中取得了巨大商业效益。我国通过转基因技术与常规育种技术相结合，已经培育出一系列转基因抗虫棉新品种，包括中棉所系列、鲁棉研系列、晋棉系列等。截至 2004 年，我国转基因抗虫棉的种植面积超过 310 万 hm^2，其中我国自主育成的转基因抗虫棉种植面积超过 180 万 hm^2，占抗虫棉市场份额的 60%以上。

本 章 小 结

本章主要介绍了植物组织培养技术、花药（粉）培养技术、体细胞培养与无性系变异筛选、原生质体培养技术以及体细胞杂交育种的主要原理、步骤及发展历程。介绍了组织培养、花药培养等技术在玉米育种中的应用进展；介绍了利用花药培养进行小麦单倍体育种、利用胚拯救进行远缘杂交育种的研究进展；介绍了水稻花药培养在常规稻、杂交稻以及水稻远缘杂交等方面的应用；介绍了体细胞培养、原生质体培养等技术在棉花育种中的应用进展，以及我国利用细胞工程技术培育作物新品种方面取得的主要在就。

思 考 题

1. 植物细胞工程的主要技术包括哪些方面？
2. 简述植物组织培养的概念及其基本流程。
3. 什么是花药培养，简述花药培养的基本流程。
4. 体细胞无性系筛选的原理是什么？
5. 简述原生质体培养的基本流程。
6. 简述体细胞杂交概念及其在育种上的意义。

主要参考文献

陈绍江，陈琛，肖子健．2020-9-4．一种玉米单倍体加倍的方法及其应用：中国，CN202010434695.X［P］

程在全，陈玲，李定秦．2015-9-2．一种提高野生稻与栽培稻远缘杂交胚挽救育种效率的方法：中国，CN201510323455.1［P］

葛胜娟．2013．水稻花药培养及其在遗传育种上的应用［J］．种子，（8）：45-50

韩根．2012．生物技术在玉米育种中的应用［J］．安徽农业科学，（15）：8406-8407

贺梅，黄少锋，张丽萍．2010．花药培养育种在水稻育种上的应用［J］．北京水稻，40（1）：75-78

李付广，刘传亮．2007．生物技术在棉花育种中的应用［J］．棉花学报，19（5）：362-368

李培夫，李万云．2006．细胞工程技术在作物育种上的研究与应用新进展［J］．中国农学通报，22（2）：83-86

李文安．1998．我国利用离体组织培养进行快速繁殖的研究简况［J］．植物生理学报，（1）：71-73

李轩逸．2017．细胞工程技术在作物育种中的应用［J］．现代经济信息，（31）：318

刘丽艳．1992．植物组织培养技术在植物及农作物育种上的应用研究与进展［J］．黑龙江农业科学，（5）：41-44

陆维忠，程顺和．1998．细胞工程在小麦抗赤霉病育种中的利用［J］．江苏农业学报，14（1）：9-14

盛红萍，申屠年．2001．草莓的组织培养和快速繁殖［J］．蔬菜，（8）：15-16

孙慧慧，闫晓红，叶永忠．2010．甘蓝型油菜子叶原生质体培养及植株再生研究［J］．河南农业科学，（6）：35-39

王炜，陈琛，欧巧明．2016．小麦花药培养的研究和应用［J］．核农学报，30（12）：2343-2354

吴丹，姚栋萍，李莺歌．2015．水稻花药培养技术及其育种应用的研究进展［J］．湖南农业科学，（2）：139-142

吴永升，莫伟健，谭华．2006．生物技术在玉米育种中的应用［J］．南方农业学报，（37）：104-107

杨平，卢振宇．2011．细胞工程技术在作物育种上的开发应用潜力［J］．农业科技通讯，（9）：104-106

尹富强，罗绍春，周劲松．2006．原生质体培养及其在蔬菜育种上的应用［J］．江西农业学报，（3）：64-68

张献龙，孙玉强，吴家和．2004．棉花细胞工程及新种质创造［C］．宜昌：中国棉花学会 2004 年会

赵沙沙，田永宏，陈波，等．2020．水稻花药培养技术及其研究进展［J］．中国种业，（10）：10-13．

第八章 染色体工程育种

1966 年，Rick 和 Khush 在论述番茄单体和缺体时首次提出了"染色体工程"的概念，它是指按照人们预先设计，通过附加、代换、削减和易位等染色体操作方法和技术改变物种染色体组成，进而定向改变其遗传特性的技术。本章以小麦为例，介绍染色体工程育种的主要操作方法及其在小麦育种中的应用情况。

Sears（1972）首次将"染色体工程"引入小麦，提出了"小麦染色体工程"一词。小麦染色体工程是指按照人们的预先设计，利用染色体基础材料，通过附加、代换、消减和易位等染色体操作改变小麦的染色体组成，进而定向改变其遗传特性的技术。该技术以细胞遗传学为基础，并与远缘杂交、多倍体育种、单倍体育种、诱变育种及细胞工程紧密结合。

在小麦染色体工程中，各类非整倍体及携带异源染色体或片段的材料被称为基础材料，主要包括单体、缺体、补偿性缺体-四体、（部分）双二倍体、异附加系、异代换系、*ph* 基因系以及高亲和性材料等。本章重点介绍小麦染色体工程与远缘杂交相结合，（部分）双二倍体、异附加系、异代换系、易位系的选育及其鉴定方法。

第一节 异源新种质选育

普通小麦（*Triticum aestivum*）是禾本科（Gramineae）小麦族（Triticeae）小麦亚族（Triticinae）小麦属（*Triticum*）的一个种。其近缘物种类型繁多，变异多样，具有丰富的遗传多样性，并且含有在小麦育种中具有重要利用价值的优良基因，如偃麦草属（*Elytrigia*）具有优良的烘烤品质，免疫"三锈"，高抗黄矮病、纹枯病等病害；簇毛麦属（*Dasypyrum*）免疫白粉病，籽粒蛋白质含量较高；黑麦属（*Secale*）和冰草属（*Agropyron*）多花多实等。将外源有益基因转移进栽培小麦，丰富其遗传多样性，拓宽其遗传基础，增强其适应性，提高其产量，改善其品质，是进行小麦遗传改良的有效途径和重要方向。

利用染色体工程技术向小麦转移外源基因，可在染色体组、染色体和染色体片段三个层次上，分别通过选育完全或部分双二倍体、异附加系和异代换系、易位系等异染色体系进行。

一、双二倍体

在染色体组层次上转移外源基因主要包括合成完全双二倍体和部分双二倍体两种途径。

（一）完全双二倍体

完全双二倍体是指具有来自两个亲本、来源和性质不同的全套染色体组结合而成的新物种，其染色体数目为双亲染色体数目之和。普通小麦及二粒小麦就是典型的完全双二倍体。为了转移近缘植物的优异性状，目前国内外已培育出多种属间或种间完全双二倍体，如六倍体小黑麦、六倍体小簇麦、六倍体小偃麦和八倍体小黑麦等（图8-1）。

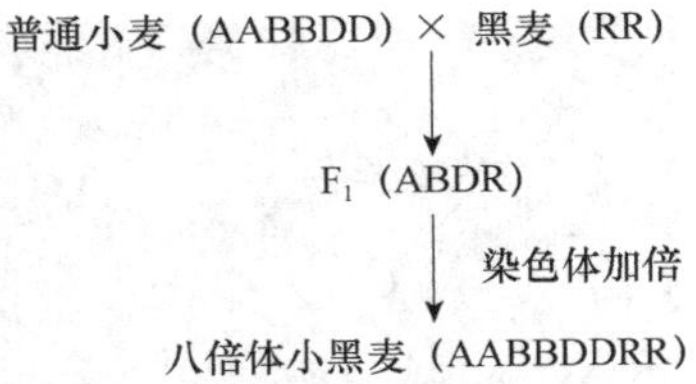

普通小麦（AABBDD）× 黑麦（RR）

F₁（ABDR）

染色体加倍

八倍体小黑麦（AABBDDRR）

图 8-1　八倍体小黑麦的选育

完全双二倍体一般染色体数目不超过 56，由染色体数目相对较少的亲本杂交而成。如果染色体数目过多，杂种 F₁ 难以进行染色体加倍，必须利用小麦进行回交再自交选育部分双二倍体。由于含有双亲的全套染色体，在优良基因导入的同时也引进了不利性状，因此限制了其在农业生产中的直接应用。但六倍体小黑麦和八倍体小黑麦继承了黑麦抗旱、耐涝及抗病虫的优点，籽粒饱满度、面粉烘烤品质和其他农艺性状方面得到了显著改善，产量也显著提高，在非洲、南美洲、澳大利亚的贫瘠干旱土壤及我国贵州的高寒山地推广种植。

（二）部分双二倍体

部分双二倍体也称不完全双二倍体，指仅包含双亲一部分染色体组的双二倍体，通常含有 38～42 条小麦染色体和 14～18 条外源染色体（Fedak and Han，2005）；其中最具利用价值的是在小麦的全套染色体基础上又附加了近缘物种的个别染色体组的类型，如八倍体小偃麦、八倍体小滨麦等。这种部分双二倍体一般是通过小麦与近缘种杂交，然后用小麦亲本与杂种回交，再经分离选择和细胞学鉴定获得。这些宝贵的中间材料不仅可以用于研究不同染色体组间的亲缘关系，还可作为转移外源基因的桥梁亲本进一步创制异附加系和异代换系及易位系，因此在小麦的遗传改良中具有十分重要的利用价值。

李振声院士通过普通小麦与十倍体长穗偃麦草（*Thinopyrum ponticum*，2n＝70）杂交、回交，创制了'小偃 68''小偃 693''小偃 784''小偃 7430''小偃 7631'等一批部分双二倍体（通常将小麦与偃麦草杂交产生的部分双二倍体称为八倍体小偃麦），将长穗偃麦草的抗秆锈病等性状转移至小麦。黑龙江省农业科学研究院育成了八倍体小偃麦'中 1'～'中 7'，将中间偃麦草（*Th. intermedium*，2n＝42）的大麦黄矮病、条纹花叶病及锈病的抗性基因转移至小麦。法国学者 Cauderon 等于 1973 年利用普通小麦'Vilromin'与中间偃麦草杂交获得了八倍体'TAF46'。Yang 等（2006）利用中间偃麦草的新亚种——茸毛偃麦草选育出了免疫白粉病和条锈病的小偃麦'TE-3'，发现其不仅可以提高小麦的抗病性，还可以增加小麦的种子储藏蛋白变异。山东农业大学利用'烟农 15'与中间偃麦草杂交、回交并多代自交，在杂种后代中选育出'山农 TE253''山农 TE257'等 15 个抗条锈病和白粉病的八倍体小偃麦，分析发现其中的小麦染色体在部分双二倍体形成过程中发生了丰富的结构变异，而外源染色体为混合基因组，即来源于中间偃麦草的不同基因组（图 8-2）（Bao et al.，2009，2014；Cui et al.，2018；亓晓蕾等，2017）。

部分双二倍体虽然抗病性突出、生长势强，但携带的外源染色体较多，常表现出晚熟、籽粒不饱满等缺点，因此在生产上难以直接应用，仅作为转移外源有益基因的桥梁亲本加以利用。

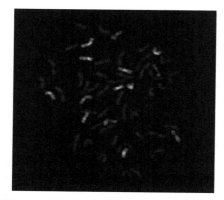

图 8-2　八倍体小偃麦（$2n=56$）的根尖细胞原位杂交鉴定

浅色（黄绿色）为小麦（21 对）染色体，
深色（红色）为中间偃麦草（7 对）染色体

二、异附加系和异代换系

在染色体层次上转移外源基因主要包括创制异附加系和异代换系两种途径。

（一）异附加系

异附加系是通过染色体工程途径将外源染色体转移进小麦遗传背景而形成的一种非整倍体材料。根据所附加外源染色体的数目，可将其分为单体、双单体、双体和多重异附加系。其中双体异附加系（亦称二体异附加系，$2n=44$）是指在小麦全套染色体的基础上附加了 1 对外源染色体的新类型。因其所携带的是 1 对外源同源染色体，减数分裂过程中可以正常配对，因此稳定性最好，在育种中的应用价值也最大。1924 年，Leithty 和 Taylor 最早创制了穗轴有毛的小麦-黑麦 5R 异附加系，但当时并未引起重视。1940 年，O'Mara 首次提出了小麦-黑麦异附加系的选育程序，并育成了 3 个不同的小黑麦异附加系，之后国内外学者又探索出了选育小麦异附加系的多种方法。培育异附加系的方法有以下几种。

1. 常规法　此法先将小麦与近缘植物杂交获得 F_1，然后利用普通小麦进行回交至少一次，从回交后代中直接选择，或先选择单体异附加系，再自交选择双体异附加系，如小黑麦双体异附加系的选育（图 8-3）。利用此法选育异附加系的细胞学鉴定工作量大、所需年限较长，同时由于 $n+1$ 雄配子竞争力弱，

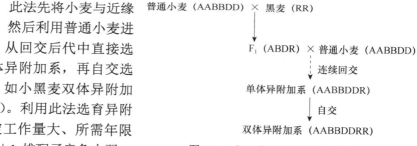

图 8-3　小黑麦双体异附加系的选育

产生双体异附加系的频率也较低，但这是选育小麦异附加系的最基本和最经典的方法。李振声院士利用小麦与十倍体长穗偃麦草杂交，再用小麦回交三次，育成了我国第一个小麦-长穗偃麦草异附加系小偃 759。李立会等（1998）通过普通小麦'Fukuho'与冰草的杂交、回交，创建了一套小麦-冰草异附加系。山东农业大学在普通小麦品种'烟农 15'与中间偃麦草杂交、回交后代中，经形态学、细胞学和分子标记鉴定，获得了 Line15 等多个双体异附加系。

部分双二倍体的成功选育为异附加系的创制奠定了坚实的基础。1966 年，法国 Cauderon 等首先利用八倍体小偃麦'TAF46'与冬小麦品种杂交、回交，在后代中选育出 6 个不同的双体异附加系 L1、L2、L3、L4、L5 和 L7（李振声等，1985），它们分别附加了中间偃麦草的 7Ai-1、3Ai-1、1Ai-1、4Ai-1、5Ai-1、6Ai-1 染色体（Friebe et al.，1992）；其中 L1 中的 7Ai-1 染色体长臂携带抗黄矮病基因 *Bdv2*，该基因是在小麦育种中成功利用的黄矮病三大抗源之一。利用中字系列八倍体小偃麦也创造了诸多优良

异附加系。Xin 等（1988，1993）以'中 5'为大麦黄矮病毒（BYDV）抗源与普通小麦'中 7902''中 8423''宛 7107'等杂交、回交育成 Z1、Z2、Z3、Z4、Z5 和 Z6 等 6 个双体异附加系，其中 Z1、Z2 和 Z6 的抗黄矮病基因被定位于 2Ai-2 染色体上（Larkin et al.，1995），命名为 *Bdv4*（Zhang et al.，2009）。何孟元等（1988）分别以八倍体小偃麦'中 2''中 3''中 4''中 5'为基础，用小麦多次回交、自交，建立了 TAI-1 系列和 TAI-2 系列两套异附加系，并且通过对各异附加系的表型特征进行观察分析，发现有些附加的偃麦草染色体携带有抗条锈病基因。

2．桥梁亲本法　当不同种、属间亲和性较差，直接杂交难以成功时，可先用与双亲杂交均易成功的材料作桥梁亲本与近缘植物杂交，再按常规方法选育双体异附加系。例如，小麦与小伞山羊草直接杂交难以获得杂种，Sears（1956）将野生二粒小麦作为桥梁亲本，先创制野生二粒小麦-小伞山羊草双二倍体，再将其与普通小麦杂交、回交，获得了抗叶锈病普通小麦-小伞山羊草异附加系（图 8-4）。

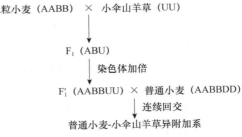

图 8-4　普通小麦-小伞山羊草异附加系的选育

3．双重单体和多重单体异附加法　通过双重单体或多重单体异附加系自交能够提高双体异附加系的产生频率。例如，小麦-大麦单体和双单体异附加系自交产生双体异附加系的频率分别为 0.6%和 2%，而小麦-簇毛麦双单体、三重单体异附加系自交后代中，双体异附加系的频率分别为 5.6%和 16.2%。

4．双倍体间杂交法　这种方法能够提高获得双体异附加系的效率。Lukaxzewski 等（1988）将八倍体小黑麦，用普通小麦回交 1 次得到七倍体小黑麦，再用八倍体小黑麦与其回交，当代就获得了双体异附加系。南京农业大学利用八倍体小黑麦与人工合成小麦（AABBDD）杂交，获得了一批七倍体，然后通过自交获得了异附加系。

5．单倍体法　胡含和王恒立（1990）首先观察到了小麦花药培养植株的染色体变异，并获得了多种非整倍体，此后将花药培养法引入禾谷类作物的染色体工程。他们通过培养普通小麦与六倍体小黑麦、八倍体小偃麦的杂种 F₁ 花药，获得了各种单倍体异附加系，染色体加倍后从中选出了小麦双体异附加系。

Barclay（1975）报道了小麦与球茎大麦杂交后代中外源染色体自发消失的现象，并高频率地获得了小麦单倍体。随后，Islam 等（1978）首先将球茎大麦杂交法用于选育小麦-大麦双体异附加系中，但由于小麦中存在对球茎大麦杂交不亲和的 *Kr* 基因，这种方法应用受到了限制。

研究发现，小麦与玉米杂交过程中，玉米染色体不断丢失，所产生的单倍体胚中只含有一套小麦染色体。因为玉米对小麦的 *Kr* 基因不敏感，单倍体的产生对于小麦基因型没有严格的选择，所以这种方法杂交结实率较高。李平路等（1998）利用已获得的'烟农 15'×中间偃麦草、'烟农 15'×八倍体小滨麦杂种后代分别与玉米杂交，成功获得了异附加系。

目前，国内外学者已育成了小麦与黑麦、冰草、长穗偃麦草、中间偃麦草、簇毛麦、冰草、滨麦草、华山新麦草、纤毛鹅观草等近缘植物的异附加系，但在生产中直接应用的附加系尚未见报道，主要原因有：一是异附加系存在细胞学不稳定性和遗传不平衡性，表现为其中的外源染色体发生丢失或变异。在小麦-冰草的 20 份双体异附加系后代中，10 份没有检测到双体异附加系，另 10 份的双体异附加系频率为 33.3%～100%，同时还发现了异代换系和易位系（王睿辉和李立会，2005）。二是异附加系携带整条外源染色体，在引入有利目的基因的同时也引进了诸多不良性状。尽管如此，异附加系仍是进一步创制异代换系和易位系的重要中间材料，整套附加系还可以用来研究物种的起源、进化、染色体组亲缘关系、基因互作和基因表达。

（二）异代换系

异代换系是指外源染色体替换栽培物种 1 条或多条染色体而形成的种质材料，其中 1 条外源染色体替换 1 条受体亲本染色体的类型称单体异代换系，1 对外源染色体替换 1 对受体亲本染色体的类型称双体异代换系，后者最常见也最具利用价值。培育异代换系的方法有以下几种。

1. 自发代换法 在远缘杂交中，如果双亲染色体亲缘关系较近，那么在减数分裂过程中部分同源染色体间可能发生配对，从而出现染色体自发代换。由于外源染色体对相应的小麦染色体具有良好的补偿性，由此产生的异代换系表现出较好的稳定性，同时携带小麦受体所缺乏的优良性状，因此在生产上的应用价值较大，如小麦-黑麦 1R（1B）异代换系。最近，山东农业大学在八倍体小偃麦 'SNTE20' 与普通小麦 '济麦 22' 杂交后代中，鉴定出兼抗白粉病和叶锈病的 $1J^s$（1B）双体异代换系，就是由长穗偃麦草的 $1J^s$ 自发代换了小麦的 1B 染色体而形成的。

2. 单体代换法 O'Mara 等于 20 世纪 50 年代初首次提出单体代换法，即先将受体品种的单体与相应的双体附加系杂交，在杂种 F_1 中选择双单体植株自交，然后在双单体植株自交后代中选择异代换系。该法具有细胞学工作量大、所需时间长、一般需要先选育出附加系等特点。杨武云等（1997）将单体代换法加以改良，省却了选育附加系的环节，利用桥梁单体法将中国春 *ph1b* 系的 5B 染色体代换至四川主要推广的小麦品种中，培育出丰产型小麦 *ph1b* 系，为小麦遗传育种研究创造了一种特殊材料——小麦品种间异代换系。

3. 单端体代换法 以单端体作母本与近缘种杂交，杂种经染色体加倍培育成缺双二倍体，然后用单端体作母本连续回交 1～2 次，在回交后代中选择 $2n=41$ 的个体，在其自交后代中选择异代换系。该法具有周期短、速度快、细胞学工作量少等优点，但存在杂交不亲和性等困难，实际应用较少。

4. 缺体回交法 该法由李振声院士提出，可通过两种途径创制异代换系，即利用缺体与小麦近缘物种直接杂交、回交，或缺体与双二倍体杂交、回交。该法因不需培育异附加系，缩短了选育进程，具有遗传背景变化小、稳定快、简单易行、细胞学工作量小等优点，得到了广泛应用。孙善澄等（1995）采用该法以小麦的 4D 缺体与八倍体小偃麦杂交，筛选出 1 个 4E 白粒代换及 3 个 4E 蓝粒代换系。傅杰等（1997）利用八倍体小滨麦与缺体小麦杂交和回交，创制出了普通小麦-滨麦草异代换系。侯文胜等（1997）利用普通小麦 5A、3D 缺体与七倍体小新麦杂交和回交，选育出普通小麦-华山新麦草 5A 和 3D 两种异代换系。王秋英等（1999）利用硬粒小麦-簇毛麦双二倍体与

'阿勃 6B' 缺体小麦杂交和回交，选育出了抗白粉病的小麦-簇毛麦 6B 异代换系。张宏等（2003）以 '阿勃 3D' 缺体为母本、八倍体小偃麦 '中 4' 为父本培育出了源于中间偃麦草 St 基因组的小偃麦异代换系。

5．组织培养法　　也是选育异代换系的一种有效方法。陈孝等（1996）从硬粒小麦-簇毛麦杂种幼胚和 F_1 幼穗诱导的愈伤组织中获得了硬-簇双二倍体，通过与普通小麦回交、培养幼胚和花药，得到了 6D（6V）异代换系。李洪杰和朱至清（1998）通过组织培养从普通小麦与八倍体小黑麦杂种 F_0 幼胚再生植株后代中获得 2 个 1D（1R）代换系。胡含等（1999）对普通小麦、六倍体小黑麦、八倍体小黑麦及八倍体小偃麦的 F_1 代进行花药组织培养，从中得到了一些异代换系。唐凤兰（2004）对小麦与黑麦的杂种幼胚用 1000rad 的软 X 射线处理后进行组织培养、回交，得到了抗白粉病 6A（6R）代换系。通过染色体工程结合辐射处理、组织培养等技术开辟了一条选育小麦异代换系的新途径，可以快速准确地将亲缘种属中的有益基因转移到小麦中。

截至 20 世纪 90 年代初，国内外小麦遗传育种学家已经获得了普通小麦与黑麦属、山羊草属、偃麦草属（类麦属）、大麦属、簇毛麦属、芒麦草属、赖草属等的各种异代换系 220 多个（钟冠昌等，2002），已将黑麦的抗条锈病和白粉病基因、长穗偃麦草的蓝粒和抗条锈病基因、中间偃麦草的抗黄矮病和条锈病基因、簇毛麦的抗"三锈"和白粉病基因、山羊草的抗条锈病和叶锈病基因、鹅观草和披碱草的抗赤霉病基因、华山新麦草的抗全蚀病基因等外源优良基因转移到了普通小麦（李占伟，2004）。

双体异代换系染色体数目与小麦相同，其中的外源染色体与相应的小麦部分同源染色体具有较高的遗传补偿能力，因此在细胞学和遗传学上均比相应的异附加系稳定，可以用于研究物种与近缘植物染色体之间的进化关系，在基因定位与基因互作研究方面也具有特殊价值。除小麦-黑麦 1R（1B）等异代换系曾在欧洲部分国家推广外，绝大部分异代换系因携带不利基因，综合农艺性状欠佳，未能在生产中直接应用。利用异代换系进一步创制携带目标性状的易位系，是其得以有效应用的重要途径。

三、易位系

如前所述，异附加系和异代换系携带完整的外源染色体，在导入有益基因的同时也带入了诸多不利基因，通常还存在遗传学不平衡性和细胞学不稳定性，因此难以在生产上直接应用。通过创制异易位系（常称易位系），将携带外源有利基因的染色体片段导入栽培物种，可减少不良基因的导入和避免由整条外源染色体引起的遗传背景不协调，因此具有广阔的应用前景。所谓易位系是指源染色体与栽培物种染色体发生易位形成的重组体。如果外源染色体片段较小，以至于利用基因组原位杂交等细胞学方法无法检测出来，而通过分子标记等技术可以检测出其中的外源遗传物质，这种类型称为隐形易位系，通常称作渐渗系或渗入系。

易位系可以自发产生，但频率较低；也可以通过多种途径进行人工诱导，以提高产生频率。

1．自发易位　　在减数分裂后期 I，两个非同源的单价体同时发生错分裂，可产生端着丝点染色体（Robersonian，1916）。如果来自不同单价体的端着丝点染色体分配到同一末期子核，则其着丝点有可能融合而形成一条整臂易位染色体；如果其中一个单价体为外源染色体，则有可能形成异源易位染色体（Sears，1981）。根据这个理论，在小麦与其近缘物种杂交、回交过程中，由于大量单价体的存在，减数分裂时着丝点错分裂并融合，就会自发产生易位系。

通过这种方式选育了一批抗病性强、产量高的优良易位系，部分易位系如在小麦-黑麦杂交后代中自发产生的 1BL·1RS 易位系，含有 4 个源于黑麦的抗病基因 *Pm8*、*Lr19*、*Sr31* 和 *Yr9*，丰产性较好，曾在小麦育种和生产实践中得到了广泛应用。据周阳等（2004）报道，我国 20 世纪 80 年代以后育成的小麦品种约 38%为 1BL·1RS 易位系，其中北部冬麦区（59%）和黄淮冬麦区（42%）所占比例较高。

2. 辐射诱导　　经辐射处理的染色体能够随机断裂，发生数目和结构变异。在染色体断片以新的方式重接的过程中，如果外源染色体片段接在与其部分同源或非同源的小麦染色体上，便可形成易位。利用这种方法诱导染色体易位，从小麦近缘植物向小麦转移外源优良基因的方法应用较早。1939 年美国开始研究利用属间杂交向小麦转移偃麦草的抗叶锈基因，但是抗病植株不同程度地带有偃麦草的性状，不能直接作为育种的材料。后来，Sando 偶然发现带抗叶锈基因的偃麦草染色体片段转移到小麦染色体上的易位系，才使利用这一基因的育种进入正轨（张正斌，2001）。1956 年，Sears 首次利用 X 射线辐照的方法将小伞山羊草中的抗叶锈基因（*Lr9*）转移到小麦中，获得了抗叶锈的易位系 Transfer（图 8-5），在育种中得到了广泛应用。为了提高易位发生频率，辐射处理时要综合控制相关因素。

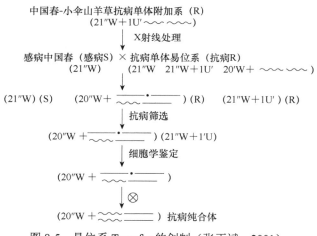

图 8-5　易位系 Transfer 的创制（张正斌，2001）

（1）辐射源　　热中子、快中子、^{32}P、γ 射线、X 射线、电子束等均可用于辐射诱导，其中以 ^{60}Co-γ 射线最为常用，也可以结合应用。渡边好郎等（1984）用 γ 射线照射小麦种子，观察到当代减数分裂中染色体畸变的主要类型是易位，而且在适宜剂量下，易位率非常高（张贵友，1992）。周汉平等（1995）以小麦-长穗偃麦草代换系小麦蓝58 为材料，采用 ^{60}Co-γ 射线和快中子射线对蓝粒小麦种子进行不同剂量的照射处理，得到了 65 个蓝粒易位系。刘文轩等（2000）以小麦-大赖草异附加二体为起始材料，利用即将成熟的花粉进行 ^{60}Co-γ 射线辐射处理，结果从 17 株 M_1 中就选到 2 个不同类型的易位系，小麦-大赖草染色体之间发生易位的单株频率达到 11.8%。王献平等（2003）以小麦-中间偃麦草附加系为材料，采用 ^{60}Co-γ 射线照射花粉得到两个易位系。

（2）选用材料　　用来辐射的材料可以是小麦-近缘物种杂种、异附加系或异代换系的种子、植株，也可以是幼穗、受精卵、花粉等。不同材料、不同品种或不同杂交组合的同一类材料，经辐照后染色体易位的发生频率是有差异的。应用活体在减数分裂前进行辐照最有效，因为减数分裂时性母细胞染色体处于活跃状态，对辐射敏感，易产生易位，而且性母细胞内产生的易位可以通过和正常的配子结合而稳定下来（缪炳良，1994）。由于具有结构简单（单倍）、数量大、易于采集和辐照处理等优点，花粉辐射利用较多，也较为成功。

（3）辐射剂量　　为了探寻适宜的辐射剂量，许多学者开展了大量的研究工作。结果发现，对于不同的辐射源、辐射材料，所采用的辐射剂量应有区别。如果采用 γ 射线照射种子，当剂量小于 200Gy 时，易位频率随剂量呈线性增加。孙光祖等（1990）用 11Gy 剂量辐射处理六倍体小黑麦×普通小麦种子，选出了‘龙辐麦 4 号’‘龙辐 10946’‘龙辐 10877’三个易位系品种。

如果辐照花粉或雌配子，则应采用低剂量。林音等提出了 8 种作物辐照花粉的适宜剂量为 5～30Gy（王琳清，1995）。李新华等（1998）通过不同剂量的 ^{60}Co-γ 射线对小麦花粉的诱变效果研究认为 10Gy 最为适宜。鲍印广等（2009）采用 10Gy 剂量辐射小偃麦异代换系花粉后发现，辐射后代出现了较高频率的染色体断片、落后染色体、染色体桥和微核等异常现象，并伴随较多的单价体和多价体，在后代中筛选出了易位系。陈升位等（2008）辐射 T6VS·6AL 整臂易位系的成熟雌配子，获得了携带广谱抗白粉病基因 *Pm21* 的小麦-簇毛麦小片段中间插入易位系。

（4）剂量率　　为减少对材料的辐射损伤，还应注意剂量率的问题，因为采用相同剂量、不同剂量率时，辐射效应不同，剂量率从小到大，其辐射损伤逐渐减少（李够霞等，1995）。总之，在一定剂量范围内，易位频率随着辐射剂量的增加而增加；低于某个剂量时，易位极少甚至不足引起易位；高于一定剂量时，易位率虽然显著增加但个体损伤程度也急剧增加，易位个体难于存活（张贵友，1992）。因此，这就要求在选择剂量时，既要考虑易位频率，又要保证易位个体具有一定的存活率（吴关庭等，1994）。

利用辐射诱导染色体易位，具有较多优点，如处理方法简单，易位频率高，且不受目标基因在异源染色体上的位置及异源染色体配对潜力的影响等。但是，由于辐射诱导的易位是随机的，产生的易位系一般遗传补偿性较差，不利变异的概率也比较大，因而必须对大量辐射过的个体进行评价，才有可能获得目的基因的转移。

3. 利用遗传控制体系　　减数分裂过程中同源染色体的配对是由遗传控制体系控制的。小麦 5BL、3DS 染色体上存在抑制小麦部分同源染色体配对的 *Ph* 基因，该基因不但能抑制 A、B、D 染色体组间的配对，还能抑制小麦染色体与近缘物种间的染色体配对，从而抑制遗传物质的交换和重组。如果 *Ph* 基因被除去或受到抑制，部分同源染色体之间就会发生配对，进而发生遗传物质的交换和重组，形成易位系。这种方法目的性强，异源片段同源补偿能力好，易位染色体雄配子传递率高，易位系较为稳定。

常用的诱导材料有以下三类：一是 *Ph* 基因缺失体，如 5B 单体和 5B 缺体、5B-5D 缺四体、5BS 双端体等，以 5B 单体最常用；二是 *Ph* 基因的隐性突变体，如 *ph1b*、*ph1c*、*ph2a*、*ph2b*，其中以 *ph1b* 诱导能力最强；三是外源 *Ph* 抑制基因或促进部分同源配对基因，如拟斯卑尔脱山羊草中的 *Ph^I*，能够诱发部分同源染色体配对，从而产生易位系。

利用遗传控制体系不仅可以用于创制易位系，还可以用于缩短外源染色体片段。Gill 等（1995）创制了携带 *Wsm1* 且补偿效应良好的小偃麦易位系 WGR27，被广泛应用于小麦育种，但是由于其中外源染色体片段较大，影响了后代产量表现，因此未能选育出小麦品种。之后，Qi 等（2007）提出了利用 *ph1b* 突变体缩短 WGR27 中外源染色体片段的技术策略，成功获得了携带 *Wsm1* 的小片段易位系 rec213（图 8-6）。

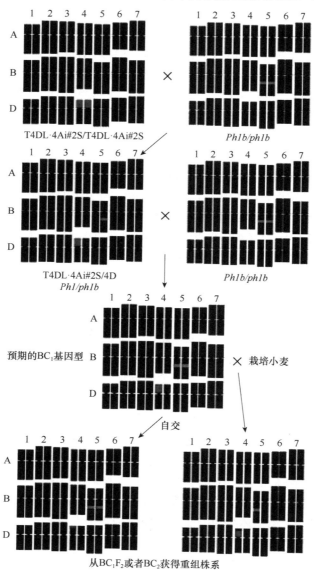

图 8-6　利用 *ph1b* 创制小片段易位系（Qi et al.，2007）

4. 杀配子基因诱导 山羊草属部分种的染色体被导入小麦后，能够优先传递给后代。当这些染色体处于单价体状态时，可以诱发那些不含它们的配子中的染色体断裂和重接，产生染色体缺失和易位等结构变异而导致不育，似乎是这种染色体能够将那些不含它们的配子杀死，因而将具有这种功能的染色体称为杀配子染色体（Endo，1978）。目前应用这种方法已获得小麦与黑麦、大麦、簇毛麦、中间偃麦草、大赖草、滨麦草、冰草等物种间的染色体易位系。

现已证明离果山羊草、尾状山羊草的 3C 染色体，柱穗山羊草、尾状山羊草的 2C 染色体，高大山羊草的 2S 和拟斯卑尔脱山羊草 4S 染色体，均存在杀配子基因。后来发现，'农林 26'等日本普通小麦品种的 3B 染色体上带有抑制杀配子效应的基因 *Igc1*，与杀配子基因互作，可产生染色体断裂、重接，可用于诱导染色体易位。

Endo（1988）利用离果山羊草的杀配子基因得到了多个小黑麦易位系，具体程序见图 8-7。

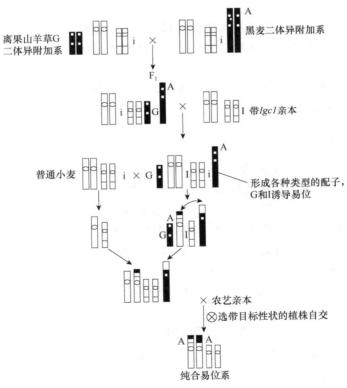

图 8-7 利用杀配子基因诱导小黑麦易位系（薛秀庄，1993）

5. 组织培养法 植物种属间远缘杂种在组织培养过程中，会产生包括易位和缺失等类型的染色体结构变异，并可在再生植株中保留。因此，（部分）双二倍体、异附加系、异代换系与普通小麦杂交后，将杂种 F₁ 进行离体培养，在其后代中可以选育到易位系。这种方法具有简便、效率高、易位片段小等优点，但是诱导频率较低，费时费力，方向不确定，并且主要产生的是臂间易位，容易造成遗传上的不平衡，故在小麦生产中应用很少。

为了有效转移和利用外源优良基因，各国学者利用不同方法创制了大量的易位系，可以作为亲本在小麦育种中加以利用；部分综合性状优良的易位系本身就是优良品种，可在生产上直接应用。除前述的小黑麦 1BL·1RS 易位系外，还有小偃麦、小簇麦易位系，在我国小麦育种和生产中发挥了重要作用。李振声院士以小麦-长穗偃麦草易位系小偃 96 为亲本育成了一系列小偃品种，其中'小偃 6 号'累计推广 1.5 亿亩，开创了小麦远缘杂交品种在生产上大面积推广的先例，当时成为我国推广时间最长的自育品种；同时，'小偃 6 号'还是我国小麦育种的重要骨干亲本，衍生品种 79 个，累计推广 3 亿多亩，增产小麦超过 150 亿斤[①]。另外，南京农业大学选育的小麦-簇毛麦 6VS·6AL 易位系兼抗白粉病和条锈病，已衍生出 30 多个小麦品种，推广面积超过 7000 万亩，成为我国小麦抗病育种的重要亲本。

第二节　外源遗传物质的鉴定

通过染色体工程技术将外源物种的优良基因导入小麦背景是进行小麦遗传改良的重要途径，而对其进行准确鉴定和遗传评价是有效利用外源优良基因的重要内容。通过对外源遗传物质的追踪和鉴定，可以提高人工选择的准确性，缩短育种周期，提高育种效率。鉴定外源遗传物质的方法包括形态学鉴定、细胞学鉴定、分子细胞遗传学鉴定、生物化学鉴定、分子标记鉴定等。

一、形态学鉴定

在杂交后代中，如果受体在形态学上出现了供体物种特有的性状，如茎、叶、穗、籽粒等部位的色泽，植株的抗病性等，即可推测携带控制该性状基因的染色体或染色体片段已被导入受体。黑麦 5R 的毛颈、长穗偃麦草 4E 的蓝粒、簇毛麦 2V 的护颖脊背刚毛等性状均可作为形态标记。李振声等（1982）利用长穗偃麦草 4E 染色体的蓝色胚乳标记性状，在普通小麦与长穗偃麦草杂交后代中选育出一个含 4E 染色体的异代换系，并将其应用于蓝单体系的培育中。武东亮等（1999）选育的单体异附加系 95N2230-4 具有与抗黄矮病基因连锁的毛颖基因，因而毛颖性状可以作为它的形态学标记。

形态学标记直观、方便，是人们最早应用于育种的遗传标记，也是鉴定外源染色体和染色体片段的最经济、最基础的方法。但是，形态学标记数目有限，并且受生长季节及环境条件影响很大，需要有丰富的经验才能正确判断，因此实际应用受到较大限制，适于对大批材料进行初步筛选。

二、细胞学鉴定

染色体的数目和结构特征可以反映染色体数量上与结构上的遗传多态性，可用于鉴定异源种质。分析方法通常包括两类：核型分析和带型分析。

---

① 1 斤＝0.5kg

核型分析是将杂种与受体对比，根据细胞分裂中期染色体大小、数目、臂比、着丝点位置及随体的有无，判断外源染色体或染色体片段的有无。在小麦中，只有含随体的 1B、6B 染色体容易辨认，其他染色体多为中部着丝点染色体，难以通过简单的核型分析准确鉴定外源遗传物质，特别是对于小片段易位系，因此需要将核型分析与其他方法相结合进行综合判定。

在酸、碱、盐、温度等因素的作用下，染色体经过 Giemsa 等染料染色后会呈现明暗相间、深浅不一的带纹。依据带纹的位置、大小以及颜色深浅等将染色体区分开，即是带型分析。目前已应用的有 C 带、N 带、Q 带、T 带技术等，其中 C 带技术可以区分小麦的全部染色体，应用最为广泛。Gill 等（1991）建立了普通小麦'中国春'的 C 带和 N 带标准带型（图 8-8）。大多数小麦近缘种属也具有特征带型，因此采用适当

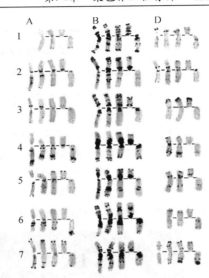

图 8-8　普通小麦'中国春'的标准带型
（Gill et al.，1991）

由左至右依次为 N 带、改良的 C 带、C 带（整条和端体染色体）；1A、3D、4D、5D、6D 不显 N 带

的分带技术可以跟踪和鉴定小麦遗传背景中的外源染色体或染色体片段。染色体分带技术虽然直观，但是操作程序比较烦琐，受实验条件影响较大，而且不能对没有特异性带型或者特异性带型不明显的染色体或染色体片段进行鉴别，因此需要结合其他方法以提高鉴定的准确度。

三、分子细胞遗传学鉴定

细胞遗传学与分子生物学交叉产生了分子细胞遗传学，其核心技术是原位杂交（*in situ* hybridization）。该技术的基本原理是，将放射性或非放射性标记的已知核酸（即探针），经过一定程序与待测 DNA 或 RNA 互补配对结合成专一的杂交分子，利用一定的检测手段将待测核酸在组织、细胞或染色体上的位置显示出来。在染色体工程中，常用的原位杂交技术有两种类型：基因组原位杂交（genomic *in situ* hybridization，GISH）和荧光原位杂交（fluorescence *in situ* hybridization，FISH）。

GISH 以供体的基因组 DNA 作探针、受体的基因组 DNA 作封阻。它不仅可以在细胞分裂的各个时期检测到外源染色体（质），还可检测出外源染色体（质）数目及其片段的大小。花粉母细胞减数分裂中期 I、后期 I 制片的原位杂交，还能提供外源染色体的配对、分离等遗传信息，尤其是对远缘杂种后代中具有特殊育种价值的易位系、异代换系和异附加系的准确识别显示出独特的优势。但是，GISH 仅能检测出外源染色体或染色体片段，无法确定染色体的具体身份。

FISH 是利用串联或散布重复序列作探针，根据重复序列在不同物种或同一物种不同染色体上的杂交信号分布特征区分染色体，可以确认染色体的身份。由于 FISH 的信号空间分辨率高，不同的 DNA 探针可以用不同的半抗原标记，再用不同的荧光染料进

行同时检测，即多色 FISH（multicolor FISH，McFISH）。Mukai 等（1993）利用两个重复序列探针——源于粗山羊草的 pAs1 和源于黑麦的 pSc119.2 成功区分了 17 对小麦染色体。随后，Pedersen 和 Langridge（1997）利用 pAs1 和大麦 pHvG38 作探针成功识别了小麦的全部染色体。这样，通过对远缘杂种后代进行 McFISH 分析，即可确定特定的小麦染色体身份。

在易位系的鉴定中，需要 GISH 和 FISH 结合应用（常称为顺次 GISH-FISH）。通过 GISH 可以检测出外源染色体片段的大小和位置，再利用 FISH 便可识别易位外源片段所在的具体染色体（图 8-9）。为了提高鉴定的准确度，可将原位杂交与其他方法结合。Jiang 和 Gill（1993）将 N/C 分带与 GISH 技术结合，成功鉴定出多个小麦-黑麦易位系，这是在植物中应用顺次分带-GISH 技术的首次报道。

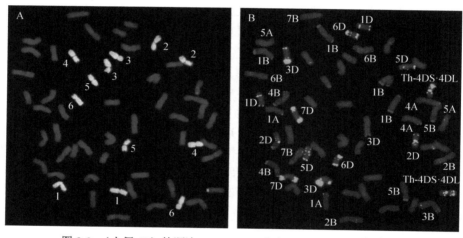

图 8-9 '小偃 68'的顺次 GISH-FISH 鉴定（Zheng et al.，2014）

A. GISH，数字处为长穗偃麦草染色体（片段）；B. FISH，鉴定出图 A 中的易位发生在小麦 4D 染色体短臂末端

传统的 FISH 技术程序复杂、耗时较长，并且大规模鉴定时成本较高。寡核苷酸探针是人工合成的单链 DNA 或 RNA 片段，携带荧光基团，具有成本低、灵敏度高、重复性好等优点。Tang 等（2014）开发了 Oligo-pAs1-2、Oligo-pTa535-1、Oligo-pSc119.2-1 等多个寡核苷酸探针，应用于小麦染色体识别。Sun 等（2018）利用 5 个寡核苷酸探针构建了簇毛麦的标准核型，为小麦-簇毛麦种质鉴定提供了极大便利。南京农业大学将多个寡核苷酸探针组合为探针套，大大提高了小麦染色体带型的丰度及染色体结构变异检测的准确性（Du et al.，2017；王丹蕊等，2017）。

四、生物化学鉴定

外源染色体或染色体片段携带的基因通常编码特定的同工酶或非酶蛋白质。其中，同工酶是结构不同但功能相同的一类酶，包括酯酶、淀粉酶、水溶性蛋白酶、过氧化物酶和过氧化物歧化酶等。不同材料经电泳染色显示的酶带存在差异，据此可以鉴定远缘种质。陈孝等（1996）利用位于第 7 同源群上的 a-Amy-2 作为生化标记对抗 BYDV 的小偃麦易位系进行了鉴定，发现 7Ai-1 的 BYDV 抗性基因与 a-Amy-2 的结构基因连锁，均位于第 7 染色体的长臂上。唐顺学等（2000）采用小麦胚乳酯酶中 Est-6 的 IEF 分析遗 4212 等种质，证明携带抗 BYDV 基因的中间偃麦草染色体代换了小麦的 2D 染色体。

种子贮藏蛋白主要有醇溶蛋白和高分子量谷蛋白，由多基因编码，不受外界环境条件的影响，经聚丙烯酰胺凝胶电泳（PAGE）后可呈现大小不同的清晰带纹，因此常用于种质鉴定、纯度检验。孙智英（1999）对 7 个小麦-中间偃麦草双体异附加系进行了种子醇溶蛋白电泳分析，将它们附加的外源染色体分别归属到中间偃麦草 St 和 E 染色体组。Han 等（2004）对中字系列八倍体小偃麦醇溶蛋白和高分子量谷蛋白分析，发现'中 1'和'中 2'具有较高的营养价值。王玉海等（2017）分析了小麦-山羊草渐渗系 TA002 的贮藏蛋白，发现其中不但含有源于山羊草的醇溶蛋白和谷蛋白，还出现了双亲没有的新的蛋白质亚基。

五、分子标记鉴定

分子标记是以个体间核苷酸序列变异为基础的遗传标记，是 DNA 水平遗传多态性的直接反映。在远缘杂种鉴定中，常用的分子标记有以下几类。

1. RFLP 标记　限制性片段长度多态性（RFLP）标记基于分子杂交，是最早应用的分子标记。不同物种间的 RFLP 标记具有丰富的多态性，不但可以据此鉴定外源遗传物质的有无，还可确定其部分同源群归属。但是，这种标记所需的 DNA 量较大，周期较长，特别是需要使用放射性同位素，容易造成污染和人体伤害，目前已基本不再使用。

2. SSR 标记　SSR 是以 1～6 个碱基为基本单元的串联重复序列，普遍存在于真核生物基因组中。SSR 标记重复性好，多态性高，稳定可靠，不同物种间可以共享利用，在外源染色体或染色体片段的鉴定中被广泛应用。

3. EST 标记　是根据表达序列标签本身的差异而开发的一种分子标记，反映的是基因的编码部分。根据 EST 设计的 EST-SSR 和 EST-STS 标记，具有稳定性好、重复性高等优点，适用于小麦及其近缘物种。Zhao 等（2013）利用 EST 标记构建了簇毛麦 4VS 染色体的物理图谱，并将抗黄花叶病基因定位到该染色体特定区间。

4. RAPD 标记和 SCAR 标记　RAPD 标记是由 Williams 和 Welsh 于 1990 年基于聚合酶链式反应（PCR）发展起来的一项技术。该技术以随机序列 DNA 为引物（一般为 10 个碱基），成本较低，周期较短，操作简便，通用性强，可用于不同生物的相关研究。鲍晓明等（1993）用 40 个 RAPD 引物对天兰冰草、普通小麦及小冰麦易位系进行分析，确证了小冰麦中含有外源染色体片段。林小虎等（2005）、王黎明（2005）对小麦-中间偃麦草杂种后代进行了 RAPD 分析，证明已将中间偃麦草的白粉病抗性等优良性状导入了小麦遗传背景中。

RAPD 标记最大的缺点是稳定性和重复性差。为了解决这一问题，Paran 等（1993）提出将其转化为特异序列扩增区域（sequence characterized amplified region，SCAR）标记。SCAR 标记所使用的引物较长，因此具有更高的重复性，并且呈共显性遗传，比 RAPD 和其他利用随机引物的标记具有更广阔的应用前景。Zhang 等

（2001）将中间偃麦草抗黄矮病 RAPD 标记转化为 SCAR 标记，并用于抗黄矮病分子标记辅助选择；尤明山等（2002）则将偃麦草 E 基因组的特异 RAPD 标记转化为 SCAR 标记。

5. SNP 标记　　在基因组水平上，某个特定位置的单碱基如果发生置换、插入或缺失便产生了序列的多态性，据此开发的标记即为 SNP 标记。随着分子生物学的发展，结合基因组、转录组测序或芯片技术，可以开发大量的 SNP 标记用于高通量分析，为远缘杂种后代的批量选择、鉴定提供了极大便利。Zhou 等（2018）将小麦 660k SNP 芯片应用于冰草，构建了包含 913 个 SNP 标记的连锁图谱，并成功鉴定了一批小冰麦种质。Ma 等（2019）基于转录组数据开发了一批冰草 P 基因组特异 SNP 标记，鉴定了多个小冰麦渐渗系。

除上述标记外，基于 PCR 的地标特异基因（PCR-based landmark unique gene，PLUG）标记和内含子靶向（intron targeting，IT）标记也在远缘种质鉴定中被广泛应用。它们不仅能检测外源物质的有无，还能确定部分同源群归属。2009 年，Ishikawa 等根据小麦与水稻的共线性关系，开发了 960 对 PLUG 标记，将其中的 531 对定位到了小麦染色体上，之后被成功应用于小麦与簇毛麦、黑麦、滨麦、山羊草等杂种后代的鉴定方面。Wang 等（2017）和 Zhang 等（2018）利用二代测序技术，开发了一批簇毛麦 IT 标记。山东农业大学利用 IT 标记鉴定出多个抗白粉病小偃麦异附加系、异代换系和渐渗系。

本 章 小 结

利用染色体工程技术向小麦转移外源基因，可在染色体组、染色体和染色体片段三个层次上进行。在染色体组层次上转移外源基因主要包括合成完全双二倍体和部分双二倍体两种途径。在染色体层次上转移外源基因主要包括创制异附加系和异代换系两种途径。异附加系的创制主要包括常规法、桥梁亲本法、双重单体和多重单体附加法、双倍体间杂交法、单倍体法；异代换系主要通过自发代换法、单体代换法、单端体代换法、缺体回交法、组织培养法等方法进行。易位系可以通过自发易位、辐射诱导、杀配子基因诱导等方法进行。获得异染色体系后外源遗传物质的鉴定是有效利用外源优良基因的重要内容。重点介绍了利用形态学鉴定、细胞学鉴定、分子细胞遗传学鉴定、生物化学鉴定、分子标记鉴定等方法鉴定外源遗传物质的主要原理、步骤及特点。

思 考 题

1. 简述小麦染色体工程、完全双二倍体、部分双二倍体、异附加系、异代换系、易位系、渐渗系、杀配子染色体的概念。

2. 双二倍体、异附加系、异代换系、易位系分别有何特点及利用价值？

3. 如何鉴定小麦远缘杂交后代中的外源遗传物质？

4. 现有一抗条锈病小麦-簇毛麦双体异代换系，如何获得抗条锈病小片段易位系？

5. 在感白粉病品种 A 与中间偃麦草（抗病）杂交后代中，发现一稳定抗病易位系 B，如何确定其中的外源染色体片段位置及部分同源群归属？

主要参考文献

鲍晓明,黄百渠,李松源. 1993. 用 RAPD 技术鉴定两个小冰麦易位系 [J]. 遗传学报, 20 (1): 81-87

鲍印广,李兴锋,宗浩,等. 2009. 小偃麦异代换系山农 0095 辐照花粉后代的细胞学及 SSR 标记分析 [J]. 分子细胞生物学报, 42 (2): 89-94

陈升位,陈佩度,王秀娥. 2008. 利用电离辐射处理整臂易位系成熟雌配子诱导外源染色体小片段易位系 [J]. 中国科学 (C 辑): 生命科学, 38 (3): 215-220

陈孝,徐惠君,杜丽璞,等. 1996. 利用组织培养技术向普通小麦导入簇毛麦抗白粉病基因的研究 [J]. 中国农业科学, 29 (6): 1-8

傅杰,徐霞,杨群慧,等. 1997. 八倍体小滨麦与缺体小麦杂交的细胞遗传学研究 [J]. 遗传学报, 24 (4): 350-357

何孟元,徐宗尧,邹明谦,等. 1988. 两套小冰麦异附加系的建立 [J]. 中国科学 (B 辑), 11: 1161-1168

胡含,王恒立. 1990. 植物细胞工程与育种 [M]. 北京: 北京工业大学出版社

胡含,张相岐,张文俊,等. 1999. 花粉小麦染色体工程 [J]. 科学通报, 44 (1): 6-11

李够霞,卢宗凡,苏敏. 1995. 60Co-γ 射线不同剂量对小麦辐射效应研究 [J]. 国外农学: 麦类作物, 5: 52-53

李洪杰,朱至清. 1998. 组织培养诱导的普通小麦-黑麦易换系和附加系分子细胞遗传学检测 [J]. 植物学报, 40 (1): 37-41

李集临,曲敏,张延明. 2011. 小麦染色体工程 [M]. 北京: 科学出版社

李立会,杨欣明,周荣华,等. 1998. 小麦-冰草异源附加系的创建 Ⅱ. 异源染色质的检测与培育途径分析 [J]. 遗传学报, 25 (6): 538-544

李平路,高居荣,王洪刚. 1998. 利用小麦×玉米方法选育小麦异附加系的研究 [J]. 西北植物学报, 18 (5): 23-27

李树贤. 2008. 植物染色体与遗传育种 [M]. 北京: 科学出版社

李新华,孙永堂,井立玲,等. 1998. 辐照小麦花粉的诱变效应 [J]. 核农学报, 12 (4): 210-214

李占伟. 2004. 普通小麦异代换系的选育研究进展 [J]. 陕西农业科学, 5: 45-47

李振声,穆素梅,蒋立训,等. 1982. 蓝粒单体小麦研究 [J]. 遗传学报, 9 (6): 431-439

李振声,容珊,陈漱阳. 1985. 小麦远缘杂交 [M]. 北京: 科学出版社

林小虎,王黎明,李兴锋,等. 2005. 抗白粉病小麦-中间偃麦草双体异附加系的鉴定 [J]. 植物生理学报, 35 (1): 60-65

刘成,韩冉,汪晓璐,等. 2020. 小麦远缘杂交现状、抗病基因转移及利用研究进展 [J]. 中国农业科学, 53 (7): 1287-1308

刘成,李光蓉,杨足君. 2013. 簇毛麦与小麦染色体工程育种 [M]. 北京: 中国农业科学技术出版社

刘文轩,陈佩度,刘大钧. 2000. 利用花粉辐射诱发普通小麦与大赖草染色体易位的研究 [J]. 遗传学报, 27 (1): 44-49

缪炳良. 1994. 诱发突变在作物育种中的作用及其今后研究方向之我见 [J]. 核农学通报, 15 (4): 193-198

亓晓蕾,鲍印广,李兴锋,等. 2017. 十个八倍体小偃麦的细胞学鉴定和染色体构成分析 [J]. 作物学报, 43 (7): 967-973

孙光祖,陈义纯,张月学,等. 1990. 辐射选育小麦易位系的研究 [J]. 核农学报, 4 (1): 1-6

孙其信. 2019. 作物育种学 [M]. 北京: 中国农业大学出版社

孙善澄,袁文业,裴自友,等. 1995. 小麦缺体转育及代换系的筛选 [J]. 山西农业科学, 23 (2): 7-9

孙智英. 1999. 八倍体小偃麦和双体异附加系的选育及其染色体构成分析 [D]. 泰安: 山东农业大学硕士学位论文

唐凤兰. 2004. 利用诱变与组织培养技术向普通小麦导入抗白粉病基因的研究 [J]. 麦类作物学报, 24 (1): 25-26

唐顺学,李义文,梁辉,等. 2000. 抗大麦黄矮病毒小麦—中间偃麦草二体异代换系的选育和细胞、生化、分子生物学鉴定 [J]. 植物学报, 42 (9): 952-956

王丹蕊,杜培,裴自友,等. 2017. 基于寡核苷酸探针套 painting 的小麦"中国春"非整倍体高清核型及应用 [J]. 作物学报, 43 (11): 1575-1587

王黎明. 2006. 小麦-中间偃麦草异代换系的选育、鉴定及其遗传分析 [D]. 泰安: 山东农业大学硕士学位论文

王琳清. 1995. 诱发突变与作物改良 [M]. 北京: 中国原子能出版社

王秋英,吉万全,薛秀庄,等. 1999. 普通小麦-簇毛麦抗白粉病异代换系的选育 [J]. 西北农业学报, 8 (1): 27-29

王睿辉,李立会. 2005. 小麦-冰草二体异附加系的细胞学稳定性研究 [J]. 麦类作物学报, 25 (3): 11-15

王献平,初敬华,张相岐. 2003. 小麦异源易位系的高效诱导和分子细胞遗传学鉴定 [J]. 遗传学报, 30 (7): 619-624

王玉海，何方，鲍印广，等. 2016. 高抗白粉病小麦～山羊草新种质 TA002 的创制和遗传研究 [J]. 中国农业科学，49（3）：418-428

吴关庭，夏英武. 1994. 辐射诱发染色体易位及其育种利用 [J]. 核农学通报，3：142-146

武东亮，辛志勇，陈孝，等. 1999. 抗黄矮病普通小麦偃麦草异附加系、异代换系的选育和鉴定 [J]. 中国科学（C辑），29（1）：62-67

薛秀庄. 1993. 小麦染色体工程与育种 [M]. 石家庄：河北科学技术出版社

杨武云，胡晓，毛沛. 1997. 采用桥梁单体培育小麦品种间染色体代换系的新方法 [J]. 华北农学报，12（4）：23-27

尤明山，李保云，唐朝晖，等. 2002. 偃麦草 E 染色体组特异 RAPD 和 SCAR 标记的建立 [J]. 中国农业大学学报，7（5）：1-6

张贵友. 1992. 辐射在诱发染色体易位中的应用 [J]. 生物学通报，3：22-23

张宏，罗恒，吉万全，等. 2003. 一个小麦-中间偃麦草异代换系抗条锈病的遗传研究 [J]. 麦类作物学报，23（1）：31-33

张正斌. 2001. 小麦遗传学 [M]. 北京：中国农业出版社

钟冠昌，穆素梅，张正斌. 2002. 麦类远缘杂交 [M]. 北京：科学出版社

周汉平，李滨，李振声. 1995. 蓝粒小麦易位系选育的研究 [J]. 西北植物学报，15（2）：125-128

周阳，何中虎，张改生，等. 2004. 1BL/1RS 易位系在我国小麦育种中的应用 [J]. 作物学报，30（6）：531-535

Bao Y, Li X, Liu S, et al. 2009. Molecular cytogenetic characterization of a new wheat-*Thinopyrum intermedium* partial amphiploid resistant to powdery mildew and stripe rust [J]. Cytogenet Genome Res, 126: 390-395

Bao Y G, Wu X, Zhang C. 2014. Chromosomal constitutions and reactions to powdery mildew and stripe rust of four novel wheat-*Thinopyrum intermedium* partial amphiploids [J]. Journal of Genetics and Genomics, 41 (12): 663-666

Cui Y, Zhang Y P, Qi J. 2018. Identification of chromosomes in *Thinopyrum intermedium* and wheat-*Th. intermedium* amphiploids based on multiplex oligonucleotide probes [J]. Genome, 61: 515-521

Du P, Zhuang L, Wang Y. 2017. Development of oligonucleotides and multiplex probes for quick and accurate identification of wheat and *Thinopyrum bessarabicum* chromosomes [J]. Genome, 60: 93-103

Endo T R. 1978. On the *Aegilops* chromosomes having gametocidal action on wheat [C]. New Delhi: Proc 5th Int Wheat Genet Symp: 306-314

Endo T R. 1988. Introduction of chromosomal structural changes by a chromosome of *Aegilops cylindrical* L. in common wheat [J]. J Hered, 79: 366-370

Fedak G, Han F. 2005. Characterization of derivatives from wheat-*Thinopyrum* wide crosses [J]. Cytogenet Genome Res, 109: 360-367

Friebe B, Mukai Y, Gill B S. 1992. C-banding and in situ hybridization analyses of *Agropyron intermedium*, a partial wheat × *Ag. intermedium* amphiploid, and six derived chromosome addition lines [J]. Theor Appl Genet, 84: 899-905

Gill B S, Friebe B, Endo T R. 1991. Standard karyotype and nomenclature system for description of chromosome bands and structural aberrations in wheat (*Triticum aestivum*) [J]. Genome, 34 (5): 830-839

Gill B S, Friebe B, Wilson D L. 1995. Registration of KS93WGRC27 wheat streak mosaic virus-resistant T4D-4Ai#2S wheat germplasm [J]. Crop Sci, 35: 1236-1237

Han F, Liu B, Fedak G. 2004. Genomic constitution and variation in five partial amphiploids of wheat-*Thinopyrum intermedium* as revealed by GISH, multicolor GISH and seed storage protein analysis [J]. Theor Appl Genet, 109: 1070-1076

Islam A K M R, Shepherd K W, Sparrow D H B. 1978. Production and characterization of wheat-barley addition lines [J]. New Delhi: Proc 5th Int Wheat Genetics Symp, 365-371

Jiang J M, Gill B S. 1993. Sequential chromosome banding and *in situ* hybridization analysis [J]. Genome, 36: 792-795

Larkin P J, Banks P M, Lagudah E S. 1995. Disomic *Thinopyrum intermedium* addition lines in wheat with barley yellow dwarf virus resistance and with rust resistances [J]. Genome, 38: 385-394

Ma H, Zhang J, Zhang J. 2019. Development of P genome-specific SNPs and their application in tracing *Agropyron cristatum* introgression in common wheat [J]. Crop Journal, 7: 151-162

Mukai Y, Nakahara Y, Yamamoto M. 1993. Simultaneous discrimination of the three genomes in hexaploid wheat by multicolor fluorescence *in situ* hybridization using total genomic highly repeated DNA probes [J]. Genome, 36: 489-494

Pedersen C, Langridge P. 1997. Identification of the entire chromosome complement of bread wheat by two-colour FISH [J]. Genome, 40: 589-593

Qi L, Friebe B, Zhang P. 2007. Homoeologous recombination, chromosome engineering and crop improvement [J]. Chromosome

Research, 15: 3-19

Qi Z, Zhen L L, Zhi X N. 2014. Molecular cytogenetic characterization and stem rust resistance of five wheat-*Thinopyrum ponticum* partial amphiploids [J]. Journal of Genetics and Genomics, 41 (11): 591-599

Sun H J, Song J J, Lei J. 2018. Construction and application of oligo-based FISH karyotype of *Haynaldia villosa* [J]. J Genet Genomics, 45: 463-466

Tang Z X, Yang Z J, Fu S L. 2014. Oligonucleotides replacing the roles of repetitive sequences pAs1, pSc119.2, pTa-535, pTa71, CCS1, and PAWRC.1 for FISH analysis [J]. Appl Genet, 55: 313-318

Wang H Y, Dai K L, Xiao J. 2017. Development of intron targeting (IT) markers specific for chromosome arm 4VS of *Haynaldia villosa* by chromosome sorting and Next-Generation Sequencing [J]. BMC Genomics, 18: 167

Xin Z Y, Brettell R I S, Cheng Z M. 1988. Characterization of a potential source of barley yellow dwarf virus resistance for wheat [J]. Genome, 30: 250-257

Xin Z Y, Chen X, Xu H J. 1993. Development of addition lines resistant to barley yellow dwarf virus from wheat-*Th. intermedium* [J]. Proc 8th Inter Wheat Genet Symp, 1993: 20-25

Yang Z J, Li G R, Chang Z J. 2006. Characterization of a partial amphiploid between *Triticum aestivum* cv. Chinese Spring and *Thinopyrum intermedium* ssp. *Trichophorum* [J]. Euphytica, 149 (1/2): 11-17

Zhang X D, Wei X, Xiao J. 2017. Whole genome development of intron targeting (IT) markers specific for *Dasypyrum villosa* chromosomes based on next-generation sequencing technology [J]. Molecular Breeding, 37: 115

Zhang Z, Lin Z, Xin Z. 2009. Research progress in BYDV resistance genes derived from wheat and its wild relatives [J]. J Genet Genomics, 36: 567-573

Zhang Z Y, Xin Z Y, Larkin P J. 2001. Molecular characterization of a *Thinopyrum intermedium* group 2 chromosome (2Ai-2) conferring resistance to barley yellow dwarf virus [J]. Genome, 44 (6): 1129-1135

Zhao R H, Wang H Y, Xiao J. 2013. Induction of 4VS chromosome recombinants using the CS *ph1b* mutant and mapping of the wheat yellow mosaic virus resistance gene from Haynaldia villosa [J]. Theor Appl Genet, 126: 2921-2930

Zhou S, Zhang J, Che Y. 2018. Construction of *Agropyron* Gaertn. genetic linkage maps using a wheat 660K SNP array reveals a homoeologous relationship with the wheat genome [J]. Plant Biotechnology Journal, 16: 818-827

第九章　作物分子设计育种

分子设计育种通过多种技术的集成与整合，对育种程序中的诸多因素进行模拟、筛选和优化，提出最佳的符合育种目标的基因型以及实现目标基因型的亲本选配和后代选择策略，以提高作物育种中的预见性和育种效率，实现从传统的"经验育种"到定向、高效"精确育种"的转化。Peleman 和 Voort（2003）明确提出设计育种的概念，万建民（2006）和 Wang（2007）等又进一步明确分子设计育种主要包含以下三个步骤：①找到育种目标性状的基因/QTL（数量性状基因座）或其紧密连锁标记，评价这些位点的等位变异，确立不同位点基因间以及基因与环境间的相互关系；②根据育种目标确定满足不同生态条件、不同育种需求的目标基因型；③根据制定的育种方案进行育种，在此过程中合理应用分子标记辅助育种、转基因育种和传统育种技术，实现预期目标。本章将系统介绍 QTL 定位和作物分子标记辅助选择。

第一节　QTL 定位的原理与方法

作物中大多数重要的农艺性状和经济性状如产量、品质、生育期、抗逆性等都是数量性状。与质量性状不同，数量性状受多基因控制，遗传基础复杂，且易受环境影响，表现为连续变异，表现型与基因型之间没有明确的对应关系。因此，对数量性状的遗传研究十分困难。长期以来，只能借助于数理统计的手段，将控制数量性状的多基因系统作为一个整体来研究，用平均值和方差来反映数量性状的遗传特征，无法了解单个基因的位置和效应。这种状况制约了人们在育种中对数量性状的遗传操纵能力。分子标记技术的出现，为深入研究数量性状的遗传基础提供了可能。控制数量性状的基因在基因组中的位置称为数量性状基因座（quantitative trait locus，QTL）。利用分子标记进行遗传连锁分析，可以检测出 QTL，即 QTL 定位（QTL mapping）。借助与 QTL 连锁的分子标记，就能够在育种中对有关的 QTL 的遗传动态进行跟踪，从而大大增强人们对数量性状的遗传操纵能力，提高育种中对数量性状优良基因型选择的准确性和预见性。因此，QTL 定位是一项十分重要的基础研究工作，是进行基因精细定位、克隆以及有效开展分子育种的基础。QTL 定位的一般步骤包括：①选择具有相对性状的纯系进行杂交，获得适宜的作图群体；②检测分离世代群体中每一个体的标记基因型和数量性状值；③构建遗传连锁图；④分析标记基因型和数量性状值的相互关联，确定 QTL 在染色体上的相对位置，估计 QTL 的有关遗传参数（图 9-1）。

一、QTL 作图群体的建立

基因定位最有效且最常用的方法就是先构建遗传连锁图谱再进行基因定位，该方法对于数量性状和质量性状的基因定位都适用。构建连锁图谱的前提是建立作图群体，建立作图群体需要考虑几个因素：亲本（父母本）、群体类型以及群体大小等。

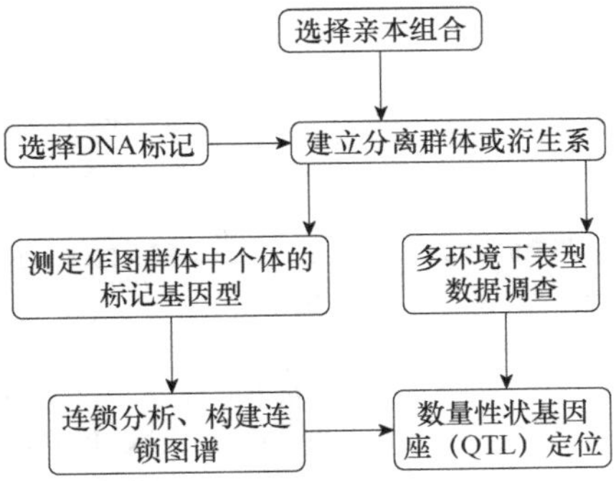

图 9-1　QTL 定位技术示意图

（一）亲本

亲本的选择直接影响构建遗传图谱的难易程度及所建图谱的使用价值。一般应从以下 4 个方面对亲本进行选择。

1. 亲本的典型性　选择有代表性或者有优良农艺性状的材料作为亲本，进行杂交构建作图群体。

2. 亲本间的多态性　亲本间的多态性与其亲缘关系相关，这种亲缘关系可用地理的、形态的或同工酶多态性作为选择标准。一般而言，异交作物的多态性高，自交作物的多态性低。在选择亲本时，并非多态性高的一定好，多态性低的一定差，要根据实际情况选择合适的亲本材料。

3. 亲本材料的纯度　选择亲本时应尽量选用纯度高的材料作为亲本，如果材料纯度不够，可以通过自交进一步纯化。

4. 杂交后代的可育性　杂交后代可育性低会影响分离群体的构建，会导致严重的偏分离现象，降低图谱的准确性。

（二）群体类型

根据群体的来源可以将群体分为双亲本作图群体、多亲本作图群体和自然群体（natural population）（图 9-2）。双亲本作图群体又可分为初级作图群体和次级作图群体。

1. 双亲本作图群体

（1）初级作图群体　根据群体的遗传稳定性可将初级作图群体分成两大类：①暂时性分离群体，如 F_1、F_2、BC_1（回交一代）等，这类群体可以在短期内构建，其分离单位是个体，不稳定，一经自交或近交其遗传组成就会发生变化，无法永久使用；②永久性分离群体，如 RIL（重组自交系）、DH 群体等，这类群体构建费时费力，其分离单位是株系，不同株系之间存在基因型的差异，而株系内个体间的基因型是相同且纯合、自交不分离的。这类群体可通过自交或近交繁殖后代，而不会改变群体的遗传组成，可以永久使用。

1）F_2 群体是常用的作图群体，迄今大多数植物的 DNA 标记连锁图谱都是用 F_2 群体构建的。不论是自花授粉植物，还是异花授粉植物，建立 F_2 群体都是容易的，这是使用 F_2 群体进行遗传作图的最大优点。但 F_2 群体的一个不足之处是存在杂合基因型。对于显性标记，将无法识别显性纯合基因型和杂合基因型。这种基因型信息简并现象的存在，

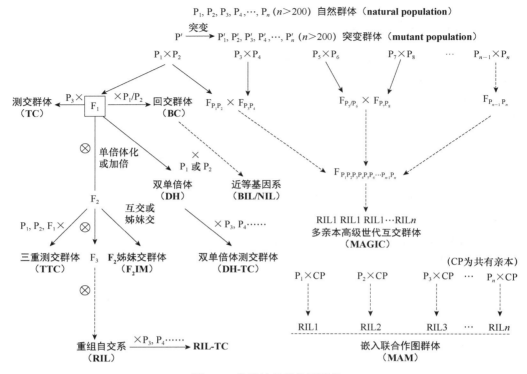

图 9-2　常见的几种作图群体

会降低作图的精度。而为了提高精度，减小误差，则必须使用较大的群体，从而会增加 DNA 标记分析的费用。F_2 群体的另一个缺点是不易长期保存，有性繁殖一代后，群体的遗传结构就会发生变化。为了延长 F_2 群体的使用时间，有以下两种方法：一种方法是对其进行无性繁殖，如进行组织培养扩繁。但这种方法不是所有的植物都适用，且耗资费工。另一种方法是使用 F_2 单株的衍生系（F_3 株系或 F_4 家系）。将衍生系内多个单株混合提取 DNA，则能代表原 F_2 单株的 DNA 组成。为了保证这种代表性的真实可靠，衍生系中选取的单株必须是随机的，且数量要足够多。这种方法对于那些繁殖系数较大的自花授粉植物（如水稻、小麦等）特别适用。

2）BC_1 也是一种常用的作图群体。BC_1 群体中每一分离的基因座只有两种基因型，它直接反映了 F_1 代配子的分离比例，因而 BC_1 群体的作图效率最高，这是它优于 F_2 群体的地方。BC_1 群体还有一个用途，就是可以用来检验雌、雄配子在基因间的重组率上是否存在差异。其方法是比较正、反回交群体中基因的重组率是否不同。例如，正回交群体为（A×B）×A，反回交群体为 A×（A×B），则前者反映的是雌配子中的重组率，后者反映的是雄配子中的重组率。

虽然 BC_1 群体是一种很好的作图群体，但它也与 F_2 群体一样，不能长期保存。可以使用无性繁殖的方法来延长 BC_1 群体的使用时间。另外，对于一些人工杂交比较困难的植物，BC_1 群体也不太合适，一是因为难以建立较大的 BC_1 群体，二是因为容易出现假杂种，造成作图的误差。对于一些自交不亲和的材料，可以使用三交群体，即（A×B）×C。由于存在自交不亲和性，这样的三交群体中不存在假杂种现象。

　　3）RIL 群体是杂种后代经过多代自交而产生的一种作图群体，通常从 F_2 代开始，采用单粒传的方法来建立。由于自交的作用是使基因型纯合化，因此，RIL 群体中每个株系都是纯合的，因而 RIL 群体是一种可以长期使用的永久性分离群体。理论上，建立一个无限大的 RIL 群体，必须自交无穷多代才能达到完全纯合；建立一个有限大小的 RIL 群体则只需自交有限代。然而，即使是建立一个通常使用的包含 100～200 个株系的 RIL 群体，要达到完全纯合，所需的自交代数也是相当多的。据吴为人和李维明（1997）从理论上推算，对一个拥有 10 条染色体的植物种，要建立完全纯合的 RIL 作图群体，至少需要自交 15 代。可见，建立 RIL 群体是非常费时的。在实际研究中，人们往往无法花费那么多时间来建立一个真正的 RIL 群体，所以常常使用自交 6～7 代的"准"RIL 群体。从理论上推算，自交 6 代后，单个基因座的杂合率大约只有 3%，已基本接近纯合。然而，由于构建连锁图谱时涉及大量的 DNA 标记座位，因此虽然多数标记座位已达到或接近完全纯合，但仍有一些标记座位存在较高的杂合率，有的高达 20%以上（李维明等，2000）。尽管如此，实践证明，利用这样的"准"RIL 群体来构建分子标记连锁图谱仍是可行的。

　　在 RIL 群体中，每一分离座位上只存在两种基因型，且比例为 1∶1。从这点看，RIL 群体的遗传结构与 BC_1 相似，也反映了 F_1 配子的分离比例。但值得注意的是，当分析 RIL 群体中两个标记座位之间的连锁关系时，算得的重组率比例并不等于 F_1 配子中的重组率，这是因为在建立 RIL 群体的过程中，两标记座位间每一代都会发生重组，所以 RIL 群体中得到的重组率比例是多代重组频率的积累。不过，从理论上可以推算出，RIL 群体中的重组比例（R）与 F_1 配子中的重组率（r）之间的关系为：$R=2r/（1+2r）$。因此，用 RIL 群体仍然可以估计重组率，亦即 RIL 群体仍然可以用于遗传作图。

　　RIL 群体的优点是可以长期使用，可以进行重复试验。因此它除可用于构建分子标记连锁图谱外，还特别适合于 QTL 的定位研究。但是，考虑到构建 RIL 群体要花费很长时间，如果仅是为了构建分子标记连锁图谱的话，选用 RIL 群体是不明智的。另外，异花授粉植物由于存在自交衰退和不结实现象，建立 RIL 群体也比较困难。

　　4）高等植物的单倍体（haploid）是含有配子染色体数的个体。单倍体经过染色体加倍形成的二倍体称为加倍单倍体或双单倍体（doubled haploid，DH）。DH 群体产生的途径很多，亦因物种不同而异，最常见的方法是通过花药培养，即取 F_1 植株的花药进行离体培养，诱导产生单倍体植株，然后对染色体进行加倍产生 DH 植株。DH 植株是纯合的，自交后即产生纯系，因此 DH 群体可以稳定繁殖，长期使用，是一种永久性群体。DH 群体的遗传结构直接反映了 F_1 配子中基因的分离和重组，因此 DH 群体与 BC_1 群体一样，作图效率是最高的。另外，由于 DH 群体跟 RIL 群体一样，可以反复使用，重复试验，因此也特别适合于 QTL 定位的研究。

　　DH 群体直接由 F_1 花粉经培养产生，因而建立 DH 群体所需时间不多。但是，产生 DH 植株有赖于花培技术。有些植物的花药培养非常困难，就无法通过花培来建立 DH 群体。另外，植物的花培能力跟基因型关系较大，因而花培过程会对不同基因型的花粉产生选择效应，从而破坏 DH 群体的遗传结构，造成较严重的偏分离现象，这会影响遗传作图的准确性。因此，如果是以构建分子标记连锁图谱为主要目的的话，DH 群体不是一种理想的作图群体。

（2）次级作图群体　　通过初级定位，可以确定影响目标性状的 QTL 位点的分布情况，估计出 QTL 位置的置信区间，但是一般情况下，区间仍然会比较大，如果想进一步获得较近的分子标记或克隆 QTL 基因则非常困难。因此，精细定位作图群体的产生成了必然。精细定位作图群体可以分为两类：①从数量性状初级定位群体进一步选择衍生出来的群体，包括近等基因系（near isogenic line，NIL）、残留异质系（residual heterozygous line，RHL）和 QTL 等基因系（QTL isogenic recombinant，QIR）。②与数量性状初级定位群体没有关联的代换群体，包括导入系（introgressive line，IL）、单片段代换系（single segment substitution line，SSSL）和染色体片段代换系（chromosome segment substitute line，CSSL）。

1）NIL 群体，通过轮回亲本对非轮回亲本的连续回交并保留目标性状的差异，因此近等基因系之间除目标性状以外，其他性状位点都相同。优点：遗传背景一致，可以较准确、快速地获得分子标记，可获得基因间的上位性效应。缺点：构建需要经过一次杂交和多次回交，选育时间较长，工作量较大，不利于标记工作的快速开展。

2）RHL 群体，F$_2$ 的连续自交过程中获得的某个或某几个性状保留了一个亲本的特征，而其他一些位点上保留了另一亲本的特征，并在所研究的性状位点上始终存在分离的一套特殊群体。优点：残留异质系也具有较为一致的遗传背景，可以用于标记辅助选择。缺点：不能估算上位性效应。

3）QIR 群体，首先利用小群体采用初级定位方法完成 QTL 定位，然后利用大群体进行精细定位。大群体中的每个个体在 QTL 位点均发生了一次重组，但在其他区域均一致。优点：QTL 等基因系容易构建，并可以获得低于 1cM 的分子标记。缺点：存在背景的干扰，而且不能检测上位性效应。

4）IL 群体，通过连续的回交和自交并且结合标记辅助选择获得的，与轮回亲本只有一个或极少数等位基因差异的导入片段群体。在理想状态下，整个近等基因导入系覆盖了供体亲本的全基因组，每个品系带有供体亲本基因组不同的片段。理论上讲，导入系的性状值可与轮回亲本的性状值比较，两个株系之间性状值的任何显著差异都因为导入株系的导入片段存在着差异。优点：具有一致的遗传背景，可以检测基因间的上位性效应，可以使 QTL 定位的精确度大大提高，消除了未连锁位点因分离而产生的遗传"噪声"和影响。缺点：存在背景的干扰，而且不能检测上位性效应。

5）SSSL 群体，类似于近等基因系，也是通过多代回交获得。优点：除目标 QTL 所在的染色体片段来自供体外，其他部分与受体完全相同，消除了遗传背景的干扰，可用于单个 QTL 的精细定位。缺点：回交过程中，需要通过初级定位的 QTL 对目标性状进行跟踪辅助选择，工作量较大且较烦琐。

6）CSSL 群体，是采用多个供体亲本对受体亲本进行连续回交，建立一套覆盖全基因组的、相互重叠的染色体片段代换。当代换系只代换来自供体亲本的一个染色体片段，而基因组的其余部分均与受体亲本相同时，则称为单片段代换系。

2．多亲本作图群体

（1）嵌套联合作图群体　嵌套联合作图（nested association mapping，NAM）群体，是由同一个公共亲本与分别多个其他亲本杂交，接着进行不断自交，而获得一个庞大的作图群体。优点：其中一个亲本固定，亲本数目相对较少，群体结构比较好分析，同时具有连锁分析和关联作图的优点。缺点：构建群体耗时很长。

（2）多亲本高世代互交群体　多亲本高世代互交（multi-parents advanced generation inter-crossing，MAGIC）群体，由多个亲本经过复杂的交配流程构建的复杂群体。优点：应用了多亲本互交，由此不会出现后代多态性下降，后代衰退的现象，杂种优势更加明显。缺点：由于实在太复杂，群体结构比较难于把握，构建群体耗时很长。

3．自然群体
由不同的品种构成的群体，这些品种是从大量的品种中根据特定的目标性状或者基于特定的系谱关系选择的，如种质中心收集的核心种质、现代商业品种以及这些品种的亲本、突变体、野生种、地方种等。

（三）群体大小

遗传图谱的精度很大程度上取决于群体的大小，群体越大，作图的精度越高。群体大小与作图目的有关，如果作图的目的是进行基因定位，那么就需要较大的群体以保证作图的精度。同时，作图群体大小还取决于群体类型。一般对于初级定位群体来说，所需的群体大小的顺序为 $F_2 > RIL > BC_1$ 及 DH。

总体来说，在构建作图群体时，不要盲目地扩大群体规模或选择某种群体类型，要根据实际的研究目的进行亲本的选择、群体类型的选择以及群体大小的选择，只有这样，才能既达到研究目的，又减轻相应的工作量。

二、遗传图谱构建

遗传图谱（genetic map）又称遗传连锁图谱，是指依据基因（或 DNA 标记）在染色体上的重组值（或交换值），将染色体上的各个基因/标记之间的距离和顺序标记出来，绘制而成的图谱。构建好的高密度遗传图谱可应用于 QTL 定位、辅助基因组组装、分子标记辅助育种、比较基因组学研究等方面。遗传图谱构建主要分为 4 个步骤：建立作图群体、筛选分子标记、构建遗传图谱、图谱质量评估。

分子标记始于 20 世纪 80 年代，是以 DNA 分子碱基序列的变异作为基础标记，进行相关性状的 QTL 定位。根据对 DNA 多态性检测手段的不同，可将 DNA 分子标记分为四大类：①以分子杂交为核心的 DNA 分子标记，如限制性片段长度多态性标记（restriction fragment length polymorphism，RFLP）、DNA 指纹技术（DNA fingerprinting）、原位杂交（*in situ* hybridization）等；②基于 PCR 反应的分子标记，如随机扩增多态性 DNA（random amplified polymorphic DNA，RAPD）标记、特异性片段扩增区域（sequence characterized amplified region，SCAR）标记、重复序列标记（simple sequence repeat，SSR）、简单序列重复区间（inter-simple sequence repeat，ISSR）标记、靶位区域扩增多态性（target region amplified polymorphism，TRAP）、相关序列扩增多态性（sequence-related amplified polymorphism，SRAP）、序列标签

位点（sequence tag site，STS）、目标起始密码子多态性标记（start codon targeted polymorphism，SCoT）等；③基于 PCR 与限制性酶切技术结合的 DNA 分子标记，如扩增片段长度多态性（amplified fragment length polymorphism，AFLP）、酶切扩增多态性序列（cleaved amplified polymorphic sequence，CAPS）等；④基于单核苷酸多态性的 DNA 分子标记，如单核苷酸多态性（single nucleotide polymorphism，SNP）、表达序列标签（expressed sequence tag，EST）。

分子标记具有以下特点：①准确度高，直接以 DNA 的形式表现，在动植物的各个组织、各生长发育时期均可检测到，不受季节、环境限制，与基因表达与否无关；②数量多，由于基因组 DNA 的变异极其丰富，分子标记的数量几乎是无限的；③多态性高，自然存在着许多等位变异，不需专门创造特殊的遗传材料；④共显性好，许多分子标记都表现为共显性，这样就能更好地鉴别纯合基因型与杂合基因型；⑤对表型无影响，即不影响目标性状的表达，与不良性状无必然的连锁；⑥稳定性好，可进行重复试验；⑦操作简单，试验费用低。分子标记的快速发展，使动植物的遗传连锁图谱的构建及具有重要经济数量性状的 QTL 定位成为可能。最终要依据标记的特点、作图群体的生长发育特性及实验目的等情况而确定具体选用何种分子标记。

基于作图群体样品间序列差异进行基因分型，借助作图软件，绘制遗传连锁图谱。常用的作图软件有 MapMaker 和 JoinMap。

MapMaker 是 Lander 等于 1987 年开发的一款作图软件，适合于 F_2、BC 和 RILs 等群体。MapMaker 作图大多使用"拟测交"作图策略（Grattapaglia and Sederoff，1994），默认位点间的连锁相为相引相，分别构建父母本的连锁图谱。该软件使用隐马尔可夫模型（HMM）、多位点连锁分析估计遗传距离。MapMaker 是一款优秀的遗传距离计算软件，其应用也最为广泛。但其也存在不足之处：对原始数据的格式要求严格，增加了遗传图谱构建研究者在原始数据文件制备中的难度和工作量；无法得到连锁图图型文件；缺乏对原始数据检查与分析（如标记的偏分离情况），影响作图的精确性甚至产生错误的结果；没有通用的数据接口，无法将构建遗传连锁图谱的数据进一步与数据库挂接，缺乏数据的可移植性和信息的交流；命令行形式操作，界面不友好，没有经验的人很难使用等。

JoinMap 是由 Stam 于 1993 年开发的一款作图软件，适合于 F_2、BC、RIL、DH 等群体。JoinMap 作图软件考虑到了不同分离类型的标记位点间的连锁分析，可用于异交的全同胞群体的遗传作图。该软件使用最小二乘法（LS）估计相邻位点间的遗传距离。近年来使用 JoinMap 构建的遗传图谱愈来愈多，特别是 JoinMap 于 2001 年推出 Windows 操作界面的新版本以来，强大的功能使构建图谱更直观、更方便，可同时在多个优势对数（log of odd，LOD）值下进行多个连锁群构建。软件中同时整合了 MapChart 图形软件，可直接输出构建的图谱图形。

通常应对构建好的遗传图谱进行质量评估，包括共线性、单体来源、相邻标记连锁关系分析和完整度评估几个方面。共线性好、单体来源保持一致、相邻标记重组率合适、缺失比例小的图谱质量高。

三、QTL 定位方法

（一）常用方法介绍

用分子标记进行 QTL 定位及其效应估计，有赖于 QTL 作图的数学模型及统计分析方法。自 20 世纪 80 年代以来，已相继提出了 20 余种 QTL 作图方法。常见的有单一标记分析法、区间定位法、复合区间定位法、多区间定位法、混合线性模型复合区间定位法、完备区间定位法等（表 9-1）。

表 9-1 几种 QTL 定位方法比较

	单一标记分析法	区间定位法	复合区间定位法	多区间定位法	混合线性模型复合区间定位法	完备区间定位法
标记数	1	2	多个	多个	多个	多个
精确度	低	中	高	高	高	高
加性	+	+	+	+	+	+
显性	+	+	+	+	+	+
上位性	−	−	+	+	+	+
QTL 与环境互作	−	−	−	−	+	−
数学模型及方法	方差、回归、相关、似然	回归、似然、最小二乘法	多元回归、似然	最大似然法	混合性模型	逐步回归

1. 单一标记分析法 指利用单一分子标记，通过方差分析、回归分析或似然比检验，比较不同标记基因型数量性状平均值的差异显著性。如差异显著，则控制该数量性状的 QTL 与标记连锁。可用数学模型及统计方法，有单因子方差分析法、线性回归法、相关分析法、最大似然法、距估计法等。单一标记分析（single marker analysis）法简便、直观、合理、适应性强，又不需要完整的分子标记连锁图谱，是早期 QTL 定位研究最常采用的方法。该法的分析结果与后来发展起来的区间定位法、复合区间定位法等的分析结果一致性较强。主要问题为检测到的 QTL 通常不会落在标记所在的座位上，从而导致对该 QTL 位置和效应估计的偏差。同时，由于单标记的原因，无法确切估计 QTL 的位置。

2. 区间定位法 又叫双标记 QTL 定位法，指 QTL 两端分别利用 1 个分子标记，建立目标性状个体观察值与双侧标记基因型指示变量的对应关系，通过适当的统计分析方法，计算重组率、QTL 效应等参数。1989 年 Lander 和 Botstein 提出区间定位法，其遗传假设是数量性状遗传变异只受一对基因控制，表型变异受遗传效应（固定效应）和剩余误差（随机效应）控制，不存在基因型与环境的互作。区间定位（interval mapping，IM）法可以估算 QTL 加性和显性效应值。与单标记分析法相比，区间定位法具有以下特点：能从支撑区间推断 QTL 的可能位置；可利用标记连锁图在全染色体组系统地搜索 QTL，如果一条染色体上只有一个 QTL，则 QTL 的位置和效应估计趋于渐进无偏；QTL 检测所需的个体数大大减少。但区间定位法也存在不足：回归效应为固定效应；无法估算基因型与环境间的互作（Q×E），无法检测复杂的遗传效应（如上位效应等）；当相邻的 QTL 相距较近时，由于其作图精度不高，QTL 间相互干扰导致出现假阳性；一次只应用 2 个标记进行检查，效率很低。

3. 复合区间定位法　　1994 年 Zeng 提出了结合区间定位和多元回归特点的复合区间定位（composite interval mapping，CIM）法。其遗传假设是数量性状受多基因控制。该方法中拟合了其他遗传标记，即在对某一特定标记区间进行检测时，将与其他 QTL 连锁的标记也拟合在模型中以控制背景遗传效应。复合区间定位法主要优点是：由于仍采用 QTL 似然法来显示 QTL 的可能位置及显著程度，从而保证了区间定位法的优点；假如不存在上位性和 QTL 与环境互作，QTL 的位置和效应的估计是渐进无偏的；以所选择的多个标记为条件，在较大程度上控制了背景遗传效应，从而提高了作图的精度和效率。存在的不足是：由于将两侧标记用作区间定位，对相邻标记区间的 QTL 可能会引起偏离；同区间定位法一样，将回归效应视为固定效应，不能分析基因型与环境的互作及复杂的遗传效应；当标记密度过大时，很难选择标记的条件因子。

4. 多区间定位法　　1997 年 Kao 和 Zeng 在 CIM 基础上发展形成的一种 QTL 作图的新统计模型，称之为多区间定位（multi interval mapping，MIM）法。该方法基于应用最大似然法估计遗传参数的 Cockerham's 模型，同时利用多个标记区间进行多个 QTL 的作图，提出了以似然比检验统计量为临界值的分步选择步骤来证实 QTL，应用估计的 QTL 效应和位置，可以探索对于特殊目的和要求的性状改良的标记辅助的最佳策略。运用该方法，作图的精度和有效性都可得到改进，QTL 间的上位性、个体的基因型值和数量性状的遗传力也可以得到准确估计和分析。与 IM 和 CIM 相比，MIM 在 QTL 检测中更加有效、也更精确。

5. 混合线性模型的复合区间定位法　　1998 年朱军提出了用随机效应的预测方法获得基因型效应及基因型与环境互作效应，然后再用区间定位法或复合区间定位法进行遗传主效应及基因型与环境互作效应的 QTL 定位分析。混合线性模型的复合区间定位（mixed composite interval mapping，MCIM）法的遗传假定是数量性状受多基因控制，它将群体均值及 QTL 的各项遗传效应看作固定效应，而将环境、QTL 与环境、分子标记等效应看作随机效应。由于将效应值估计和定位分析相结合，既无偏地分析 QTL 与环境的互作效应，又提高了作图的精度和效率。此外，该模型可以扩展到分析具有加×加、加×显、显×显上位的各种遗传主效应及其与环境互作效应的 QTL。利用这些效应值的估计，可预测基于 QTL 主效应的普通杂种优势和基于 QTL 与环境互作效应的互作杂种优势，因而具有广阔的应用前景。

6. 完备区间定位法　　2009 年王建康提出了完备区间定位（inclusive composite interval mapping，ICIM）法，该方法是针对复合区间定位算法中的漏洞进行修补后提出的，主要分为两步：首先利用所有标记信息，通过逐步回归选择重要的标记变量并估计其效应，然后利用逐步回归得到的线性模型校正表型数据，通过一维扫描定位加显性效应 QTL，通过二维扫描定位上位性互作 QTL，简化了 CIM 中控制背景遗传变异的过程，提高检测功效，主要特点就是背景控制得比较好。

（二）QTL 定位的阈值

目前 QTL 定位中所用阈值（LOD 值）多为 2.0～3.0（$P=0.01$、$P=0.001$ 或 $P=0.005$）。一般认为，阈值过高则难以检出效应较小的 QTL，过低则部分不是 QTL 的位点也被认为是 QTL。另外，所用 LOD 值还与群体大小有关，小群体用大的阈值会大大减少 QTL 的检出数。因此，有必要运用较小的阈值进行检测，以发现所有的 QTL 位点。但由于所用群体及统计方法和阈值的限制，对一些遗传率较低、贡献率较小的 QTL 的检测结果是很不可靠的。

（三）QTL 定位软件

QTL 定位涉及相当复杂的统计计算，并需要处理大量数据，无论是连锁图谱构建还是 QTL 定位计算都必须借助计算机来完成。目前，QTL 定位中应用较广泛的软件有 MapQTL、R/qtl、QTL IciMapping 和 WinQTLCart 等。MapQTL 是 Kyazma 公司开发的定位软件，与 JoinMap 来自同一家公司，在 Windows 系统下运行。R/qtl 是基于 R 语言的软件包，只要安装了 R 就可以运行。QTL IciMapping 是中国农业科学研究院王建康研究员数量遗传课题组发布的一款既可以排图又可以定位的软件，也是一款在 Windows 下运行的软件。WinQTLCart 是北卡罗来纳州立大学发布的一款在 Windows 下运行的 QTL 软件。

四、QTL 定位应用实例

（一）小麦籽粒灌浆速率 QTL 定位

小麦籽粒灌浆速率（grain filling rate，GFR）的高低和灌浆持续时间的长短决定最终小麦产量。因此，在高产育种过程中，加快灌浆速率、延长灌浆持续时间可作为高产育种的目标。前人研究表明，灌浆持续时间主要受环境温度的影响，尤其是在同时伴有胁迫的情况下，而灌浆速率主要受遗传因素控制。此外，我国小麦在夏初收获后，土地通常都与其他作物轮作，延长小麦灌浆持续时间在我国耕作制度下很难实现。因此，解析灌浆速率的遗传机制，选择灌浆速率高的基因型，是提高小麦产量的一个有效策略。

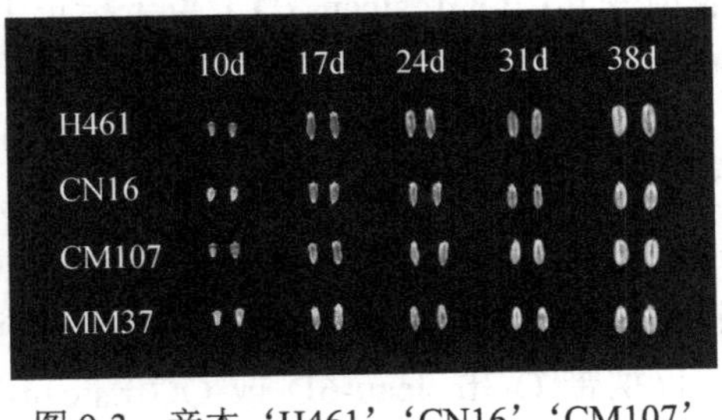

小麦品种'H461'具有大穗大粒和籽粒灌浆速率快的特性（图 9-3）。四川农业大学小麦研究所利用小麦 90k SNP 芯片标记，对'H461'与'CN16'杂交创制的含有 249 个株系的重组自交系群体（RIL）进行基因分型，并构建了高密度遗传图谱（Wang et al.，2016），Lin 等（2020）在 3 年 4 个生态点对该群体的 5 个灌浆期的灌浆速率进行了表型鉴定。灌浆速率从第 1 时期到第 5 时期在群体中呈现先增长再降低的趋势（图 9-4）。

图 9-3　亲本'H461''CN16''CM107''MM37'籽粒灌浆速率比较（Lin et al.，2020）

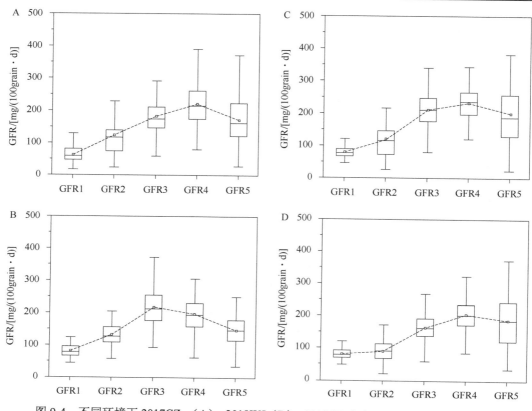

图 9-4　不同环境下 2017CZ（A）、2018WJ（B）、2019CZ（C）、2019WJ（D）对 HCN
（'H461'×'CN16'）作图群体籽粒灌浆速率测定结果（Lin et al.，2020）

CZ. 四川省崇州市；WJ. 成都市温江区

基于 QTL 分析，在 2D（2 个 QTL）、4A、4B（2 个 QTL）、5B、6D、7A 和 7D
（2 个 QTL）染色体上共检测到 10 个与灌浆速率相关的 QTL，能解释 4.99%～12.62%
的表型变异。其中，与第 1 时期灌浆速率相关的 QGfr.sicau-6D 和 QGfr.sicau-7D.1 在所
有环境下均能检测到，这两个 QTL 的加性效应均来源于亲本'H461'。QGfr.sicau-6D
位于标记 BS00047195_51 和 WSNP_BE445201D_TA_1_1 之间，能解释 5.49%～8.42%
的表型变异；QGfr.sicau-7D.1 位于标记 IAAV8204 和 KUKRI_C35508_42 之间，能解释
9.40%～12.62%的表型变异。

同时，分别开发 QGfr.sicau-6D 和 QGfr.sicau-7D.1 紧密连锁的竞争性等位基因特异
性 RCR（kompetitive allele specific PCR，KASP）标记，并在两个不同的遗传背景群体
中进行遗传效应验证，t 检验结果表明同时携带 QGfr.sicau-6D 和 QGfr.sicau-7D.1 位点
材料的籽粒灌浆速率显著高于仅携带一个 QTL 位点的材料和不携带这两个 QTL 的材
料；仅携带 QGfr.sicau-6D 或 QGfr.sicau-7D.1 其中一个位点材料的籽粒灌浆速率显著高
于不携带这两个 QTL 的材料（图 9-5）。此外，发现 QGfr.sicau-6D 对千粒重、籽粒宽
度、籽粒体积和籽粒表面积均有显著的正向效应（$p<0.01$）。QGfr.sicau-7D.1 对千粒重
和籽粒长度有显著正向效应（$p<0.01$）。

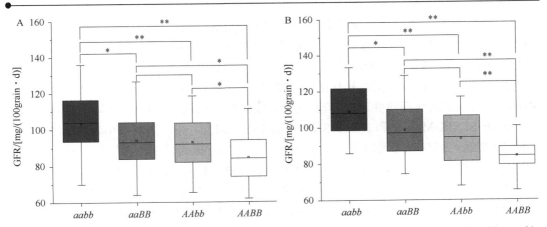

图9-5　携带 QTL 位点对 HCM（'H461'×'CM107'）群体（A）和 HMM（'H461'×'MM37'）群体（B）第一阶段籽粒灌浆速率的影响（Lin et al., 2020）

基于'中国春'参考基因组，QGfr.sicau-7D.1 位于 7D 染色体短臂上 60.60～78.50Mb 的区间内，与前人报道的 QTL 进行比较未见相似报道，推测 QGfr.sicau-7D.1 为控制小麦籽粒灌浆速率的新 QTL。在此区间包含有 241 个基因，结合 WheatExp 基因表达数据库过滤低表达基因；并筛选得到可能与籽粒灌浆速率相关的 12 个基因。Lin 等（2020）的研究结果为后续精细定位和克隆灌浆速率 QTL 奠定了基础，同时为小麦产量遗传改良提供了基因资源和技术支撑。

（二）小麦抗黑森瘿蚊 QTL 定位

小麦黑森瘿蚊［*Mayetiola destructor*（Say）］属双翅目，瘿蚊科。原产于西亚新月地带，后随其寄主茎秆传播至世界其他地区。现主要分布于欧洲、西亚、北美和南非等小麦种植区，在我国新疆地区也有发现。黑森瘿蚊会使小麦叶鞘和叶片生长异常，植株生长受阻，最终导致植株死亡，从而严重影响小麦的产量。目前，黑森瘿蚊已成为美国小麦生产上最重要的害虫之一。美国硬红冬小麦品种'SD06165'对黑森瘿蚊具有高效、稳定的抗性。Zhao 等（2020）为了定位'SD06165'携带的抗虫基因，将其与不抗虫品种'OK05312'进行杂交，通过单粒传法得到群体大小为 154 个株系的 $F_{5:6}$ RIL 群体。利用 GBS（genotyping-by-sequencing）技术对该 RIL 群体进行基因分型，结合两季表型数据进行抗虫 QTL 定位。表型鉴定于 2018 年春季和秋季在堪萨斯州立大学温室中进行。通过统计每个家系的抗虫植株数目和植株总数，计算各家系的抗虫植株比例作为表型数据进行 QTL 定位。两季鉴定结果显示，抗虫亲本'SD06165'对小麦黑森瘿蚊表现出 73.7%和 78.5%的部分抗性；不抗虫亲本'OK05312'则对黑森瘿蚊表现完全感染。在 RIL 群体中有超过 64.3%的植株对黑森瘿蚊表现出高感（<10%抗性）。统计结果显示，该定位群体抗性由多个基因控制。

GBS 分析共检测到 10 045 个 SNP 位点，筛选其中 1709 个缺失率小于 20%的 SNP 位点构建遗传连锁图谱。最终得到一张由 44 个连锁群组成、含有 1671 个 SNP 位点、覆盖小麦 21 条染色体的遗传连锁图。利用该遗传图谱检测到两个 QTL 位点，分别位于 3B 和 7A 染色体上。为了弥补 GBS 缺失数据并校对 GBS 基因型结果，分别将两个 QTL 附近的 SNP 转化成 KASP 标记。最后，3BS 染色体上的 17 个 SNP 位点和 7AS 染色体上的 8 个 SNP 位点成功转化成 KASP 标记。25 个 KASP 标记替换对应的 GBS-SNP 后重新构建遗传图谱并进行 QTL 定位。定位结果显示，3BS 染色体 QTL 被定位在 GBS-SNP SDOK-M6771 和 KASP-SNP SDOKSNP2313 之间，区间大小为 3.0cM，可以解释 23.82%～36.00%的表型变异（图 9-6，表 9-2）。根据'中国春'参考基因组序列（IWGSC，2018），该 QTL 位于 3B 染色体 664 035～4 310 482bp 的物理区间。该区间包含 100 个高可信度参考基因，其中 11 个基因可能与抗虫能力相关。7AS 染色体 QTL 被定位在一个 11.1cM 的区间之内，侧翼标记为 KASP-SNP SDOKSNP8760 和 GBS-SNP SDOK-M5043，可解释 8.50%～13.07%的表型变异。通过比较前人报道结果，3BS 和 7AS 染色体上没有抗黑森瘿蚊的基因被定位和报道。因此，3BS 染色体 QTL 命名为 *H35*，7AS 染色体 QTL 命名为 *H36*（Zhao et al.，2020）。

利用与两个 QTL 紧密连锁的分子标记 SDOKSNP7679 和 SDOKSNP1618 的基因型数据，可以将 RIL 群体分成 4 种不同的基因型（*aabb*、*aaBB*、*AAbb* 和 *AABB*）。其中 *A* 和 *B* 分别代表 *H35* 和 *H36* 的抗性等位基因。在 156 个株系的 RIL 群体中，有 36 个 RIL 家系为 *aabb* 基因型，其抗性为 1.11%～5.97%；有 38 个 RIL 家系为 *aaBB* 基因型，其抗性为 1.45%～13.16%；有 40 个 RIL 家系为 *AAbb* 基因型，其抗性为 26.38%～29.63%；有 40 个 RIL 家系为 *AABB* 基因型，其抗性为 57.50%～68.50%。上述结果表明，仅携带 *H36* 抗性等位基因的株系，对黑森瘿蚊抗性很低；仅携带 *H35* 抗性等位基因的株系对黑森瘿蚊的抗性较高；而同时携带两个抗性等位基因的株系，其抗虫性显著

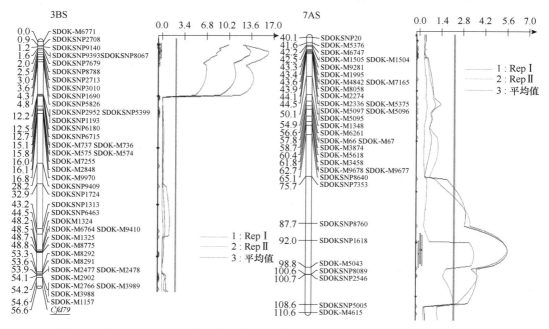

图 9-6 小麦 3BS 和 7AS 染色体上抗黑森瘿蚊 QTL 连锁图谱（Zhao et al.，2020）

表 9-2 利用 'SD06165' × 'OK05312' RIL 群体定位小麦抗黑森瘿蚊
QTLs 的染色体位置和标记信息（Zhao et al.，2020）

染色体臂	试验	位置/cM	左侧标记	右侧标记	LOD	表型变异解释率/%	加性效应 [a]
3BS	Rep.Ⅰ	0.91	SDOK-M6771[b]	SDOKSNP2708	9.50	23.82	17.88
	Rep.Ⅱ	2.01	SDOKSNP2708	SDOKSNP3010	15.28	36.00	24.54
	平均值	1.61	SDOK-M6771[b]	SDOKSNP2713	12.67	30.59	21.55
7AS	Rep.Ⅰ	95.01	SDOKSNP1618	SDOK-M5043[b]	3.61	8.50	10.48
	Rep.Ⅱ	94.01	SDOKSNP8760	SDOK-M5043[b]	6.03	11.80	15.40
	平均值	94.01	SDOKSNP8760	SDOK-M5043[b]	5.96	13.07	14.91

a. 当加性效应为正值时，表明 'SD06165' 等位基因增加了对黑森瘿蚊的抗性

b. 未成功开发 SDOK-M6771 和 SDOK-M5043 的 KASP 标记

高于 $H35$ 和 $H36$ 的抗性之和。由此可见，$H35$ 和 $H36$ 的抗虫效应并非简单相加，而是存在基因间互作现象。

Zhao 等（2020）的研究从小麦品种 'SD06165' 中定位了两个新的抗虫基因 $H35$ 和 $H36$，不仅丰富了抗虫基因资源，而且紧密连锁的 KASP 标记可以在小麦育种工作中有效检测这两个抗虫基因，加速这两个基因在育种过程中的应用以及与其他抗性基因的聚合。

第二节　作物分子标记辅助选择

随着现代分子生物学的发展，现代生物技术为作物育种提供了强有力的工具，作物标记辅助选择（marker-assisted selection，MAS）就是其中重要的一项技术，它不仅弥补了作物育种中传统的选择技术准确率低的缺点，而且加快了育种进程。MAS 育种的概念最早由 Lande 和 Thompson（1990）提出，它是将分子标记应用于作物改良的一种手段，其基本原理是利用分子生物学手段在传统育种程序中直接对目标基因或与目标基因紧密连锁的分子标记的基因型进行分子选择；或在回交、多重回交程序中，对多个目标基因型进行分子选择，实现基因聚合、基因渗入；通过前景选择和背景选择，获得目标基因型纯合、遗传背景一致、综合农艺性状优良的品系，达到提高育种效率的目的（图 9-7）。MAS 是分子标记技术用于作物改良的重要领域，是传统育种技术和现代生物技术相结合的产物。

一、MAS 技术的特点

大量理论研究发现，MAS 比以表现型为基础的选择更有效率，它不仅针对主基因有效，针对数量性状位点也有效；不仅针对异交作物有效，针对自花授粉作物也有效。MAS 的优越性可以体现在以下方面。

1）可以在植物发育的任何阶段进行选择，对目标性状的选择不受基因表达和环境的影响，可在早代进行准确的选择，加速育种进程，提高育种效率；有很多重要性状

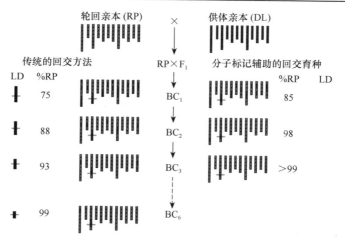

图 9-7　传统回交育种方法与分子标记辅助的回交选育方法比较

（如产量和后期叶部或穗部病害抗性等）只有在成熟植株上才能表现出来，因此采用传统方法在播种后数月或数年均不能对其进行选择。而利用分子标记就可以对幼苗（甚至对种子）进行检测，从而大大节省培育植株所浪费的人力、物力和财力。

2）共显性标记可区分纯合体和杂合体，不需下一代再鉴定，而且在分离世代能快速准确地鉴定植株的基因型。因而对分离群体中目标基因的选择，尤其是对隐性农艺性状的选择十分便利。

3）可有效地对抗病性、抗逆性和根部性状等表型鉴定困难的性状进行基因型鉴定。有些表型如抗病虫性、抗旱性或耐盐性等只有在不易界定或控制的特定条件下才能表现出来。在育种项目的初期，育种材料较少，不允许做重复鉴定，或要冒一定风险。利用分子标记技术则可克服基因型鉴定的困难。

4）可聚合多个有利基因提高育种效率。基因聚合育种就是通过传统杂交、回交、复交技术将有利基因聚合到同一个基因组，在分离世代中通过分子标记选择含有多个目标基因的单株，从中再选出农艺性状优良的单株，实现有利基因聚合的育种方法，大大提高了育种效率。

5）克服不良性状连锁，有利于导入远缘优良基因。在回交育种时，可有效地识别并打破有利基因和不利基因的连锁，快速恢复轮回亲本的基因型。对于一些主效基因，利用回交结合 MAS 的方法，可以容易地将这些基因转移到轮回亲本中。

二、影响 MAS 的主要因素

（一）标记与连锁基因间的连锁程度

回交选择程序中的分子标记辅助选择技术可分为前景选择和背景选择。前景选择是在对回交群体的选择中，通过对转入受体中的与供体优良基因座位紧密连锁的标记或基因内标记的检测，从而筛选出携带目标基因的单株。前景选择的准确性主要取决于标记与目标基因的连锁强度，标记与基因连锁愈紧密，依据标记进行选择的可靠性就愈高。若只用一个标记对目标基因进行选择，则标记与目标基因连锁必须非常紧密才能达到较高的正确率。

（二）性状的遗传率

性状的遗传率极大地影响 MAS 的选择效率，遗传率较高的性状，根据表型就可对其实施选择，此时分子标记提供的信息量较少，MAS 效率随性状遗传率的增加而显著降低。在群体大小有限的情况下，低遗传率的性状，进行 MAS 的相对效率较高，但存在一个最适的群体大小，在此限之下 MAS 效率会降低。

（三）群体大小

群体大小是制约 MAS 选择效率的重要因素之一，一般情况下，MAS 群体大小不应小于 200 个。选择效率随着群体的增加而提高，特别是在低世代、遗传率较低的情况下尤为明显，所需群体数的大小随 QTL 数目的增加呈指数上升。

（四）选用分子标记数目

理论上标记数越多，从中筛选出对目标性状有显著效应标记的机会就越大，因而应有利于 MAS。事实上，MAS 效率随标记数的增加先增后减。MAS 效率主要取决于对目标性状有显著效应的标记，因而选择时所用标记数并非越多越好。

（五）世代的影响

回交育种中除目的基因的转移外，主要目标是尽可能快速地恢复轮回亲本基因组。对基因组中除目的基因之外的其他部分的选择，即背景选择。背景选择目标之一是减少目标等位基因载体染色体上供体基因组的比例；目标之二是减少非目标等位基因载体染色体上的供体基因组。背景选择尽可能覆盖整个基因组，进行全基因组的选择。在早代变异方差大，重组个体多，中选概率大。因此背景选择应在育种早期世代进行，随着世代的增加，背景选择效率会逐渐下降。在早期世代，分子标记与 QTL 的连锁非平衡性较大；随着世代的增加，效应较大的 QTL 被固定下来，MAS 效率随之降低。

（六）控制性状基因数目

模拟研究发现，随着 QTL 增加，MAS 效率降低。当目标性状由少数几个基因（1~3）控制时，用标记选择对发掘遗传潜力较为有效；然而当目标性状由多个基因控制时，由于需要选择世代较多，加剧了标记与 QTL 位点间的重组，降低了标记选择效果；在少数 QTL 可解释大部分变异的情况下，MAS 效率较高。

三、MAS 的基础

（一）作图群体的选择

MAS 采用与目标基因紧密连锁的分子标记，筛选具有特定基因型的个体，并结合常规育种方法选育优良品种，此方法建立在 QTL 作图和基因定位的研究基础与数据之上。对于双亲作图群体、多亲本作图群体，选择合适的作图亲本及构建适当的群体类型是成功和高效进行基因型及 QTL 定位的两个关键因素。自然群体进化历史的各种变异和交换重组，大大增加了 QTL 定位精度，甚至可以直接定位到基因本身，因此，更有利于 MAS 的应用及 QTL 克隆。

（二）标记类型

分子标记及其在基因组中的位置对分子育种策略的选择起着至关重要的作用。近年来，随着测序技术的快速发展，多种作物中大量的 SNP 标记被开发出来，并构建了高密度分子图谱，从而为分子育种奠定了坚实的基础。此外，单倍型也被认为是一种分子标记，它常常被定义为来自一个特异基因区段或单个染色体上多个标记的组合，还可以是来自不同染色体上控制同一目标性状的标记的组合。试验表明，利用单倍型替代 SNP 进行目标性状的多样性分析和关联作图效果更加理想。与其他标记相比，功能标记不会与基因发生重组，因此，功能标记是分子育种的理想标记。

（三）基因分型技术

基因分型技术大致分为 3 种类型，分别是凝胶电泳、基因芯片和测序。伴随着基因分型技术的发展，基因分型通量大幅度提高，由原来的少数几个标记增加到成千上万个标记，同时对样品进行基因分型。相比于凝胶电泳，基因芯片技术在增加基因分型通量的同时降低了基因分型的费用，该技术已在多种作物上得到广泛应用。随着高通量测序成本的不断降低，测序分型迅速成为进行高通量基因分型的一种方法，越来越受到广大科研工作者的青睐。

（四）作图方法

常用的作图方法有连锁作图和关联作图。连锁作图常以双亲本群体或多亲本群体为作图群体，它利用标记和标记、标记和基因之间的重组率来确定其在染色体上的相对位置，进而构建遗传图谱。随着测序技术的发展和 SNP 标记的应用，以连锁不平衡为基础的关联作图逐渐成为一种可信赖的作图方法。相比于连锁作图，关联作图有以下几点优势：①可以直接利用自然群体，不需要构建群体，因此节省大量的人力、物力；②利用自然群体广泛的遗传背景和长期积累的历史变异及大量的重组信息，大大增加了图谱的分辨率，有效提高了 QTL 的定位精度；③可以同时检测多个性状，而连锁作图仅能检测目标性状及相关少数几个性状；④可以直接利用已有的历史数据进行关联分析。但关联作图也存在一些弊端，如自然群体存在一定的群体结构和亲缘关系，容易引起假阳性的关联，关联分析对效应值较大的稀有等位基因定位效果较差，而连锁分析对于该类等位基因定位效果较好，由此可见，连锁作图与关联作图是存在互补的。

四、MAS 技术在育种上的应用

（一）利用分子标记技术对亲本评价

1. 利用分子标记进行种质资源遗传多样性分析 作物种质资源所包含的遗传变

异是育种的基础材料，对资源的合理分类与准确评价是资源高效利用的前提。种质资源遗传多样性一般用多态性位点数、各位点的等位基因数以及等位基因频率等参数来描述。Yang 等（1994）利用 SSR 标记分析了来自中国和东南亚国家的 140 份水稻农家品种和 98 份改良品种的遗传多样性，研究结果表明，改良品种的等位基因数约为农家品种的 60%，而 20 个在我国大面积种植的优良品种和 13 个杂交稻亲本的等位基因数约为全部改良品种的 60%。另外，根据中国农业大学水稻遗传课题组采用 RFLP 和 SSR 标记的研究，栽培稻等位基因数约是野生稻等位基因数的 60%。这些研究表明，在野生稻驯化为栽培稻以及随后的栽培稻改良的过程中，大量的等位基因丢失，野生稻及地方种中具有较好的优良基因资源潜力。例如，控制水稻籽粒大小的 *GW2* 基因和抗稻瘟病基因 *Pi21* 等均是从地方种中分离出的基因，在优良品种中已经被选择掉。

2．利用分子标记预测杂种优势　　分子标记还可以用来对品种资源进行分类，确定亲本间的遗传距离，并有效划分杂种优势群，为提高育种效率提供依据。Thomas 等（2000）用 AFLP 标记分析了 51 个欧洲早熟硬粒型和马齿型自交系，并用其将自交系归入不同的杂优类群；而后又将 AFLP 标记所表现出的遗传多样性与其系谱数据进行对照，指出 AFLP 标记不仅可用于自交系的不同杂优类群的划分，而且可用于揭示自交系间的系谱关系。刘希慧等（2005）利用 SSR 分子标记分析了 12 个玉米自交系的遗传多样性，并划分了杂种优势群，结果表明用 SSR 标记划分杂种优势群与自交系系谱关系基本一致。Smith 等（1990）为探讨不同位点等位变异与杂交种产量的关系，用 37 个优良玉米自交系配制了 310 个杂交组合，并用 230 个 RFLP 探针对这些自交系的等位性变异进行检测，结果发现杂交种的杂交位点数目与产量决定因子的相关系数高达 0.87。在水稻中，Zhang 等（1998）研究小组系统研究了分子标记基因型杂合度与杂种优势间的相关性，并提出了用一般杂合度和特殊杂合度来度量杂种基因型杂合性的概念（Hua et al.，2003；Huang et al.，2006）。一般杂合度是指由所有标记检测到的两亲本间的差异，特殊杂合度则指根据单因子方差分析确定的对某一性状有显著效应的标记计算的亲本间差异程度。研究结果发现，基因型杂合度与杂种表现及杂种优势的相关性在不同材料中有较大差异，在美国长粒型品种杂交组合中，一般杂合度与杂种产量呈显著正相关；我国优良杂交稻亲本杂交组合中特殊杂合度与杂种优势也有很高的相关性。李任华等（1999）用 92 个多态性的 RFLP 分子标记研究水稻籼粳分化与杂种优势的关系，发现分子标记位点杂合度与杂种表现不显著，而用其中的 42 个与籼、粳分化有关的特异性标记位点计算的杂合度与杂种表现相关。

3．利用分子标记建立品种 DNA 指纹　　DNA 指纹技术是一种在单一实验中可以检出大量 DNA 位点差异性的分子生物学技术。Wyman 和 White 于 1980 年首先在人类基因文库的 DNA 随机片段中分离出高度多态的重复序列区域。1982 年 Bell 等又在人胰岛素基因附近发现高度重复序列。1985 年 Jeffreys 等发现小卫星位点的核心序列并以此为探针获得了第一个杂交图谱，由于其具有和人的指纹相似的个体特异性而被称为 DNA 指纹图谱。之后，随着分子生物学的发展，DNA 指纹技术也在不断发展，并在医学、生物学等多个领域得到广泛应用。在作物遗传育种过程中 DNA 指纹可以用于新品种登记和品种鉴定，作为该品种的"身份证"保护新育成品种及育种家的权益；此外，分子标记指纹图谱还可以进行品种纯度和重复性检验。当前用来做 DNA 指纹图谱的标记主要有 SSR、AFLP、SNP 等，其中 SSR 和 AFLP 比较理想，而 SNP 更易于自动化。

4. 利用分子标记技术发掘作物野生近缘种优良基因　　种质创新是作物育种的基础环节，利用分子标记结合常规回交育种技术，可以进行野生资源优良基因的发掘和利用。因为野生资源中不利基因频率较高，很难直接利用，借助分子标记和高密度连锁图谱，构建渗入系是行之有效的方法。由于渗入系的遗传背景与受体亲本大体相同，只有少数渗入片段的差异，渗入系和受体亲本的任何表型差异均是由渗入片段引起的，因此，渗入系的构建可以从栽培植物野生近缘种中挖掘和利用。Tanksley 研究小组用该方法对番茄 5 个野生种基因组进行了筛选，在分子标记辅助下，育成了一系列含有野生种不同 QTL 位点的近等基因系，一些品系的产量、可溶性固体物含量、颜色、果重等指标分别比轮回亲本提高了 48%、22%、35%和 8%（Bernacchi et al.，1998；Monforte et al.，2001；Frary et al.，2004）。中国农业大学水稻分子遗传研究课题组，构建了以优良栽培稻品种为遗传背景、以普通野生稻为供体亲本的基因渗入系。利用这些渗入系对野生稻的高产、耐冷、耐旱基因进行了定位，并构建了近等基因系，发现了一批高产、抗逆的基因资源。

（二）利用分子标记技术改良作物品种

在作物育种过程中，对杂交后代进行准确鉴定和有效选择至关重要，但是由于基因间存在上位效应或掩盖效应，用传统的育种方法来实现基因的累加是非常困难甚至是不可能的，利用分子标记技术可以实现有利基因的转移和基因聚合（或基因累加）。无论是基因转移还是基因聚合，因目标性状或目的基因不同，采取的策略及选择的效果会不相同。

1. 利用分子标记技术改良作物的抗性　　作物中许多重要的农艺性状，如抗病性、抗虫性、育性、株型等都受主基因的控制，因而常常表现为质量性状遗传的特点，不易受环境的影响，在分离群体中表现为不连续性变异，能够明确分组。近年来，作物质量性状基因定位、克隆取得了重要进展，已经定位并克隆了一批控制抗病、抗虫、育性及株型的重要基因，为开展 MAS 创造了条件。

在 MAS 育种中，开始最早、进展最好的是水稻抗白叶枯病基因的转移和基因聚合。水稻白叶枯病是一种重要的细菌性病害，对水稻生产危害十分严重。水稻白叶枯病抗性主要由主效基因控制，到目前已经报道的抗病基因有 30 多个，其中定位的抗性基因 18 个，被克隆的基因有 8 个（*Xa21*、*Xa1*、*Xa26/Xa3*、*xa5*、*Xa27*、*xa13*、*Xa4*、*Xa7*）。

Xa21 是 Khush 等（1990）在长药野生稻（*Oryza longistaminata*）中鉴定的白叶枯广谱抗性基因，并育成了以 IR24 为遗传背景的近等基因系 IRBB21，Song 等（1995）克隆了该基因。由于 *Xa21* 是最早被克隆的抗病基因，被广泛用于分子标记辅助选择育种。这里简单介绍 Chen 等（2000）利用分子标记选择将 *Xa21* 导入优良恢复系'明恢63'的方法。

首先，利用'IRBB21'×'明恢63'的 F2 群体的 200 个单株进行基因定位分析，构建了 *Xa21* 在 11 号染色体上的连锁遗传图。然后，利用与 *Xa21* 共分离的两个 PCR

标记（21 和 248）作正向选择，筛选携带 *Xa21* 的单株。在 *Xa21* 两侧还找到两个紧密连锁的分子标记 C189 和 AB9，它们距离该基因分别为 0.8cM 和 3.0cM，利用这两个标记选择 C189 或 AB9 与基因发生重组的单株，从而保证所转移的包含目标基因的外源片段小于 3.8cM。

在 BC$_1$F$_1$ 中，通过共分离的分子标记和接种鉴定发现有 49 株含有 *Xa21* 基因，并从中找出一株与 AB9 侧具有交换的阳性植株。将该单株与‘明恢 63’作进一步回交得到 BC$_2$F$_1$；同样在 180 个含有 *Xa21* 的 BC$_2$F$_1$ 中筛选到一株与 C189 侧有交换的阳性植株，该单株来自‘IRBB21’含有 *Xa21* 的染色体片段应该小于 3.8cM。该植株与‘明恢 63’进一步回交得到 BC$_3$F$_1$。选用 128 个在染色体上分布比较均匀且在亲本间具有多态性的 RFLP 标记对 250 株 BC$_3$F$_1$ 作背景筛选，发现有 2 株除目标基因位点（RG103）附近区域外，其他位点上的基因型均与‘明恢 63’相同。用菲律宾菌系 6（其代表生理小种‘PXO99’）接种鉴定这两个单株，它们的抗性反应与‘IRBB21’一样，表现为高抗。将这两株自交，即获得 *Xa21* 纯合背景与‘明恢 63’完全一致的株系。进一步用多个菌系对它们分别作接种鉴定和农艺性状调查，表明这些株系具有与‘IRBB21’对白枯病一样的广谱抗性，而农艺性状与‘明恢 63’基本一致。

在育种实际中，为了提高育种效率，往往将单个基因转移与基因聚合相结合，并利用分子标记辅助选择进行鉴定。例如，国际水稻研究所 Huang 等（1997）利用 4 个含有不同水稻白叶枯病抗性基因（*Xa4*、*xa5*、*xa13*、*Xa21*）近等基因系进行抗性基因的聚合，所产生的抗性基因累积的品系比含有单个抗性基因的品系具有更高的抗性水平和对病原菌更广的抗谱。黄廷友等（2003）利用携带 *Xa21* 和 *Xa4* 的‘IRBB60’与‘蜀恢 527’回交，将 *Xa21* 和 *Xa4* 同时聚合于‘蜀恢 527’，大大提高了‘蜀恢 527’的抗性；邓其明等（2006）将 *Xa21* 和 *Xa4* 聚合到‘绵恢 725’中；Yoshimura 等（1996）将 *Xa1*、*Xa3* 和 *Xa4* 聚合到水稻中；何光明等（2004）将 *Xa23* 和抑制衰老基因 *IPT* 聚合；董娜等（2014）将小麦抗白粉病基因 *Pm21* 和 *Pm13* 进行聚合育种研究；朱玉君等（2014）将抗稻瘟病基因 *Pi25*，抗白叶枯病基因 *Xa4*、*Xa21*、*xa5* 和 *xa13*，以及育性恢复基因 *Rf3* 和 *Rf4* 进行聚合研究。

稻瘟病是水稻三大病害之一，如何提高抗病育种的效率是育种家面临的难题。到目前，已经定位了 50 多个稻瘟病主效抗性基因，一些基因已被克隆，如 *Pib*、*Pita*、*Pi9*、*Pi2*、*Pizt*、*Pid2*、*Pi36*、*Pi37*、*Pikm*、*Pi5*、*Pi21* 等。根据抗病基因定位和克隆的研究结果，利用与抗病基因紧密连锁的分子标记或根据抗病基因序列开发出功能基因标记进行分子标记辅助选择育种也取得了重要进展。Jia 等（2002）利用抗病基因 *Pita* 与感病基因 *pita* 的序列差异，建立了能特异扩增抗病基因 *Pita* 内部序列的显性分子标记 YL155/YL87、YL153/YL154、YL100/YL102。Fjellstrom 等（2004）利用抗稻瘟病基因 *Pib* 内部特异序列，建立了能特异扩增 *Pib* 基因内部序列的显性分子标记。Hittalmani 等（2000）同时聚合三个抗稻瘟病主效基因（*Pi1*、*Piz5* 和 *Pita*），发现三基因或两基因（均带有 *Piz5*）的抗性比单基因要高。陈学伟等（2004）将来自不同亲本的抗稻瘟病基因 *Pid*（t）、*Pib* 和 *Pita* 同时聚合到保持系‘冈 46B’中。胡杰等（2010）将水稻抗褐飞虱基因 *Bph14*、*Bph15* 和抗稻瘟病基因 *Pi1*、*Pi2* 同时导入‘珍汕 97B’中，发现改良的杂交稻（聚合 *Bphl4*、*Bphl5* 或单基因）的褐飞虱抗性较对照（'汕优 63'）显著提高；穗颈瘟田间自然发病结果也表明：聚合 *Pi1* 和 *Pi2* 的杂交稻发病率约仅为 6%，明显低于对照'汕优 63'（约 90%）；田间农艺性状考察也表明改良型杂交稻的主要农艺性状与对照基本一致，产量高于对照或与对照相仿。

2. 利用分子标记技术改良作物的农艺性状　作物多数农艺性状，如产量性状、成熟期、品质、抗旱性等表现数量性状的遗传特点，受多个微效基因控制，用传统育种方法，选择效率低、周期长。近年来，由于分子标记技术的发展，数量性状基因座定位及基因克隆取得了长足发展，可将复杂的数量性状进行分解，像研究质量性状基因一样对控制数量性状的多个基因进行研究，为利用分子标记辅助选择技术对复杂农艺性状进行选择和改良奠定了重要基础。

产量性状是典型的数量性状，对产量性状基因定位、克隆以及利用分子标记技术对产量性状的改良一直受到重视。Ashikari 等（2005）利用籼稻'Habataki'和粳稻'Koshihikari'杂交后衍生的 96 个回交自交系和近等基因系，克隆了位于水稻 1 号染色体上的穗粒数控制基因 *Gn1*，并利用分子标记辅助选择技术，将控制水稻株高的 *sd-1* 基因和增加穗粒数的 *Gn1* 基因聚合到优良粳稻品种'Koshihikali'（'越光'）中，改良后的'越光'不仅产量增加，而且能抗倒伏。Xiao 等（1996）在马来西亚普通野生稻 1 号和 2 号染色体上定位两个主效增产 QTL（*yld1.1* 和 *yld2.1*）。邓化冰等（2007）则利用与这两个增产 QTL 紧密连锁的 4 个 SSR 分子标记，通过分子标记辅助选择技术，将两个增产 QTL 导入超级杂交稻亲本'9311'中，发现携带野生稻增产 QTL 的 9311 改良系比'9311'增产，主要表现为有效穗数和每穗总粒数显著增加；携带野生稻增产 QTL 的稳定株系所配杂交组合也比对照显著增产。

利用 MAS 育种已成为植物育种领域的热点。然而，我们应清醒地认识到，分子标记技术只是起辅助作用，辅助选择离不开常规育种。就目前的发展现状而言，利用分子标记辅助选择的理论问题已有不少研究，但将分子标记应用于实际的育种项目现在还处于探索阶段，未来的成功还需要不断积累新的经验和知识。

本 章 小 结

本章系统介绍了 QTL 定位的原理与方法和作物分子标记辅助选择育种技术。获得适宜的作图群体、构建高质量的遗传图谱是目标性状 QTL 定位的基础。目前常见的 QTL 定位方法有单一标记分析法、区间定位法、复合区间定位法、多区间定位法、混合线性模型复合区间定位法、完备区间定位法等，可以选择其中任意一种方法进行 QTL 定位，也可以综合运用几种方法获得更准确的 QTL 定位结果。作物分子标记辅助选择育种（MAS）实现了从表型选择到基因型选择的根本转变，具有不受作物发育阶段限制、加快育种进程、提高育种效率等优越性，但是育种效果受标记与连锁基因间的连锁程度、性状的遗传率、群体大小、分子标记数目等因素的影响。选择合适的作图群体和标记类型，运用高效的基因分型技术和成熟的作图方法是实现作物分子标记辅助选择育种的基础。总之，作物分子设计育种是一个高度综合的研究领域，最终将实现育种性状基因信息的规模化挖掘、遗传材料基因型的高通量化鉴定、亲本选配和后代选择的科学化实施、育种目标性状的工程化鉴定，对未来作物育种理论和技术发展将产生深远的影响。

思　考　题

1．作物分子设计育种主要包括哪几个步骤？

2．QTL 定位一般包含哪几个步骤？

3．常用作图群体的类型有哪些？各群体的特点是什么？

4．常用 QTL 定位方法有哪些？各方法的优缺点体现在哪些方面？

5．相较于传统的育种技术，MAS 技术有哪些优越性？

6．影响 MAS 技术的主要因素有哪些？

7．MAS 技术的基础是什么？

主要参考文献

陈学伟，李仕贵，马玉清，等. 2004. 水稻抗稻瘟病基因 *Pi-d*（*t*）^{1}、*Pi-b*、*Pi-ta*^{2} 的聚合及分子标记选择 [J]. 生物工程学报，20（5）：708-714.

邓化冰，邓启云，袁隆平，等. 2007. 马来西亚普通野生稻增产 QTL 的分子标记辅助选择及其育种效果 [J]. 中国水稻科学，21（6）：605-611.

邓其明，王世全，郑爱萍，等. 2006. 利用分子标记辅助育种技术选育高抗白叶枯病恢复系 [J]. 中国水稻科学，20（2）：153-158

董娜，张亚娟，张军刚，等. 2014. 分子标记辅助小麦抗白粉病基因 *Pm21* 和 *Pm13* 聚合育种 [J]. 麦类作物学报，34（12）：1639-1644

何光明，孙传清，付永彩，等. 2004. 水稻抗衰老 *IPT* 基因与抗白叶枯病基因 *Xa23* 的聚合研究 [J]. 遗传学报，31（8）：836-841

胡杰，李信，吴昌军，等. 2010. 利用分子标记辅助选择改良杂交水稻的褐飞虱和稻瘟病抗性 [J]. 分子植物育种，8（6）：1180-1187

黄廷友，李仕贵，王玉平，等. 2003. 分子标记辅助选择改良蜀恢 527 对白叶枯病的抗性 [J]. 生物工程学报，19（2）：153-157

李任华，孙传清，李自超，等. 1999. 栽培稻的基因型差异程度和分类 [J]. 作物学报，25（4）：518-526

李维明，唐定中，吴为人，等. 2000. 用籼/籼交重组自交系群体构建的分子遗传图谱及其与籼粳交群体的分子图谱的比较 [J]. 中国水稻科学，14（2）：71-78

刘希慧，刘文欣，张义荣，等. 2005. 利用 SSR 分子标记鉴定若干玉米自交系的亲缘关系 [J]. 分子植物育种，3（2）：179-187

万建民. 2006. 作物分子设计育种 [J]. 作物学报，32（3）：455-462

王建康. 2009. 数量性状基因的完备区间作图方法 [J]. 作物学报，35（2）：239-245

吴为人，李维明. 1997. 建立一个重组自交系群体所需的自交代数 [J]. 福建农业大学学报，26（2）：129-132

朱军. 1998. 数量性状基因定位的混合线性模型分析方法 [J]. 遗传，20（增刊）：137-138

朱玉君，樊叶杨，王惠梅，等. 2014. 应用分子标记辅助选择培育兼抗稻瘟病和白叶枯病的水稻恢复系 [J]. 分子植物育种，12（1）：17-24

Ashikari M, Sakakibara H, Lin S, et al. 2005. Cytokinin oxidase regulates rice grain production [J]. Science, 309 (5735): 741-745

Bell G I, Selby M J, Rutter W J, et al. 1982. The highly polymorphic region near the human insulin gene is composed of simple tandemly repeating sequences [J]. Nature, 295 (5844): 31-35

Bernacchi D, Beck-Bunn T, Emmatty D, et al. 1998. Advanced backcross QTL analysis of tomato. Ⅱ. Evaluation of near-isogenic lines carrying single-donor introgressions for desirable wild QTL-alleles derived from *Lycopersicon hirsutum* and *L. pimpinellifolium* [J]. Theoretical and Applied Genetics, 97: 170-180

Bernacchi D, Beck-Bunn T, Eshed Y, et al. 1998. Advanced backcross QTL analysis in tomato. Ⅰ. Identification of QTLs for traits of agronomic importance from *Lycopersicon hirsutum* [J]. Theoretical and Applied Genetics, 97 (3): 381-397

Breiman L. 1996. Stacked regressions [J]. Machine Learning, 24 (1): 49-64

Burgueño J, De los Campos G, Weigel K, et al. 2012. Genomic prediction of breeding values when modeling genotype×environment interaction using pedigree and dense molecular markers [J]. Crop Science, 52 (2): 707-719

Chen S, Lin X, Xu C, et al. 2000. Improvement of bacterial blight resistance of 'Minghui 63', an elite restorer line of hybrid rice, by molecular marker-assisted selection [J]. Crop Science, 40 (1): 239-244

Fjellstrom R, Conaway-Bormans C A, McClung A M, et al. 2004. Development of DNA markers suitable for marker assisted selection of three *Pi* genes conferring resistance to multiple Pyricularia grisea pathotypes [J]. Crop Science, 44 (5): 1790-1798

Frary A, Fulton T M, Zamir D, et al. 2004. Advanced backcross QTL analysis of a *Lycopersicon esculentum*×*L. pennellii* cross and identification of possible orthologs in the Solanaceae [J]. Theoretical and Applied Genetics, 108 (3): 485-496

Grattapaglia D, Sederoff R R. 1994. Genetic-linkage maps of Eucalyptus-Grandis and Eucalyptus-Urophylla using a pseudo-testcross-mapping strategy and RAPD markers [J]. Genetics, 137 (4): 1121-1137

Guo Z, Tucker D M, Basten C J, et al. 2014. The impact of population structure on genomic prediction in stratified populations [J]. Theoretical and Applied Genetics, 127 (3): 749-762

Guo Z, Tucker D M, Lu J, et al.2012. Evaluation of genome-wide selection efficiency in maize nested association mapping populations [J]. Theoretical and Applied Genetics, 124 (2): 261-275

Habier D, Fernando R L, Dekkers J C. 2009. Genomic selection using low-density marker panels [J]. Genetics, 182 (1): 343-353

Habier D, Fernando R L, Dekkers J C M. 2007. The impact of genetic relationship information on genome-assisted breeding values [J]. Genetics, 177 (4): 2389-2397

Hayashi T, Iwata H. 2013. A Bayesian method and its variational approximation for prediction of genomic breeding values in multiple traits [J]. BMC Bioinformatics, 14 (1): 34

Hittalmani S, Parco A, Mew T, et al. 2000. Fine mapping and DNA marker-assisted pyramiding of the three major genes for blast resistance in rice [J]. Theoretical and Applied Genetics, 100 (7): 1121-1128

Hua J, Xing Y, Wu W, et al. 2003. Single-locus heterotic effects and dominance by dominance interactions can adequately explain the genetic basis of heterosis in an elite rice hybrid [J]. Proceedings of The National Academy of Sciences, 100 (5): 2574-2579

Huang N, Angeles E, Domingo J, et al. 1997. Pyramiding of bacterial blight resistance genes in rice: marker-assisted selection using RFLP and PCR [J]. Theoretical and Applied Genetics, 95 (3): 313-320

Huang Y, Zhang L, Zhang J, et al. 2006. Heterosis and polymorphisms of gene expression in an elite rice hybrid as revealed by a microarray analysis of 9198 unique ESTs [J]. Plant Molecular Biology, 62: 579-591

Jeffreys A J, Wilson V, Thein S L. 1985. Hypervariable 'minisatellite' regions in human DNA [J]. Nature, 314 (6006): 67-73

Jia Y, Wang Z, Singh P. 2002. Development of dominant rice blast *Pi-ta* resistance gene markers [J]. Crop Science, 42 (6): 2145-2149

Kao C, Zeng Z. 1997. General formulas for obtaining the MLEs and the asymptotic variance-covariance matrix in mapping quantitative trait loci when using the EM algorithm [J]. Biometrics, 53 (2): 653-665

Khush G S, Bacalangco E, Ogawa T. 1990. A new gene for resistance to bacterial blight from *O. longistaminata*. Rice Genet [J]. News Lett, 7: 121-122

Lande R, Thompson R. 1990. Efficiency of marker-assisted selection in the improvement of quantitative traits [J]. Genetics, 124 (3): 743-756

Lander E S, Botstein D. 1989. Mapping mendelian factors underlying quantitative traits using RFLP linkage maps [J]. Genetics, 121 (1): 185-199

Lander E S, Green P, Abrahamson J, et al. 1987. Mapmaker: An interactive computer package for constructing primary genetic linkage maps of experimental and natural populations [J]. Genomics, 93 (2): 398

Lin Y, Jiang X, Tao Y, et al. 2020. Identification and validation of stable quantitative trait loci for grain filling rate in common wheat (*Triticum aestivum* L.) [J]. Theoretical and Applied Genetics, 133: 2377-2385

Lübberstedt T, Melchinger A E, Duβle C, et al. 2000. Relationships among early European maize inbreds: Ⅳ. Genetic diversity revealed with AFLP markers and comparison with RFLP, RAPD, and pedigree data [J]. Crop Science, 40 (3): 783-791

Monforte A, Friedman E, Zamir D, et al. 2001. Comparison of a set of allelic QTL-NILs for chromosome 4 of tomato: deductions about natural variation and implications for germplasm utilization [J]. Theoretical and Applied Genetics, 102 (4): 572-590

Peleman J D, Voort J R V D. 2003. Breeding by design [J]. Trends in Plant Science, 8 (7): 330-334

Pérez-Rodríguez P, Gianola D, Weigel K, et al. 2013. An R package for fitting Bayesian regularized neural networks with applications in animal breeding [J]. Journal of Animal Science, 91 (8): 3522-3531

Smith O, Smith J, Bowen S, et al. 1990. Similarities among a group of elite maize inbreds as measured by pedigree, F_1 grain yield, grain yield, heterosis, and RFLPs [J]. Theoretical and Applied Genetics, 80 (6): 833-840

Solberg T R, Sonesson A K, Woolliams J A, et al. 2009. Reducing dimensionality for prediction of genome-wide breeding values [J]. Genetics Selection Evolution, 41 (1): 1-8

Song W Y, Wang G L, Chen L L, et al. 1995.A receptor kinase-like protein encoded by the rice disease resistance gene, *Xa21* [J]. Science, 270 (5243): 1804-1806

Stam P. 1993. Construction of integrated genetic linkage maps by means of a new computer package: Join Map [J]. The Plant Journal, 3 (5): 739-744

Wang J, Wan X, Li H, et al. 2007. Application of identified QTL-marker associations in rice quality improvement through a design-breeding approach [J]. Theoretical and Applied Genetics, 115 (1): 87-100

Wang Z, Liu Y, Shi H, et al. 2016. Identification and validation of novel low-tiller number QTL in common wheat [J]. Theoretical and Applied Genetics, 129 (3): 603-612

Wyman A R, White R. 1980. A highly polymorphic locus in human DNA [J]. Proceedings of the National Academy of Sciences, 77 (11): 6754-6758

Xiao J, Grandillo S, Ahn S N, et al. 1996. Genes from wild rice improve yield [J]. Nature, 384 (6606): 223-224

Yang G, Maroof M S, Xu C, et al. 1994. Comparative analysis of microsatellite DNA polymorphism in landraces and cultivars of rice [J]. Molecular General Genetics MGG, 245 (2): 187-194

Yoshimura A, Lei J, Matsumoto T, et al. 1996. Analysis and Pyramiding of Bacterial Blight Resistance Genes in Rice by Using DNA Markers [M]. In Rice Genetics collection , (volume3): Part 2, IRRI: World Scientific

Zeng Z. 1994. Precision mapping of quantitative trait loci [J]. Genetics, 136 (4): 1457-1468

Zhang Q, Zhou Z, Yang G, et al. 1996. Molecular marker heterozygosity and hybrid performance in indica and japonica rice [J]. Theoretical and Applied Genetics, 93 (8): 1218-1224

Zhang X, Pérez-Rodríguez P, Semagn K, et al. 2015. Genomic prediction in biparental tropical maize populations in water-stressed and well-watered environments using low-density and GBS SNPs [J]. Heredity, 114 (3): 291-299

Zhao L, Abdelsalam N R, Xu Y, et al. 2020. Identification of two novel Hessian fly resistance genes *H35* and *H36* in a hard winter wheat line SD06165 [J]. Theoretical and Applied Genetics, 133: 2343-2353

第十章　基因工程与作物育种

基因工程是根据研究目标进行设计，通过 DNA 重组和转基因等技术，赋予生物以新的遗传特性，创造出更符合人类需要的新的生物类型和生物产品的遗传技术。作物育种是根据育种目标，通过系统选育、杂交、分子技术等改良作物的遗传特性，培育出高产优质品种的方法。利用基因工程进行的作物育种研究，统称为转基因育种，就是根据育种目标，从供体生物中分离目的基因，经 DNA 重组与遗传转化或直接运载进入受体作物，经过筛选获得稳定表达的遗传工程体，并经过田间试验与大田选择育成转基因新品种或种质资源。它涉及目的基因的分离与改造、载体的构建及其与目的基因的连接等 DNA 重组技术；农杆菌介导、基因枪轰击等方法使重组体进入受体细胞或组织的技术；转化体的筛选、鉴定等遗传转化技术和相配套的组织培养技术；携带目的基因的转基因植株（遗传工程体）筛选鉴定技术以及遗传工程体在有控条件下的安全性评价及大田育种研究工作。

与常规育种技术相比，转基因育种在技术上较为复杂，要求也很高，但是具有常规育种所不具备的优势。主要体现在以下几个方面。

1）转基因育种技术体系的建立使可利用的基因资源范围大大拓宽。实践表明，从动物、植物、微生物中分离克隆的基因，可通过转基因的方法在三者之间相互转移利用。

2）转基因育种技术为培育高产、优质、高抗和适应各种不良环境条件的优良品种提供了崭新的育种途径。这既可大大减少杀虫剂、杀菌剂的使用，有利于环境保护，也可以提高作物的生产能力，扩大作物品种的适应性和种植区域。

3）利用转基因育种技术可以对植物的育种目标性状单基因甚至多基因进行定向改造，这在常规育种中是难以想象的。

4）利用转基因技术可以大大提高选择效率，加快育种进程。此外，通过转基因的方法，还可将植物作为生物反应器生产药物等生物制品。

正是由于转基因技术育种具有上述强大的优势，其从发现至今仅仅 30 年的时间就得到了快速的发展。自从 20 世纪 70 年代重组 DNA 技术创建到 1983 年第一株转基因烟草获得以来，共有 32 种作物中的 525 个转基因商业化（ISAAA 数据库 2019）。其中，玉米最多（238 个），其次是棉花（61 个）、土豆（49 个）、阿根廷油菜（42 个）、大豆（41 个）、康乃馨（19 个）等，涉及抗虫、抗除草剂、抗病、育性改变、品质改良等性状。1996～2007 年的 12 年间转基因作物累计种植面积达到 6.9 亿 hm^2，以空前 67 倍的速度增长。截至 2021 年，仅美国一个国家，就累计种植转基因作物 7500 万 hm^2 以上，接近全球转基因作物种植面积的 40%。其中大豆种植面积中有 95% 为转基因，玉米有 93%，棉花有 97%，而油菜和甜菜接近 100%。转基因成为近代历史上发展最快的作物技术。转基因作物的高种植率有稳定的表现，并且为发展中国家和工业化国家都带来了显著的经济、环境、健康和社会效益。值得注意的是，2007 年是决定采用转基因作物农民累计人数超过 5000 万人的标志性一年。2007 年全球转基因作物的种植面积达到 1.143 亿 hm²，到 2008 年又达到近 1.3 亿 hm²（图 10-1）。据 2018 年统计，全球转基因作物的种植面积为 1.917 亿 hm²，相比于 1996 年，增长了约 113 倍（ISAAA，2018）。其中，转基因大豆 9590 万 hm²（50%），转基因玉米 5890 万 hm²（31%），转基因棉花 2490 万 hm²（13%），转基因油菜 1010 万 hm²（5.3%），其他转基因作物 190 万 hm²（＜1%）。

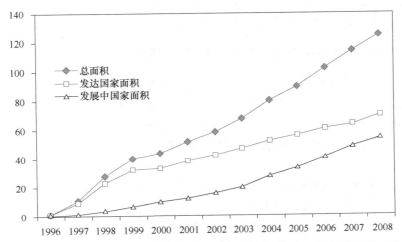

图 10-1 发达国家和发展中国家转基因作物的种植面积在不同年份中的变化
（单位：百万 hm²）（James，2009）

国内自行培育的双价转基因烟草的抗病虫性达到 60%，产量比对照增加 15%，产值增加 20%，遗憾的是由于市场的原因现已不推广。中国转基因作物研究始于 20 世纪 80 年代，1986 年启动的 "863" 计划起了关键性的导向、带动和辐射作用。自 2001 年《农业转基因生物安全管理条例》颁布以来，我国农业部（现农业农村部）共受理了 192 家国内外研究单位的安全评价申请 1525 项，经国家农业转基因生物安全委员会评审，批准转基因生物中间试验 456 项，环境释放 211 项，生产性试验 181 项，发放安全证书 424 项，涉及水稻、玉米、小麦、大豆、油菜、棉花等 40 多种受体作物，以及抗病虫、耐除草剂等 10 余种性状的转基因生物，促进了农业生物技术研究与产业的健康发展。同时批准发放转基因大豆、油菜、棉花、玉米等 18 个品种的进口加工原料用安全证书，规范了转基因农产品进出口秩序。

第一节 目的基因的获取

目的基因的获取是作物转基因育种的第一步。获得基因的途径主要可以分为两大类：根据基因表达的产物——蛋白质进行基因克隆；从基因组 DNA 或 mRNA 序列克隆基因。

一、根据基因表达的产物——蛋白质进行基因克隆

根据基因表达的产物进行基因克隆的主要步骤如下：首先，分离和纯化控制目的性状的蛋白质或者多肽，并进行氨基酸序列分析；然后，根据所得氨基酸序列推导相应的核苷酸序列，采用化学合成的方式合成该基因；最后，通过相应的功能鉴定来确定所推导的序列是否为目的基因。利用这种方法人类首次人工合成了胰岛素基因，通过对表达产物与天然的胰岛素基因产物进行比较得到了证实。虽然在早期采用这种方式已经成功地克隆了许多基因，但是由于根据基因产物采用化学合成方式克隆基因具有很大的局限性，因此目前基因的克隆主要是采用后一种途径。

二、从基因组 DNA 或 mRNA 序列克隆基因

随着分子生物学技术的发展，尤其是 PCR 技术的问世及其在基因工程中的广泛应用，大大地加快了基因克隆步伐。此外，多种生物基因组测序计划的相继实施和完成，大规模 EST 数据库的建立，也使得大规模进行基因克隆成为可能。目前已经发展了多种从基因组 DNA 序列或者 mRNA 序列获得基因的方法，下面将对其中几个主要的方法加以简单介绍。

1. 同源序列法克隆目的基因　　同源序列法是根据基因家族成员所编码的蛋白质结构中具有保守氨基酸序列的特点发展的一条快捷克隆基因家族未知成员的新途径，即基于同源序列的候选基因法（homology based candidate gene method）。其基本思路为：根据基因家族各成员间保守氨基酸序列设计简并引物，并利用简并引物对含有目的基因的 DNA 文库或者 cDNA 文库进行 PCR 扩增，对扩增产物进行分离、鉴定后再进行扩增、克隆和功能鉴定，从而分离目的基因。

2. 表达序列标签法克隆目的基因　　表达序列标签（expressed sequence tagging）是指能够特异性标记某个基因的部分序列，通常包含了该基因足够的结构信息区，从而可以与其他基因相区分。目前，表达序列标签主要是通过 cDNA 的途径获得。利用表达序列标签法进行基因克隆的基本过程为利用已标记的探针进行 cDNA 文库筛选，得到 cDNA 阳性克隆，对所得的克隆进行序列和功能分析获得目的基因；若所得基因仍然不完整的话就需要根据已知的序列信息重新设计引物进行巢式 PCR 和 5′-RACE、3′-RACE，得到 5′端和 3′端部分序列直至获得全长的目的基因。

3. 根据连锁图谱克隆目的基因　　由于植物的大多数性状，尤其是重要的农艺性状在植物生长发育中的生化功能还不清楚，也有的基因表达产物量很低，这就限制了根据基因的功能进行基因克隆策略的应用。随着各种生物分子连锁图谱的相继建立和越来越多的基因被定位，图位克隆（map-based cloning）技术也于 20 世纪 90 年代初应运而生。这一方法步骤见图 10-2。首先将目的基因精确定位在分子标记连锁图谱上，利用与目的基因紧密连锁的标记筛选大片段 DNA 文库（如 YAC、BAC 文库等），并构建含目的基因区域的精细物理图谱，利用该物理图谱采用染色体步行（chromosome walking）的方法逐步逼近目的基因。若侧翼标记与目的基因连锁十分紧密或共分离，无须步移就可直接着陆，获得含目的基因的大片段克隆，再将大片段克隆作亚克隆分析或用大片段克隆作

探针筛选 cDNA 文库，从而将目的基因确定于一个较小的 DNA 片段上，进一步作序列分析和目的基因分离、克隆以及相应的功能鉴定。利用图位克隆技术目前已经分离、克隆出许多重要的植物基因，如水稻克隆的抗白叶枯病基因 *Xa21*，半矮秆基因 *sd-1* 等。

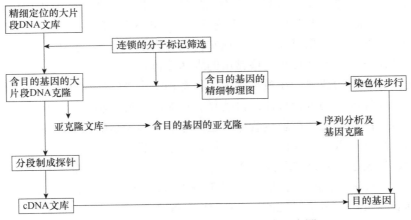

图 10-2　目的基因的图位克隆技术示意图

4. 转座子标签法　　转座子是染色体上一段可复制、移动的 DNA 片段，复制的拷贝可以从染色体的一个位置跳到另一个位置。当转座子跳跃而插入某个功能基因内部时，就会引起该基因的失活，并诱导产生突变型；当转座子再次转座或切离这一位点时，失活基因的功能又可得到恢复。通过遗传分析可以确定某种基因的突变是否是转座子的插入而引起的。可以将转座子 DNA 制成探针，对突变株的基因组文库进行杂交，并钓出含有该转座子的 DNA 片段，获得含有部分突变株 DNA 序列的克隆，进而将所获得的突变株的部分 DNA 序列制成探针，筛选野生型的基因组文库，最终得到完整的基因。目前应用最为广泛的转座子系统是 Ac/Ds 玉米转座子系统。

5. 差异显示法　　在生物个体发育的不同阶段，或者是在不同的组织、细胞中发生的不同基因按时间、空间进行有序表达的方式，称为基因的差异表达。根据基因表达上存在的这种差异进行相应基因的克隆就称为差异显示法基因克隆，差异显示 PCR（differential display PCR，DD-PCR）是指通过对来源特定组织类型的 mRNA 进行 PCR 扩增、电泳，并找出待测组织和对照之间的特异扩增条带，该条带就有可能是全长或者是部分特异表达的基因，利用这种方法进行基因克隆的方式就称为差异显示法基因克隆。

第二节　重组 DNA 制备

要将外源基因转移到受体植株还必须对目的基因进行体外重组，而体外 DNA 重组必须有基因克隆载体和酶的参与。

一、基因克隆载体

基因克隆载体是一种具有特殊功能的 DNA 分子，能携带外源 DNA 进入受体细胞，并能在细胞内进行维持和表达。载体通常是质粒、噬菌体或动植物病毒 DNA 分子改造后的产物，在转基因植物中最常用的是质粒载体，如农杆菌中的 Ti 质粒和 Ri 质粒。根据应用范围不同，基因克隆载体分为克隆型克隆载体和表达型克隆载体。使目的片段能在宿主细胞中进行复制的载体称为克隆型克隆载体。在转基因作物育种中，常用的有 pUC 和 pBluescript SK＋（－）系列等。使目的基因在宿主细胞中能表达为 RNA 或蛋白质的载体称为表达型克隆载体，通常被简称为表达载体。pBI 和 pCAMBIA 系列双元表达载体是进行植物遗传转化最常用的表达载体。

无论是哪种类型的载体，在植物基因工程育种中用到的质粒载体需具有以下几个基本条件：针对受体细胞的可转移性；自助复制功能，带有复制起始位点；显著的筛选标记；多克隆位点；安全性。在表达载体中还需考虑基因表达的调控元件，如启动子、终止子、核糖体结合位点等；载体大小、拷贝数和容量等。

构建合适的表达载体是转基因作物育种中的重要一步，构建载体的方法有酶切连接法、T-DNA 插入法、Gateway 法、不依赖于序列和连接的克隆方法（sequence and ligation independent cloning，SLIC）、重组融合 PCR 技术、一步克隆法、基于竞争性连接原理构建小片段基因表达载体技术、无缝连接克隆 In-Fusion 技术和快速克隆 Golden Gate 拼接法等，具体采用哪种载体及构建方法要根据转基因的方法和目的而定。现在市面上有数以千计的载体类型，成功构建的载体可以申请专利或商业化。

二、植物基因工程中的酶

基因工程是一项复杂的生物技术，从分离 DNA、RNA 开始至转基因植物的生成，需要一系列的分子操作，都需要有酶的参与。在基因工程操作中参与的酶统称为基因工程工具酶。以下几种酶是在植物基因工程中常用的酶。

1）DNA 和 RNA 提取过程中常用到纤维素裂解酶、溶菌酶、蛋白酶、DNA 酶和 RNA 酶等。

2）反转录过程中常用到反转录酶和 DNA 聚合酶 I。

3）体外聚合酶链式反应（PCR）时需要耐热性 DNA 聚合酶和转录酶。

4）体外 DNA 分子重组时需要限制性核酸内切酶和 DNA 连接酶。

5）对 DNA 分子进行修饰的修饰酶。

6）检测 DNA 和 RNA 时需要 DNA 聚合酶 I 和多核苷酸激酶等以制备标记探针。

三、DNA 重组

利用酶作为工具，将目的基因与适宜载体进行重组，以便在宿主细胞进行复制或表达，以达到转基因育种的目的。植物基因工程中，常用的是质粒载体，质粒重组的基本步骤包括：利用限制性内切酶将载体切开，并用连接酶把目的基因连接到载体上，获得 DNA 重组体。可以通过质粒的共和转化法将目的基因导入 Ti 质粒中（图 10-3）；也可将目的基因先导入 pBI121 等的双元载体中（图 10-4），再借助改造过的 Ti 质粒将目的基因转化导入作物基因组中。

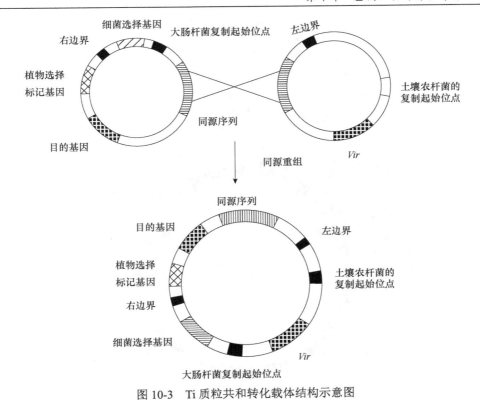

图 10-3　Ti 质粒共和转化载体结构示意图

第三节　植物的遗传转化

外源 DNA 经过重组，需要通过一定的转化技术转入受体植物中，转化率的高低与受体材料和相应的转化技术相关。

一、受体材料的选择

受体是指用于接受外源 DNA 的转化材料。能否建立稳定、高效、易于再生的受体系统是植物转基因操作的关键技术之一。受体品种的选择在转基因育种中是十分重要的。一般来说，如果转化方法可行，那么，受体品种首选生产上正在大面积推广或即将在生产上推广的优良品种。用它们转化而成的转基因植株易于快速地培育出新品种在生产上推广利用。良好的植物基因转化受体系统应满足如下条件：①高效稳定的再生能力；②受体材料要有较高的遗传稳定性；③具有稳定的外植体来源，即用于转化的受体要易于得到而且可以大量供应，如胚和其他器官等；④对筛选剂敏感，即当转化体筛选培养基中筛选剂浓度达到一定值时，能够抑制非转化植株细胞的生长、发育和分化，而转化细胞、植株能正常生长、发育和分化形成完整的植株。虽然对植物组织培养的研究已有几十年的历史，对于许多重要的农作物已经建立起比较成熟的再生系统，但是建立一个良好的基因转化受体系统与现有的组织培养获得再生植株水平之间还有很大的差距。目前

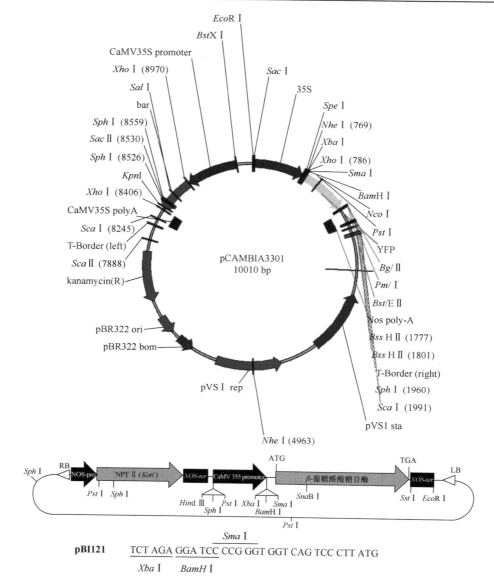

图 10-4　pCAMBIA3301 和 pBI121 双元载体结构图

受体材料系统存在的主要问题是再生率低、基因型依赖性强、再生细胞部位与转化部位不一致等，常用的受体材料有以下几大类型。

1. 愈伤组织再生系统　　是指外植体材料经过脱分化培养诱导形成愈伤组织，再通过分化培养获得再生植株的再生系统。愈伤组织受体再生系统具有外植体材料来源广泛、繁殖迅速、易于接受外源基因且转化效率高的优点；缺点是转化的外源基因遗传稳定性差，容易出现嵌合体。

2. 直接分化再生系统　　是指外植体材料细胞不经过脱分化形成愈伤组织阶段，而是直接分化出不定芽形成再生植株。此类再生系统的优点是获得再生系统的周期短、操作简单，体细胞变异小，并且能够保持受体材料的遗传稳定性；缺点是对于有些植物，尤其是包括玉米、小麦、水稻在内的多数禾本科作物进行茎尖分生培养相当困难，遗传转化率要比愈伤组织再生系统低。

3．原生质体再生系统　　原生质体具有全能性，能够在适当培养条件下诱导出再生植株，也可以作为受体材料，事实上原生质体受体系统是应用最早的再生受体系统之一。原生质体受体再生系统的优点是能够直接高效、广泛地摄取外源 DNA 或遗传物质，可以获得基因型一致的克隆细胞，所获转基因植株嵌合体少，并适用于多种转化系统；缺点是不易制备、再生困难和变异程度高等。

4．胚状体再生系统　　胚状体是指具有胚胎性质的个体。胚状体作为外源基因转化的受体具有个体数目巨大、同质性好，接受外源基因的能力强，转基因植株嵌合体少，易于培养、再生等优点。不足之处是所需技术含量较高，在包括多数禾本科作物在内的许多种植物上不易获得胚状体，使胚状体再生受体系统的应用受到了很大的限制。

5．生殖细胞受体系统　　利用植物自身的生殖过程，以生殖细胞如花粉粒、卵细胞等受体细胞进行外源基因转化的系统被称为生殖细胞受体系统。目前主要从两个途径利用生殖细胞进行基因转化：一是利用组织培养技术进行小孢子和卵细胞的单倍体培养，诱导出胚性细胞或愈伤组织细胞，并进一步分化形成单倍体植株，建立单倍体转化受体系统；二是直接利用花粉和卵细胞受精过程进行基因转化，如花粉管导入法、花粉粒浸泡法、子房微针注射法等。由于该受体系统与上述其他受体系统相比有许多优点，因此近年来发展很快。

二、目的基因的遗传转化

选择适宜的遗传转化方法是提高遗传转化率的重要环节之一。尽管转基因方法很多，但是概括起来说主要有两类。第一类是以载体为媒介的遗传转化，也称为间接转移系统法。第二类是外源目的 DNA 的直接转化。

1．间接转移系统法　　是目前为止最常见的一类转基因方法。其基本原理是将外源基因重组进入适合的载体系统，通过载体携带将外源基因导入植物细胞并整合在核染色体组中，并随着核染色体一起复制和表达。农杆菌 Ti 质粒或 Ri 质粒介导法是迄今为止植物基因工程中应用最多、机理最清楚、最理想的载体转移方法。采用载体介导进行基因转移的具体方法包括以下几点。

（1）**叶盘法**　　是双子叶植物较为常用、简单有效的方法。选取健康的无菌苗，用打孔器打出叶圆盘，将带有新鲜伤口的叶圆盘与载有目的基因的农杆菌液进行短期共培养，农杆菌通过伤口感染将外源目的基因导入细胞内并整合到植物基因组中（图 10-5）。

（2）**真空渗入法**　　将适宜转化的健壮植株倒置浸于装有携带外源目的基因的农杆菌渗入培养基的容器中，经真空处理，造伤，使农杆菌通过伤口感染植株，在农杆菌的介导下，发生遗传转化。这是一种简便、快速、可靠而且不需要经过组织培养阶段即可获得大量转化植株的基因转移方法，具有良好的研究与应用前景。

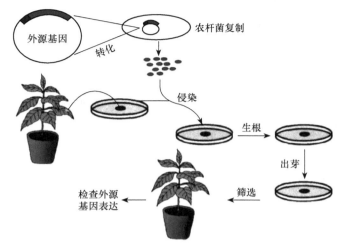

图 10-5　农杆菌介导的植物遗传转化示意图

（3）原生质体共培养法　　原生质体法是指在原生质培养的早期，将携带外源目的基因的农杆菌与原生质体共同培养，农杆菌的 Ti 或 Ri 上携带有目的基因的 T-DNA 区段就会随着外源信号分子的诱导而导入原生质体的核内，并整合到受体基因组上。

2．外源基因直接导入法　　是一种不需借助载体介导，直接利用理化因素进行外源遗传物质转移的方法，主要包括化学刺激法、基因枪轰击法等。

（1）化学刺激法　　是借助于聚乙二醇（PEG）、聚乙烯醇（PVA）或者多聚-L-鸟苷酸（PLO）等细胞融合剂的作用，使细胞膜表面电荷发生紊乱，干扰细胞间的识别，使细胞膜之间、DNA/RNA 与细胞膜之间形成分子桥，促使细胞膜间的相互融合（接触和粘连）和外源 DNA/RNA 进入原生质体。

（2）基因枪轰击法　　也称为微弹轰击法（micro-projectile bombardment）和粒子枪法，其基本原理是将外源 DNA 包裹在微小的钨粉或金粉颗粒的表面，然后借助高压动力射入受体细胞或组织，当微粒上的 DNA 进入细胞后将整合到植物基因组中并得以表达。按照动力来源可将基因枪分为火药动力基因枪、高压气体动力基因枪和高压放电动力基因枪。由于基因枪法的操作对象可以是完整的细胞或组织，这就克服了受体材料的限制，而且不必制备原生质体，因此实验步骤简单易行，具有相当广泛的应用范围，这已经成为研究植物细胞转化和创造转基因植物的最有效方法之一。到目前为止，利用基因枪法已经在烟草、豆类和多数禾本科作物、果树花卉和林木等植物上获得转基因植株（图 10-6）。

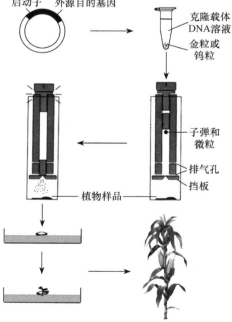

图 10-6　基因枪轰击法示意图

（3）微注射法　　是由我国学者周光宇首次

发明的。此法是利用琼脂糖包埋、聚赖氨酸粘连和微吸管吸附等方式将受体细胞固定，然后将供体 DNA 或 RNA 直接注射进入受体细胞。所用受体一般是原生质体或生殖细胞，对于具有较大子房或胚囊的植株则无须进行细胞固定，在田间就可以进行活体操作，被称为"子房注射法"。以烟草、苜蓿和玉米原生质体等为受体材料，利用上述方法都获得了成功。此外，在玉米、小麦、水稻等多种植物上，也有利用子房注射法成功地获得转基因植株的报道。微注射法的优点是可以进行活体操作，不影响植物体正常的发育进程。田间子房注射操作简便，成本低。但只对子房比较大的植物有效，对于种子很小的植物操作要求精度高，需要显微操作，转化率也相对较低，而且转基因后代容易出现嵌合体。

第四节　转化植株的鉴定

转化体的筛选与鉴定是农作物转基因育种中的一个关键性的问题，贾士荣于 1993 年提出了一套转基因植物的标准，对于转模式植物：①应有严格的对照；②转化当代（R_0 代）至少有一种相应的酶活分析（如 Gus、NPT Ⅱ）；③R_1 代应有 Southern 或 Northern 杂交的证据；④有性繁殖作物需要标记基因控制的表型性状传递给 R_1 代的证据，无性繁殖作物有繁殖一代稳定遗传的证据；⑤转化系统应能够重复。对于转目的基因植物：①应有严格的对照；②应提出转化当代（R_0 代）目的基因整合和表达的分子生物学证据（Southern、Northern、Western 或者其他方法）；③R_0 代需有目的基因控制的表型性状（如抗病、抗虫性等）；④有性繁殖作物需有目的基因控制的表型性状传递给后代的证据，无性繁殖作物有繁殖一代稳定遗传的证据。转化体的筛选和鉴定包括转化体的筛选和转化体的鉴定两个层次。

一、转化体的筛选

外源目的基因在植物受体细胞中的转化频率往往是相当低的，在数量庞大的受体细胞群体中，通常只有为数不多的一小部分获得了外源 DNA，而其中目的基因已被整合到核基因组并实现表达的转化细胞则更加稀少。因此，为了有效地选择出这些真正的转化细胞，就有必要使用特异性的选择标记基因（selectable marker gene）进行标记。常用选择标记基因包括抗生素抗性基因及除草剂抗性基因两大类，如卡那霉素抗性基因 *npt* II 和潮霉素抗性基因 *hpt*，除草剂抗性基因 *bar* 和 Glyphosate 抗性基因 *epsps* 等。在实际工作中，将选择标记基因与适当启动子构成嵌合基因并克隆到质粒载体上，与目的基因同时进行转化。当标记基因被导入受体细胞之后，就会使转化细胞具有抵抗相关抗生素或除草剂的能力，抑制、杀死非转化细胞，转化细胞则能够存活下来。由于目的基因和标记基因同时整合进入受体细胞的比率相当高，因此在具有上述抗性的转化细胞中将有很高比率的转化细胞同时含有上述两类基因。

二、转化体的鉴定

通过选择压力筛选得到的转基因植株只能初步证明标记基因已经整合进入受体细胞

中，至于目的基因是否整合、表达还一无所知，因此还必须对抗性植株进一步检测。根据检测水平的不同，转基因植株可以分为 DNA 水平、转录水平和翻译水平的鉴定。

1．DNA 水平的鉴定　　主要是检测外源目的基因是否整合进入受体基因组中、整合的拷贝数及整合的位置，常用的检测方法主要有特异性 PCR 检测和 Southern 杂交。特异性 PCR 反应是 PCR 技术在体外对特定目的 DNA 模板进行扩增，对扩增产物片段的大小进行检测以验证是否和目的基因片段的大小相符，从而判断外源基因是否整合到转化植株之中。特异性 PCR 检测方法具有简单、迅速、费用少的优点，但是检测结果有时不可靠，假阳性率高，因此必须与其他方法配合使用。Southern 杂交的原理是依据外源目的基因碱基同源性配对进行的，杂交后能产生杂交印迹或杂交带的转化植株为转基因植株，未产生杂交印迹的为非转基因植株。一般是将外源目的基因序列制作成探针与转化植株的总 DNA 进行杂交，它是从 DNA 水平上对转化体是否整合外源基因以及整合的拷贝数进行鉴定的方法，Southern 杂交是目前检测转基因植株最主要的方法之一。

2．转录水平的鉴定　　通过 Southern 杂交可以得知外源基因是否整合到染色体上。但是，整合到染色体上的外源基因能否表达还未知，因此必须对外源基因的表达情况进行转录水平和翻译水平鉴定。转录水平鉴定是对外源基因转录形成 mRNA 的情况进行检测，常用的方法主要有 Northern 杂交和 RT-PCR 检测。

Northern 杂交又分为 Northern 斑点杂交和 Northern 印迹杂交。其中 Northern 斑点杂交是检测植物基因转录本稳定表达量的有效方法。其原理是利用标记的 RNA 探针对来源于转化植株的总 mRNA 进行杂交，通过检测杂交条带放射性的有无和强弱来判断目的基因转录与否以及转录水平。Northern 印迹杂交的基本原理是先提取植物的总 RNA 或者 mRNA 用变性凝胶电泳分离，不同的 RNA 分子将按分子量大小依次排布在凝胶上，将它们原位转移到固相膜上，在适宜的离子强度及温度下，探针与膜上同源序列杂交，形成 RNA-DNA 杂交双链。通过探针的标记性质可以检测出杂交体，根据杂交体在膜上的位置可以分析出杂交 RNA 的大小。

3．翻译水平的鉴定　　为检测外源基因转录形成的 mRNA 能否翻译，还必须进行翻译或者蛋白质水平检测，最主要的方法是 Western blotting 杂交。在 Western blotting 杂交中，先将从转基因植株中提取的待测样品溶解于含有去污剂和还原剂的溶液中，经过 SDS 聚丙烯酰胺凝胶电泳后转移到固相支持物上（常用硝酸纤维素滤膜）；然后，与抗靶蛋白的非标记抗体反应；最后，结合上的抗体可用多种二级免疫学试剂（^{125}I 标记的 A 蛋白或抗免疫球蛋白、与辣根过氧化物酶或碱性磷酸酶偶联的 A 蛋白或抗免疫球蛋白）进行检测。在转基因植株中，只要含有目的基因在翻译水平表达的产物均可采用此方法进行检测鉴定。

第五节　转基因作物品种的选育

各类作物品种都具有一系列的主要育种目标性状，这些性状又各有其组成因素及生理生化基础，将外源基因导入受体植株只能赋予特定的目标性状，对于其他目标性状是否符合生产的需要还不清楚。另外，由于转基因目标性状是通过非常规手段获得的，外源基因的插入很有可能对原有基因组的结构产生破坏，并对宿主基因的表达产生影响，这势必会影响甚至改变该作物品种的原有性状。从目前的植物基因工程育种实践来看，利用转基因方法获得的整合有外源基因的转化体，常常存在外源基因失活、纯合致死、花粉致死效应，以及目标性状明确的基因导入植物后插入位点可能导致其他性状的变化等现象；有些转基因植株可能会由于组织培养方面的原因造成结实率降低。所以通过转基因技术获得的转化植株只是为培育作物新品种而产生的种质资源，很少直接作为品种进行推广应用。只有通过一定的方法对获得的转基因植株进行遗传分析，选择单拷贝插入的转基因植株，辅以传统育种方法，才能培育出为生产所利用的作物新品种。如同传统作物育种一样，对转基因作物品种进行选育时也要遵循一定的育种程序，同时兼顾转基因育种的特殊性。从现有转基因育种的过程来看，主要的程序有以下步骤：转基因作物育种目标的制订；转基因作物育种方法的确定及转基因植物的获得；转基因作物品种的选育与产业化等。

一、系统选育获得转基因新品种

通过农杆菌或花粉管介导的转基因原始品系的农艺性状、目的基因都有分离，需对其进行严格的系统选育以育成新品种。安徽省种子总公司和东至县棉花原种场合作，1996 年从江苏省农业科学院经济作物研究所引进抗虫棉材料，在东至县进行抗虫性、丰产性、农艺性状等系统选育。1996 年底选出 8 个品系、40 个株行、400 个单株。对当选的材料在海南岛进行加代繁殖和抗虫性、丰产性比较，1997 年春选出 6 个优良品系参加安徽省区试。区试结果表明'皖 5'籽棉产量为 221.43kg/亩，比对照'泗棉 3 号'（常规治虫）增产 11.1%，皮棉产量 80.97kg/亩，比对照'泗棉 3 号'减产 2.8%，不显著。同时，对表现突出的'皖 5'品系进行生产试验以及抗虫性、栽培等专项试验。该品系于 1997 年通过安徽省农作物品种审定委员会审定，命名为'国抗棉 1 号'。对于可以采用无性繁殖的作物来说，通过系统选育方式获得转基因新品种更为有利，因为无性繁殖并不需要纯合的基因型，但是表现型却是一致的。在进行转基因作物品种选育时可以对转基因植株自交后代进行单株选育，再通过无性繁殖的方式对符合育种目标的单株进行扩繁，并推广应用到生产上。

二、与转基因植株杂交、回交获得转基因新品种

由于基因型限制，用农杆菌介导进行遗传转化所用的受体往往是生产上已经淘汰的品种。因此，获得转基因植株后，还必须通过回交的方法将导入的目的基因转入生产上正在推广的或即将推广的品种中。美国目前生产上大面积栽种的抗虫棉品种'NuCOTN33''NuCOTN35'就是通过回交的手段培育出来的，用'DP5415''DP5690'（岱字棉公司的品种）为轮回亲本、 Monsanto 公司通过农杆菌介导的方法培育出的'珂字棉 312'转 *Bt* 抗虫棉为非轮回亲本，通过回交、最后纯合而培育出来。中国农业科学院棉花研究所通过'中棉所 16'与转基因抗虫棉种质系杂交，并以'中棉所 16'为轮回亲本进行回交，培育出'中棉所 30'转基因抗虫棉短季棉品种。回交育种过程中，轮回亲本应选当前正在推广的品种，最好选在区域试验和生产试验中表现优异，有希望审定、推广的品种；回交过程中，注意目的基因的选择，避免丢失。

通过转基因品种或品系间互交或与常规品种杂交、选择，可选出转基因新品种。中早熟抗虫棉新品种'中棉所 31'是用'中棉所 16'与转 *Bt* 基因抗虫棉种质系'110'杂交，经连续加代和系统选育而成的。'中棉所 32'则选自'中棉所 17'×转 *Bt* 基因抗虫棉种质系杂交后代。这一育种方法在保持抗虫性的基础上，可以将两个或更多个亲本品种的理想基因结合于同一个杂种个体中，以便培育出具有多个亲本综合优良性状的新品种。杂种后代一般采用系谱法选择。由于基因分离，杂交育种一般需要时间较长。在杂交育种的早世代，在抗虫性选择的基础上，应对纤维品质和农艺性状，尤其是加强衣分进行选择。

综合运用转基因、杂交、回交等育种方法，可将多个目的基因导入作物基因组中，以培育具有高产、优质、抗病虫害、抗逆境等多个优良性状的作物品种。

第六节　转基因材料的安全性评价

通过鉴定证实携带目的基因的转化体及育成的转基因品种，还必须根据有关转基因产品的管理规定、在可控制的条件下进行安全性评价和大田育种利用研究。由于转基因产品存在一定的风险，如转基因产品本身对人类的毒害作用，转基因作物对环境的破坏性作用，包括转入的外源基因在环境中的扩散、对物种多样性的影响等，因此必须从保障人类健康、发展农业生产和维护生态平衡与社会安全的基础出发，提出一系列具有指导意义的对应策略和行之有效的具体措施。

1．加强转基因产品的安全性研究　在研究与开发转基因产品的同时，必须加强其安全性防范的长期跟踪研究。

2．建立完善的检测体系与质量审批制度　为确保转基因产品进、出口的安全性，必须建立起一整套完善的、既符合国际标准又与我国国情相适应的检测体系，以及严格的质量标准审批制度。有关审批机构应该相对独立于研制与开发商之外，而且也不应该受到过多的行政干预。

3．不断完善相关法规　转基因产品安全性法规的建立与执行应该以严格的检测手段为基准。同时应培养一批既懂得生物技术专业知识，又能驾驭法律的专门人才。

4．加强宏观调控　有关决策层应对转基因产品的产业化及市场化速度进行有序的宏观调控。任何转基因产品安全性的防范措施都必须建立在对该项技术的发展进行适当调控的前提下，否则，在商业利益的趋动下只能是防不胜防。随着转基因抗虫作物的推广利用，抗性昆虫的出现引人关注。如果出现抗性昆虫，那么不仅会使 *Bt* 作物的优势荡然无存，并且会使喷施 *Bt* 杀虫剂变得无效。为此美国环保署设计了一个专门的解决方案，即农民利用 *Bt* 作物的同时，必须种植一定比例的非转基因（GM）作物，从而为昆虫提供一个"避难所"，使产生抗性的昆虫对没有产生抗性的昆虫不具选择的优势，迄今为止，"避难所"策略在美国是非常成功的。

5．加强对公众的宣传和教育　通过多渠道、多层次的科普宣传教育，培养公众对转基因产品及其安全性问题的客观公正意识，从而培育对转基因产品具有一定了解、认识和判断能力的消费者群体。这对于转基因产品能否获得市场的有力支撑是至关重要的。

6. 为公众提供良好的咨询服务　应该设立足够数量的具有高度权威性的相关咨询机构，从而为那些因缺乏专业知识而难以对某些转基因产品做出选择的消费者提供有效的指导性帮助。

7. 规范转基因产品市场　必须培育健康、规范的转基因产品市场。转基因产品的安全性决定其在市场中的发展潜力。因此，有关转基因产品质量及其安全性的广告宣传，应该具有科学性和真实性。一旦消费者因广告宣传而受误导或因假冒产品而被欺骗，转基因产品就会因消费者的望而生畏而失去市场。Newleaf 和 Newleaf plus 马铃薯因为安全性问题遭到马铃薯高需求量的快餐业反对，在美国被迫撤出市场，农民只能改用广谱杀虫剂来对付科罗拉多甲虫；由于人们对 Crygc 蛋白的过敏性存在疑义，'Starlink'玉米未被批准作为人类食用品，尽管 1998 年美国玉米行署批准它作为动物饲料开展产业栽培，但是玉米是常异花授粉作物，'Starlink'不可避免地会与其他玉米品种间传粉而影响人类食用，因此，'Starlink'玉米不得不撤出市场。可见，在转基因作物本身的安全性及消费者对食品安全的正确认知度等前提下建立规范的转基因产品市场可推动转基因作物发展。

转基因育种技术水平仍处于发展完善阶段，规模化的基因转化已成为提高转基因效率的重要途径，安全、高效成为转基因技术的主要发展方向。在"863"计划、转基因植物研究与产业化专项等项目的支持下，我国水稻、棉花、小麦、玉米、大豆五大作物的转基因技术创新、规模化转化和生物技术育种体系已经形成。转基因抗虫棉、转基因抗虫玉米、高赖氨酸玉米、抗虫水稻、抗病虫大豆、抗白叶枯水稻、抗除草剂水稻、抗黄枯萎病棉花、抗旱耐盐小麦、抗蚜虫小麦以及转基因林木等均取得了重要成果，获得了一大批优质、丰产、高抗的转基因新材料、新种质、新品种（系），其中抗虫棉在我国生产上得到了大面积推广应用，总体研究已接近国际先进水平。目前，转基因作物已经从抗病、虫和除草剂等第一代植保性状向抗逆、改良营养品质、改变代谢途径等第二、三代发展，同时，具有 2～3 种复合性状的转基因生物研发迅速。以提高作物抗逆性（抗旱、抗病等）、改善营养、增进健康（富含维生素、不饱和脂肪酸）、发掘生物质能源（乙醇用玉米）等为主要目标的新一代转基因作物的研究开发速度显著加快。以培育抗旱、抗寒、耐盐碱等非生物逆境作物为代表的转基因作物研发已成为未来生物技术产业发展的重要方向，期望突破水资源短缺和其他逆境条件等限制农业发展的瓶颈。很显然，发达国家争先开发第二代转基因作物，更加注重产品质量、消费者的需求及农作物的抗逆性，注重来源于农作物自身的"绿色基因"的开发利用。此外，以药用和工业用为代表的第三代转基因生物研发迅速，已渗透到食品添加剂、疫苗和工业生产各个领域。利用具有生理活性的功能多肽，创制保健功能性作物的研究已见诸报端。Takagi 等（2005）利用胚乳特异性表达启动子将杉树花粉过敏原——Cryj 蛋白的两个多肽片段在水稻种子中过量表达，获得可以预防和治疗花粉过敏症的可食性疫苗水稻。Yasuda 等（2005）在水稻种子中过量表达外源蛋白多肽 GLP-1，获得了具有刺激胰岛素分泌、预防和治疗 2 型糖尿病发生功能的转 *GLP-1* 基因水稻。Yang 等（2006）将只有 6 个氨基酸残基组成的 Ovokinin 短肽导入水稻中，获得了具有降血压功能的转基因水稻材料。

本 章 小 结

本章主要介绍基因工程育种的特点及转基因作物的发展情况。详细介绍了转基因育种的主要步骤，包括目的基因的获取、载体的构建、重组 DNA 的制备、植物的遗传转化、转化植株的鉴定、转基因作物品种的选育及转基因材料的安全性评价等内容。

思 考 题

1. 什么是转基因育种，其研究的内容有哪些？
2. 简述转基因育种的优缺点及其与常规育种的关系。
3. 简述转基因育种的程序。
4. 目前常用的转基因方法有哪些？
5. 鉴定转基因植株的常用方法有哪些？
6. 简述外源基因整合的方式及其特点。
7. 简述转基因作物品种选育的具体方式。
8. 简述转基因作物生物安全性原则。

主要参考文献

贾士荣，曹冬孙，荆玉祥. 1995. 分子生物学：转基因植物成就与前景 [M]. 北京：科学出版社

梁国栋. 2001. 最新分子生物学实验技术 [M]. 北京：科学出版社

潘家驹. 1992. 作物育种学总论 [M]. 北京：农业出版社

钱迎倩，魏伟，田彦. 1999. 转基因作物在生产中的应用及某些潜在问题 [J]. 应用与环境生物学报，5（4）：427-433

田波，许智宏，叶寅. 1995. 植物生物工程 [M]. 济南：山东科学技术出版社

王关林，方宏筠. 1998. 植物基因工程原理与技术 [M]. 北京：科学出版社

吴乃虎. 2001. 基因工程原理（下册）[M]. 2 版. 北京：科学出版社

张宝红，丰嵘. 2000. 棉花的抗虫性与抗虫棉 [M]. 北京：中国农业科技出版社

朱玉贤，李毅. 1997. 生物学 [M]. 北京：高等教育出版社

J. 萨姆布鲁克，E. F. 弗里奇，T.曼尼阿蒂斯. 1999. 分子克隆实验指南 [M]. 2 版. 金冬雁，等译. 北京：科学出版社

Gleave A P, Mitra D S, Mudge S R. 1999. Selectable marker-free transgenic plants without sexual crossing: transient expression of cre recombinase and use of a conditional lethal dominant gene [J]. Plant Mol Biol, 40 (2): 223-235

Huang J K, Hu R F, Rozelle L.2005.Insect-resistant GM rice in farmers' field: assessing productivity and health effects in China [J]. Science, 308: 688-690

Kumar K, Gambhir G, Dass A. 2020. Genetically modified crops: current status and future prospects [J]. Planta, 251 (91): 1-27

Ladics G S, Bartholomaeus A, Bregitzer P. 2015.Genetic basis and detection of unintended effects in genetically modified crop plants [J]. Transgenic Research, 24 (4) :587-603

Lamkey K R, Lee M. 2006. Plant Breeding: The Arnel R Hallauer International Symposium [M]. New York: Blackwell Publishing Professional

Spielmeyer W, Ellis M H, Chandler P M. 2002.Semidwarf (sd-1), "green revolution" rice, contains a defective gibberellin 20-oxidase gene [J]. PNAS, 99 (13): 9043-9048

Yang L, Tada Y, Yamamoto M P, et al. 2006.A transgenic rice seed accumulating an anti-hypertensive peptide reduces the blood pressure of spontaneously hypertensive rats [J]. FEBS Letters, 580 (13): 3315-3320

Yano M, Katayose Y, Ashikari M. 2000. Hd1, a major photoperiod sensitivity quantitative trait locus in rice, is closely related to the *Arabidopsis* flowering time gene constans [J]. Plant Cell, 12 (12): 2473-2484

第十一章　作物特殊育种技术体系简介

特殊育种方法是广泛利用现代科学技术所提供的各种特殊手段，人工干涉作物的遗传变异，从而创造作物新品种的方法（李庆臻，1999）。随着现代科学技术和农业生产的发展，作物育种进入了一个崭新的阶段，除常规方法外，新发展了许多特殊的育种方法，如轮回选择育种技术、矮败小麦高效育种技术、超级稻选育技术等。本章节将围绕以上三种技术进行系统讲述。

第一节　作物群体改良的轮回选择育种技术

迄今为止，不同学者从不同角度、针对不同作物和不同育种目标，提出了许多不同的群体改良方法。并且，近年来还有一些学者根据群体遗传改良的原理，提出了一些从经典群体改良方法中衍生出来的方法，以适应育种家的实际需要。

作物群体改良（population improvement）是 20 世纪 60 年代由美国玉米遗传育种学家针对玉米生产对新品种的要求和玉米育种存在的瓶颈因素，发展完善的一种新的育种体系。它通过鉴定、选择以及人工控制下的自由交配等一系列育种手段，改变基因频率和基因型频率，增加优良基因的重组，从而达到提高有利基因和基因型频率的目的。经过多年的遗传理论研究与作物育种实践证明，群体改良是创造优良种质的重要方法。它不仅可以改良群体自身的性状，而且能改变群体间的配合力和杂种优势，并能将不同种质的有利基因集中于一些个体内，提高有利基因和基因型频率；同时，还可以改良外来种质的适应性，使其适应当地的环境条件，成为新的种质资源。因此，随着作物育种工作的发展和育种水平的提高，作物群体改良越来越受到国内外作物育种工作者的重视。

一、群体改良的意义

作物育种的效率取决于育种的资源和方法，群体改良能创造新的种质资源和选育供生产直接使用的优良综合种。因此，群体改良对于提高作物育种水平具有重要的意义。

（一）创造新的种质资源

随着新品种的推广，地方品种大量丧失，品种资源日益贫乏，遗传基础狭窄，品种水平难以提高。通过群体改良，可以把现有的优良种质综合在一起，形成新的种质群体，同时又可以保存大量基因资源。20 世纪 60 年代以后，美国由于玉米生产的发展对品种提出了新的更高的要求，即不仅要求高产、多抗、适应性强，还要求优质、用途多样。因此，必须克服育种基础群体的遗传单一性和狭窄性、提高基础群体的异质性、解决种质资源贫乏等问题，以满足农业生产发展的需要。作物群体改良刚好可以解决上述问题，并且群体改良还可以不断提高基础群体的优良基因频率，有助于打破不利基因与有利基因的连锁，从而提高优良基因型的频率。以这样的改良群体用于作物育种，就会进一步提高作物育种的水平。例如，美国艾奥瓦州立大学合并改良了一个世界著名的玉米坚秆综合种（'BSSS'），从中选育了在美国玉米生产上广泛应用的自交系 B73。后来又进一步选育出新的优良自交系 B14、B84、B37 等。据 Weyhrich 等（1998）报道，1980 年美国玉米杂交种生产中的 11 个骨干自交系中 8 个具有 BSSS 血统。刘守渠等（2019）以玉米'并单 1 号''并单 5 号''并单 390 号''并单 669 号''晋单 68''华美 368'的父母本为核心种质构建合成改良'瑞德 SZA'群体和改良'兰卡斯特 SZB'群体，并通过相互轮回选择方法进行群体改良。这表明，采用群体改良的方法，可以提高选育玉米自交系的效率，进而提高玉米育种的水平。

（二）选育优良的综合品种

群体改良在各世代把优良单株后代或株系综合在一起，经过充分重组，可以从中选育优良的综合品种，用于生产推广。例如，墨西哥国际玉米小麦改良中心（CIMMYT）在引进世界各地大量种质资源的基础上，合成并改良了一系列群体，如改良的玉米群体'墨白 1 号''墨白 94 号'，曾在我国广西、贵州、云南等地进行推广种植。美国玉米育种家还合成并改良了一系列较有影响的群体，如 BS_1（H）C_1（抗螟群体）、BSL（S）C_5（兰卡斯特复合种）、BS_1（CB）C_2（经 2 轮 S_1 选择的欧洲玉米螟综合种）等（彭泽斌等，2000）。中国农业科学研究院作物研究所李竞雄教授等于 20 世纪 70 年代采用一母多父方法合成的玉米综合种——'中综二号'及其改良群体，在广西也有大面积种植。四川农业大学在 20 世纪 70~80 年代合成的综合种及其改良群体也在四川山区的马边等县进行试种。随着玉米综合种的推广，有力地促进了山区和玉米低产区以及不发达国家的玉米生产。

（三）改良外来种质的适应性

外来种质指的是从外国或本国其他地区引进的种质材料。外来种质一般不适应本地的生态环境、生产条件，但是这些外来种质往往具有本地种质不具有的或特异的优良特性与基因。因此，通过连续选择与重组，可以使外来种质群体的适应性不断改良，逐步适应本地条件，从而成为新的种质来源。美国育种家在 1984 年引进了哥伦比亚晚熟'Tuxpeno'群体，1986 年引进了'Suwan1'群体，这两个群体经过驯化改良，已经用作美国玉米的育种材料。外来种质在我国玉米育种及杂交种生产上也有着举足轻重的地位，如著名的自交系 Mo17 是我国 20 世纪 70 年代引进的兰卡斯特类型的典型自交系；'掖 478''沈 5003''U8122''铁 7922'，以及新选育的'中自 01''中自 451''齐205''CA375'等都是从外来种质中筛选出来的，并且已经组配了许多杂交种，如'中单 2 号''掖单 13''农大 60''农大 108'等。中国农业科学院作物栽培研究所等科研单位还引进、改良、驯化了一大批外来群体，如'pob21''pob32''pob43''pob45'等。实践证明，引进外来种质，对于提高我国玉米品种的生态适应性、提高产量、增强抗性和改善品质、克服目前玉米种质的遗传基础狭窄性及杂种优势模式的局限性等都具有非常重要的意义。

综上所述，种质资源狭窄已经成为限制我国作物育种的首要问题，因此引进、鉴定、利用外来种质群体，合成和改良育种用的种质群体显得尤为重要。而且，随着科学技术的发展，作物群体改良已经从作物种质群体改良方法发展成为一种完备的育种体系；从过去片面强调高产和高配合力发展到重视农艺、品质性状等；从异花授粉作物发展到常异花授粉作物和自花授粉作物。改良方案也从原来的单一方案发展到现在的复合方案；从原先一个群体的改良发展为同时改良两个群体。因此，随着作物群体改良工作的进一步发展，必将进一步提高作物育种水平。

二、群体改良的原理

（一）Hardy-Weinberg 定律（基因平衡定律）

英国数学家 Hardy 和德国医生 Weinberg 经过各自独立的研究，于 1908 年分别发表了"基因平衡定律"的论文，后人为了纪念他们就将基因平衡定律称为 Hardy-Weinberg 定律。

在阐述基因平衡定律前，首先应该了解孟德尔群体、基因库、随机交配、群体遗传结构、基因频率和基因型频率等的概念。

1. 孟德尔群体　　在特定的地区内一群能相互交配繁殖后代的个体所组成的群体称为孟德尔群体，简称群体。群体可能是一个品系、一个品种、一个变种、一个亚种，甚至一个物种所有个体的总和。

2. 基因库　　一个孟德尔群体所包含的基因总和称为一个基因库。

3. 随机交配　　在有性繁殖的生物群中，一种性别的任何一个个体与其相反性别的个体交配的机会均等（或概率相同），即任何一对雌雄个体的结合是随机的，不受任何其他因素的影响。

4. 群体遗传结构　　孟德尔群体中的基因及基因型的种类和频率。

5. 基因频率　　又叫等位基因频率，是指一个群体内特定基因座上某一等位基因占该座位全部等位基因总数的比率，即该等位基因在群体内出现的概率。基因频率是决定一个群体性质的基本因素，当环境条件和遗传结构不变时，一个群体某一基因的频率是相对恒定的。不同群体中同一基因的频率往往不同。例如，某奶牛群中无角基因 P 的频率为 0.01，有角基因 p 的频率为 0.99（P 对 p 为显性），则该群体中无角牛所占的比例为 $1-p^2 \approx 0.02$，即约 2% 的奶牛无角。

6. 基因型频率　　指群体中某性状的某一基因型占该性状所有基因型的比率，或某性状的某一基因型在群体中出现的概率。例如，控制小麦有芒与无芒的一对基因 R 和 r 可组成 RR、Rr、rr 三种基因型，其中 RR 占 1/4、Rr 占 2/4、rr 占 1/4，则三种基因型的频率分别为 0.25、0.5 和 0.25。

一个二倍体群体在随机交配的情况下，假设一对等位基因 A 和 a 相对频率分别为 p 和 q，则基因型 AA、Aa、aa 的相对频率分别为 p^2、$2pq$、q^2。只要这三种基因型个体间进行完全随机交配，子代的基因、基因型频率就会保持与亲本完全一致。因此在一个完全随机交配的群体内，如果没有其他因素（如选择、突变、遗传漂移等）干扰时，则基因和基因型频率保持恒定，各世代不变，这即是 Hardy-Weinberg 定律，又称为基因平衡定律。目前一般把 Hardy-Weinberg 定律的内容归结为两点：①如不存在突变，自然选择、迁移、偶然变动时，基因频率 p 和 q 并不随世代的推移而变化；②随机交配时纯合子（基因型）频率可用配子（基因）频率的平方求得。如果在个体发育中有选择作用，那么 Hardy-Weinberg 公式便不能成立，基因型间的相对频率就会出现变动。但实际上由于群体数量有限，环境的变化或者人们对群体施加的选择，以及突变或者遗传漂移等外界环境的影响，群体原来基因和基因型频率就会被不断打破。群体改良和作物育种的实质就是要不断打破群体基因和基因型的平衡，不断地提高被改良群体内人类所需基因和基因型的频率。

（二）选择和重组是群体进化的主要动力

选择和重组是群体基因及基因型频率改变的主要因素与动力。通过选择打破群体的遗传平衡，提高群体优良基因的频率和通过基因重组打破群体有利基因与不利基因间的连锁，增加群体有利基因型出现的频率是提高群体中显性纯合个体出现频率的关键。作物的许多经济性状如产量、品质等都是数量遗传的性状，由多个作用相同或相异的基因共同调控，他们彼此相互联系、相互制约共同决定了作物的数量性状；性状遗传基础的复杂性就意味着性状重组的丰富潜在性和巨大的可选择性。因此将不同种质的潜在有利基因充分聚合和集中，就可以不断地提高作物的有利性状，这也是作物育种家所追求的目标。

以一对显性基因控制的有利性状为例，显性纯合个体在随机交配群体中出现的频率为 1/4，即（1/4）^{1}；两对基因控制的性状，显性纯合个体在随机交配群体中出现的频率为 1/16，即（1/4）^{2}。在实际生产过程中，作物的经济性状以及其他农艺、品质性状等，绝大多数是受多基因控制的数量遗传性状，因此要获得多基因控制性状的纯合体显得尤为困难。假如作物的产量性状受 20 个 QTL 位点控制（实际生产过程中可能远不止这些位点），优良基因频率为≤0.5 时，理论上要出现 20 个位点都是纯合的个体，对于玉米等二倍体作物来说至少要种植约 3600 万 hm^2 的群体，而像小麦等多倍体作物需要的群体更大。因此单纯通过扩大群体增加显性个体出现的频率显然是行不通的；在同样的前提下，增加基础群体优良基因的频率，如增加到 0.9 时，其后代每 1000 株中将会有 15 株符合要求的显性纯合个体出现。因此，群体改良的原理是利用群体进化的法则，通过异源种质的合成、自由交配、鉴定选择等一系列育种手段和方法，促使基因重组，不断打破优良基因与不利基因的连锁，从而提高群体优良基因的频率，最终导致后代中出现优良基因重组体的可能性增大，即优良基因型的频率增大。因此，通过作物群体改良，可以提高育种效率和育种水平。

三、基础群体的建立

群体改良的实质是提高优良基因、基因型的频率，特定群体下，优良基因和基因型频率增加的基础在于选择和基因重组，基础群体的选择与合成是群体改良的前提。

（一）基础群体的选择

在特定的群体改良方法下，群体改良的有效性取决于群体遗传变异的大小及加性遗传效应的高低。因此，在选择基础群体时，除应注意目标性状遗传变异的大小，还应考虑平均数的高低、杂种优势及加性遗传方差等问题。

1. 开放授粉品种　　包括地方品种和外来品种。地方品种具有对当地生态环境最大的适应性，是群体改良的重要基础材料，但是存在丰产性较差的局限性。外来品种指的是来自国外或国内其他地区的一类品种，这类来自不同维度、不同海拔地区的品种表现出对于当地特殊区域的适应性，它们遗传变异较为丰富、常常具有地方品种不具有的优良特性，因此它们在丰富作物种质的遗传基础、增加遗传异质性、输入优良基因等方面具有十分重要的意义。外来品种在我国玉米、小麦、水稻等作物的育种生产上具有非常重要的作用，例如，中国农业科学院张世煌针对我国玉米种质资源遗传基础狭窄等问题，从 CIMMYT 引进了 20 多个群体，以期促进我国玉米育种水平的提高。著名小麦品种'南大 2419'就是由意大利引进的小麦'Mentana'经过驯化选择而成，在我国推广面积曾经达到 466.67 万 hm^2。从日本引进的粳稻品种'农垦 58''农垦 57''丰锦'（'农林 199'）'秋光'（'农林 238'）最大推广面积均达到 20 万 hm^2 以上；引自菲律宾国际水稻研究所的籼稻品种'IR24'直接推广面积达 43.3 万 hm^2。这些直接用于生产的引进品种，在本地生态环境下往往会出现许多有利的变异，成为系统育种的重要宝贵原始材料。据统计，新中国成立以来，我国从国外引入不同植物的种质资源达 10 万份以上，它们在植物育种中发挥了重要作用。

综上所述，地方品种和外来品种既有自己的优良特性，又有自己的不足，所以以具有不同特性的品种杂交后代作为群体改良的基础群体，其效果将优于单个品种群体。

2. 复合品种　　一种利用多个具有特点的优良品系采用复合杂交的方法有计划地组配成的杂交种，因其遗传基础较为丰富，群体的综合性状也较为优良，经过几次自由授粉后，可用作遗传改良的基础群体。目前 CIMMYT 向全世界各地发放的群体大都属于该类群体，该类群适宜作为中期育种工作的基础或中间群体。

3. 综合品种　　是育种家按照一定的育种目标，选用优良的品系、根据一定的遗传交配方案有计划地人工合成的群体。因此，综合品种具有丰富的遗传变异，群体内包含育种目标所希望的优良基因，综合性状优良、优良基因频率高，是进行遗传改良的理想群体。目前国内外育种家大多利用这类群体作为遗传改良的基础群体。例如，研究发现，玉米综合品种的杂种优势仅次于双交种，而高于品种间的杂交种，更主要的是综合品种不像其他杂交种杂交优势集中表现在第一代，而是能保持较长的时间。

（二）基础群体的合成

育种实践证明，单一品种很难同时含有人们所需要的多个有利基因，随着生产要求的提高，这种情况将愈加明显。由于这些有利基因存在于不同的种质资源中，因此单纯利用某一自然授粉品种难以满足实际生产的需要。有计划地将某些外来种质引入种质库，加之适度的选择，可以大大增加优良基因重组体的频率。综上所述，人工合成新的基础群体对于作物群体改良十分重要。

1. 基本材料的选择 在群体改良中，育种者是利用自然界现有的有利基因并使其重组，而不是直接创造优良基因。因此，用于合成新种质群体的基础材料自身性状必需优良，并且遗传变异较大，这样有利于新种质群体中优良基因的积累。用于合成新种质群体的基本材料的要求：①基础材料要广泛，即类型和性状的多样性要大，以利于在新的种质群体中形成丰富的遗传变异；②基础材料的亲缘关系要远，以进一步增加新种质群体的遗传异质性。

2. 合成种质群体的方式 新种质群体合成时，常常采用"一母多父"或"一父多母"授粉法，或者将入选基本材料各取等量种子均匀混合于隔离区种植后，进行自由授粉。育种实践表明，最好采用轮交法，即首先组组配合，经过比较试验后，再选优进行综合，以利于集中最优良的基因或基因型。例如，小麦早熟新品系'轮早 1 号'和'轮早 3 号'就是采用回交轮交法选育而成的（孙兰珍等，1995），这种方法显著优于常规回交育种法，其在回交获得主要性状的同时进行轮番互交、选择，这样有利于打破目标性状与不利基因的连锁和增进有利基因的重组率，从而使目标性状不断得到加强和提高。

3. 充分重组，提高最优良基因的重组率 有利基因或基因复合体在另一环境中容易被本地品种的主效基因所掩盖，因此对人工合成的新种质群体，应尽量提供基因重组的机会，采用缓慢选择的过程可以促进基因间的多次重组，利于打破有利基因与不利基因之间的连锁，促使新基因型的出现。杨克诚等（1990）通过对籽粒产量和产量构成性状的改良，经 4 次重组的基础群体的选择进展约为经两次重组的基础群体的选择进展的两倍。这说明建立用于遗传改良的群体时，需要经过多次重组后，才能进行有效的遗传改良利用。

四、群体内遗传改良方法

轮回选择是一种周期性的群体改良方法，它能在有效保持群体遗传多样性的基础上，打破基因间的连锁，增加优良基因重组的机会，使群体中优良基因频率不断提高，尤其适用于数量性状的改良。例如，提高群体的产量及构成因素和配合力，达到改善群体表现的目的，从而创造和改良玉米育种的基础材料（哈洛威，1989）。该方法最早由Hayes 和 Garber 于 1919 年提出，1920 年 East 和 Jones 提出了这种具体实施方案；后来，Jinks 于 1940 年在测验自交系一般配合力时，对于轮回选择这一育种方法进行了系统描述；随后，Hull、Comstock、Robinson 及 Harvey 对于这一育种方法提出了详细方案（张天真，2003）。目前轮回选择已经成为作物群体改良的有效方法。

（一）轮回选择的原理

轮回选择首先是从原始群体中选择优良单株进行自交和测交，根据测交结果，选出配合力高或表型优良的单株（一般不少于 100 株），选出优良组合的相应优系再组合成综合种，这一整个过程称为一个轮回（周期）。具体来说每一个轮回包括两个步骤：①从原始群体中选择若干具有所需有利性状的最好单株；②在当选单株之间进行所有可能的两两交配，或在隔离条件下令其自由授粉，然后把所得杂交种子等量混合后种成下一群体。选择一定数量个体的目的在于保留较多变异。进行相互杂交的意义在于延缓纯合化进程，加大重组机会（图 11-1）。如图 11-2 所示，每通过一个轮回，当选样本的均数就向前推进一步，群体水平也相应提高一步。轮回选择的多次连续轮回是一个有利基因积累的过程，上一轮回的结果可作为下一轮回的基础，轮回选择由此得名。它包括一代又一代的选择，同时有杂交重组的作用。

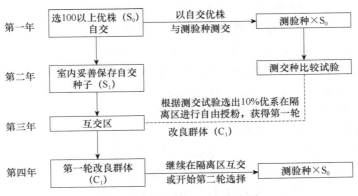

图 11-1　轮回选择基本模式图

（二）轮回选择育种的特点

轮回选择育种除具有大多数群体改良方法的特征外，还有以下几点特点。

1）使不同优良基因积累，提高群体内数量性状有利基因的频率，增大优良基因型出现的频率和选择优良个体的机会。例如，小麦品质性状受多基因控制，某性状受 10 对基因控制，则该 10 对基因均为纯合型的频率为 $(1/4)^{10}$。

2）打破不利基因的连锁，增大有利基因重组和潜伏基因表达的机会。

3）增大改良群体的遗传变异度，增强适应性。

4）可使育种短期目标与长期目标相结合。

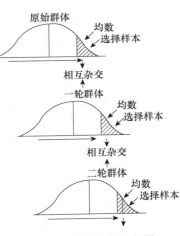

图 11-2　轮回选择示意图

（三）轮回选择育种的方法

1. 混合选择法　从品种群体中选择目标性状基本相似的个体，混合后加以繁殖，与原品种进行比较，从而培育新品种，许多优良的地方品种就是通过这种方法选育而成的。但是由于该方法未控制授粉，只根据表型选择，不进行后代鉴定，因此混合选择不易排除环境的影响和不利基因型的有效淘汰。为了提高选择效率，育种家提出了改良混合选择法，即先从原有的群体中选择优良个体，分别脱粒，次年以株或穗为单位种成株行或穗行进行鉴定，选留优良株系，将外形一致的混合收获。也可先混合选择，再个体选择、分系比较，然后混系繁殖。此法在混合选择过程中进行一次个体选择，兼有便于鉴定后代（个体选择）和能大量繁殖种子（混合选择）的优点。Lamkey 等（1984）和 Weyhrich 等（1998）的研究结果表明，混合选择能显著改良群体产量，同时减少群体的自交衰退。Leon 等（2002）对 Golden Glow 以产量为指标的 24 轮混合选择结果表明，穗粗、穗长和籽粒深度每轮分别增加 0.03cm、0.10cm 和 0.01 cm，改良效果显著。彭泽斌等（2000）对'中综 3 号'群体进行 6 轮兼顾产量、株型和早熟性等性状的混合选择，发现产量共增加 24.05%，产量的一般配合力（GCA）由 C_0 的 55.37% 提高到 C_6 的 61.01%。魏昕等（2006）利用 SSR 分子标记分析控制双亲混合选择对玉米群体'墨白 964'遗传多样性的影响，结果表明原始群体 C_0 的基因型数目为 418、C_1 为 412、C_2 为 382、C_3 为 357、C_4 为 317、C_5 为 318，群体的遗传多样性有下降的趋势，但群体仍保持了较丰富的遗传多样性。

2. 改良穗行选择法 是从被改良的基础群体中根据改良目标、表型、表现选择 250 个优株（即 250 穗），入选优株单穗脱粒后保存。次年将种子分为三份，分别种植在不同的生态条件下，其中一个试点在隔离区内进行。隔离区内按照穗行法种植，即每穗播一行，一般种植 4 行母本，再种 1 行父本，父本由入选的 250 个优穗各取等量种子混合而成。另外两个不需要隔离条件的试验地，仅按照穗行种植，不再单独种植父本，目的在于对各入选家系进行异地鉴定；其播种期需要早于隔离区，以便为隔离区内优系的选择提供依据。乳熟期进行预选，成熟后结合异地鉴定结果，选出 20% 的最优穗行，并从每个穗行中选择 5 个最优株留种；入选穗行仍按照单穗脱粒，次年按上述方法种植，进行下一轮选择。这种选择方法，一个生长季节就是一个选择周期，加上进行了异地鉴定及设置重复和对照等田间试验，并且又是在隔离区实行母本去雄，父本劣株去雄的条件下进行重组，因而可以在一定程度上控制基因型与环境的互作，所以选择效果优于混合选择。例如，黄开健等（2011）利用改良穗行选择法对热带玉米群体'Suwan1'改良两轮后，'Suwan1'群体产量平均每轮增益 6.22%，穗位变高，穗行、行粒数增加。

3. 自交后代选择 是自交至第 n 代时进行鉴定选择的轮回选择方法，最常用的是 S_1 和 S_2 选择法。S_1 指的是在被改良的基础群体内，按改良目标，根据表现型选优株自交 200 株以上，自交单穗脱粒保存；次年用半分法将 S_1 种子按穗行种植，选定 10% 左右的优良 S_1 家系；第三年将入选优良 S_1 家系的预留种子各取等量混合均匀后，在隔离区种植，自由授粉，促进基因重组，完成第一轮的改良。S_2 选择是在 S_1 的基础上，继续选优株自交以获得 S_2 家系；同样按照穗行种植并进行鉴定和选择，留 10% 左右的优良 S_2 家系，从预留种子中取等量入选 S_2 家系种子均匀混合后，在隔离区种植，自由授粉，进行基因重组，完成第一轮改良。因此 S_2 选择比 S_1 多进行了一次表型选择和重组。相较于 S_1，S_2 选择已被证明是一种有效的方法，因为这种方法提供了多次选择的机会。Weyhrich 等（1998）比较了 7 种不同选择方法对群体'BS11'的改良效果，认为 S_2 选择每轮的产量遗传增益最大。

4. 半同胞轮回选择 是在基础群体中按育种目标选择表型优良单株，自交同时与共同的测验种杂交，通过测交组合的表现来确定当选单株的一种改良方法。具体做法是，根据预定遗传改良目标，在被改良的基础群体中，选择 100 株以上的优株自交，同时每个自交株又分别与测验种进行测交，测验种可为遗传基础比较复杂的品种，如双交种、复合品种、综合品种，也可为遗传基础比较简单的单交种和自交系或纯合品系。第二年进行测交种比较试验，经产量及其他性状鉴定后，选出 10%左右表现最优良的测交组合；第三年，将入选最优测交组合的相对应自交株的种子各取等量混合均匀后，播种于隔离区中，让其自由授粉和基因重组，形成第一轮回的改良群体。谢振江等（2001）认为，半同胞轮回选择在提高群体自身产量、杂交组合产量的同时，能更为有效地提升群体杂种优势，使产量一般配合力（GCA）和特殊配合力（SCA）同时提高。Holthaus 等（1995）通过 7 轮半同胞选择对 BSSS 群体进行改良，结果表明每轮产量增益为 76kg/hm^2，改良效果明显。

5. 全同胞轮回选择 轮选群体内成对植株两两杂交，产生全同胞株系，根据杂交后代的性状进行鉴定，此选择方法是对群体双亲进行改良的轮回选择方法，具体做法为：根据改良目标，在基础群体内选择至少 200 株优良植株，并将这些优良植株进行成对杂交，这样就可以获得 100 个以上的成对杂交组合。第二年利用半分法进行成对杂交组合的比较试验，并用原始群体作为对照，经产量及其他性状鉴定后，从中选出约 10%的最优成对杂交组合。次年，将入选的优良杂交组合的预留种子取等量均匀混合后于隔离区种植，自由授粉、重组，形成第一轮回的改良群体。由于全同胞轮回选择在配制杂交组合时，已经将优良植株的基因重组了一次，所以在一轮次的改良中，优良基因完成了两次重组。

五、群体间遗传改良方法

群体间轮回选择也称为相互轮回选择，是能同时进行两个群体遗传改良的轮回选择方法。近年来，CIMMYT 玉米育种工作已经全面转向相互轮回选择，美国、印度、津巴布韦和巴西等国也逐渐转向相互轮回选择。相互轮回选择的主要目的是通过两个群体的改良，使它们的优点能够相互补充，从而提高两个群体间的杂种优势。

（一）半同胞相互轮回选择

群体间的相互轮回改良、对测交后代的鉴定可有效地积累群体的显性及上位性基因，从而改良群体间的特殊配合力。以玉米为例，具体做法为：第一年，两个异源种质群体（A、B）中，根据改良目标分别选优株自交（至少选 100 株以上）。同时，两个群体又互为测验种进行测交，即 A 群体的自交株与 B 群体的几个随机取样的植株进行测交，得 B×A$_1$、B×A$_2$、…、B×A$_n$ 以及 A×B$_1$、A×B$_2$、…、A×B$_n$ 等。自交单穗脱粒，同一测交组合的单穗等量取样混合。第二年，进行测交组合比较试验，试验中用 A、B 两个起始群体作对照。然后根据测交种的表现，在 A 和 B 群体中均选留 10%左右的优良测交组合。第三年，将入选优良测交组合对应的自交株的种子各取等量，分 A、B 两个群体各自混合均匀后，分别播于两个隔离区中，任其自由授粉，随机交配，形成第一轮回的改良群体 AC$_1$ 和 BC$_1$，如此循环，进行以后各轮的选择。

半同胞相互轮回选择主要应用于作物育种初期，是育种基础改良、创新的重要手段。但该方法选育周期长，只适用于对基础材料进行长期的战略性的改良。因此对于商业育种单位，应该进行简化。具体做法为：①将 S₂ 果穗重组改为 S₁ 穗行重组；②S₁ 后代鉴定与合成结合进行，用参加合成的 S₁ 穗行混合籽粒作父本，S₁ 穗行作母本，按父母本 1∶4 种植，母本去雄，父本不良株亦去雄，最后根据 S₁、S₂ 穗行及测交鉴定的结果，从优良穗行中选择 100 个左右优良果穗组成下一轮群体。

（二）全同胞相互轮回选择

全同胞相互轮回选择的前提是改良的两个群体中的各个单株必须为双穗，因为同一株的一个果穗要用作自交留种，另一果穗要用作测交，故该法在群体改良中使用较少。

第二节 矮败小麦高效育种技术

20 世纪 80 年代以来，我国小麦育种开始了漫长的"爬坡"阶段，育成的品种长期在一个水平上徘徊，产量一直没有大的突破。传统杂交育种方法和亲本遗传基础狭窄是主要原因。我国发现的太谷核不育小麦，特别是研制出矮败小麦及其高效育种技术新体系，使小麦育种方法实现了重大创新。

矮败小麦是我国特有的遗传资源，它集太谷核不育小麦雄性彻底败育和矮变一号降秆作用强的特点于一体，其后代总是有一半靠异交结实的矮秆不育株和一半靠自交结实的非矮秆可育株，是理想的轮回选择工具。以矮败小麦为基础，轮回选择为核心建立了一套小麦高效育种技术新体系，从而为不同生态区域不同改良目标的小麦育种提供了成熟的技术平台。中国农业科学院作物科学研究所刘秉华研究员经过近四十年的潜心研究，以创新小麦育种方法、提高小麦育种效率为目标，创建矮败小麦高效育种方法，育成了一批突破性品种，取得了重大社会经济效益。

一、矮败小麦的创制

1972 年 6 月，山西省太谷县农民技术员高忠丽在繁殖田里找到了一株特殊的小麦：穗子蓬松，阳光下呈半透明状。其雄性败育彻底，不育性稳定，是很有利用价值的植物雄性不育材料。此外，我国从矮秆早中发现的矮秆基因天然突变体'矮变一号'，其中含有目前降秆作用最强的显性矮秆基因 *Rht10*。

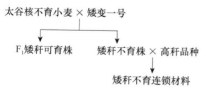

图 11-3 矮败小麦创制流程图

以太谷核不育小麦与矮变一号小麦为亲本进行杂交，鉴定杂交 F₁ 代中矮秆不育株，将其与高秆品种进行测交，并筛选测交后代群体（图 11-3）。最终在 5216 株测交后代群体中筛选到一株矮秆不育株，用高秆品种授粉产生的后代群体，一半是矮秆株，表现雄性败育；一半是非矮秆株，表现正常可育。由于矮秆株都表现雄性败育，所以被命名为'矮败小麦'。

在矮败小麦中，显性雄性不育基因 *Ms2* 与显性矮秆基因 *Rht10* 在 4D 染色体短臂上紧密连锁（刘秉华等，1986），矮败小麦后代群体总是分离出一半靠异交结实的矮秆不育株和一半靠自交结实的非矮秆可育株，二者极易辨认。矮败小麦解决了自花授粉小麦开展轮回选择的国际难题，目前矮败小麦已经用于轮回选择育种实践，并取得了显著成效。

二、矮败小麦高效育种体系的建立

选择原理和方法，结合矮败小麦的特点，中国农业科学院作物科学研究所刘秉华研究员及其团队逐渐摸索出一套简单易行的群体改良方法，并且建立起矮败小麦改良群体，该改良群体抗倒伏性、抗病性、产量和品质等性状都得到了较大幅度提高，因而从中选出优良品种的机会大大增加，加上配套栽培技术的应用，可以进一步提高小麦品种的各性状水平。

（一）矮败小麦作为高效育种工具的特点

1．不育基因与矮秆基因紧密连锁　矮败小麦含有小麦雄性败育最彻底的太谷核不育基因 *Ms2*，以及矮秆作用最强的矮秆基因 *Rht10*，这两个显性基因在 4D 染色体短臂上紧密连锁，交换率为 0.18%。

2．易于鉴别不育与可育　矮败小麦群体中有 1/2 矮秆不育株和 1/2 非矮秆可育株，两者株高差异极为显著，起身拔节期就能通过株高区分雄性不育与可育，节省了人工鉴别育性的大量劳动。

3．利于提高异交结实率　在矮败小麦群体中，提供花粉的可育株较高，接受花粉的不育株较低，这种现象利于提高异交结实率。

4．避免轮选群体植株逐轮升高　矮败小麦群体中矮秆不育株由于含有 *Rht10* 基因，相较于其他矮秆基因的可育株都矮，因此接受各种高度可育株花粉的机会均等，从而避免了轮选群体植株逐轮升高的弊端。

5．兼有异花授粉与自花授粉的特性　矮败小麦群体中矮秆不育株依靠异交结实，非矮秆可育株靠自交结实。因此矮败小麦集异花授粉便于基因交流重组和自花授粉利于基因纯合稳定的特性于一体。

（二）矮败小麦群体改良的方法

利用矮败小麦构建遗传基础丰富的轮回选择群体，通过花粉源选择与控制及矮秆不育基株选择，优化父本与母本；通过父本（非矮秆可育株）与母本（矮秆不育株）杂交，实现基因大规模交流与重组。从优良矮秆不育株上收获杂交种组成新一轮群体，循环往复，不断优化群体遗传结构和个体基因型，持续进行优异种质资源创制和新品种选育（图11-4）。

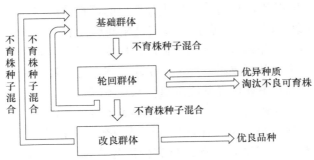

图 11-4　矮败小麦群体改良流程图（刘秉华等，2002）

1. 基础群体的建立　　基础群体是轮回选择的物质基础，要根据群体改良的中、长期目标选择亲本，亲本数量根据自己的试验要求以及实际情况决定，一般以 15～20 株为宜。各亲本分别与矮败株杂交得到 F_1，将 F_1 的矮秆不育株与父本回交一次，目的使轮回父本的遗传组成占到 75%。在矮败株上收获的回交后代种子按一定比例混合成轮回选择的基础群体。

2. 简单有效的轮回选择技术　　基础群体内的可育株与不育株进行 1～2 次的自由授粉后，从矮秆不育株上收获的种子混合成轮回选择群体。

（1）优良种质的引入　　刘秉华研究员及其团队打破传统轮回选择的方法，通过控制授粉，持续将优异种质引入基础群体，取得了较好的群体改良效果。在引进优异种质时，特别注意要选择综合性状好的矮秆不育株作为花粉受体，这样不仅对花粉进行了选择，而且对卵细胞也进行了选择。每轮引入种质占群体的遗传份额根据优异种质状况和群体实际表现确定，一般来说引入种质的比例为 10%～20%，其中很大部分是经鉴定又回归群体的可育株后代。随着轮回次数的增加，群体内优良基因频率的提高，引入种质占整个群体的比例应该逐步减少，防止不良基因进入已经改良的群体。

（2）不良可育株的淘汰　　开花散粉前及时淘汰轮选群体内的不良可育株，是提高群体内优良基因频率的重要步骤，淘汰的对象主要包括穗子短而尖、茎秆细弱以及植株过高、农艺性状又不突出的各类可育株，每轮淘汰的比例占可育株群体的 5%～10%。轮回选择前几轮很重要，因此前几轮淘汰对象要严格掌握，尽可能少淘汰，以免把目标基因淘汰出群体；等群体得到较大改良后，表现不良的可育株就要果断地淘汰出局。

（3）互交重组　　轮选群体内矮秆不育株与非矮秆可育株间自由授粉，实现了不同基因型植株间的基因交流和重组，为新的基因重组体的出现创造了条件。轮选群体内基因重组体的水平主要取决于互交次数和优良基因频率，互交 1 次有 2 种基因型的重组体，互交 2 次可能有 4 种基因型的重组体等。在轮回选择过程中，通过互交群体内的基因进行大规模的、反复的重组，不断提高重组体的水平。

（4）矮秆不育株的收获　　矮秆不育株的收获直接影响下一轮群体的遗传构成，是选择的重要一环。一般收获种子的矮秆不育株不少于不育株总数的 50%，多在60%～80%，每个矮秆不育株上收获的穗子不多于 4 个，一般为 2 个。选收的不育株指标是株型、丰产性、抗病性、熟期、熟相以及收获后的籽粒性状等。在矮秆不育株中，可能有 45cm、55cm 和 65cm 几类不同的高度，一般选择前 45cm 和 55cm 两种，因为这两种一般含有 *Rht10* 基因，从而防止后代分离出的可育株偏高。

3. 丰富多样的改良群体　　选择与互交是轮回选择的两个基本环节，通过选择和淘汰，改变轮选群体的遗传构成，提高优良基因频率；借助于可育株与不育株的互交，使分散于不同个体的优良基因重组。经过十余轮选择、互交和不断引入优良基因，矮败小麦轮选群体优良基因频率和优良基因重组体水平不断提高，产量、品质、抗病、抗倒伏和株型等性状都得到大幅度提高，整个群体得到了显著改良。

矮败小麦轮选群体内每个可育株都相当于常规杂交育种的一个复合杂交 F_1，数量大、类型多，性状整体水平高，因此经自交分离与选择，育成优良品种的概率大大增加。矮败小麦改良群体是优良基因库，犹如新品种加工厂（刘秉华等，1994；Liu et al.，

2000），持续培育出高产、优质、多抗、高效新品种；率先将优异种质和各生态区主栽品种转育成矮败小麦，进行复合杂交、阶梯杂交、聚合杂交，大幅度提高杂交育种效率。

三、矮败小麦群体改良典型案例分析

通过轮回选择，解决了常规方法难以解决的问题，育成超高产、高产抗病、优质高产、抗旱节水等一批突破性新品种，这些品种覆盖了我国主要麦区。

（一）超高产品种——'轮选987'

利用矮败小麦进行轮回选择，选择包括'农大139''北京837''BT881'等丰产、抗病、适应性好的亲本20份，让其分别与矮败小麦杂交并回交，各组合种子等量混合成轮回选择群体。经过三轮选择、互交和控制授粉后，从轮选群体中选择优良可育株（复交F_1）进入系谱选育程序。其中编号'P93807-2'的可育株后代稳定品系，在品比试验、区域试验和生产试验中产量表现突出，2003年通过国家审定，并定名为'轮选987'。2005年6月，在'轮选987'品种观摩会上，庄巧生院士对其给予了高度评价："'轮选987'是矮败小麦轮回选择育种理论与实践相结合选育出的优秀品种，北部冬麦区新选育品种应以'轮选987'的产量性状为基础进行改良提高。"

（二）高产抗病品种——'淮麦25'

江苏徐淮地区淮阴农业科学研究所1992~1994年利用太谷核不育小麦组建了一个由1300多份亲本资源组成的大规模冬春性小麦轮回选择群体。经过4年的轮回选择，取得了较好的效果，1998年从群体中选择第179号可育株，该可育株后代表现综合抗性好、产量结构协调、穗多粒多。2003年从中筛选出10个品系参加当年的品比试验，其中'淮麦25'产量三要素协调、综合抗性好、籽粒均匀、饱满度好。2007年12月通过国家农作物品种审定委员会审定。该品种具有产量高、适应性广、抗病抗逆性强等优点，连续几年被安徽、河南两省列为小麦良种补贴推介品种。

（三）优质高产品种

1. 优质弱筋小麦——'豫麦50'　是从中国、美国、澳大利亚等国内外20多个优异资源组成的抗白粉病轮选群体中选择的优良可育株，并经多年系谱和混合选择选育而成；两年区试平均比对照增产8.5%，1998年通过河南省农作物品种审定委员会审定，其品质优于国家优质弱筋小麦标准，适于加工优质饼干，目前已成为河南省主导优质弱筋小麦品种。2001年列入国家农业科技成果转化基金项目，并获得国家优质弱筋小麦品种金奖。

2. 优质强筋小麦——'轮选061'　以矮败小麦轮回群体为母本，以'藁城8901'为父本杂交后，采用系谱法经7代定向选育而成，2009年12月通过国家审定。该品种蛋白质含量为15.8%、湿面筋含量为34.0%、吸水率为60.1%、稳定时间为16min，优于国家优质强筋小麦标准，适合加工面包，可代替进口面包小麦。

第三节　超级稻选育技术

我国水稻育种一直位居世界领先水平，近 50 年来，我国水稻经历矮秆育种、杂交稻育种和超级稻育种三个阶段，水稻产量相应大幅度增加。水稻作为我国第一大粮食作物，对我国粮食安全做出了巨大贡献。然而随着人口增加及耕地的减少，全球粮食前景依然严峻。根据专家调研，未来全球粮食仍然存在巨大缺口，唯一的出路在于提高单位面积水稻产量，所以一些以稻米为主食的亚洲国家在继矮化育种之后，先后启动水稻高产研究。日本首先于 1981 年制定了"超高产水稻开发及栽培技术的确定"计划，韩国也在 1990 年初制定了"超级稻"育种计划。我国于 20 世纪 80 年代中期开始研究水稻超高产育种的理论和方法，1996 年，农业部启动"中国超级稻育种计划"，并于 2005 年开始实施超级稻新品种选育与示范推广项目。20 年间，超级稻一次次刷新水稻高产纪录，为保障我国粮食安全做出了重大贡献。

一、超级稻的定义

超级稻是水稻中的"优等生"，要成为超级稻品种，有一套严格的程序，首先是经过审定的水稻品种经过百亩方实收测产，然后农业部组织专家进行评审，达到了《超级稻品种确认办法》中规定的产量、品质、抗性等各项指标，最后经农业部发布后，才能称为超级稻。超级稻品种既包括籼稻，也包括粳稻；既包括常规稻，也包括杂交稻。只要满足超级稻评审的各项要求，各种水稻类型都不排斥。我国现有的超级稻中，常规稻占 45%，杂交稻占 55%。高产优质多抗、绿色增产增效，是我国超级稻未来的发展方向。对于超级稻来说，高产后再增产对于保障我国粮食安全意义重大。

二、超级稻育种计划

（一）第一阶段

为了满足 21 世纪人们对于粮食的需求，农业部于 1996 年提出超级杂交水稻培育计划。其中一季杂交稻的产量指标是：第一期（1996～2000 年）为 700kg/亩；第二期（2001～2005 年）为 800kg/亩。2000 年，我国培育的超级杂交水稻品种达到了第一阶段单次水稻产量标准，即每公顷产量超过了 10.5t，且一些品种已用于商业生产。

（二）第二阶段

袁隆平院士的团队集中在培育第二阶段的超级杂交水稻，并取得良好进展，最好的一个杂交水稻品种已经连续两年都达到了 12t/hm^2 的水平。随着基因工程等技术的发展，袁隆平院士等专家提出了第三阶段的超级杂交水稻计划的产量目标。

（三）第三阶段

2005 年 5 月，在江西南昌召开的杂交水稻产业化国际学术研讨会上，国家杂交水稻工程技术研究中心主任袁隆平称，根据技术发展进度，由他主持的我国超级杂交水稻培育计划已提出了第三阶段的超级杂交水稻计划目标，将在 2010 年之前实现每公顷 13.5t 的产量目标。2012 年 9 月 24 日，国家杂交水稻工程技术研究中心表示，由袁隆平院士领衔的"超级杂交稻第三期亩产 900 公斤攻关"日前通过现场测产验收，以百亩片加权平均亩产 917.72kg 的成绩突破攻关目标。袁隆平院士表示，连续两年百亩片平均亩产突破 900kg，标志着我国已成功实现该攻关目标。

（四）第四阶段

2014 年 3 月 22 日，袁隆平院士在"中国发展高层论坛 2014"上表示，第四阶段的超级稻的育种计划已经开始了，单产目标是 15t。2016 年 11 月 19 日，在广东省梅州市兴宁市龙田镇环陂村，"华南双季超级稻年亩产 3000 斤全程机械化绿色高效模式攻关"项目测产验收组测产后宣布：该项目年亩产量达到 1537.78kg，项目实验获得成功，并创造了水稻亩产量新的世界纪录。

三、超级稻育种存在的主要问题

目前超级稻育种主要存在三个方面的问题：①当前超级稻亲本缺乏，超级稻研究侧重于一季中稻，缺乏适合于南方稻区作双季早稻种植的超级稻品种。②超级稻组合由于自身遗传基因不协调，导致结实率低，产量稳定性和适应性较差；在大面积推广时，常常由于抗性差等原因造成重大损失。③两系不育系受遗传和光温等生态条件的共同作用，而光温等生态条件又难以控制，有的两系不育系或因起点温度高，或育性敏感期遇到连续的低温而导致育性转化，最终造成制种失败，严重制约两系超级稻的发展。

四、超级稻选育技术体系

（一）直立大穗型超级稻育种理论

20 世纪 80 年代中期，沈阳农业大学从形态、生理和遗传育种等多方面比较分析了国内外高产水稻品种（包括日本育成的超高产新品系）的特征特性，总结出提高生物产量是超高产的物质基础，优化产量结构是超高产的必要条件，籼粳稻杂交是超高产育种的主要途径。率先提出了"增加生物产量，优化产量结构，使理想株型与优势利用相结合是获得超高产的必由之路"，同时确定了利用籼粳稻亚远缘杂交或地理远缘杂交创造新株型和强优势，再通过复交或回交优化性状组配，聚合有利基因，并使理想株型与优势相结合，进而选育超高产水稻新品种的技术路线（陈温福等，2003；陈温福和徐正进，2008，2012；杨守仁和张龙步，1996）。其核心内容是通过籼粳稻杂交创造株型变异和优势，经过优化性状组配选育理想株型与优势相结合的新品种，以达到超高产的目的。所设计的理想株型模式包括：中等分蘖力、株高 95～105cm、每穗 150 粒左右、千粒重 25～30g、直穗型、根系活力强、综合抗性好、生育期 155～160d、收获指数 0.55～0.60，设计产量潜力 1～13.5t/hm^2。

（二）新株型超级稻育种理论

1989 年，国际水稻研究所（IRRI）正式启动了新株型（new plant type, NPT）超级稻育种计划，确定的目标是比现有高产品种增产 20%，或绝对生产潜力达到 13～15t/hm² 。IRRI 经过一系列系统深入地研究认为，要打破现有高产品种的单产水平，必须在株型上有新的突破（Khush and Cassman，1994；Poisson and Ahmadi，1993）。

基于 Donald（1968）在小麦理想株型设计中认为独秆无分蘖或少分蘖株型在单一作物群体中竞争力最小的认识，同时考虑到水资源限制和工业化发展带来的劳动力紧缺以及化学肥料与农药的污染等因素，实现使其更符合利用较少的水资源、劳动力和化学物质的特点，IRRI 认为，少蘖株型可减少无效分蘖，避免叶面积指数过大时造成群体恶化和营养生长过剩导致的生物学浪费，同时可缩短生育期，提高日产量和经济系数，获得较高稻谷产量，实现超高产。通过比较研究，提出了新株型超级稻育种理论，并对新株型进行了数量化设计：低分蘖力，直播时每株 3～4 个穗，株高为 90～100cm，每穗 200～250 粒，茎秆粗壮，根系活力强，对病虫害综合抗性好，生育期为 110～130d，收获指数 0.6，产量潜力为 13～15t/hm²。

（三）半矮秆丛生早长超级稻新株型模式

广东省农业科学院在矮化育种的基础上，根据华南籼稻区生态生产条件和已有产量水平提出了通过培育半矮秆丛生早长超级稻新株型来实现水稻超高产的构想（黄耀祥，1990；黄耀祥和林青山，1994）。在华南地区气候条件下，水稻栽培分早、晚两季；与北方一季稻和中稻相比，每一季生育时期相对较短。高产品种的生长速度必须快，以尽可能利用生育前期的温光条件。他们设计的早晚兼用型超级稻株型指标为：株高 105～115cm，每穴 9～18 个穗，每穗 150～250 粒，根系活力强，生育期 115～140d，收获指数 0.6，产量潜力为 13～15t/ hm²。

（四）亚种间两系超级杂交稻

袁隆平院士认为，通过两系法直接利用籼粳稻亚种间杂交产生的强优势，可以育成比现有三系杂交稻产量高 20%以上的超高产新组合（袁隆平，1990，1997）。但由于籼粳稻亚种间遗传距离大，杂交后代有结实率低、株高过高、生育期长、生长量过大等负向优势，因此杂种一代很难利用。光温敏核不育和广亲和基因的发现为实现这一设想提供了可能。为了避免亚种间直接杂交产生的负向优势，袁隆平院士还提出"远中求近、高中求矮"的组配原则。

袁隆平院士进一步注意到株型在超级杂交稻育种中的重要性，并以'培矮 64S/E 32'为参照，针对长江中下游中熟中稻区生态条件和生产特点，提出了中籼稻超高产株型模式和选育超级杂交籼稻的株型指标，即株高 100cm，上部三叶长、直、窄、厚，V字形，剑叶长 50cm，高出穗层 20cm，穗弯垂（袁隆平，1997）。做到尽量"开源"，形成高冠层、低穗位、大穗型，即典型的"叶下禾"或"叶里藏金"的超级杂交籼稻新株型模式。这种株型模式重点是发挥冠层中剑叶在生育后期群体光合作用与物质生产中的作用，同时要有较高的叶面积指数、叶粒比和收获指数，增加日产量。

（五）亚种间重穗型三系超级杂交稻

四川农业大学周开达等（1995）根据四川盆地少风、多湿、高温和常有云雾的气候条件，提出了另一条利用亚种间杂种优势选育超级稻的途径——亚种间重穗型三系杂交稻超高产育种。在这种生态条件下，适当放宽株高，减少穗数，增加穗重，要求植株基部节间短，秆壁结构致密，硅化度高，弹性好，抗倒伏力强，单株成穗 15 个左右，穗着粒 200 粒以上，前期株型稍散，拔节后叶片直立、紧散适中、叶片稍厚，根系粗壮、不早衰、成熟期尚能保持一定的吸收力。这更有利于提高群体光合作用与物质生产能力，减轻病虫危害，获得超高产，但由于重穗型每穗着生的粒数多，易影响结实率和充实度，使产量降低。因此，在选育重穗型超级杂交稻时，需要掌握穗粒数的"适度"问题。

综合上述各种超级稻育种理论，其实质不外乎以下几点：①塑造新株型；②利用籼粳稻亚种间杂交产生的强优势；③理想株型与优势利用相结合，即形态与机能兼顾。从株型设计上看，无论哪种超级稻育种理论或途径，所设计的株型一般都具有适度增加株高、降低分蘖数、增大穗重、生物产量与经济系数并重等共同特点。从育种方法上看，都注意到了利用亚种间杂交来创造新株型或利用具有某些特异性的中间型材料，经过复交或回交进行优化性状组配聚合有利基因，再辅之其他高新技术，选育超高产品种或超级杂交稻。

五、超级稻育种成就

（一）两系法超级杂交稻'两优培九'

两系法杂交稻是中国首创的世界性开创性研究，育成的'两优培九'在高层次上实现了优质、超高产和抗病性的结合，被誉为具有国际领先水平的突破性成果。我国第一个圆满实现了超级稻育种第一期目标。

'两优培九'的育种实践经历了艰苦曲折的科研攻关和推广过程，最初尝试通过化学杀雄制种的方法利用典型籼粳杂种优势，但较大面积制种后发现，当时所用的化学杀雄剂 2 号（甲基砷酸钠）杀雄不彻底，制种纯度难以保证，较好时只有 80%左右，而且杀雄剂的使用效果与温度等环境条件关系很大，生产上较难掌握使用剂量。因此，亚种间杂种易表现高产而不稳产。

在'亚优 2 号'的育种实践失败后，技术路线调整为通过光温敏两系法将部分亚种间杂种优势与江淮生态区的水稻理想株型相结合，克服杂交稻结实率不高、不稳等缺点，达到高产、优质、多抗、适应性广泛并能安全制种的目标。通过分析多个水稻光温敏不育系与不同生态型父本组配的杂种 F_1 的性状表现，确定以带有 1/4 爪哇稻亲缘的'培矮 64S'为重点母本，以优势生态群中的合适类型为父本重点组配，避开生育期超长和植株偏高等障碍性问题，并根据江淮流域一季稻区的常年气候特点进行生态育种，通过大量筛选，育成两优培九，达到遗传、形态和功能"三优"的统一，将优质、超高产、多抗等性状聚集于一体。

两优培九的育成和应用技术体系研究，在两系法利用亚种间杂种优势选育超级杂交稻的育种理论和技术，提高安全性的制种技术和种子纯度保障技术，将亚种间杂种优势与理想株型及强光合生理功能相结合等方面有重大发明创新。

（二）超级杂交稻'88S'/'0293'

'88S'是湖南杂交水稻研究中心利用多个不同质源的核不育系与'培矮 64S'杂交，从后代中筛选外形似'培矮 64S'而又有某一性状或多个性状得到改良的优良不育系。

（三）'协优 9308'

'协优 9308'是中国水稻研究所 1995 年育成的籼粳亚种间三系杂交组合品种。不育系为'协青早 A'，恢复系 9308 为'C57'（粳）//'300 号'（粳）/'IR26'（籼）复交组合选育的株系'T984'系选的后代，株型偏粳，穗粒偏籼。该品种于 1998 年通过湖南省衡阳市品种审定，1999 年通过了浙江省和福建三明市品种审定，同年被列入国家重点推广计划。

（四）'Y 两优 1 号'

'Y 两优 1 号'是湖南杂交水稻研究中心用'Y58S×9311'选育的杂交水稻品种，属于籼型两系杂交水稻品种，2013 年通过国家审定。在长江上游作一季中稻种植，全生育期平均 160.8d，比对照'Ⅱ优 838'长 2.6d；株高 108.2cm，穗长 24.7cm，每亩有效穗数为 15.8 万穗，每穗总粒数 181.2 粒，结实率 80.9%，千粒重 26.1g。抗性：稻瘟病综合指数 6.4 级，穗瘟损失率最高级 7 级；褐飞虱 9 级。米质主要指标：整精米率 67.2%，长宽比 2.8，垩白粒率 29.0%，垩白度 4.3%，胶稠度 80mm，直链淀粉含量 17.2%，达到国家《优质稻谷》标准 3 级。

本 章 小 结

本章从作物特殊育种技术体系出发，重点阐述了作物群体改良的轮回选择育种技术、矮败小麦高效育种技术、超级稻选育技术等三个方面。本章的核心内容是掌握这三种特殊育种技术体系的原理、方法以及相关技术的应用。

思 考 题

1. 简述群体改良的意义。
2. 简述群体改良的原理。
3. 简述基因库、基因频率、基因型频率的概念。
4. 简述轮回选择育种的特点。
5. 简述轮回选择育种的方法。
6. 简述矮败小麦作为高效育种材料的特点。

7．简述矮败小麦群体改良的方法。

8．简述超级稻育种计划的四大阶段。

主要参考文献

哈洛威 A R．1989．玉米轮回选择的理论与实践 [M]．北京：农业出版社

黄开健，黄爱花，吴永升，等．2011．Suwan1 群体改良穗行选择效应研究分析 [J]．玉米科学，2：37-41

黄耀祥．1990．水稻超高产育种研究 [J]．作物杂志，(4)：1-2

黄耀祥，林青山．1994．水稻超高产，特优质株型模式的构想和育种实践 [J]．广东农业科学，(4)：1-6

李庆臻．1999．科学技术方法大辞典 [M]．北京：科学出版社

刘秉华，邓景扬．1986．小麦显性雄性不育单基因 Tal 的染色体组定位及端体分析 [J]．中国科学，(2)：47-56

刘秉华，杨丽．1994．矮败小麦及其在矮化育种中的应用 [J]．中国农业科学，(5)：17-21

刘秉华，杨丽，王山荭，等．2002．矮败小麦群体改良的方法与技术 [J]．作物学报，28（1）：69-71

刘守渠，段运平，撒晓东，等．2019．玉米核心种质群体构建与改良效果 [J]．种子，38（3）：114-119

彭泽斌，刘新芝，孙福来．2000．中综 3 号玉米群体格子混合选择效果分析 [J]．作物学报，26：618-622

孙兰珍，张延传，高庆荣，等．1995．利用回交轮选法育成特早熟小麦新品系："轮早 1 号"和"轮早 3 号" [J]．作物学报，(01)：115-117

魏昕，荣廷昭，潘光堂．2006．墨白 964 群体 5 轮混合选择遗传变异的分子生物学研究 [J]．中国农业科学，39（2）：237-245

谢振江，张锦芬，Lazar K．2001．中国和南斯拉夫异地育种对南斯拉夫玉米群体改良的效果 [J]．南京农业大学学报，24（3）：5

杨克诚，赖仲铭．1990．基础群体和子群体重组次数对玉米群体主要经济性状改良效果影响的研究 [J]．四川农业大学学报，8（1）：11-17

杨守仁，张龙步．1996．水稻超高产育种理论与方法 [J]．沈阳农业大学学报，22（3）：295-304

袁隆平．1990．两系法杂交水稻研究的进展 [J]．中国农业科学，23（3）：1-6

袁隆平．1997．杂交水稻超高产育种 [J]．杂交水稻，12（6）：1-3

张天真．2003．作物育种学总论 [M]．北京：中国农业出版社

周开达．1995．杂交水稻亚种间重穗型组合的选育 [J]．四川农业大学学报，13（4）：403-407

陈温福，徐正进，唐亮．2012．中国超级稻育种研究进展与前景 [J]．沈阳农业大学学报，43（6）：643-649

陈温福，徐正进，张龙步．2003．水稻超高产育种生理基础 [M]．沈阳：辽宁科学技术出版社

陈温福，徐正进．2008．水稻超高产育种理论与方法 [M]．北京：科学出版社

Donald C M. 1968. The breeding of crop ideotypes [J]. Euphytica, 17: 385-403

Holthaus J F, Lamkey K R. 1995. Population means and genetic variances in selected and unselected Iowa stiff stalk synthetic maize populations [J]. Crop Sci, 35 (6): 1581-1589

Khush G S, Cassman K G.1994. Evolution of the New Plant Type for Increased Yield Potential [M]. Manila: International Rice Research Institute

Lamkey K R, Dudley J W. 1984. Mass selection and inbreeding depression in three autotetraploid maize synthetics [J]. Crop Sci, 24: 802-806

Leon N D, Coors J G. 2002. Twenty-four cycles of mass selection for prolificacy in the golden glow maize population [J]. Crop Sci, 42: 325-333

Liu B H, Wang S H, Yang L. 2000.Genetic studies on wheat genic male sterility and inheritance mode of male sterility in plant [J]. Agricultural Sciences in China, (1): 24-30

Poisson C, Ahmadi N.1993. Rice Varietal Improvement by IRAT for Different Cultivation Conditions [M]. Montpellier: CIRAD CA

Weyhrich R A, Lamkey K R, Hallauer A R.1998.Response of seven methods of recurrent selection in the BS11 maize population [J]. Crop Sci, 38: 308-321

第十二章　种子生产与质量标准体系

　　种子生产是将育种家选育的优良品种，结合作物的繁殖方式与遗传变异特点，使用科学的种子生产技术，在保持优良种性不变、维持较长经济寿命的条件下，迅速扩大繁殖，为农业生产提供足够数量的优质种子。为了保护种子生产者、经营者和使用者的利益，避免不合格种子所带来的损失，使栽培的优良品种获得优质、高产，必须有一个统一的质量标准进行规范，建立科学完善的种子质量标准体系。

第一节　种　子　生　产

　　粮安天下，种铸基石。种业是国家战略性、基础性核心产业，在促进农业长期稳定发展和保障国家粮食安全方面发挥重要作用。与发达国家相比，目前我国的种业竞争力尚处于劣势地位，未来发展面临严峻挑战和巨大压力。

　　种业竞争的核心是良种，即优良品种的优质种子。在过去相当长的一段时期里，我国的育种工作获得了飞速发展，培育了很多优良品种，特别是实现了三大粮食作物水稻、玉米、小麦优良品种的主导地位；但对优质种子的重视程度却远远不够，因缺乏配套的种子生产和加工技术，很多优良品种的潜力无法得到充分发挥，成为现阶段我国种业发展的瓶颈。先进的种子生产应体现在种子生产质量优、成本低、周期短、方法简便、繁殖系数高、代数少，适合市场经济需要和有利于大规模专业化种子生产等方面。因此，发展种子科技，生产优质种子，成为现阶段我国种业发展迫切需要解决的问题。

一、中国种子生产程序

（一）"三圃制"提纯复壮法

　　自 20 世纪 50 年代至今，我国一直沿用"三圃制"提纯复壮法，是从混杂退化的良种中选择典型单株或单穗，恢复和提高其纯度与种性，使植株达到原种标准的措施。提纯复壮是在品种已经发生混杂后，使其恢复原有优良种性的补救方法。一般适用于混杂程度较轻的品种。对于严重混杂退化的品种则必须从原种繁育做起。其程序是：单株（穗）选择→株（穗）行比较→分系比较→混系繁殖（原种）→原种繁殖→生产应用（图 12-1）。后来也有将株（穗）行比较混合进入原种圃生产原种的，称为"二圃制"，但其性质与"三圃制"基本相同。当时，由于农业生产水平低，所用品种多为农家种，混杂退化严重，应用"三圃制"对提高品种纯度、促进农业增产曾发挥了良好作用。

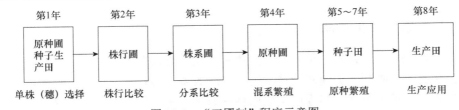

图 12-1　"三圃制"程序示意图

但随着农业生产的发展和育种水平的提高，"三圃制"的弊端就逐步显露出来。一是育种知识产权不能得到有效保护。新品种育成后，其他种子企业引用"三圃制"生产原种，归为己有，这不利于保护育种人的合法权益。二是种子生产周期长。从选单株到生产出所需要的原、良种数量，至少要花费 5 年时间，这已赶不上品种更新速度。特别是从 20 世纪 80 年代开始，国内育种水平大大提高，育种速度加快，育成品种数量多、质量高，品种更换快。例如，1985～2015 年我国常规水稻主栽品种更新换代 5 次、杂交水稻主栽品种更新换代 6 次（曾波，2018），平均 5～6 年更换一次。若按"三圃制"，当生产出原种，再生产出良种，该品种已接近淘汰。三是种源起点不高。原种生产不是以育种家种子为种源，而是从原种圃、良种圃甚至大田选单株（穗）开始，这难以保证品种的优良种性。四是品种易走样变形。"三圃制"生产原种，每一轮都是从选单株开始，这一环节往往不是育种者操作，而是由繁育部门人员去选，因各人选择标准不同，以及基因与环境互作等因素的干扰，容易把性状选偏。除此之外，"三圃制"还有投工多、耗资大、繁殖系数低等弊端。可见，"三圃制"已远远适应不了现代化农业发展形势的需要。

（二）三级法

1991 年国家农业部制定的《中华人民共和国种子管理条例农作物种子实施细则》，在强调用"三圃制"的同时，也提出了用育种家种子直接繁殖原种，即育种家种子→原种→良种，把种子分为三个类别。

按照这种方法生产原种规定为两条途径。第一条途径是用育种家种子繁殖的第一代至第三代种子；第二条途径是按原种生产技术规程生产的达到原种质量标准的种子。

按第一条途径生产种子，属于重复繁殖技术路线，是对"三圃制"的重大改革。但这种方法也有缺陷：一是种子类别少。把种子只分为三个类别，适应不了我国这样地域广阔、需种量大的种子市场形势需要。纵观世界农业发达国家种子生产的类别，除少数国家如日本和意大利等，由于地域限制和种子市场制约等因素，只有三个类别外，多数国家是 4 个类别，有的达 5 个类别以上。二是类别间易混淆。在育种家种子下只有原种和良种两个类别，要生产足量种子，每个类别必须繁殖多代。这势必造成类别间交叉，对实行种子标准化是不利的。三是缺少育种家种子与原种间的关键环节（原原种），这相当于美国的基础种子，是种子繁殖的"生命环"。因为，育种者种子的数量是有限的，如果不在育种家负责下，再对育种家种子扩大繁殖，生产出足量种源，就很难进一步生产出足量的原种以满足生产需要。

按第二条途径生产种子，即按原种生产技术规程生产的达到原种质量标准的种子，实质上是应用"三圃制"方法，其弊端如前述。

（三）用原原种生产原种

从 20 世纪 80 年代开始，黑龙江、内蒙古、辽宁等地在玉米、高粱亲本种子的生产上，对传统的"三圃制"提纯复壮技术进行彻底改革，实行育、**繁**、推结合，采用以原原种为种源进行种子生产。其程序是原原种→原种→亲本自交系。应用这一程序，一度使这些地区成了国内重要玉米杂交种生产基地。

这种方法遵循重复繁殖路线，与世界发达国家通用程序是一致的，具有较多的优越性。但这一程序把原原种与育种家种子合为一个概念，是需要改进的。因为只有确立育种家种子的重要地位，才能保护知识产权，并有利于种源保存和管理。也只有在育种家主持或监督下，把育种家种子再扩大繁殖，生产出数量多的原原种，才能为进一步生产出更多原种打下基础，这有利于新品种产业化。

（四）株系循环法

为改革"三圃制"提纯复壮法，提出了许多改革方案，南京农业大学陆作楣教授提出的"株系循环法"就是其中的典型方案。"株系循环法"及其变形（"自交混繁法"和"近交混繁法"）是应用于不同授粉方式的农作物原种生产的新技术。它的主要特点是建立保种圃，逐步消除育种剩余变异，将"三圃制"中的株行圃和株系圃融为一体。应用众数选择对保种圃进行连续鉴定，并在开放授粉条件下混合繁殖。

"株系循环法"的基本方法是：以育种单位的原种为材料，与该品种区域试验同步进行，以株系（行）的连续鉴定为核心，品种的典型性和整齐度选择为主要手段，在保持优良品种特征特性的同时，稳定和提高品种的丰产性、抗病性和适应性。初期进入保种圃的株行不超过 100 个，保种圃建成后长期保留 30～50 个株系，每株系种一小区。通过调节小区种植面积，调整产种量的多少，以适应供种数量的多少。保种圃中分系留种的种子，下年继续种植于保种圃，其余种子混系种植于基础种子田，下年即可繁殖原种（图 12-2）。保种圃、基础种子田和原种田成同心环布置，严格异品种隔离，防止生物学混杂和机械混杂。

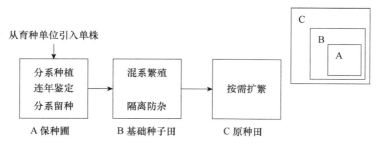

图 12-2   "株系循环法"主要程序的示意图（陆作楣和陶谨，1999）

（五）"四级种子生产程序"

"四级种子生产程序"是河南科技大学张万松教授提出，并先后与中国农业科学院棉花研究所、中国农业大学、天津市种子管理站等单位共同合作研究的种子生产技术。

它是以优良品种的育种家种子为起点，应用重复繁殖技术路线和严格的防杂保纯措施，把繁殖种子按世代高低和质量标准分为四级，即育种家种子→原原种→原种→良种（或杂交种）的逐级繁育程序（简称"四级程序"）。育种家种子是新品系在区域试验中表现突出，即将审定为品种时，由育种者种子圃繁殖的种子，是由育种者直接生产和掌握；原原种是由育种者种子繁殖的第一代，由育种单位或授权的原种场负责生产；原种是由原原种繁殖的第一代种子，可由原种场负责生产；良种是由原种繁殖的第一代种子，可由良种场或特约基地负责生产。各级种子的生产，既可以由育种者和各级种子生产单位分工合作去完成，也可以由育种者所在的种子企业独立承担。应用"四级程序"生产种子，每一轮经历 3～4 代，进行限代繁殖。

"四级程序"有较多优越性：一是能有效地保护育种者的知识产权。按"四级程序"生产种子，必须以育种家种子为种源，育种者有生产、经营种子的权利，保护了育种者利益。二是确保优良品种的种性和纯度。以育种家种子为源头进行重复繁殖，避免了种出多门，并且限代繁殖，能充分保持优良品种的种性和纯度。三是操作简便，经济省工。省去了"选择""考种"和"比较"等环节，解放了生产力。四是缩短了种子生产年限，种子生产效率高。利用育种家种子繁殖出的原原种，一年即可生产出原种，使原种生产周期缩短两年以上，并且繁殖系数高，种子产出率高，加速了种子产业化。五是能促进"育、繁、推"一体化而实现体制创新。从育种家种子到生产出良种，把育种者和种子生产者融为一体，加速了育、繁、推一体化和种子生产经营集团化。六是有利于各级种子连续性作业，实现种子生产专业化。七是有利于实现种子标准化。划分出的有代表性的 4 个种子类别，有利于从不同层次制订出各级种子标准化指标，有利于实现种子标准化。八是有利于实现种子管理法治化。按不同类别种子标准进行种源管理和世代监督，有利于实现种子管理法治化。九是有利于同国际接轨。该技术适合中国国情，并与发达国家同类技术接轨，对实施中国种子产业化工程和迎接国际种子市场竞争具有重大意义。

根据各类作物的遗传特点和繁殖方式不同，"四级程序"又归纳为 4 种不同的应用模式，即自花和常异花授粉作物的常规种模式、自交系杂交种模式、三系杂优利用模式和无性繁殖作物模式。

1. 常规种模式　该模式从育种者种子开始，按四级进行逐级有性繁殖，直接生产出大田用种。自花授粉作物和常异花授粉作物的小麦、水稻、大豆、花生、芝麻、谷子、烟草、棉花、高粱等的常规种子生产均属于该模式。这类作物通常采用常规育种方法，育成同质结合的纯系品种，品种内个体间基因型和表现型一致或基本一致，群体遗传结构比较简单，遗传性相对稳定。只要在良种繁育中注意隔离，去除天然杂株和其他混杂植株，就能达到防杂保纯目的。应用于大田的种子可以是良种，也可以是原种（图12-3）。

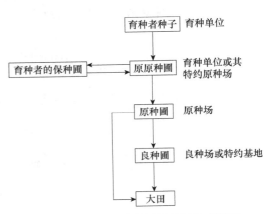

图 12-3　常规品种的四级种子生产程序

育种者种子、原原种的生产应采用单粒点播、分株鉴定、整株去杂、混合收获的技术规程。原种和良种生产应采用精量稀播，整株去杂，混合收获。

2. 自交系杂交种模式　　该模式从自交系育种者种子开始，按照前三个级别进行逐级自交繁殖后，再经过杂交制种环节，生产出大田用杂交种。异花授粉作物中的玉米亲本自交系繁殖及其单交制种过程是典型例子。

异花授粉作物遗传改良的自然群体是随机交配群体，遗传基础复杂，优良性状难以稳定地保持下去。在生产实践上，主要是通过连续多代选株自交，使其遗传型逐渐趋于同质结合，育成稳定的优良自交系，再将配合力好的优良自交系配成杂交种，利用杂种一代的优势，增产增收。在亲本自交系繁殖和杂交制种过程中，为保持亲本纯度和杂交种质量，必须严格隔离和控制授粉，防止串粉异交。以玉米单交种为例，杂交制种的程序见图 12-4。自交系育种者种子和自交系原原种生产应在育种者主持下进行，在保证纯度和典型性的基础上突出遗传稳定性的保持。按穗行种植，采用人工授粉自交。自交系原种的生产、繁殖和杂交制种的亲本均为混系种植，严格防杂保纯。

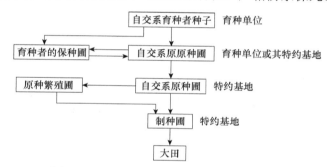

图 12-4　自交系杂交种的四级种子生产程序

3. 三系杂优利用模式　　该模式根据不育系、保持系和恢复系的繁育特点，按照前三个级别进行繁殖后，再经过杂交制种环节，生产出大田用杂交种。水稻、高粱、小麦等作物三系繁殖及杂交制种过程属于该模式。其种子生产中应以防止机械混杂和生物学混杂，以保持三系的纯度、典型性和遗传稳定性为中心，通过三系亲本的育种者种子→原原种→原种→（原种繁殖→）杂交制种的程序完成的（图 12-5）。三系的育种者种子圃和原

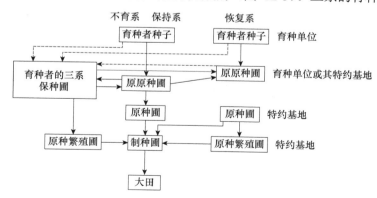

图 12-5　三系杂优利用四级种子生产程序

原种圃均为单株稀植、整株鉴定去杂、混合收获。其原种圃和亲本繁殖圃则为稀播种植、整株去杂、混合收获。亲本繁殖和制种均应在严格隔离条件下进行。在实践中可设两个隔离区，一是繁殖不育系和保持系，另一个配制杂交种和繁殖恢复系。

　　4．无性繁殖作物模式　　该模式利用作物品种的营养器官（根、茎、叶、芽等），按四级程序进行无性繁殖，生产出大田用种。无性繁殖作物的甘薯、马铃薯等种子生产属该模式（图 12-6）。

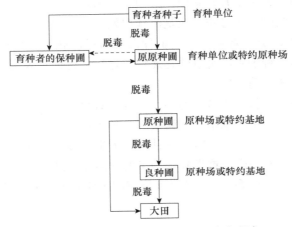

图 12-6　无性繁殖作物四级种子生产程序

　　无性繁殖作物一般采用营养器官进行繁殖，其后代的遗传基础和性状表现与母体相同。繁殖的各个阶段没有世代之分，只有种性上的差别。无性繁殖作物虽不能发生天然杂交，但会因育苗、栽插、收获、贮藏等环节多，以及芽变率高和病害侵染而造成机械混杂、生物学混杂和退化。由于营养器官耐贮性差，多为连续繁殖。目前，育种者种子还不能长期保存。因此，四级种子生产应采用以原原种圃为中心环节的育种者种子→原原种→原种→良种的生产程序。育种者种子和原原种生产由育种者负责，重点抓好分株种植、鉴定，单株留种，保持品种的典型性和纯度，并尽可能采用组织培养、茎尖脱毒繁殖技术。原种和良种生产，应着眼群体，严格去杂去劣。各个环节都应注意隔离，在无病圃进行。

二、世界发达国家的常规种子生产程序

　　农业发达国家一般都采用严格的种子生产程序进行种子生产。例如，美国采用的程序是：育种者种子→基础种子→登记种子→合格种子，把种子分为 4 个类别。该程序的育种者种子是由育种机构或育种者自己直接生产和控制的，能代表该品种的纯系后代，除技术转让外，一般不作为商品，仅为繁殖基础种子提供种源。基础种子是由育种者种子繁殖的第一代种子，由育种者或其授权的代理人（或组织）负责生产。目的是把育种者种子高倍扩繁，得到更多种子，为生产登记种子提供种源。登记种子是由基础种子繁殖的第一代种子，由登记种子生产者进行生产和控制，为生产合格种子提供种源。合格种子是由登记种子繁殖的第一代种子，是种子生产的最后一级，主要用于供应大田生产

商品粮食和饲料。

欧洲经济合作与发展组织（OECD）成员国的种子生产程序则是：育种者种子→先基础种子→基础种子→合格种子。其他如加拿大的是 5 级，即育种者种子→精选种子→基础种子→注册种子→合格种子。

上述生产程序和种子类别虽有所差异，但大体是相同的。有 4 个共同特点：一是育种者种子是种子繁殖的唯一种源。以此为起点，逐级繁殖，以确保原品种的本来面目。二是重复繁殖。从育种者种子开始繁殖到大田生产用种，只进行防杂保纯，而不进行选择，下一轮仍重复相同的繁殖过程。三是限代繁殖。一般对育种者种子繁殖 3～4 代即告终止，种子繁殖代数少，周期短。种子种在农田里，就不允许再回到种子生产流程内。四是繁殖系数高。种子生产是群体迅速增大过程，可最大限度地提高繁殖系数，有利于促进品种产业化和迅速推广。

他们对种源的保存和供应方法分两种。一种是对育种者种子足量繁殖，贮藏于低温干燥库内，分成若干份，每年拿出一份繁殖基础种子；另一种是由育种者负责每年或隔年设置育种者种子繁殖小区，生产育种者种子，为进一步繁殖基础种子提供种源。

除育种者种子外，他们十分重视基础种子的作用和生产，把基础种子称为育种者种子和登记种子二者间的"生命环"。只要该环节的工作做好，就为下两级种子生产提供了可靠保障。

第二节　种子质量标准体系建设

种业是农业的"芯片"，是国家基础性、战略性产业。在经济由高速增长转向高质量发展的新形势下，种业发展质量的好坏，事关国家粮食安全、实施乡村振兴战略的大局。种业高质量发展是所有种业工作者努力的目标，是把民族种业搞上去的关键。质量提升，标准先行。科学完善的种子质量标准体系，是实现种业高质量发展的基础。

党的十九大明确提出，进入新时代，我国经济已由高速增长阶段转向高质量发展阶段，正处在转变发展方式、优化经济结构、转化增长动力的攻关期，必须坚定不移地贯彻创新、协调、绿色、开放、共享的新发展理念，并将其写入党章。2018 年中央一号文件也提出质量兴农战略，要全面推进农业高质量发展。种业要超前谋划，必须以新发展理念为统领，通过加强种子质量标准体系建设，主动转型升级，推动种业质量全面提升。

一、种子质量标准体系建设的意义

种子是农业技术的重要载体，也是决定农产品产量和品质的最基础因素。改革开放以来，我国种业发展取得了显著成效，农作物种子不仅在数量上为农业生产提供了充足的保障，在质量上也稳步提高，这与种子质量标准体系建设的不断完善密不可分。

科学完善的种子质量标准体系包含三个方面：科学严谨的质量标准体系，准确规范的方法标准体系，运行高效的质量检验体系。从以上三个方面入手加强建设，对进一步完善种子质量标准体系、进而推动种业高质量发展具有重要意义。

（一）种子质量标准是种业高质量发展的方向引领

质量标准是引领。有什么样的种子质量标准要求，就会有什么样的种子质量。种业高质量发展体现在很多方面，包括种子产品质量高、企业质量管理水平高、产业结构好、国际竞争力强等，这些都离不开质量标准的引领。在保障供种数量安全的前提下，对标国际先进水平，适当提高种子质量标准，可以促使种子企业加快推动技术进步，提高企业生产和管理效率，进而提升种子产品质量，从而引领整个产业的转型升级，提高国际竞争力，最终实现整个种业的高质量发展。

（二）检验方法标准是检验种子质量状况的必要前提

方法标准是前提。准确规范的检验方法标准，是开展种子质量评判的必要前提。在世界贸易组织框架下，标准与技术法规、合格评定程序共同构成技术性贸易措施，成为促进贸易和保护产业及其安全的重要工具。检测作为最常使用的合格评定程序之一，它是确定产品符合特定要求的过程。由此可见，提升种子质量，不仅在目标上要有科学完善的质量标准，还需要在过程中有科学的检测方法标准来开展评判。

（三）检验测试体系是实施各项标准的组织和技术保障

检验测试体系是保障。没有检验体系来支撑和保障，再科学完善的质量标准、方法标准也只能是摆设。正是在国家、省、市、县4级种子检验体系的有力支撑下，各级农业农村主管部门才能及时掌握种子质量动态，并及时采取法律、经济、行政等手段进行管理处置，督促和帮助企业提高质量意识，维护种子市场正常生产经营秩序，促进种子质量提高。同时，种子检验也是种子企业质量管理体系的一个重要组成部分，是产品质量控制的重要手段之一。在品种选育中，可以开展分子辅助育种，检测育种材料是否含有转基因成分，避免非主观违法违规；在生产过程中，可以通过田间检验剔除杂株，保证种子遗传质量合格；在种子加工后，可以通过水分、净度、发芽率、活力等室内检验，保证种子产品质量合格。

（四）种子质量标准体系是开展国际种子交往的基础平台

国际种子交往包括国际贸易、技术交流和生物安全等内容。在种子进出口贸易中，需要有双方认可的质量标准作为开展贸易的基本前提和依据；在技术交流方面，可以借鉴国外先进的检验检测技术，有效开展技术合作；在生物安全方面，完善的质量标准体系可有效抵御外来有害生物入侵，确保我国农业生产和生态安全。

二、我国种子质量标准体系建设的现状

经过长期的努力，我国种子质量标准体系不断完善，内容不断丰富。截至 2019 年，我国农作物种子领域的标准共有 376 项，内容涵盖种子质量、种子检验、品种管理（包括品种审定、登记、DUS 测试）、原种生产、种子生产加工储藏等多个方面。

（一）种子质量标准

种子质量包括品种质量、播种质量和卫生质量。品种质量主要受内在遗传基因影响，如品种真实性、纯度和转基因等；播种质量包括物理质量和生理质量，物理质量主要包括水分、净度、重量等，生理质量主要包括发芽率、活力等；卫生质量主要包括种子健康。目前，生产上比较关注的质量指标有净度、水分、发芽率、活力、纯度、品种真实性和转基因等。

截至 2019 年，我国种子质量标准共有 36 项，规定了稻、麦、玉米、大豆等大部分农作物种子原种、常规种和杂交种的净度、水分、发芽率、品种纯度等重要指标。这些质量标准大多以国家强制性标准发布，对指导种子生产经营行为、规范市场种子质量、解决种子质量纠纷和保护农民利益等起到了重要作用。

2000 年以前，我国种子质量水平整体偏低。1990～2000 年监督抽查结果显示，种子质量合格率一直未能超过 50%。2000 年《种子法》出台后，国家加强了对种子质量的监管，也加快了种子质量标准体系的建设，种子质量整体水平也随之逐年稳步提升。目前种子整体合格率维持在 96% 以上。从质量指标类型上看，籽粒作物种子的水分指标大多得到了有效控制，玉米、水稻种子的纯度、发芽率、净度普遍大幅度提高，小麦、油菜、大豆的纯度明显提高，棉花、蔬菜的发芽率和纯度有所提高，马铃薯、甘薯、果树等作物的脱毒种薯种苗越来越普遍。与国外种子质量水平对比，我国水稻种子质量明显高于东南亚等主要水稻产区国家，玉米、小麦、蔬菜种子质量虽低于发达国家但高于东南亚国家。

（二）检验方法标准

截至 2019 年，我国农作物种子领域的技术方法标准共有 340 项，其中种子质量检验方法标准 45 项、品种评价标准 55 项、DUS 测试指南 186 项，另有种子生产加工储藏标准 54 项。

对应种子质量指标的检测方法是国家推荐性标准《农作物种子检验规程》，这也是我国种子检验的基础依据和遵循标准。自 1995 年实施以来，该规程在我国种子行业广泛应用，也是我国种子质量监督抽查依据的唯一质量指标检验规程。近年来，分子检测技术日趋成熟，在种子行业的应用也日渐普及，以 SSR 和 SNP 为基础的分子标记技术鉴别品种成为行业内技术主流，出现了一批应用分子标记技术鉴别农作物品种的标准，如玉米、水稻、小麦、大豆、油菜、马铃薯等作物的 SSR 分子标记方法标准。

为了规范品种试验，主要农作物均制定了品种审定规范、品种区域试验技术规范；针对五大主要农作物的 10 多种严重病虫害制定了品种抗性鉴定规范。为了规范原种生产、品种繁育，制定了玉米、水稻、小麦、棉花、大豆、油菜等农作物原种生产技术规程和品种繁育技术规程；种子加工包装方面也制定了相应的技术标准。

此外，为规范品种特异性、一致性、稳定性测试工作，先后制定了 DUS 测试指南186 项；在转基因检测方面也发布了各类标准 184 项（注：现行有效 176 项，可用于种子检测的有 98 项。因转基因检测标准内容面向整个农产品领域，故未单独纳入种子领域标准计算）。

（三）检验测试体系

截至 2019 年，全国已经建成国家植物新品种测试中心（分中心）18 个，国家品种区域试验站和抗性鉴定站 400 多个，国家、省、市、县 4 级种子质量检验中心（站）近 400 个，有专业检测人员近 1 万人，初步形成了包含植物新品种测试、农作物品种区试、种子质量检验的检验测试体系，有效支撑和保障了种子检验和品种测试工作的开展。

三、我国种子质量标准体系建设存在的问题

虽然我国种子质量标准体系建设取得了明显成效，但是对照新发展理念和国外先进水平，我国的种子质量标准体系建设总体水平不高，发展不平衡、不充分的问题还比较突出，还不能很好地适应种业高质量发展的新要求，也不能很好地满足人民群众对优质农产品日益增长的新需要。

（一）质量标准体系建设的水平不高制约种业创新发展

一是原有品种审定标准不全面，重点关注产量指标，对品质、抗性等指标涉及较少，对育种创新的方向引领作用发挥不够，在一定程度上影响了育种创新基础。二是分子检测标准和检测能力跟不上形势要求，以 SSR、SNP 为代表的分子检测标准不成体系，虽已发布了 20 多项标准，但没有涵盖所有审定作物和登记作物，且标准代表性不够，有些标准可重复性差，检测效率偏低，影响了应用效果。三是分子检测能力明显不足，全国具备分子检测资质的机构远远不能满足品种管理、监督执法等检测需求，导致市场监管和品种权保护力度不够。

表现在种业发展上，虽然我国每年有成千上万个新品种通过审定或登记，但是种业整体创新能力不强，品种选育大都停留在模仿育种阶段，原始创新能力较弱，品种同质化现象比较严重，突破性品种较少。

（二）作物间质量标准的发展不平衡加剧了作物间发展不平衡

我国生态多样、物种资源丰富，具有明显的特色作物发展优势，但实践中各作物间的种业发展非常不平衡。原因之一就是不同作物间种子质量标准的研究发展不平衡。例如，玉米、水稻、小麦、大豆、棉花等主要农作物的质量标准和方法标准目前已经基本完善，而已经列入登记目录里的 29 种非主要农作物，至今仍有部分作物没有质量标准，部分作物已有的质量标准也明显偏低。另外，种薯、种苗类和部分蔬菜类种子的质量标准指标规定也不尽合理，特别是种子卫生指标（健康指标）的代表性不够。表现在种业发展上，蔬菜和苗木的种子质量标准明显低于粮、棉、油等大宗作物的种子质量标准，实践中对应的蔬菜和苗木等作物的总体质量水平也显著低于粮、棉、油作物。从 2017 年全国种子质量监督抽查结果看，水稻杂交种子合格率为 98.7%、水稻常规种子

合格率为 97.4%、玉米种子合格率为 97.4%、大豆种子合格率为 98.4%、棉花种子合格率为 98.8%，而蔬菜种子合格率仅为 88.3%（张力科等，2019）。

（三）现有种子质量标准的绿色发展导向作用发挥不充分

绿色发展是农业供给侧结构性改革的基本要求。近年来，种业绿色发展已经有了一些成功的探索，但与农业绿色发展的总体要求还有很大差距，其中一个主要原因就是种子质量标准的绿色导向作用发挥不充分。长期以来，为保障粮食安全，一直以产量水平作为品种审定标准的主要指标，这就直接导致了审定通过的大多数品种需要高水高肥，资源消耗量大。相反，节肥、节水、节药及适应机械化、轻简化栽培的品种相对较难通过审定。这种情况直接影响了育种环节的研究方向，也明显延缓了新一轮绿色品种的更新换代速度。

（四）开放程度低制约种子质量标准体系建设的深入推进

一是有些国际组织我国尚未加入，影响了在对应领域内与相关国家间的交流与合作；二是国内标准与国外标准对接不够，难以在同一平台上交流；三是与新品种权保护相关的标准不完善、水平不高导致新品种权保护力度不够，影响了国外优质品种及资源的引进。

目前，国际上种子质量标准主要出自以下 4 个国际组织，①国际种子检验协会（ISTA），该组织是全球公认的从事种子检验的标准化权威性组织，我国目前还没有加入该组织。ISTA 制定的《1996 国际种子检验规程》是国际上最重要的种子检验标准，成为世界公认的国际种子贸易流通所必须遵循的准则。我国现行的《农作物种子检验规程》也是基于《1996 国际种子检验规程》制定的。但与《1996 国际种子检验规程》相比，缺少活力检测、卫生（健康）检测、品种真实性和纯度分子检测等。②经济合作与发展组织（OECD），该组织适用于种子方面的标准主要是种子认证方案。现行《国际贸易流通中 OECD 品种认证方案》规定了种子认证的具体要求。截止到 2022 年，参加 OECD 种子认证方案的国家有 60 多个，我国还未正式参加 OECD 种子认证方案，国内的种子认证还处于试点示范阶段。③国际植物新品种保护联盟（UPOV），该组织主要宗旨是协调各成员国在品种保护方面的政策和对植物新品种进行测试和描述，统一检测方法，现有 74 个成员。我国于 1999 年加入 UPOV，成为其第 39 个成员。我国执行 1978 年公约文本，还未加入 1991 年公约文本。④国际种子贸易联盟（ISF），中国种子贸易协会是其正式会员，代表中方负责与国际种子贸易组织及其他相关国际行业组织的联系。这 4 个国际组织共同构筑了国际种子自由贸易流通的规则。

（五）种子检验标准应用和种子质量信息共享不够

一是种子检验标准和技术方法在种子检验机构和种子企业等各应用主体之间掌握程度不一，影响了标准的应用范围和效果。二是种子质量信息化程度不高，还没有完全做到种子质量全程可追溯，影响了农民或农业企业选种购种。购种者在有限的信息和识别能力下，可能会购买假劣种子或者不适宜种植的种子而使生产遭受损失。

四、完善我国种子质量标准体系建设的措施

完善种子质量标准体系，推进种业高质量发展，应当以习近平新时代中国特色社会主义思想为指导，全面贯彻新发展理念。坚持创新发展，完善品种评价标准、品种快速鉴定标准，引导促进育种创新、支撑市场质量监管，推动种业由资源驱动型向创新驱动型转变；坚持协调发展，补齐登记作物种子质量标准短板，推动粮食作物、经济作物、园艺作物和饲用作物种业协调发展；坚持绿色发展，围绕绿色种质资源鉴定创制、绿色品种选育与品种评价，完善品种审定、测试等相关标准，推动品种创新由产量主导型向绿色效益型转变；坚持开放发展，尽快推动实现种子检验标准、种子认证标准和品种保护标准等与国际接轨，进一步提高对外开放水平，形成深度融合的互利合作格局；坚持共享发展，加快建设全国统一的智能化数字种业信息平台，实现包括品种区试信息、品种DNA指纹信息、种子质量信息等在内的信息共享。

（一）逐步完善提升种子质量标准

一是健全完善种子质量标准。以品种登记作物为重点，补齐其种子质量标准短板，如以修订现有质量标准的方式，增加胡麻、青稞、茎瘤芥等作物质量指标；逐步将种子质量领域的推荐性国家标准转为强制性国家标准，农业行业标准转为强制性国家标准。二是适当提高现有质量指标。根据种业高质量发展的要求、种子行业的状况和不同作物的特点，适当提高种子质量指标，重点考虑种子发芽率和纯度指标，采用种子分级模式。将现有标准规定作为 2 级种的要求，然后根据发展需要设定更高的指标值作为 1 级种的要求。例如，对玉米杂交种可规定，1 级种的纯度不低于 97%，净度不低于 99%，发芽率不低于 92%。三是探索增加新质量指标。以审定和登记作物为重点，根据作物特点探索增加质量指标要求。增加针对重要病害的健康指标、抗旱抗逆等抗性指标，满足绿色种业发展的要求；研究探索增加部分作物如玉米、水稻和部分蔬菜的活力指标。

（二）加快完善种子检验测试标准

一是加快推进《农作物种子检验规程》修订，增加对种子活力、健康指标的检测。二是加快开展非主要农作物品种真实性鉴定 SSR 分子检测技术研发。构建非主要农作物品种 DNA 指纹数据库，制定相应的检验技术标准，为非主要农作物品种登记和种子质量监管提供技术支撑。三是加快农作物种子 SNP 分子检测技术研发。从研究基础较好的主要农作物开始，分步进行 SNP 分子技术研发，并制定相应的检验技术标准，逐步实现农作物种子分子检测技术由 SSR 向 SNP 的升级换代。四是以登记作物为重点，研究和制定针对种薯种苗质量指标的检测标准。五是加快推进我国实施 UPOV 的 1991年公约文本。

（三）加强种子检验体系建设

一是以农业农村部现有的种子检验体系为基础，选择工作基础好、工作积极性高、

人员业务素质强的检验机构重点投资建设，按照区域布局扶持一批检验机构。二是对一些工作基础好、积极性高的科研单位进行扶持建设，充分发挥其技术优势，按照检测作物类型，培植一批专业的、有特色的种子检验机构，作为种子检验新技术研发、DNA指纹数据库构建的技术后盾。三是引导培育社会第三方检验机构参与种子检验工作。

（四）创新种子质量管理方式

一是加快实施种子认证制度。尽快出台《种子认证管理办法》，制订种子认证方案，培育认证机构，培训认证人员，强化示范带动作用，引导和指导企业开展种子质量认证。二是创新监管方式。要把例行监测、监督检查和飞行检查结合起来，要改变传统的以处罚为主要手段、重在治标的监管模式，逐步转变为综合利用信息化、科技化、标准化技术手段，融监管于服务之中、标本兼治的新模式。充分利用好行业协会、中介机构、联盟、社会公众、新闻媒体等力量，可以结合企业信用评价、举报奖励制度、维权联盟等有益探索，进一步丰富监管手段，全面提高监管效能，促进种业质量提升。三是强化检测与监管衔接。检测机构与监管机构要主动对接，明确权责边界，探索完善相应衔接机制，推动行政与事业、综合执法和行业管理、行政管理与技术支撑等主体之间形成监管合力。

（五）加强国际种业合作与交流

努力加入国际种子检验协会（ISTA），参加经济合作与发展组织（OECD）种子认证方案，在质量标准体系建设方面与国际接轨，为种子进出口贸易提供服务；积极参与国际种业相关规则的制定，扩大我国在国际种子标准制定上的话语权；促进我国种子行业对外交流与合作，学习吸收国外先进的做法和经验。

本 章 小 结

中国种子生产程序包括"三圃制"提纯复壮法、三级法、用原原种生产原种、株系循环法、"四级种子生产程序"。对这几个程序的特点进行比较，"三圃制"提纯复壮法存在诸多弊端，应逐步予以放弃。而"四级程序"具有较多优越性，适合中国种子产业化新形势，并与发达国家同类技术接轨，符合中国加入 WTO 后种子生产程序的技术要求。在此基础上，进一步将吸收的国内其他创新技术和国外先进技术进行配套，以达到完善和成熟。与种子生产程序配套，构建种子质量标准新体系，能够促进中国种业在国际市场上竞争力的发挥。

思 考 题

1. 我国有哪些种子生产程序？
2. "四级种子生产程序"有哪些应用模式？每种模式包括哪些步骤？
3. 简述种子质量标准体系建设的意义。
4. 我国种子质量标准体系建设存在哪些问题？
5. 完善我国种子质量标准体系建设的措施有哪些？

主要参考文献

陈玲．1987．用原原种生产原种应是原种生产的主要途径［J］．种子世界，（2）：5

杜晓伟，周泽宇，胡从九，等．2019．以新发展理念为统领加强种子质量标准体系建设［J］．中国种业，（4）：1-5

郭香墨，刘金生．1996．我国棉花良繁体系的形成与发展［J］．中国农学通报，12（4）：28-30

陆作楣，陶谨．1999．论"株系循环法"［J］．种子，（4）：3-5

孙宝启．1997．试论常规品种的种子生产程序和种子类别．种子工程与农业发展［M］．北京：中国农业出版社：497-501

王春平，张万松，陈翠云，等．2005．中国种子生产程序的革新及种子质量标准新体系的构建［J］．中国农业科学，38（1）：163-170

王家武，张存信．2001．中国种业——新机遇新挑战新对策［M］．北京：中国农业出版社：555-558

于洪滨．1983．试论原原种及其地位和作用［J］．种子，（4）：53-54，57

曾波．2018．近30年来我国水稻主要品种更新换代历程浅析［J］．作物杂志，（3）：1-7

张力科，金石桥．2019．我国农作物种子质量现状与质量提升策略分析［J］．中国种业，（3）：3-6

张万松，陈翠云，王春平，等．2001．农作物种子生产程序和种子类别探讨［J］．河南农业科学，7：10-13

张万松，陈翠云，王淑俭，等．1997．农作物四级种子生产程序及其应用模式［J］．中国农业科学，30（2）：27-33

张万松，郭香墨，张爱民，等．2009．论"四级种子生产程序"在中国种业发展中的作用和地位［J］．种子，28（3）：93-96

张万松，王春平，张爱民，等．2011．国内外农作物种子质量标准体系比较［J］．中国农业科学，44（5）：884-897

张伟，张联合，王春平，等．2007．试论中国现代农作物种子生产技术的改革［J］．种子，26（7）：68-72

赵玉巧，赵英华，范和君，等．1997．种子工程与农业发展［M］．北京：中国农业出版社：613-617

L.O.考布莱德．1987．种子科学原理及技术［M］．许蕊仙，李桂芳，王殊华，译．哈尔滨：黑龙江科学技术出版社：371-397

第十三章 作物育种方案的设计与实施

选育优良作物新品种是提高作物产量、改善作物品质和增强作物抵御不良环境能力的根本途径。伴随着人类农业生产经验的积累和科学技术的进步，作物育种方法不断得以更新、发展与融合。作物育种目标是在一定的自然、栽培和经济条件下，对计划选育的新品种提出应具备的优良特征特性，也就是对育成品种在生物学和经济学性状上的具体要求。作物育种方案是通过了解玉米、水稻、小麦等某一个作物育种播种前后工作，熟悉和掌握作物育种工作计划，有计划和目标的对作物育种制订的方案。

为了提高育种工作的预见性，减少盲目性，从而提高育种工作的效率，提高育种工作的学术水平是十分必要的。但作物育种工作受生态条件的影响和制约，提高学术水平需要一个过程。应边出品种，边提高学术水平，建议在科研时间和人力的安排上把出品种放在第一位。此外，为了改变目前作物育种进展缓慢的局面，还必须跳出学院式的育种圈子，急生产之所急，牢固确立为当前与当地的生产和市场服务的思想，选育出生产上急需的优良品种。

第一节 作物育种体系的建立

现代作物育种是建立在多种学科研究成果基础上的综合技术体系。现代作物育种研究必须应考虑三个层面的问题，即采用什么有效的技术手段，确定什么育种目标，建立什么有效激励机制和组织架构来促进育种工作。总体来说，构建作物品种数据库，补充品种基因库，构成骨干系群是建立作物育种体系的有效途径。

一、构建作物品种数据库

众所周知，农作物优良品种是指在一定地区和耕作栽培条件下，能够符合生产发展要求，并且具有较高经济价值的品种。优良品种在农业生产上的应用具有投资少、回报高的显著优点。据报道，近 30 年来美国玉米产量提高了 40%～50%，归因于优良杂交种的推广应用，我国玉米杂交种的推广种植占玉米育种增产因素的 30%～40%。应用优良品种不仅能提高单产，还可以改进农产品品质。尤其是专用品种的选育与应用，如强筋小麦、高油玉米、高赖氨酸玉米的问世，丰富了品种种类，满足了不同营养的需求。此外，优良品种还可以提高复种指数，扩大种植区域，有利于促进农业机械的应用和提高劳动生产率。建设作物品种数据库，做好作物品种数据获取、数据挖掘、数据资源管理、数据计算、数据存储、数据可视化等一系列技术层面的跟进，实现对作物品种数据进行多维度查询、汇总，为作物品种资源研究提供保障。

二、补充品种基因库

对于作物品种补充完善资源基因库，通过育种手段和技术，对作物品种精化到个体的监控，来筛选优良品种丰富基因库。

（一）常规杂交育种

常规杂交育种是按育种目标选择选配亲本，通过人工杂交的方法将亲本的优良性状集于杂交后代，再通过对杂交后代的培育选择，获得基因型纯合或接近纯合的新品种的育种途径。杂交育种法是目前国内外各种育种方法中应用最普遍，成效最好的育种方法。目前，各国生产上应用的主要作物品种绝大多数都是采用杂交育种法育成的。利用杂交育种育成的杂种后代的变异性质可以通过对亲本的选择选配得到控制，比单纯的选择育种更富创造性和预见性，其杂种后代的变异范围远比一般自然发生的变异广，为选择提供了丰富的基础。杂交能使控制优良性状的基因通过自由组合或连锁互换达到重组，能够产生新的性状，或者是能够把两个或两个以上亲本的优良性状综合在一个品种中，且杂交能产生杂种优势的遗传效应，对于无性繁殖的作物能直接利用。

（二）远缘杂交育种

远缘杂交是指植物分类学上种及种以上，包括种间、属间和科间等分类单位之间的杂交，以区别于一般的品种间杂交，有时把亚种间的杂交也叫远缘杂交，或叫亚远缘杂交。远缘杂交作为作物品种改良和新物种创造的重要手段，其可操作性及育种效果多年来颇有争议，主要原因一是受生物种繁殖隔离机制的影响远缘杂交难以获得成功，包括难以获得杂交种和杂种后代难以延续；二是获得杂种的后代分离难以控制，世代长，稳定慢。但是育种实践表明：当一个品种内现有品种资源已无法满足日新月异的育种目标要求时，育种工作要取得突破，必须借助于更加广泛的遗传资源，远缘杂交可以打破品种间的界限，扩大基因重组的范围，获得更加丰富的变异类型。远缘杂交已经在水稻、小麦、玉米、油菜、番茄、大豆、棉花等很多作物品种的育种中获得了成效。随着基因组学、分子生物学研究的深入，以及分子生物技术取得的巨大进步，人工远缘杂交获得成功的途径越来越广，概率也越来越大，更加广泛的远缘种质资源必将越来越得到育种家的青睐。

（三）倍性育种

植物的倍性育种主要包括多倍体育种和单倍体育种。自然界的植物多数是二倍体（$2n=2x$），即其体细胞（$2n$）核中包含两个相同的染色体组（x）。但有些物种经过染色体的自然或人工加倍，可形成含有多个染色体组的新物种，我们称其为多倍体。常见多倍体有三倍体、四倍体、五倍体、六倍体和八倍体，$2n$ 分别等于 $3x$、$4x$、$5x$、$6x$ 和 $8x$。如果多倍体的各染色体组来自同一物种，称其为同源多倍体。小麦、烟草、甘薯为异源多倍体，马铃薯、苜蓿则为同源多倍体。多倍体育种在克服远缘杂交遇到的困难中有以下几方面的作用，　第一，可将不育的远缘杂种加倍，育成异源多倍体物种；第二，可以把二倍体先加倍再杂交，克服远缘杂交的不育性，把二倍体作物变成同源多倍体，如四倍体荞麦，单株粒重增加 30%，千粒重增加 50%。此外还有四倍体马铃薯，三倍体甜菜等。此外，还可以诱导多倍体作桥梁亲本以及创造远缘杂交的中间材料等。单倍体是指具有配子染色体组数的个体或细胞，通常单倍体用 n 表示。在作物中无论是二倍体还是多倍体，其正常配子细胞的染色体数都是体细胞的一半，又称单倍性（n），这种单倍性细胞经人工诱导也可发育成植株，称为单倍体植株。单倍体及其他体细胞染色体组数为奇数者（如三倍体、五倍体）均表现高度不育，原因在于其无法实现正常的减数分裂。另外一个现象是单倍体植株细弱、矮小，而多倍体植株则往往表现为根、茎、叶、花的巨型性，可使作物产量增加、品质改良，对育种者来说极具魅力。1937年发现了能使染色体加倍的化学药物秋水仙碱，为单倍体、多倍体的应用奠定了基础。单倍体一般是不能结实的。但可以通过一定的方法，如自然或人工方法，使其染色体加倍，获得正常的纯合二倍体。在育种上，利用这一特性可加速杂种后代的纯合速率，再通过选择和鉴定等程序育成新品系、新品种，这一过程称为单倍体育种。单倍体植株可通过花药培养的方法获得。取 F_1 代的花药置于特定的培养基上培养，利用细胞的全能性，诱导花粉长成植株，这些单倍体植株再经秋水仙碱处理一段时间，便可实现染色体加倍，加倍后的植株不仅正常可育，而且完全纯合。由于 F_1 代植株所形成的花粉带有其双亲的染色体，类型丰富，因此由其花药培养出的纯合株也是双亲的重组型，只不过已成纯系而已。这些单株种成的株行都将是整齐一致的，不再分离，好的便可以留作下年测产。看得出这种方法能一次性地培养出纯合体，不仅缩短了育种年限，还有利于隐性基因的表现，排除了杂种优势的干扰。20 世纪 70 年代以来我国用花药培养法相继育成烟草、小麦、水稻等作物新品种，奠定了我国在此领域中的世界领先地位。

（四）原生质体融合

原生质体融合指通过人为的方法，使遗传性状不同的两个细胞的原生质体进行融合，借以获得兼有双亲遗传性状的稳定重组子的过程。这种方法打破了植物的种界界限，可实现远缘物种的基因重组。可使遗传物质传递更为完整，获得更多基因重组的机会。可与其他育种方法相结合，如把常规诱变和原生质体诱变所获得的优良性状，组合到一个单株中。

（五）细胞与组织培养技术

植物组织培养就是利用植物的全能性进行离体无菌植物培养的一门技术。植物组织培养按其原始意义，就是指愈伤组织培养。但发展至今，其范围日益扩大，已包括植物及其离体器官、组织、细胞和原生质体的离体无菌培养。因此，有整体、器官、组织、细胞和原生质等不同水平的培养技术。

（六）植物基因工程技术

植物基因工程技术是指用人工的方法，将特定的目的基因分离，然后利用载体、媒体或其他的物理、化学方法将分离的目的基因导入植物细胞受体，并整合到植物受体细胞的染色体上，从而使目的基因在植物受体中表达，最终达到改变植物性状以及快速培育植物新品种的目的。植物基因工程技术不仅通过与常规育种技术的结合，在培育优质、高产和抗逆植物新品种中具有巨大潜力，还是植物分子生物学基础研究的极好手段。

三、构成骨干系群

在精心选种的基础上，由最理想的一级种组成骨干系群。育种核心群始终是品种质量最好的群体，要严格淘汰不理想的后代。同时注意某些微小的有益性状变异，并有目的地积累这些有益性状，进一步提高育种核心群的质量。核心群的种群不断向生产群扩充，以逐渐代替生产群，使整个群体的生产性能及质量不断提高。骨干系群必须通过鉴定或测试，所选的后代或组合才能称为骨干系群，才能推广应用。育种所需进行的鉴定和测试包括初次鉴定、再次鉴定、多点测试、区域试验、生态或适应性测试。①初次鉴定：评估育种目标的实现。②再次鉴定：观察目标性状能否稳定出现。③多点测试：评估多种环境下测试目标性状的稳定性。④区域试验：参加区域试验，更大范围地接受测试和比较，完成品种审定。⑤生态或适应性测试：品种审定后，还要进行生态或适应性测试，观察品种的适应性，找到品种的最佳适应推广区域或关键种植技术。只有经过了这 5 级测试的品种，才可以比较有把握地在适应区域加以推广。'郑单 958'是河南省农业科学院粮食作物研究所堵纯信研究员育成的高产、稳产、多抗、适应性广的玉米新品种，该品种是以'郑 58'为母本、'昌 7-2'为父本杂交选育而成的中早熟玉米单交种。先后通过山东、河南、河北 3 省和国家审定，并被农业部定为重点推广品种。自 2004 年以来，'郑单 958'已成为我国玉米种植面积最大的品种，并连续被农业部发布为主导品种。该品种耐密植，适应性好，实现了高产与稳产的结合，并且制种产量高，深受农民、企业和基层农业主管部门青睐，推广面积持续快速增长。1997～1999 年在河南省和国家的区域试验、生产试验中，比对照增产显著（表 13-1），平均比对照增产 21.75%。

表 13-1　"郑单 958"参加河南省、国家黄淮海区域试验、生产试验的产量表现

年份	试验类别	试验点数	产量/（kg/亩）	对照品种	比对照增产/%	显著性	位次	参试品种数
1997	河南省区域试验	10	558.0	豫玉 12	15.1	**	1	15
1998	河南省区域试验	10	512.8	豫玉 12	22.4	**	1	15
1998	国家黄淮海区域试验	24	577.3	掖单 19	28.0	**	1	13
1999	国家黄淮海区域试验	24	583.9	掖单 19	15.5	**	1	14
1999	河南省生产试验	9	630.2	豫玉 23	15.2	**	1	8
1999	国家黄淮海生产试验	29	587.1	各省对照种	7.1~15.0	**	1	13

**表示 $P<0.01$，差异达极显著水平

第二节　育种方案的制定与实施

育种目标决定着新品种应该具备哪些特征特性，育种目标正确与否，直接关系到育种工作的成败，这是因为育种目标直接决定原始材料的选择、育种方法的采用以及育种年限的长短等，而且与新品种的适应区域和利用前景都有密切关系。例如，高产育种、

抗病育种、单基因性状和多基因性状等不同的育种目标在选材和方法上都有很大差别。因此，正确制定出切实可行、符合生产发展需要的育种方案是新品种选育成败的首要问题。高产、稳产（抗病性强、抗逆性强、生育期适宜）、优质、生育期适宜及适应机械化需要是现代育种的主要目标，也是国内外对作物品种的共同要求。

一、确定育种目标

（一）高产

在保证一定品质的前提下，高产是优良品种最基本的条件。作物的产量问题很复杂，受多种因素支配，它是品种的各种特征特性与环境条件共同作用的结果。通过育种仅仅是提高了作物品种的生产潜力，高产的实现还有赖于品种和自然、栽培条件的良好配合。作物的产量包括生物产量和经济产量。经济系数高，说明有机物质利用率高，要获得较高的经济产量，不仅要求生物产量高，而且经济系数也要高。

高产品种具有以下的重要特征：生育前期早生快发，建立较大的营养体，为生物产量高打好基础；生育中期，营养器官与产品器官健壮而协调生长，以积累大量有机物质并形成有足够数量的贮藏光合产物的器官；生育后期，功能叶片多，叶面积指数高，不早衰，保证有充足的有机物质向产品器官运转，因此源要足，库要大，流要畅，三者协调。不同作物产量的构成因素不同。禾谷类作物的经济产量一般是单位面积穗数、穗粒数和粒重三者的乘积；大豆、油菜是单位面积株数、株荚数、荚粒数和粒重 4 项的乘积等。为达到高产目的，在育种策略上，可将作物育种分为三个阶段，①矮秆育种：矮秆品种的增产作用是通过降低个体植株高度，增加密度，降低茎秆比重，从而提高收获指数。②理想株型育种：是按照人们的经济要求，把除矮秆外，关系到植株的形态特征和生理特性的优良性状都组合到同一植株上，使其提高光合作用和经济系数，从而提高产量。③高光效育种：指通过提高作物本身光合能力和降低呼吸消耗的生理指标而提高作物产量的育种方法。

（二）稳产

稳产是优良品种的重要条件。它主要涉及品种对病虫害以及不良气候、土壤等环境条件的抗耐性。当产量达到较高水平时，保持和提高作物品种的稳产性是非常重要的。稳产性主要包括以下几个方面：①抗病虫性。高密度种植导致病虫害加重，病虫害的蔓延与危害，是农作物产量低而不稳的重要原因之一。品种单一，寄主单一，导致流行病大发生。稳产性高的品种受病虫害的影响小。②抗旱耐瘠。我国有相当大面积的耕地分布在丘陵山区，土层薄、肥力低，产量低而不稳。无灌溉条件的耕地面积占半数以上，其中有些地区常年缺水。选育具有抗旱耐瘠性的品种对于增强作物的稳产性是十分必要的。同时，对于扩大高产作物的种植面积和提高作物总产量也具有重要意义。③抗倒伏性。抗倒伏性对禾谷类作物至关重要。倒伏不仅降低产量，而且影响品质，又不便于机械化收获。造成倒伏的原因很多，有作物本身的原因，也有病虫害的原因。通过矮秆育种和抗病虫育种对抗倒伏都会起到一定的效果。④适应性。适应性是指作物品种对生态环境的适应范围及程度。一般适应性广的品种，稳产性就好。适应性一般是在育种的后期阶段通过多点鉴定进行评价的。在育种手段上，采用穿梭育种、异地选择等方法都是对适应性的选择。适应性强的品种不仅种植地区广泛、推广面积大，而且更重要的是可在不同年份和地区间保持产量稳定。因此，适应性是稳产性的重要指标之一。

（三）优质

随着生活水平的提高和国际市场的需求，优质育种在我国已成为重要的育种目标之一。农作物产品的品质依据作物种类和产品用途而异，一般可分为营养品质、加工品质、卫生品质和商品品质等。

1. 谷类作物　从营养品质讲，谷类作物品质育种最受重视的是淀粉、脂肪和蛋白质的含量。从加工品质来看，涉及水稻的糙米率、精米率等；小麦的出粉率、面筋的含量与质量等。卫生品质包括谷粒的农药残留、重金属含量、有害微生物等。商业品质包括外观、色泽等。这些品质性状虽然在不同的作物和不同的用途中要求不完全一样，但都是应该在相应的育种目标中确定的项目。

2. 油料作物　在油料作物上，食用油的脂肪酸组成成分直接关系到油的品质优劣。食用油的品质以油酸含量高为最好，亚油酸是必需的脂肪酸。而亚麻酸、花生酸和芥子酸是对油用品质不利的脂肪酸，因此，在食用油料作物的选育中要尽力减少这几种酸的含量。

3. 纤维作物　棉花的品质主要是加工品质。它涉及棉纤维的长度、强度、成熟度，纤维细度和整齐度等指标。在以品质作为主要育种目标时，选用专用型品种是一种有效的育种策略。这是因为以下几点，首先，对产品品质的要求是由产品的用途决定的。在营养品质方面，并不总是营养成分含量越高越好，如啤酒大麦就是以蛋白质含量低为优质性状。其次，许多营养品质性状是呈负相关的，要在一个品种中使多种营养成分同时提高是很困难的，如大豆的蛋白质和油分的含量就是两个呈负相关的品质性状。因此，在大豆育种上要把蛋白质用和油用分别进行，选育高蛋白或高油专用型品种。

（四）生育期适宜

生育期是一项重要的育种目标，它决定着品种的种植地区。生育期与产量呈明显的正相关，生育期长产量高，生育期短产量低。但选育的品种必须根据当地无霜期的长短决定生育期，原则上应能充分利用当地生育期，又能正常成熟。

（五）适应机械化需要

适应机械化种植管理的品种是株型紧凑、生长整齐，株高一致，成熟一致，不打尖，不去杈等的类型品种，具体对品种的要求为大豆结荚部位与地面有一定距离，玉米穗位整齐适中，马铃薯和甘薯的块茎和块根集中等。不倒伏、不落粒是机械化对作物品种的共同要求。

二、构建作物育种数据信息库

作物育种数据信息库构建流程与种质资源的分类见表 13-2 和表 13-3。

表 13-2　作物育种数据信息库构建流程

项目流程	核心环节
种质资源的搜集	1）直接考察、收集、征集
	2）单位之间彼此交换转引
种质资源的整理	1）及时进行归类，将同种异名者合并，同名异种者区分开。并进行统一的编号
	2）进行简单的分类，确定材料的植物学地位、生态类型、亲缘关系和生育特性
种质资源的分类	1）按照来源将种质资源分类
种质资源的保存	1）种质资源经过保存后，必须保持各样本的生活力
	2）保持原有的遗传变异度
	3）维持样本的一定数量

表 13-3　种质资源的分类

种质资源类型	品种	特点
本地种质资源	古老的地方品种和当前推广的改良品种	1）对当地自然条件和生态特点具有高度适应性 2）反映了当地人民生产和生活的需要 3）类型丰富并具有独特的优良性状 4）古老的地方品种，不耐肥水，产量较低
外地种质资源	由其他国家或地区引入的作物品种和植物类型	1）能反映各自原产地区的自然条件和生产特点 2）多数外地种质资源对本地条件适应性差
野生种质资源	各种作物的近缘野生种和有价值的野生植物	1）由于它是在特定的条件下，经过长期自然选择形成的，往往具有栽培作物所不具备的重要性状
人工创造种质资源	通过各种途径（杂交、理化诱变等）产生的各种突变体和中间材料	1）人工创造的种质资源是多种多样的，它的特点因创造的资源类型有所不同

（一）种子标准样品库管理软件

种子标准样品库管理软件主要用于小麦、玉米、水稻等作物种质及中间材料等育种资源的信息化管理。通过条形码或电子标签为每一份种子建立唯一标识，实现育种资源的动态出入库管理与预警提醒、远程查询检索，促进育种资源的妥善保管。

（二）育种小区远程监控系统

育种小区远程监控系统具有视频监控、环境监测、无线覆盖等功能，主要用于获取育种基地的气象信息，远程查看基地作物生长情况，育种家可在任意地点通过浏览器查看视频及气象数据。

（三）育种信息移动采集终端

育种信息移动采集终端与电子标签、育种过程管理系统联用，实现育种过程中田间观测的数值、文本、图片等信息的快速记载与传输，从而省去了田间记载后人工录入的环节，提高了数据采集记载的效率。

三、加强作物信息网络建设

作物信息源于基层作物专业人员的深入调查研究，为了提高作物信息的质量和可靠性，并且形成全方位的网络服务，促进农业迅速发展，必须加强作物基础建设。要使新品种具有广泛适应性，必须进行多年、多点试验和鉴定，因此必须根据生态条件，建立相对固定的试验网。此外，还要形成推广网。闭门育种，是育不出优良品种的。以中国农业科学院图书科技信息中心为主体，建立实用、标准、快捷的信息系统以管理数据存取工作，为不同作物种植区及国内和国际的科研机构物种保护机构、政策制定者、计划制定者和开发者、一般公众传播服务。可建立不同形式的信息提供渠道，包括具有协调与监测基本数据的电子出版物；为作物提供的植物遗传资源、栽培、加工的报告；通过国际互联网传播信息的多媒体数据库等。

四、基于计算机模拟的作物育种方案

（一）建立主控模块

第一步设计一个建立文件的模块。无论是新的文件，还是已经有的原始文件，都要确定其数据结构及对应数据生成的索引文件，为满足用户的要求做好准备，当用户确定所选择以后，系统自动进行第二子模块功能的显示，用户可根据屏幕提示进行操作，然后确定存盘进入下一步。第二步是检验修改模块。当数据库文件结构和数据都建立后，可调用这个模块通过全屏幕光标控制来进行检查、修改、删除。还可以按不同要求，选择不同的方式进行查询，避免人们在查询满足多个条件的数据花费大量的时间，这一过程每一步都是窗口菜单自动完成的，然后返回主模块菜单。第三步是计算模块，调用此模块可以根据用户的要求按屏幕显示选择进行方差分析、一元回归、多元回归、聚类分析、方程组和矩阵等数据的模拟计算过程，然后计算机会自动计算并将结果显示出来，返回主模块菜单。第四步是打印模块设计，该功能是给用户提供两种输出格式：屏幕输出格式、打印机表格输出格式。屏幕输出格式是具有模拟输出、浏览逐个记录文件和全部文件的功能；打印表格具有标签格式、名片格式和报表格式，可按用户要求自动进行。第五步是停止、返回模块，可结束各种操作，返回主系统，如图13-1所示。

（二）数据文件

数据文件是按一定方式将有关的记录数据和常用数据结构形成的一个文件，供用户使用，通常被放在计算机外部存储器中，当需要某些数据时可以自动将外存的数据调入内存。这样分批、分时处理数据，有利于保存和节省内存，给用户提供方便。

（三）设计思想

在进行上述功能设计时，本系统采用"覆盖"程序设计技术，解决程序或数据过长的存放问题。将主模块程序存放在常驻区，每个阶段的程序和数据可存放在覆盖区，使用时，可随时调动。当任一子模块被调入内存后，将取代原来的模块，计算机便执行当前的程序，以便数据的管理。

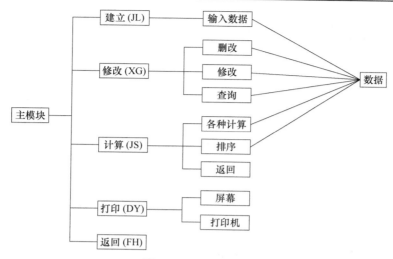

图 13-1　主控模块图

本 章 小 结

　　本章主要介绍了作物育种体系的建立以及育种方案的制定与实施。作物育种体系的建立包括构建作物品种数据库、补充品种基因库、构成骨干系群等方面。育种方案的制定与实施包括确定育种目标、构建作物育种数据信息库、加强作物信息网络建设以及基于计算机模拟的作物育种方案等内容。

思 考 题

　　1. 作物育种体系主要包括哪些方面？
　　2. 简述制定作物育种方案的基本步骤。
　　3. 简述构建计算机模块的主要步骤。

主要参考文献

樊龙江, 王卫娣, 王斌, 等. 2016. 作物育种相关数据及大数据技术育种利用 [J]. 浙江大学学报（农业与生命科学版）, 42（1）: 30-39

何红中, 周瑞洲. 2016. 中国作物育种技术发展的回望与思考 [J]. 科学, 68（4）: 32-36

焦明歧. 2002. 加强植保信息网络建设 [J]. 植物医生, （5）: 4-6

李存东, 曹卫星, 李旭, 等. 1998. 论作物信息技术及其发展战略 [J]. 农业现代化研究, （1）: 17-20

李雪. 2016. 玉米育种信息管理系统的研究 [D]. 沈阳: 沈阳农业大学硕士学位论文

刘定富, 赵健, 应继锋. 2020. 浅谈农作物育种的基本要点 [J]. 中国稻米, 26（6）: 23-26

刘忠强. 2016. 作物育种辅助决策关键技术研究与应用 [D]. 北京: 中国农业大学博士学位论文

钱存鸣. 2001. 加速当前作物育种进程的策略和措施 [J]. 江苏农业科学, （6）: 1-2, 10

王良群. 2008. 试论现代作物育种的发展趋势 [J]. 山西科技, （2）: 10-11

闫树盈. 2018. 种业企业育种创新与激励策略研究 [D]. 青岛: 山东科技大学硕士学位论文

杨印生, 马琨, 舒坤良. 2018. 我国商业化育种模式构建与推进策略 [J]. 经济纵横, （10）: 80-87